高等职业教育大数据工程技术系列教材

Spark 大数据分析与实战

（Python+PySpark）

（微课版）

李新辉　冯　霞　吴功才　主　编

杨乃如　徐　思　徐丽珍　副主编

电子工业出版社

Publishing House of Electronics Industry

北京·BEIJING

内容简介

Spark 是业界主流的大数据计算框架。本书通过一系列大数据应用案例和实践项目贯穿始终，使用 Python 详细阐述了 Spark 大数据平台与环境搭建、Spark RDD 离线数据计算、Spark SQL 离线数据处理、Spark Streaming 实时数据计算等一系列常见的大数据处理问题，并在此基础上对 Spark 的核心概念及技术原理进行了详细分析，最后以两个综合案例分别展示了 Spark 离线数据处理和实时数据处理的具体应用与部署。

本书践行"做中学"的设计理念，内容编排符合学习与认知规律，从简单细小案例入手，辅以大量配图对学习过程中涉及的枯燥数据、抽象概念和复杂原理进行图示化说明，语言浅显易懂，技术休系清晰，逻辑衔接合理。在本书最后两个综合案例中，分别从需求分析、技术准备、数据清洗、需求实现、数据可视化等几个关键环节展开叙述，便于读者对 Spark 大数据项目的整体开发流程有一个比较清晰的认识。

本书既可作为高校大数据、人工智能等相关专业课程的教材，也可作为从事大数据分析、大数据运维工作的技术人员和广大技术爱好者的参考书。

图书在版编目（CIP）数据

Spark 大数据分析与实战：Python+PySpark：微课版 / 李新辉，冯霞，吴功才主编. —北京：电子工业出版社，2024.2

ISBN 978-7-121-47277-0

Ⅰ．①S… Ⅱ．①李… ②冯… ③吴… Ⅲ．①数据处理软件 Ⅳ．①TP274

中国国家版本馆 CIP 数据核字（2024）第 037072 号

责任编辑：徐建军

印　　刷：河北鑫兆源印刷有限公司

装　　订：河北鑫兆源印刷有限公司

出版发行：电子工业出版社

　　　　　北京市海淀区万寿路 173 信箱　　　　邮编：100036

开　　本：787×1 092　　1/16　　印张：19.25　　字数：517 千字

版　　次：2024 年 2 月第 1 版

印　　次：2024 年 2 月第 1 次印刷

印　　数：1 200 册　　定价：59.80 元

凡所购买电子工业出版社图书有缺损问题，请向购买书店调换。若书店售缺，请与本社发行部联系，联系及邮购电话：(010) 88254888，88258888。

质量投诉请发邮件至 zlts@phei.com.cn，盗版侵权举报请发邮件至 dbqq@phei.com.cn。

本书咨询联系方式：(010) 88254570，xujj@phei.com.cn。

前　言

Spark 大数据平台目前已成为大数据技术领域的佼佼者，同类竞争者还包括 Flink、Storm 等。Spark 是一个基于内存计算的大数据框架，支持离线处理和实时计算，它的设计思想最初来源于 Hadoop 的 MapReduce，但在性能上得到了大幅提高，可以轻松访问 HDFS、Hive、HBase、MySQL 等各种不同类型的数据源，提供了上百种的功能 API 访问接口，支持 Scala、Java、Python、R 等主流的编程语言，对 Python 的支持是通过 PySpark 封装底层的 API 编程接口实现的。除此之外，Spark 还是一个"一站式"的大数据统一计算分析引擎，支持 RDD（弹性分布式数据集）、Spark SQL 离线数据处理技术、Spark Streaming 实时流计算技术，还包含 GraphX 图计算、MLlib 机器学习等功能，自带一个 Spark Standalone 集群资源管理器，具有非常强的适应性，可应用到各种不同的大数据计算场合中。

本书的目的是带领读者快速进入 Spark 的大数据世界。首先，Python 是一门简单易用的程序设计语言，也是大数据和人工智能领域的首选编程语言，通过 Python 来驾驭 Spark 的大数据处理功能，可有效避免因 Scala 的不熟练导致对 Spark 技术的学习受到影响（Spark 是使用 Scala 开发的），同时能充分利用 Python 的丰富编程库来实现不同需求的开发工作，如 Pandas、NumPy、各类机器学习算法库等。其次，对于 Spark 的初学者来说，本书最重要的是如何将一些枯燥抽象的数据、概念和原理讲清楚，为此书中设计了大量的技术原理配图，在文字描述上辅以比喻、类比等各种必要的手段进行说明，以尽量使读者达到形象化的理解。最后，项目化的教学方法，近年来在实践中得到了大量应用，相比传统方式的理论教学确实更加有效，但通过教学实践也发现，过度项目化很容易导致一些问题，比如，在凌乱的知识结构中产生迷失感，容易关注项目的业务细节导致注意力转移，造成对一些复杂技术的理解不深等问题。鉴于此，本书尝试以案例和项目相结合的方式，前期通过各种简单细小、浅显易懂的案例推进零碎知识点的学习，最后将相关技术整合到项目中进行综合应用，以培养读者的实践技能。

全书共 6 章，具体内容如下。

第 1 章主要介绍 Spark 大数据平台的功能、应用场景、编程环境和 Spark 应用程序基本原理，阐述了 Spark 大数据应用环境的搭建，包括 Linux 操作系统安装和配置、Hadoop 伪分布集群环境搭建、Spark 单机运行环境搭建等内容。

第 2 章主要介绍 Spark RDD 的基本原理和编程模型，重点阐述 RDD 的常用操作，包括 RDD 的创建，以及 RDD 的转换（Transformation）操作和行动（Action）操作，并通过 3 个综合案例对 RDD 的常用操作进行实际运用，还介绍了 Spark 读/写不同类型数据文件的内容。

第 3 章主要介绍 DataFrame 的基本原理，重点分析 Spark SQL 的常用操作，包括 DataFrame 的基本创建、DataFrame 的查看、DataFrame 的数据操作（DSL 和 SQL 两大类），同样通过 3 个综合案例展示如何使用 Spark SQL 来解决实际问题，还阐述了 Spark SQL 访问数据库、DataFrame 创建和保存、Spark 的数据类型转换等内容。

第 4 章主要介绍 Spark Streaming 实时数据计算的基本技术，包括 Spark Streaming 基本原理、Spark Streaming 词频统计、DStream 数据转换和输出操作、DStream 数据源读取的内容。

第 5 章主要介绍 PySpark 开发环境的搭建，以及 Spark 几大核心技术，包括 RDD 的概念、分区机制、依赖关系、计算调度（Job/Stage/Task）和缓存机制，阐述了 Spark 的广播变量和累加器的基本使用方法，以及 Spark 生态和应用架构、Spark 伪分布集群环境的搭建、Spark 应用部署方面的内容。

第 6 章主要介绍 CentOS+Hadoop+Spark 完全分布式集群环境的搭建方法，通过两个不同类型（离线数据处理、实时数据处理）的项目案例，展示了如何将 Spark 大数据技术运用到实际的项目中。

本书深入学习贯彻党的二十大精神，实施科教兴国战略，强化现代化建设人才支撑。坚持党管人才原则，坚持尊重劳动、尊重知识、尊重人才、尊重创造，实施更加积极、更加开放、更加有效的人才政策，引导广大人才爱党报国、敬业奉献、服务人民。本书以企业人才岗位需求为目标，突出知识与技能的有机融合，让学生在学习过程中举一反三，培养创新思维，以适应高等职业教育人才的建设需求。

本书由杭州职业技术学院的李新辉策划并组织编写，由李新辉、冯霞、吴功才担任主编，由杨乃如、徐思、徐丽珍担任副主编，书中部分项目素材由杭州时课智能科技有限公司提供，在编写本书过程中编者参考了部分网络资源，在此一并对提供这些资源的作者表示感谢。

为了方便教师教学，本书配有电子课件及相关资源，包括虚拟机、源代码、PPT、教学视频、教学设计、习题答案等，读者可登录华信教育资源网（www.hxedu.com.cn）注册后免费下载，如果有问题可在网站留言板留言或与电子工业出版社联系（E-mail：hxedu@phei.com.cn），也可与编者直接联系（E-mail：lxh2002@126.com）。

本书提供的案例主要是为了阐述技术原理，所选用的数据均为假设，并非真实数据，无实际意义，所有数据没有单位，不影响案例讲解。

教材建设是一项系统工程，需要在实践中不断加以完善及改进，由于编者水平有限，书中难免存在疏漏和不足之处，敬请同行专家和广大读者批评与指正。

编　者

目　录
Contents

第1章

Spark 大数据平台与环境搭建

 学习目标

知识目标

- 了解 Spark 大数据平台的功能特点和编程环境
- 初步理解 Spark 应用程序的基本运行原理
- 熟练掌握 Python 的基本语法

能力目标

- 会使用 VMware 安装 Ubuntu20.04 虚拟机
- 会使用 Linux 操作系统命令和 vi 编辑器处理文档
- 会使用 MobaXterm 远程连接工具连接 Linux 操作系统
- 会安装和配置基本的 JDK、Hadoop、Spark 集群运行环境

素质目标

- 培养良好的学习态度和学习习惯
- 培养良好的人际沟通和团队协作能力
- 增强"大数据应用在政府治理工作"中积极意义的认识

1.1　引言

　　Hadoop 是大数据处理技术开源领域的领导者，同时演变为一套完整的大数据开源生态系统。Hadoop MapReduce 分布式计算模型实现了大数据处理从无到有的飞跃，其中，MapReduce 负责进行分布式计算，HDFS 负责存储大量的数据文件并保证可靠性，YARN 负责集群计算资源的调度和管理。但随着技术的进一步发展，大数据处理的需求变得越来越复杂，MapReduce 存在的不足也日渐凸显，很多复杂的 ETL、数据清洗、数据处理工作无法在一次 MapReduce 计算中完成，需要将多个 MapReduce 迭代计算过程连接起来协同实现。在这种方式下，前一个 MapReduce 的计算结果要被写入 HDFS 文件系统上，以便传递给下一个 MapReduce，这造成了效率低下且代价巨大的问题，任务的调度也变得非常复杂，实时性更无从谈起。正是在这种背景下，一种全新的大数据计算框架应运而生，它就是基于内存计算的 Spark 大数据平台。

1.2　Spark 大数据平台介绍

1.2.1　Spark 是什么

　　Apache Spark 在 2009 年诞生于 U.C. Berkeley 的 AMPLab 实验室，在 2010 年被开源，在 2013 年被捐赠给 Apache 软件基金会（Apache Software Foundation），目前已发展到 3.x 版本。Spark 的主要版本发展历程如图 1-1 所示。AMPLab 从创立之初就力图在算法、机器和人（Algorithms、Machines、People，AMP）之间通过大规模集成来展现大数据应用，为各种大数据处理需求提供一个统一的技术平台。AMPLab 涉及机器学习、数据挖掘、数据库、信息检索、自然语言处理和语音识别等多个领域。

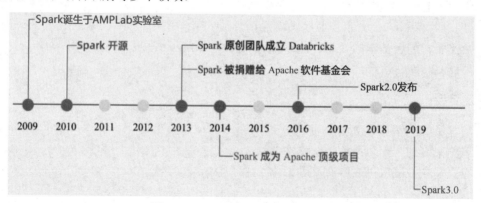

图 1-1　Spark 的主要版本发展历程

　　按照 Apache Spark 官方网站的定义，Apache Spark 是一种用于大数据分析与处理的分布式系统，是一个多语言的开源"数据引擎"，可应用在数据工程、数据科学、机器学习等领域，支持单机或多节点的集群环境，如图 1-2 所示。Spark 框架使用 Scala 编写，借鉴 MapReduce

思想，保留了分布式并行计算的优点，改进了其存在的明显缺陷，提供了丰富的操作数据的 API，大大提高了开发效率，并在全球各行各业得到了广泛应用。

What is Apache Spark™?

Apache Spark™ is a multi-language engine for executing data engineering, data science, and machine learning on single-node machines or clusters.

图 1-2　Apache Spark 官方网站的定义

Spark 是在 MapReduce 算法基础上实现的分布式计算，它比 MapReduce 的运算速度更快的原因在于，MapReduce 迭代计算会将数据结果从内存写到磁盘中，下一次 MapReduce 的迭代计算要再从磁盘读取数据，这样反复多次的迭代计算增加了磁盘 IO 消耗，也极大地增加了计算延时。Spark 与 MapReduce 迭代计算的区别如图 1-3 所示。

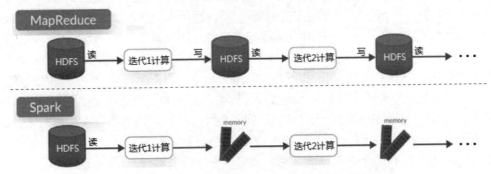

图 1-3　Spark 与 MapReduce 迭代计算的区别

Spark 在设计之初，将中间计算数据优先缓存在内存中，迭代计算时直接从内存中读取数据，只在必要时才将部分数据写入磁盘中，大幅提高了运算速度。除此之外，Spark 还使用先进的 DAG（Directed Acyclic Graph，有向无环图）调度程序、查询优化器和物理执行引擎，在进行离线批量处理数据时具有较高的性能，并且在进行实时数据处理时也具有较高的吞吐量。得益于良好的设计和优化，Spark 处理数据的速度在大多数情况下都比 MapReduce 要快，在某些场合下甚至能够达到 MapReduce 100 倍以上的运行负载，如图 1-4 所示，其中纵坐标为同等任务耗费的运行时间（越低越好）。

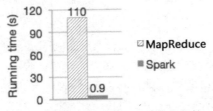

图 1-4　Spark 与 MapReduce 性能比较

Spark 提供了一个大数据分析与处理的统一解决方案，可应用于批处理、交互式查询（Spark SQL）、实时流处理（Spark Streaming）、机器学习（MLlib）和图计算（GraphX）等场景，这些不同类型的处理工作可以在同一个应用中无缝实现，企业使用一个平台就可以实现不同的工程操作，减少了人力开发和平台部署的成本。

Spark 生态子项目组件模块结构如图 1-5 所示。

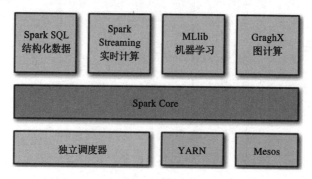

图 1-5　Spark 生态子项目组件模块结构

在 Spark 生态中，Spark Core 是 Spark 大数据平台的核心模块，它实现了 Spark 的分布式数据集、计算任务调度、内存管理、错误恢复、存储系统交互等基本功能。Spark SQL 模块是用来处理结构化数据的程序包，可以方便地编写 SQL 语句直接操作数据。Spark Streaming 是 Spark 提供的针对实时数据场合下的流计算模块。MLlib 模块提供了常见的机器学习程序库，包括分类、回归、聚类、协同过滤等算法，以及模型评估支持等额外功能。GraphX 模块则提供了图计算的 API，拥有丰富的功能和运算符，能在海量数据上自如地运行复杂的图算法（导航路径的选择就是使用图计算的例子，注意图计算不是日常生活中的图像处理）。此外，Spark 还实现了一个名为 Standalone 的集群管理器（即"独立调度器"，通常也将其称为"Spark 集群"），能够高效地管理具有数千个计算节点的大规模可伸缩计算。

尽管 Spark 相比 Hadoop 具有较大优势，但它并不是用来取代 Hadoop 的（Spark 主要用于替换 Hadoop 的 MapReduce 计算模型）。Spark 不仅支持 HDFS 等分布式文件系统，在集群调度上还支持 YARN、Spark Standalone 等集群资源管理系统。Spark 从诞生开始就已经很好地融入了 Hadoop 开源大数据生态圈，并成为其中不可或缺的重要一员。不过，Spark 对机器的硬件要求相比 Hadoop 更高，主要是内存和 CPU 方面，只有这样才能发挥出它的优势。

Spark 当前主要分为 2.x 和 3.x 两大系列版本，其中，3.x 版本引入了一些新特性并在内部做了优化，考虑到 2.x 版本的发展时间较长且最为稳定，并且 3.x 和 2.x 在一般的 Spark 应用程序开发上并无差别，所以本书将以 Spark2.4.8 为例进行讲解。

1.2.2　Spark 与大数据的应用场景

众所周知，Excel 是一个电子表格软件，实际上它也是一个功能强大的数据处理工具，支持 VBA 脚本编程，可以实现对数据的各种灵活处理和变换。站在这个角度，Spark 与 Excel 的目的是相似的，只不过 Excel 具有图形化的操作界面，简单易用，还支持对各种数据的可视化，相对而言，Spark 则需要通过编写程序进行数据的处理工作。不过，Excel 只能在单机上运行，处理的数据量也无法超出单机的承载能力，因而应用领域具有一定的局限性，不适合大数据的处理场合，而 Spark 可以在包含数千台计算机的集群环境下运行，具有强大的数据处理能力，这一点是 Excel 这类软件无法比拟的。

Spark 是大数据领域的分布式计算平台，它的数据来源一般分为两大类：离线数据和实时数据。所谓离线数据，是指某一系统产生的历史累积数据，比如电商平台销售订单等，用户可以对这些历史累积数据进行分析和挖掘，从而得到各类产品的销售情况、用户画像等信息。对于实时数据来说，一个典型的例子就是社交媒体的热搜词，它是通过每时每刻动态监测用户阅读的内容来进行实时分析而得到的。此外，商品推荐也属于实时数据的范畴，电商平台会根据用户当前浏览的商品内容和消费习惯，自动向用户推荐其可能感兴趣的产品，以提高交易的可能性。

目前，国内外许多公司都在使用 Spark 帮助简化具有挑战性的密集型计算任务。例如，美团是一个生活服务电子商务平台，它提供了人们日常生活的各种服务，像"美团外卖""美团单车"等。用户每天在美团平台上的点击、浏览、下单支付行为等都会产生海量的日志，这些日志数据被进一步汇总、处理、分析、挖掘与学习，为美团业务的各种推荐、搜索系统甚至企业战略目标的制定提供客观的数据支撑。再如，阿里在搜索和广告业务中，最初是使用 Mahout 和 MapReduce 来解决复杂的机器学习问题的，这种方式效率低下且代码不易维护，后来淘宝技术团队通过 Spark 解决了多次迭代的机器学习算法和高计算复杂度的算法等问题，同时利用 GraphX 解决了许多生产方面的问题，如基于度分布的中枢节点发现、基于最大连通图的社区发现等。

从社会的角度来看，近年我国政府治理活动中的大数据应用场景也不断拓展，推动了政府管理方式的持续创新，也有力促进了国家治理体系和治理能力的现代化。其中，"最多跑一次""掌上办"等服务新模式不断涌现，以浙江省为例，其推行的"浙里办"和"杭州城市数据大脑"便捷、高效的民生服务走在了全国的前列。在保证数据充足、质量可靠的前提下，大数据能够对政府管理服务中的相关要素实施全过程的精确分析，使得行政决策的目标确立、方案制订、动态调整都能以深度数据分析结果为依据，从而更具精准性和针对性。比如，把大数据应用到交通管理中，通过安装在路口信号灯上的设备实时感知车流量、车速及排队长度等交通数据，工作人员在将数据上传到平台后，通过人工智能算法可以发现车流量变化规律并做出一定预测，进而得出通行效率最优、与路况最适应的路口信号灯配时方案，从而有效改善城市交通状况。再如，有的地方政府将来自不同部门的困难群众信息汇集起来，通过大数据进行分析研判，在相关人员触发救助条件时自动预警，从而实现对困难群众的精准画像、精准救助等。

1.2.3　Spark 编程环境（PySpark）

一般来说，在编写 Spark 应用程序时，需要用到 Spark Core 和其余 4 个组件（Spark SQL、Spark Streaming、MLlib、Graphx）中的至少一个，为此本书将重点阐述 Spark 大数据应用中常见的 Spark Core、Spark SQL、Spark Streaming 等几个组件。Spark 目前提供了包括 Java、Scala、Python、R 在内的 4 种编程语言的 API，其中，Java 和 Scala 都运行在 JVM 上，可以得到原生的支持；Python、R 因为语言环境上的差异，在某些 Spark 特性支持上存在一定限制，但随着数据科学、人工智能的日益发展，特别是人工智能与大数据技术的结合，Python 日渐流行，这也促使 Spark 进一步加强了对 Python 的支持力度。

Python 是一种被广泛使用的解释型的通用高级编程语言，具有像英语一样的语法，学习起来比较简单。Python 在人工智能和大数据等领域得到了广泛应用，知名的机器学习库 Scikit-Learn，人工智能深度学习库 TensorFlow、PyTorch 等都是使用 Python 开发的。在 Spark 官方网站，Python 的支持也被安排到了优先的位置，由此可以看出 Spark 对 Python 的重视。Spark 的编程语言支持如图 1-6 所示。

Python	SQL	Scala	Java	R

Run now

Installing with 'pip'

```
$ pip install pyspark
$ pyspark
```

QuickStart	Machine Learning	Analytics & Data Science

```
df = spark.read.json("logs.json")
df.where("age > 21").select("name.first").show()
```

图 1-6　Spark 的编程语言支持

　　Spark 对 Python 的支持是通过 PySpark 实现的，不过，PySpark 并不是一个全新开发的大数据平台，它只是在 Spark 基础上做了一层 API 的封装，因此也可以简单地将 PySpark 看成 Spark 的一件"外套"。换句话说，PySpark 是使用 Python 代码调用 Spark 的功能接口的，通过这种方式就能够以 Python 编程的方式来开发 Spark 应用程序。PySpark 支持绝大多数的 Spark 框架功能，像 Spark Core、Spark SQL、Spark Streaming、MLlib 等，因此只要掌握了 Python 的基本语法，就能够使用 Python 代码来调用 Spark 的各种功能，减少了用户要同时学习多种编程语言的困扰。此外，Python 还拥有丰富的软件库，借助 Pandas、NumPy、Matplotlib 等功能强大的数据分析库，使得大数据的应用开发也更加方便，在 Spark3.x 内部还对 PySpark、SQL、Pandas 等的功能支持做了大量改进，进一步提升了它们的性能和可用性。PySpark 的技术特点如图 1-7 所示。

图 1-7　PySpark 的技术特点

　　在实际工作中，经常要用到多种数据处理工具以满足不同的业务需求，其中使用较多的是 SQL、Pandas 和 Spark 这 3 种工具，这是因为 SQL 简单易用，Pandas 的功能丰富，Spark 的分布式计算能力强大。不过，它们也有各自的弱项，SQL 主要适用于结构化数据处理的场合，不擅长复杂的处理逻辑；Pandas 只能在单机上运行，缺乏大数据处理能力；Spark 编程接口相对其他开发库而言毕竟有限，某些方面的功能实现较为复杂。而 PySpark 刚好可以在这几种数据处理工具之间灵活切换和组合，为 Spark 的大数据处理提供了很好的补充，如图 1-8 所示。

图 1-8　PySpark 与 Pandas、SQL 之间的转换

1.2.4　Spark 应用程序原理

Spark 应用程序通常运行在集群中，这里假定有一个包含 4 台节点机器的 Spark 集群，其中一台称为集群管理器，负责集群服务管理（用来管理节点资源和计算任务调度），另一台称为主节点，其他两台称为工作节点，在集群之外，还有一台称为客户端的 PC，作为编写和提交应用程序代码的开发机器，如图 1-9 所示（图中实线箭头用于体现计算任务的发送方向；虚线代表 3 台机器一起协同工作）。

Spark 应用程序原理

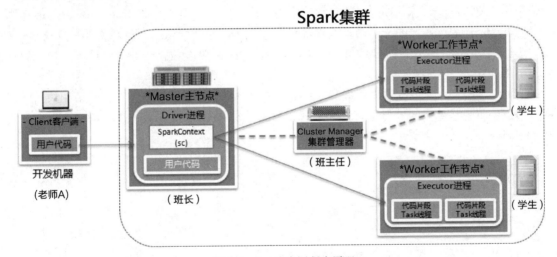

图 1-9　Spark 应用程序原理

下面讨论一下用户代码被提交到 Spark 集群中运行的基本流程。为方便理解，我们把整个集群比喻为一个班级，其中，集群管理器代表班主任，主节点代表班长，工作节点代表学生，客户端代表老师 A，用户代码即为要执行的具体计算任务。当然，整个计算过程是要由节点上的服务程序（进程）来完成的，其中主节点上运行的进程称为 Driver 进程，工作节点上运行的进程称为 Executor 进程。

（1）首先客户端将用户代码提交到集群的主节点上，主节点随即启动一个 Driver 进程负责接收用户代码。这一行为相当于老师 A 计划让学生完成某项任务，就把任务布置给班长。也就是说，接下来老师 A 只和班长打交道，并不关心任务具体是由哪些学生执行的，班长的角色就是这里的 Driver 进程。

（2）在 Driver 进程中，会立即创建一个 SparkContext 对象，此后就由 SparkContext 对象向集群管理器申请计算资源，以确定具体执行计算任务的工作节点。这一过程相当于班长收到任务后，随即向班主任请求调配学生，班主任会根据实际需求（如身高、性别等）指定若干名学生给班长使用，这里被指定的两名学生就相当于工作节点。

（3）SparkContext 对象进一步分析用户提交的代码，将代码和数据划分成若干个独立片段，并发送给工作节点上的 Executor 进程，Executor 进程则在内部启动数个 Task 线程以执行收到的代码片段和数据。这一行为相当于班长按照老师 A 的任务要求，将具体的工作内容切分为若干个子任务，并分别让两名学生各自去处理。当然，班长一般情况下也会同时承担工作节点的角色，即和两名学生一起执行任务，所以加起来相当于有 3 个工作节点。

（4）当工作节点上的 Executor 进程的计算任务执行完毕后，Executor 进程会把生成的结果返回 Driver 进程，并由 Driver 进程将生成的结果数据汇总后输出，或保存到磁盘中。至此，Driver 进程的使命宣告结束，Spark 应用程序也执行完毕。这一过程可理解为，当学生完成任务后，将处理结果交给班长，班长汇总后再报告给老师 A，这样班长的使命也就完成了。

以上就是 Spark 应用程序的基本原理。与普通应用程序不同的是，这种分布式集群环境运行的 Spark 应用程序，实际是由"用户代码+Driver+Executor+Executor+……"构成的，涉及的术语包括 Cluster Manager（集群管理器）、Master（主节点）、Worker（工作节点）、Driver（计算驱动程序/驱动器）、Executor（执行器）、Task（任务/线程）、SparkContext（Spark 运行环境实例）等，对于初学者来说，这些术语确实会显得比较复杂和难以理解。假如 Cluster Manager 是整个集群资源的大管家，Driver 就是用户应用程序运行的负责人和总指挥。SparkContext 则代表了与 Spark 运行环境的一个活动连接，只有建立了连接才能将用户计算作业提交给 Spark 集群运行。当用户代码通过客户端提交给 Driver 后，Driver 就全权接管并负责调度用户代码在集群中的运行。

值得一提的是，为了便于读者理解，上面的过程严格规定了各节点的功能边界，从而使得每个节点的职责是单一的。但是就 Spark 集群来说，图 1-9 中的 Cluster Manager 与 Master 实际上是同一个。

1.3 Spark 大数据环境搭建

1.3.1 Linux 操作系统安装和配置

Spark 是运行在 JVM 虚拟机内的，它可以被安装到各种主流的操作系统上，包括 Linux、Windows、macOS 等。在服务器领域，Linux 是很多企业首选的一种开源操作系统。在生产环境中，Spark 可以被安装到 CentOS、RHEL（RedHat Enterprise Linux）、Oracle Linux 等操作系统上。如果是进行 Spark 应用程序开发，则可以考虑界面友好和更易操作的 Linux 操作系统，比如 Ubuntu 就是十分受欢迎的 Linux 操作系统发行版之一，它的用户群体很大，网上资料也非常丰富，更适合初学者入门。因此，本书编程环境使用的是 Ubuntu20.04 操作系统，并通过在 Windows 计算机上安装 VMware Workstation 虚拟机管理软件来创建 Ubuntu20.04 虚拟机。

1. Ubuntu20.04 虚拟机的安装

首先确保 Windows 计算机上安装了 VMware Workstation 虚拟机管理软件，且能正常创建和运行虚拟机。为方便描述，后文将 VMware Workstation 简称为 VMware。

【学习提示】

要在 VMware 中使用 Ubuntu20.04 虚拟机，可以通过 VMware 直接打开别处已安装好的虚拟机文件，以节省安装时间，特别是在安装 Ubuntu20.04 虚拟机遇到问题时，这种做法尤为方便。

（1）启动 VMware，选择主菜单中的"文件"→"新建虚拟机"命令，如图 1-10 所示。

图 1-10　VMware 新建虚拟机

（2）在"新建虚拟机向导"界面中，选择默认推荐的"典型"配置，单击"下一步"按钮。

（3）在"安装客户机操作系统"界面中，选中"安装程序光盘映像文件(iso)"单选按钮，并单击右侧的"浏览"按钮，找到下载好的"ubuntu-20.04.4-desktop-amd64.iso"文件，单击"下一步"按钮，如图 1-11 所示。

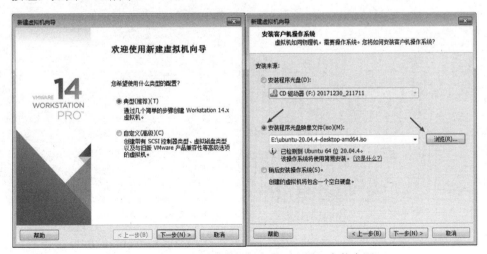

图 1-11　VMware 新建虚拟机向导（配置、安装来源）

（4）在"简易安装信息"界面中，将"全名""用户名""密码""确认"参数值均设为"spark"，以方便后面使用，单击"下一步"按钮。

（5）在"命名虚拟机"界面中，可以设置虚拟机名称或直接按照默认设置，单击"下一步"按钮，如图 1-12 所示。

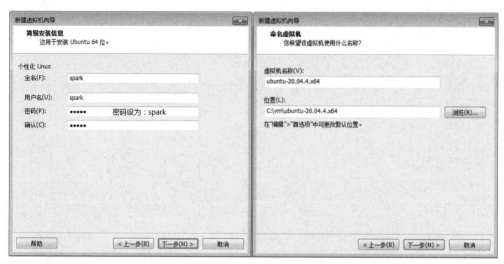

图 1-12　VMware 新建虚拟机向导（简易安装信息、虚拟机名称）

（6）在"指定磁盘容量"界面中，将最大磁盘大小由默认的 20GB 调整为 60GB，即虚拟机文件在使用过程中按需增长的最大上限为 60GB，便于将与 Spark 相关的一些软件安装至其中。至于是将虚拟磁盘存储为单个文件还是多个文件，读者可以根据自己的喜好选择，不影响使用效果。设置完毕后，单击"下一步"按钮即可。

（7）单击"完成"按钮，完成虚拟机的创建工作，或者通过单击"自定义硬件"按钮修改虚拟机的一些默认设置，例如，虚拟机中使用的 CPU 核数及内存等，建议将内存大小设置为不低于 2GB（2048MB），如图 1-13 所示。

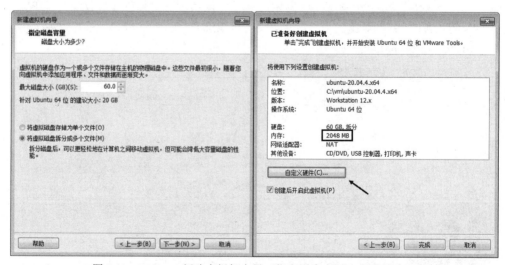

图 1-13　VMware 新建虚拟机向导（指定磁盘容量、完成创建）

（8）在 VMware 中完成虚拟机的创建后，系统会自动启动 Ubuntu20.04 虚拟机的安装过程，如图 1-14 所示。如果在安装过程中遇到问题，那么可以将虚拟机的内存调整得大一点，比如 2GB 以上，然后尝试安装一遍，出现的大部分问题是虚拟机的内存不足造成的。

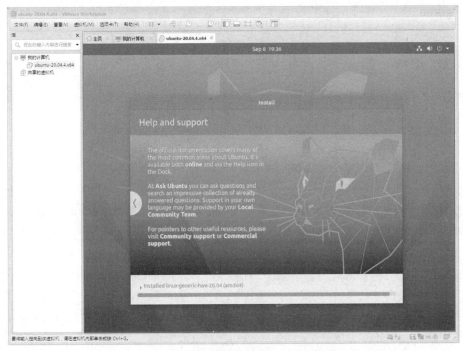

图 1-14　Ubuntu20.04 虚拟机的安装过程

（9）稍等几分钟后完成安装。当 Ubuntu20.04 虚拟机安装完成并自动重启后，就会出现 Ubuntu20.04 虚拟机的登录界面，如图 1-15 所示。

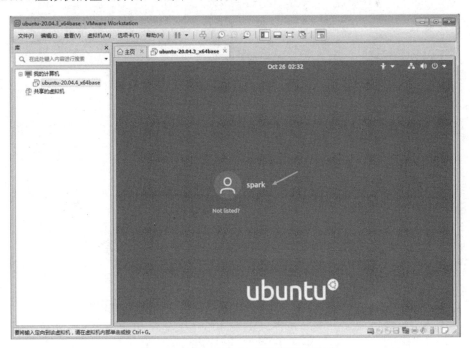

图 1-15　Ubuntu20.04 虚拟机登录界面

（10）单击登录界面中的 Linux 账户 spark，输入在创建虚拟机时设定的密码 spark，按回车键进入 Ubuntu20.04 虚拟机界面，如图 1-16 所示。

图 1-16　Ubuntu20.04 虚拟机的账户登录（用户名和密码均为 spark）

值得一提的是，不像 CentOS 那样可以使用 root 账户登录系统，Ubuntu 默认是不允许直接使用 root 账户登录系统的。如果后续涉及一些需要使用 root 权限操作的场合，就要在 Linux 命令之前添加 sudo 来临时获得 root 账户操作的权限（需输入密码 spark，此后若在同一终端中继续执行其他需要 sudo 权限的命令，默认在 15 分钟之内不用再次输入）。

（11）Ubuntu20.04 虚拟机的初始界面如图 1-17 所示，第一次启动还会相继提示几个设置信息，包括网络在线账户、更新、问题提交、隐私设置等，可依次单击右上角的 Skip 和 Next 按钮，直至最后一个界面出现后单击 Done 按钮完成全部设置。

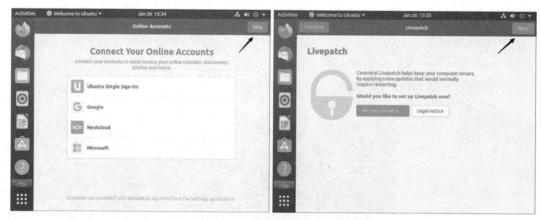

图 1-17　Ubuntu20.04 虚拟机的初始界面

（12）如果在使用过程中出现类似如图 1-18 所示的升级提示，则直接单击 Don't Upgrade 按钮不进行升级，保持当前所用的 Ubuntu20.04 版本即可。

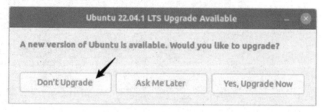

图 1-18　Ubuntu20.04 升级提示

（13）为方便后续操作，这里稍微整理一下 Ubuntu20.04 虚拟机桌面左侧任务栏的图标，只保留常用的几个快捷方式。方法是：找到左侧垂直的任务栏，在要隐藏的图标上单击鼠标右键，在弹出的快捷菜单中选择 Remove from Favorites 命令，完成后的 Ubuntu20.04 虚拟机桌面如图 1-19 所示。

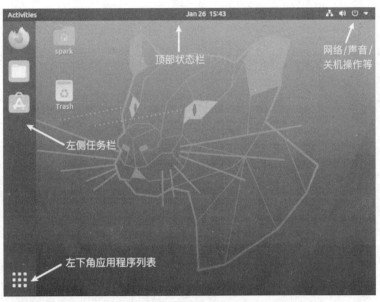

图 1-19　Ubuntu20.04 虚拟机桌面

（14）右击 Ubuntu20.04 虚拟机桌面的中间空白位置（注意不是右击应用程序图标），在弹出的快捷菜单中选择 Open in Terminal 命令，启动 Linux 终端窗体。

（15）Linux 终端窗体启动后，在左侧任务栏的"Linux 终端窗体"图标上右击，在弹出的快捷菜单中选择 Add to Favorites 命令将其固定在任务栏上，这样以后在使用 Linux 终端窗体时，就可以直接单击任务栏中的快捷方式来打开它，如图 1-20 所示。

图 1-20　设置 Linux 终端窗体快捷方式

（16）单击 Ubuntu20.04 虚拟机桌面右上角的电源图标，选择下拉列表中的 Power Off 选项，关闭当前虚拟机，如图 1-21 所示。

（17）回到 VMware，选中安装的 Ubuntu20.04 虚拟机，单击"编辑虚拟机设置"按钮，如图 1-22 所示。

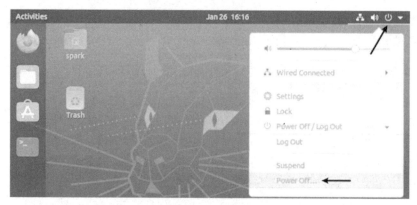

图 1-21　关闭 Ubuntu20.04 虚拟机

图 1-22　编辑虚拟机设置

（18）在"虚拟机设置"界面中，可以根据需要调整虚拟机所用的内存大小和处理器数量，比如 4GB 内存和 2 个处理器。如果所使用计算机的配置不高，则两者可以再减少，但考虑到虚拟机上要运行 Hadoop、Spark 这种 JVM 类的应用程序，因此内存大小要保证在 2GB 以上，如果太小则可能导致后面在运行程序时出现 OOM（Out of Memory，内存溢出）甚至宿主 Windows 操作系统蓝屏崩溃的问题，如图 1-23 所示。

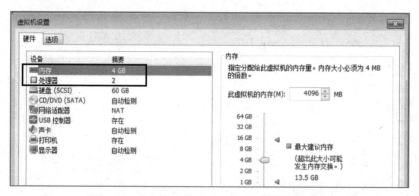

图 1-23　虚拟机内存大小和处理器数量的调整

【学习提示】

Ubuntu 是一种在工作中常用的 Linux 操作系统，根据场合不同又分为桌面版和服务器版等。为了开发上的便利，本书选择安装的是 Ubuntu20.04 桌面版，它默认带有一个类似 Windows 操作系统的图形操作界面环境。值得一提的是，我们平时所说的 Linux 操作系统，其实是一系列 Linux 操作系统发行版的集合（严格来说，Linux 操作系统其实是指"Linux 内核"+"GNU

软件工具套件"）。此外，Linux 操作系统发行版又大致可分为两类，一类是由商业公司维护的，另一类是由社区组织维护的，前者以著名的 RedHat（RHEL）为代表，后者以 Debian 为代表。其中，Debian 是包括 Ubuntu 在内的许多 Linux 操作系统发行版的上游（Ubuntu 衍生自 Debian，相当于在 Debian 基础上增加和修改了很多内容），在服务器和桌面领域都有广泛应用，具有很高的稳定性，同时为最终用户提供了方便易用的软件仓库，拥有一个人性化、华丽的交互界面，具有强大的软件源支持，主流的硬件驱动大多可以在安装包中直接找到。所以，从某种程度上可以认为，Ubuntu 是 Linux 操作系统发行版中使用最方便的操作系统。

2．Ubuntu 基本配置

在安装完虚拟机后，接下来在 Ubuntu20.04 中安装两个必要的软件，即 openssh-server 和 vim，并对其进行简单的配置。

（1）在 Ubuntu20.04 中打开一个 Linux 终端窗体，输入下面的命令更新软件源。

sudo apt update	◇ sudo 用于获取 root 权限（需输入密码 spark，在 15 分钟之内不用再次输入） ◇ apt 或 apt-get 是 Ubuntu 管理软件中的命令工具，类似于 CentOS 中的 yum 命令工具 ◇ update 代表更新 apt 的软件仓库源信息 ◇ 如果要升级安装好的软件，则可以使用以下命令：sudo apt upgrade

```
spark@ubuntu:~$ sudo apt update          在这里输入spark账户的密码spark
[sudo] password for spark:
Hit:1 http://archive.ubuntu.com/ubuntu focal InRelease
Hit:2 http://archive.ubuntu.com/ubuntu focal-security InRelease
Reading package lists... Done
Building dependency tree
Reading state information... Done
262 packages can be upgraded. Run 'apt list --upgradable' to see them.
```

（2）为了避免版本冲突，这里需要先卸载内置的 openssh-client，在安装 openssh-server 时会自动安装正确版本的 openssh-client。

sudo apt -y remove openssh-client sudo apt -y install openssh-server	◇ sudo 用于获取 root 权限（可能要输入密码 spark） ◇ -y 代表 yes，即不用再次确认直接安装 ◇ remove 表示卸载/删除软件 ◇ install 表示安装软件

```
spark@ubuntu:~$ sudo apt -y remove openssh-client
Reading package lists... Done
Building dependency tree
Reading state information... Done
The following packages were automatically installed and are no longer

spark@ubuntu:~$ sudo apt -y install openssh-server
Reading package lists... Done
Building dependency tree
Reading state information... Done
The following additional packages will be installed:
  ncurses-term openssh-client openssh-sftp-server ssh-import-id
```

（3）继续输入下面的命令安装 vim，它是默认的 vi 编辑器（简称 vi）的增强版，支持更丰富的功能，如不同颜色的高亮代码显示等。当 vim 安装完毕后，在终端窗体中输入 vi 或 vim 命令，实际启动的就是这个增强版的 vim 编辑器。

`sudo apt -y install vim`	◇ sudo 用于获取 root 权限，可能需要输入密码 spark ◇ apt 或 apt-get 是 Ubuntu 管理软件中的命令工具 ◇ -y 代表 yes，即不用再次确认直接安装 ◇ install 表示安装软件

```
spark@ubuntu:~$ sudo apt -y install vim
[sudo] password for spark:    ← 输入当前spark账户的密码spark
Reading package lists... Done
Building dependency tree
Reading state information... Done
The following additional packages will be installed:
  vim-runtime
```

（4）输入下面的命令，将 Ubuntu20.04 自带的防火墙禁用，以避免在远程终端连接时出现问题，在运行 Hadoop 和 Spark 时也要禁用防火墙。

`sudo ufw disable`	◇ ufw 是一个防火墙配置工具，用于管理 iptables 规则 ◇ disable 表示禁用防火墙

```
spark@ubuntu:~$
spark@ubuntu:~$ sudo ufw disable
[sudo] password for spark:
Firewall stopped and disabled on system startup
```

（5）Windows 自带的记事本是一个简单易用的文本编辑器，在 Ubuntu20.04 操作系统桌面环境中也有一个类似的 Text Editor 文本编辑器，用户可在应用程序列表中找到并将它启动，如图 1-24 所示。

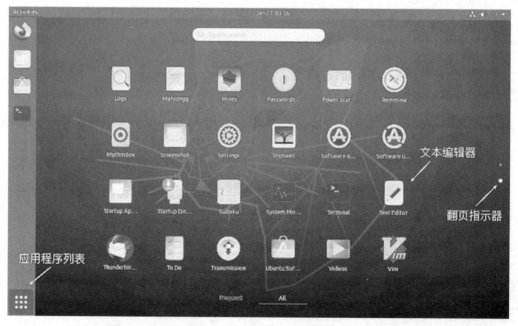

图 1-24　Ubuntu20.04 操作系统桌面环境附带的文本编辑器

在使用这个文本编辑器打开或保存文本文件时，若编辑的文本文件对当前 Linux 账户无访问权限，则将导致无法正常打开或保存该文本文件。Text Editor 文本编辑器界面如图 1-25 所示。

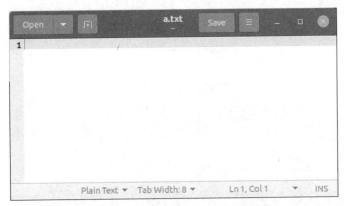

图 1-25　Text Editor 文本编辑器界面

此外，也可通过终端命令来启动 Text Editor 文本编辑器，并在后面加上文件名进行编辑，而且在执行 gedit 命令时若在前面加上 sudo 还可以获取 root 权限。下面是通过 gedit 命令启动文本编辑器的几个示例，供学习参考。

`gedit`	◇ gedit 是启动文本编辑器的命令，启动后默认编辑的是一个空文件
`gedit a.txt`	◇ gedit 命令后面可以跟一个文件名，表示编辑该文件
`sudo gedit`	◇ sudo 表示以 root 权限启动 gedit 程序
`sudo gedit a.txt`	

3．vi 编辑器

vi 是绝大多数 Linux/UNIX 类操作系统的一个默认编辑器，拥有强大的文本编辑和处理功能，在日常工作中几乎随时会被用到，所以掌握 vi 编辑器的使用是 Linux 操作系统学习的一个必修内容。熟练使用 vi 编辑器，也有助于提高工作效率，因为为了降低不必要的资源开销，大部分服务器上安装的 Linux 操作系统没有附带桌面环境，用户无法直接使用 Text Editor 文本编辑器，此时只能使用类似 vi 的具有字符界面的编辑器。

在 Linux 终端窗体中输入 vi 或 vim 命令，就能将 vi 编辑器启动。

`cd ~` `vi 或 vim`	◇ cd ~代表进入当前账户主目录，即/home/spark（当前账户为 spark） ◇ ~ 代表主目录的符号，不同的登录账户对应的主目录路径也不同 ◇ vi 命令表示启动 vi 编辑器，因为已安装过 vim 编辑器，所以实际启动的就是这个 vim 编辑器

vi 编辑器的初始界面如图 1-26 所示。如果在 vi 命令后面带一个文件名，就会直接打开并显示该文件的具体内容，比如 vi hello.txt。如果指定的文件不存在，则相当于创建一个新的文件进行编辑。

vi 编辑器主要分为两种工作模式，分别是命令模式和插入模式。vi 编辑器启动后默认在命令模式下，此时可以进行复制、移动、删除、环境设置等操作，这时所按下的键对 vi 编辑器来说都代表"命令"，所以其才被称为命令模式。vi 的插入模式，就是通常所说的编辑状态（或编辑模式），只有此时才可以真正输入文字内容，就像在记事本中所操作的那样。当按 Esc 键时，vi 编辑器就切换到命令模式。

下面是常用的 vi/vim 编辑器命令，掌握好这些基本的 vi/vim 编辑器命令对用户来说很重要，如图 1-27 和图 1-28 所示。

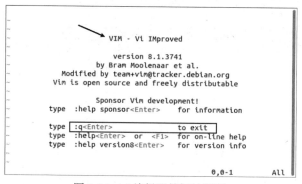

图 1-26　vi 编辑器的初始界面

切换到插入模式		从命令模式，切换到插入模式后可按上下左右键移动光标
	i、I	i 从当前光标位置插入(insert) I 将光标移到行首插入(Insert)
	o、O	o 在当前行之后插入一个空行 O 在当前行之前插入一个空行
	a、A	a 在当前字符之后添加（append） A 在当前行末尾添加（Append）
切换到命令模式	Esc 键	vi启动时默认为命令模式
退出编辑器		先用Esc键切换到命令模式
	:wq	保存内容修改并退出(write+quit)
	:q!	放弃内容修改，不保存直接退出
	:q	无内容修改的情况下退出。如有修改，必须保存或放弃

图 1-27　vi/vim 编辑器的模式切换和退出命令

常用编辑命令		必须在命令模式下，或先用Esc键切换到命令模式
行号显示		
	:set nu	显示行号(number)
	:set nonu	取消行号显示(no number)
翻页		
	Ctrl+F	向下翻一页(forward)，或按 Page Down 键
	Ctrl+B	向上翻一页(backward)，或按 Page Up 键
行内快速跳转		
	0	跳至行首，或按 Home 键
	$	跳到行尾，或按 End 键
行间快速跳转		
	9G、9	跳转到文件的第 9 行（ go ）
	gg	跳转到文件的首行（ go ）
	G	跳转到文件的末尾行（ go ）
复制		
	yy	复制当前行
	3yy	复制从当前行开始的 3 行
粘贴		
	p	粘贴到光标之后（ paste ）
剪切/ 删除		
	x	删除光标处的单个字符
	dd	删除 / 剪切当前行（ delete ）
	5dd	删除 / 剪切从当前行开始的 5 行（ delete ）
取消与恢复		
	u	取消最近一步操作，重复按 U 键取消多步操作 (undo)
	Ctrl+R	反向取消，即重做（ redo ）
查找		
	/abc	从上而下查找字符串 abc
	n	定位下一个匹配的字符串 (next)
	N	定位上一个匹配的字符串 (next)
保存文件		
	:w	保存当前文件
	:w ~/file2.txt	保存为一个文件名，或另存为一个文件

图 1-28　vi/vim 编辑器常用的编辑命令

　　读者可自行对照上述 vi 编辑器的常用命令，通过在 vi 编辑器中反复进行操作加以强化。比如，按照如图 1-29 所示的内容进行输入练习，将输入的内容保存到当前主目录的 hello.txt 文件中。

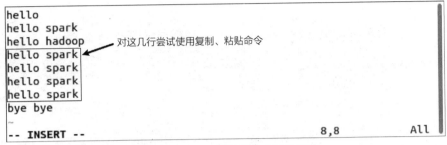

图 1-29　vi/vim 编辑器文本输入练习

4．MobaXterm 远程连接工具

　　Windows 操作系统中常用的远程连接工具有 PuTTY、SecureCRT、XShell 等。另外，还有一个功能更全面的终端神器 MobaXterm。MobaXterm 是法国 Mobatek 公司开发的一款多合一的远程管理软件，支持连接多种终端（如 ssh/telnet/rlogin 等），可远程运行 X 窗口程序，内建 SFTP 文件传输，支持 VNC/RDP/Xdmcp 等远程桌面，支持多标签、多终端分屏和屏幕录制，还具备 FTP、HTTP 等许多服务器功能。MobaXterm 分为家庭免费版（Home Edition）和专业版（Professional Edition），其中，家庭免费版又包含便携版（解压缩即可用）和安装版，家庭免费版可满足大部分场合下的使用需求。MobaXterm 官方网站下载界面如图 1-30 所示；便携版下载界面如图 1-31 所示。

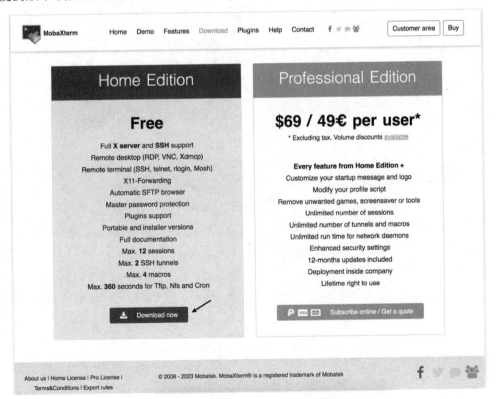

图 1-30　MobaXterm 官方网站下载界面

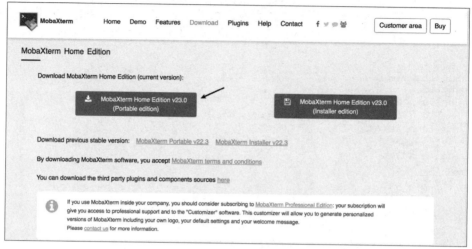

图 1-31　MobaXterm 便携版下载界面

当 MobaXterm 便携版下载好后，只需将其解压缩，并启动里面的 MobaXterm_Personal.exe 可执行程序，就会打开 MobaXterm 初始界面，如图 1-32 所示。

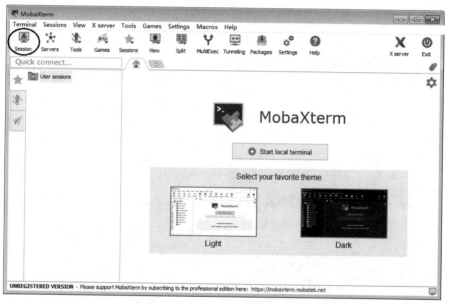

图 1-32　MobaXterm 初始界面

下面以安装好的 Ubuntu20.04 虚拟机为例，简单说明一下 MobaXterm 的基本使用。首先需要在 Linux 终端窗体中输入下面的命令，查看当前虚拟机的 IP 地址。

ip addr　或　ip a	◇ ip addr 表示查看当前虚拟机的系统 IP 地址 ◇ ip a 是 ip addr 的简写形式，效果与使用 ip addr 命令一样

```
spark@ubuntu:~$ ip addr
1: lo: <LOOPBACK,UP,LOWER_UP> mtu 65536 qdisc noqueue state UNKNOWN group c
    link/loopback 00:00:00:00:00:00 brd 00:00:00:00:00:00
    inet 127.0.0.1/8 scope host lo
       valid_lft forever preferred_lft forever
    inet6 ::1/128 scope host
       valid_lft forever preferred_lft forever
```

```
2: ens33: <BROADCAST,MULTICAST,UP,LOWER_UP> mtu 1500 qdisc fq_codel state l
    link/ether 00:0c:29:24:7f:ed brd ff:ff:ff:ff:ff:ff
    altname enp2s1
    inet 172.16.97.160/24 brd 172.16.97.255 scope global dynamic noprefixrc
       valid_lft 1072sec preferred_lft 1072sec
    inet6 fe80::8218:921d:700b:9232/64 scope link noprefixroute
       valid_lft forever preferred_lft forever
spark@ubuntu:~$
```

　　现在请记下这个 IP 地址（这里显示的是 172.16.97.160，不同机器的虚拟机地址不太一样，所以应以自己虚拟机上显示的地址为准），然后回到 MobaXterm 软件界面，在 MobaXterm 界面左上角单击 Session 图标，打开连接设置界面，在这个界面中列出了 MobaXterm 支持的各种远程连接类型，单击 SSH 图标，输入虚拟机的 IP 地址，指定登录所用的账户 spark，单击 OK 按钮即可，如图 1-33 所示。

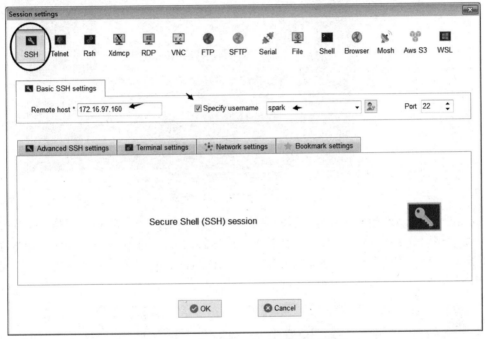

图 1-33　MobaXterm 远程连接会话设置

　　当首次连接到远程服务器时，MobaXterm 还会显示一个确认框。在这个确认框中，勾选 Do not show this message again（不再显示本确认信息）复选框，单击 Accept 按钮即可，如图 1-34 所示。

图 1-34　MobaXterm 远程连接确认

输入连接所用账户 spark 的密码（密码也是 spark）并按回车键，在弹出的是否要保存密码的确认框中，勾选 Do not show this message again（不再显示本确认信息）复选框，单击 No 按钮不保存登录密码，如图 1-35 所示。

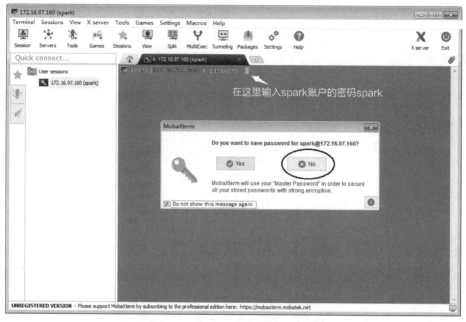

图 1-35　MobaXterm 密码保存确认

MobaXterm 成功连接远程服务器后的界面如图 1-36 所示。在这里，可以像在 Linux 操作系统本地一样执行命令，还可以单击左侧的 SFTP（圆形图标）将 Windows 操作系统本地的文件通过鼠标拖动上传到远程服务器，后面使用的 JDK、Hadoop、Spark 等软件的安装就是通过这样的方法先将其上传到 Ubuntu20.04 虚拟机中的。

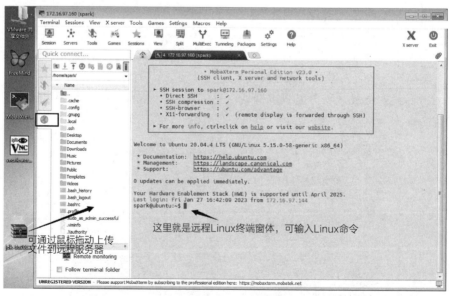

图 1-36　MobaXterm 成功连接远程服务器后的界面

MobaXterm 使用完毕后，只需按 Ctrl+D 键或输入 exit 命令即可退出远程登录。

此外，MobaXterm 还会将连接使用过的服务器信息保存在收藏栏中，这样用户双击保存的连接信息 MobaXterm 即可自动连接，或者在保存的连接信息上单击鼠标右键，选择快捷菜单中的 Edit session（编辑）或 Delete session（删除）命令可以对连接信息进行修改或删除，如图 1-37 所示。

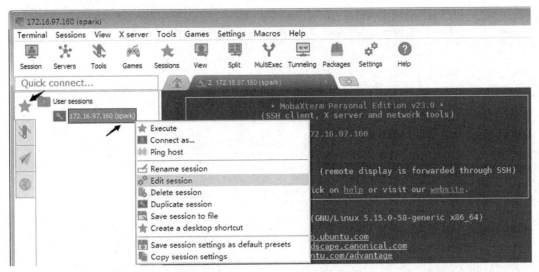

图 1-37　MobaXterm 连接信息管理

有关 MobaXterm 远程连接工具的基本使用就介绍到这里，读者如果想要了解其更多使用方法，则可自行搜索网上的资源进行参考。

1.3.2　Hadoop 伪分布集群环境搭建

Spark 是一个完全独立的大数据处理框架，不依赖于其他大数据平台，但作为 Hadoop 大数据生态的重要一员，Spark 通常还会搭配 HDFS 和 YARN 一起使用。为简单起见，我们尝试搭建一个单机环境下的最小配置的 Hadoop 伪分布集群环境，首先使用 MobaXterm 远程连接工具将 jdk-8u201-linux-x64.tar.gz 和 hadoop-2.6.5.tar.gz 文件上传至 Ubuntu20.04 虚拟机（假定存放在/home/spark/soft 目录下，后续用到的软件也都上传到这里）。虽然目前是针对单机环境的，但其工作原理与完全分布式集群环境相差无几，用户只需稍做修改即可实现完全分布式集群环境的配置。

1．JDK 的安装与配置

（1）打开一个 Linux 终端窗体，在其中执行以下命令，将 JDK 解压缩到/usr/local 目录下，并创建一个链接文件指向 JDK 的解压缩目录（链接文件相当于 Windows 操作系统的快捷方式）。

```
cd ~/soft                      ◇ cd 用于切换到/home/spark/soft 目录
sudo tar -zxf jdk-8u201-linux-x64.tar.gz -C /usr/local
◇ sudo 用于获取 root 权限，可能需要输入账户的密码。若继续在当前终端窗体中执行 sudo 命令，则
在 15 分钟之内该密码会保持有效不用再次输入
◇ tar 是 Linux 操作系统的一个文件归档包命令，-zxf 代表 gunzip、extract、file 参数项，即解
压缩提取文件，-C 用于指定解压缩的目标文件夹
```

```cd /usr/local sudo ln -s jdk1.8.0_201/ jdk ll```	◇ ln 用于创建链接文件，-s 代表 soft 软链接，jdk 是指向目标目录的链接文件 ◇ ll 表示以每个文件为一行的格式列出当前目录内容

```
spark@ubuntu:~$ cd ~/soft
spark@ubuntu:~/soft$ sudo tar -zxf jdk-8u201-linux-x64.tar.gz -C /usr/local
[sudo] password for spark:
spark@ubuntu:~/soft$
```
输入当前spark账户的密码spark

```
spark@ubuntu:~$ cd /usr/local
spark@ubuntu:/usr/local$ sudo ln -s jdk1.8.0_201/ jdk
spark@ubuntu:/usr/local$ ll
total 44

drwxr-xr-x 11 root root  4096 Jan 27 19:06 ./
drwxr-xr-x 14 root root  4096 Feb 23  2022 ../
drwxr-xr-x  2 root root  4096 Feb 23  2022 bin/
drwxr-xr-x  2 root root  4096 Feb 23  2022 etc/
drwxr-xr-x  2 root root  4096 Feb 23  2022 games/
drwxr-xr-x  2 root root  4096 Feb 23  2022 include/
lrwxrwxrwx  1 root root    13 Jan 27 19:06 jdk -> jdk1.8.0_201//
drwxr-xr-x  7 uucp  143 4096 Dec 15  2018 jdk1.8.0_201/
drwxr-xr-x  3 root root  4096 Feb 23  2022 lib/
lrwxrwxrwx  1 root root     9 Jan 26 05:45 man -> share/man/
drwxr-xr-x  2 root root  4096 Feb 23  2022 sbin/
drwxr-xr-x  7 root root  4096 Feb 23  2022 share/
drwxr-xr-x  2 root root  4096 Feb 23  2022 src/
spark@ubuntu:/usr/local$
```

（2）编辑/etc/profile 配置文件，在其中添加有关 JDK 的环境变量设置。

```sudo vi /etc/profile```	◇ 使用 vi 编辑/etc/profile 配置文件
在/etc/profile 配置文件末尾新增下面的内容：	◇ vi 编辑命令：G 表示转到最后一行，o 表示添加一个空行开始编辑
```#jdk export JAVA_HOME=/usr/local/jdk export PATH=${JAVA_HOME}/bin:$PATH```	◇ # 代表注释 ◇ export 代表导出一个环境变量，后面是：变量名=值
◇ ${JAVA_HOME}代表环境变量 JAVA_HOME 的值 ◇ $PATH 代表环境变量 PATH 的值，左边的 export PATH 是对 PATH 变量进行重新赋值操作，类似于编程语言中的 a = 1 + a ◇ 赋值符号右边包含的 ":" 代表路径的分隔符 ◇ vi 保存命令 :wq 表示保存文件并退出（冒号字符也要输入）	

```
  unset i
fi

#jdk
export JAVA_HOME=/usr/local/jdk
export PATH=${JAVA_HOME}/bin:$PATH
```

（3）保存并退出 vi 编辑器，回到 Linux 终端窗体测试一下 JDK 的配置是否正确。如果出现以下信息，则说明 JDK 的配置是正确的，JDK 的安装也就完成了。

```source /etc/profile java -version```	◇ source 是一个内置的 shell 命令，可从当前登录会话的文件中读取和执行，通常用于保留、更改当前 shell 操作中的环境变量 ◇ java 是/usr/local/jdk/bin 目录下的一个可执行程序，当在 PATH 环境变量中正确设置了 JDK 路径后，就可以直接执行 JDK 的 bin 目录中的程序，而不用/usr/local/jdk/bin/java 这种很长的路径名 ◇ -version 是可执行程序 java 的参数项，意为显示版本信息

```
spark@ubuntu:/usr/local$ source /etc/profile
spark@ubuntu:/usr/local$ java -version
java version "1.8.0_201"
Java(TM) SE Runtime Environment (build 1.8.0_201-b09)
Java HotSpot(TM) 64-Bit Server VM (build 25.201-b09, mixed mode)
spark@ubuntu:/usr/local$
```

（4）JDK 安装完毕后，最好重新启动一下 Ubuntu20.04 虚拟机，这样设置的环境变量就会在 Linux 操作系统中全局生效。否则，即使当前的 Linux 终端执行过 source 命令，若在另一个新打开的 Linux 终端窗体中执行 java 命令也很可能会失败，需要在新打开的终端窗体中重新执行一次 source 命令才行，这是因为 source 命令只针对当前终端窗体的操作有效。

2．Linux 免密登录

（1）继续在 Linux 终端窗体中执行以下命令，由于远程登录服务 sshd 已经运行，因此可先在本机中通过 ssh 命令测试一下远程连接是否正常。

cd ~ 或 cd ssh localhost exit	◇ 切换到当前主目录，即/home/spark。也可省略 "~"，效果是一样的 ◇ ssh 是一个远程登录命令，如果不指定用户名，则默认使用当前 Linux 的账户尝试远程登录，相当于 ssh spark@localhost
◇ localhost 是一个通用的主机名，代表本机，相当于 "我"，其 IP 地址为 127.0.0.1 ◇ exit 表示退出远程登录环境回到本地（远程登录的意思是进入另一个 Linux 终端）	

```
spark@ubuntu:/usr/local$ cd ~
spark@ubuntu:~$ ssh localhost
The authenticity of host 'localhost (127.0.0.1)' can't be established.
ECDSA key fingerprint is SHA256:KezSjKhm6yG794/NxUAyIxNqpYZaLK4X/AgC1YHQeWo
Are you sure you want to continue connecting (yes/no/[fingerprint])? yes
Warning: Permanently added 'localhost' (ECDSA) to the list of known hosts.
spark@localhost's password: ←── 输入spark账户的密码spark
Welcome to Ubuntu 20.04.4 LTS (GNU/Linux 5.15.0-58-generic x86_64)

Your Hardware Enablement Stack (HWE) is supported until April 2025.
Last login: Fri Jan 27 18:19:02 2023 from 172.16.97.144
spark@ubuntu:~$ exit
logout
Connection to localhost closed.
```

（2）通过 ssh-keygen 命令生成免密登录所需的密钥信息。

ssh-keygen -t rsa	◇ ssh-keygen 命令可以为 ssh 命令生成、管理和转换认证密钥，支持 RSA 和 DSA 两种认证密钥，SSH 密钥默认保存在 ~/.ssh 目录中 ◇ -t 用于指定要生成的密钥类型（type），密钥是成对的，包括私钥和公钥，对方用公钥加密，自己可以用私钥解密（私钥是不公开的）

```
spark@ubuntu:~$ ssh-keygen -t rsa
Generating public/private rsa key pair.
Enter file in which to save the key (/home/spark/.ssh/id_rsa):
Enter passphrase (empty for no passphrase):
Enter same passphrase again: ←──── 在这3个地方直接按回车键即可
Your identification has been saved in /home/spark/.ssh/id_rsa
Your public key has been saved in /home/spark/.ssh/id_rsa.pub

The key's randomart image is:
+---[RSA 3072]----+
|=*Xo.o+*+.        |
|.*++. o+.         |
| = o o o.         |
| + * o o.o        |
|  + o ES o o      |
| o o . + + +      |
|  +   o o o . .   |
|       .o         |
|       ....       |
+----[SHA256]-----+
```

（3）通过 ssh-copy-id 命令，把本机的公钥复制到远程服务器的 authorized_keys 文件上，以便双方在连接通信时使用。

ssh-copy-id localhost	◇ ssh-copy-id 命令用于将本机的公钥复制到指定主机（即后面的 localhost）上

```
spark@ubuntu:~$ ssh-copy-id localhost
/usr/bin/ssh-copy-id: INFO: attempting to log in with the new key(s), to fi
are already installed
/usr/bin/ssh-copy-id: INFO: 1 key(s) remain to be installed -- if you are p
to install the new keys

spark@localhost's password:      ← 输入登录远程主机的密码spark
Number of key(s) added: 1

Now try logging into the machine, with:   "ssh 'localhost'"
and check to make sure that only the key(s) you wanted were added.
```

（4）在本机通过 ssh 命令再次进行远程连接，测试是否能够免密登录，在正常情况下，此时不再需要输入密码，ssh 就能够连接成功。

ssh localhost exit	◇ ssh 表示连接远程服务器，这里把 localhost 当成远程服务器，相当于自己连自己，但原理与连接其他远程服务器是一样的 ◇ exit 表示退出远程登录环境

```
spark@ubuntu:~$ ssh localhost
Welcome to Ubuntu 20.04.4 LTS (GNU/Linux 5.15.0-58-generic x86_64)

 * Documentation:  https://help.ubuntu.com
 * Management:     https://landscape.canonical.com
 * Support:        https://ubuntu.com/advantage

spark@ubuntu:~$ exit
logout
Connection to localhost closed.
spark@ubuntu:~$
```

Hadoop、Spark 等大数据平台之所以需要进行免密登录设置，是因为集群中的服务器之间要相互通信和操作。比如，在主节点上启动 Hadoop 集群时，主节点需要自动将其他节点上的相应服务程序启动，此时就要借助免密登录功能，以便主节点远程登录到其他节点机器上来执行启动服务程序的命令，相当于"一只手直接伸进对方机器中进行操作"的效果。

3. Hadoop 的安装

（1）在 Linux 终端窗体中，首先解压缩 hadoop-2.6.5.tar.gz 软件包，然后像 JDK 一样建立一个链接文件。

cd ~/soft sudo tar -zxvf hadoop-2.6.5.tar.gz -C /usr/local cd /usr/local sudo ln -s hadoop-2.6.5 hadoop ll	◇ cd 表示切换到/home/spark/soft 目录 ◇ sudo 表示获取 root 权限,可能需要输入账户的密码。若继续在当前终端窗体中执行 sudo 命令,则在 15 分钟之内不用再次输入密码 ◇ tar 是 Linux 操作系统的一个文件归档包命令,-zxvf 代表 gunzip、extract、verbose、file 参数项,即解压缩提取文件并显示解压缩过程信息,-C 用于指定解压缩的目标文件夹 ◇ ln 用于创建链接文件,-s 代表 soft

软链接，hadoop 是指向目标目录的链接文件
◇　ll 表示以每个文件为一行的格式列出当前目录内容

```
spark@ubuntu:~$ cd ~/soft
spark@ubuntu:~/soft$ sudo tar -zxvf hadoop-2.6.5.tar.gz -C /usr/local
[sudo] password for spark:        ←── 输入账户的密码spark
hadoop-2.6.5/
hadoop-2.6.5/include/
hadoop-2.6.5/include/hdfs.h
spark@ubuntu:~/soft$ cd /usr/local
spark@ubuntu:/usr/local$ sudo ln -s hadoop-2.6.5  hadoop
spark@ubuntu:/usr/local$ ll
total 48
drwxr-xr-x 12 root   root   4096 Jan 27 22:03 ./
drwxr-xr-x 14 root   root   4096 Feb 23  2022 ../
drwxr-xr-x  2 root   root   4096 Feb 23  2022 bin/
drwxr-xr-x  2 root   root   4096 Feb 23  2022 etc/
drwxr-xr-x  2 root   root   4096 Feb 23  2022 games/
lrwxrwxrwx  1 root   root     13 Jan 27 22:03 hadoop -> hadoop-2.6.5//
drwxrwxr-x  9 spark  spark  4096 Oct  2  2016 hadoop-2.6.5/
drwxr-xr-x  2 root   root   4096 Feb 23  2022 include/
lrwxrwxrwx  1 root   root     13 Jan 27 19:06 jdk -> jdk1.8.0_201//
drwxr-xr-x  7 uucp    143   4096 Dec 15  2018 jdk1.8.0_201/
drwxr-xr-x  3 root   root   4096 Feb 23  2022 lib/
lrwxrwxrwx  1 root   root      9 Jan 26 05:45 man -> share/man/
drwxr-xr-x  2 root   root   4096 Feb 23  2022 sbin/
drwxr-xr-x  7 root   root   4096 Feb 23  2022 share/
drwxr-xr-x  2 root   root   4096 Feb 23  2022 src/
spark@ubuntu:/usr/local$
```

　　需要补充的是，这里创建 jdk 和 hadoop 链接文件的目的是方便维护。前面在 JDK 安装时，修改了/etc/profile 配置文件，增加了有关 JDK 的环境变量设置。同样地，Hadoop 也要添加环境变量设置。如果直接将带版本号的 JDK 和 Hadoop 软件包名称写入/etc/profile 配置文件中，将来在遇到升级或修改软件版本时，就必须同步修改/etc/profile 配置文件，而使用链接文件的方式，只需将链接文件指向新版本的目录即可，不用再修改/etc/profile 配置文件。此外，有的地方将 jdk1.8.0_201 或 hadoop-2.6.5 这种带版本号的目录名称直接改成类似 jdk、hadoop 这样的目录名称，此时从目录名称就看不出是什么版本了，这样也会造成一些不便。

　　（2）将解压缩后的 hadoop-2.6.5 目录的用户和组的权限调整一下，方便在启动 Hadoop 时能够完全控制这个目录，避免因为文件的访问权限问题导致无法进行操作。

```
cd /usr/local
sudo chown -R spark:spark hadoop-2.6.5
```

◇　切换到/usr/local 目录，如果已在这个目录下，则忽略该步
◇　chown 是一个用于修改文件目录所有者的命令，包括用户和组
◇　-R 代表递归修改（recurse），包括所有文件和子目录
◇　spark:spark 分别为 spark 用户和 spark 组

```
spark@ubuntu:/usr/local$
spark@ubuntu:/usr/local$ sudo chown -R spark:spark hadoop-2.6.5
[sudo] password for spark:        ←── 根据需要输入账户的密码spark
```

　　（3）测试 Hadoop 是否能够正常使用。

```
hadoop/bin/hadoop version
```

◇　确保当前在/usr/local 目录下
◇　hadoop 是/usr/local/hadoop/bin 目录下的一个可执行程序，因为这里还没有配置 PATH 环境变量，所以在当前/usr/local 目录下

	执行 hadoop 程序就要加上路径信息，即 /usr/local/hadoop/bin ◇ version 是 hadoop 可执行程序的参数项，意为显示版本信息。 有的参数项前要加-，有的不需要加，具体要看程序自身的要求

```
spark@ubuntu:/usr/local$ hadoop/bin/hadoop version
Hadoop 2.6.5      ←——— 在正常情况下会显示Hadoop的版本信息
Subversion https://github.com/apache/hadoop.git -r e8c9fe0b4c252caf2ebf146
Compiled by sjlee on 2016-10-02T23:43Z
Compiled with protoc 2.5.0
From source with checksum f05c9fa095a395faa9db9f7ba5d754
This command was run using /usr/local/hadoop-2.6.5/share/hadoop/common/had
spark@ubuntu:/usr/local$
spark@ubuntu:/usr/local$            如果像java命令那样在version前面加"-"就会报错
spark@ubuntu:/usr/local$ hadoop/bin/hadoop -version    ←———
Error: No command named `-version' was found. Perhaps you meant `hadoop ve
spark@ubuntu:/usr/local$
```

4．HDFS 的配置

HDFS 用来提供分布式存储功能，所需的相关配置主要在 hdfs-site.xml 文件中。不过，由于 HDFS 是 Hadoop 三大模块（HDFS+MapReduce+YARN）的基础组件，因此还会涉及 hadoop-env.sh 和 core-site.xml 这两个 Hadoop 核心配置文件的修改。

（1）切换到 Hadoop 的配置文件目录，修改其中的 hadoop-env.sh 运行环境，找到里面的 JAVA_HOME 环境变量。由于 Hadoop 没有使用 Linux 操作系统的 JAVA_HOME 环境变量，而是重新定义了一个 JAVA_HOME 环境变量，因此就要告知 Hadoop 所依赖的 JDK 安装位置。

cd /usr/local cd hadoop/etc/hadoop vi hadoop-env.sh	◇ 切换到 /usr/local/hadoop/etc/hadoop 目录 ◇ 使用 vi 编辑 hadoop-env.sh 文件

```
spark@ubuntu:~$ cd /usr/local
spark@ubuntu:/usr/local$ cd hadoop/etc/hadoop
spark@ubuntu:/usr/local/hadoop/etc/hadoop$ vi hadoop-env.sh
```

修改 JAVA_HOME 环境变量的值： export JAVA_HOME=/usr/local/jdk	◇ vi 编辑命令：i 插入模式 ◇ 找到 JAVA_HOME 环境变量所在的行，将其值修改成 jdk 的路径 ◇ vi 保存命令：:wq（按 Esc 键切换到命令模式，输入这3 个字符）

```
# set JAVA_HOME in this file, so that it is correctly defined on
# remote nodes.

                          将这里修改为/usr/local/jdk
# The java implementation to use.
export JAVA_HOME=/usr/local/jdk   ←———

# The jsvc implementation to use. Jsvc is required to run secure datanodes
```

（2）修改 Hadoop 核心配置文件 core-site.xml，在里面增加 HDFS 使用的地址、端口及 Hadoop 使用的临时目录信息。

vi core-site.xml	◇ 确保已在 /usr/local/hadoop/etc/hadoop 目录 ◇ 使用 vi 编辑 core-site.xml 文件

在 \<configuration\> 下面增加两个 property 配置：
  \<property\>
    \<name\>fs.defaultFS\</name\>
    \<value\>hdfs://localhost:9000\</value\>
  \</property\>
  \<property\>
	◇ vi 编辑命令：i 切换到编辑模式（插入状态）
	◇ fs.defaultFS 代表 HDFS 分布式文件系统使用的地址和端口，在 Spark 编程中也会用到
	◇ hadoop.tmp.dir 代表 Hadoop 使用

`        <name>hadoop.tmp.dir</name>`
`        <value>/usr/local/hadoop/tmp</value>`
`    </property>`
	的临时目录
	◇ vi 保存命令：:wq
	◇ configuration 配置
	◇ property 属性

```
<!-- Put site-specific property overrides in this file. -->
<configuration>
    <property>
        <name>fs.defaultFS</name>
        <value>hdfs://localhost:9000</value>
    </property>
    <property>
        <name>hadoop.tmp.dir</name>
        <value>/usr/local/hadoop/tmp</value>
    </property>
</configuration>
```

（3）修改 HDFS 配置文件 hdfs-site.xml，在其中指定 NameNode 和 DataNode 的数据保存位置。其中，NameNode 负责管理文件系统，DataNode 负责存储数据。

`vi hdfs-site.xml`	◇ 确保已在/usr/local/hadoop/etc/hadoop 目录下 ◇ 使用 vi 编辑 hdfs-site.xml 文件

```
spark@ubuntu:/usr/local/hadoop/etc/hadoop$
spark@ubuntu:/usr/local/hadoop/etc/hadoop$ vi hdfs-site.xml
```

在\<configuration\>下面增加 3 个 property 配置：
`    <property>`
`        <name>dfs.namenode.name.dir</name>`
`        <value>/usr/local/hadoop/tmp/dfs/name</value>`
`    </property>`
`    <property>`
`        <name>dfs.datanode.data.dir</name>`
`        <value>/usr/local/hadoop/tmp/dfs/data</value>`
`    </property>`
`    <property>`
`        <name>dfs.replication</name>`
`        <value>1</value>`
`    </property>`
	◇ vi 编辑命令：i 插入模式
	◇ dfs.namenode.name.dir 代表 HDFS 文件系统信息存放位置（类似磁盘分区表）
	◇ dfs.datanode.data.dir 代表 HDFS 数据存储所在的目录
	◇ dfs.replication 代表 HDFS 数据存储的副本数，这里是单节点，所以设为 1。在 HDFS 多节点环境下，一般设为 3，即每块数据保存 3 个备份副本
	◇ vi 保存命令：:wq
	◇ replication 副本
	◇ node 节点

```
<!-- Put site-specific property overrides in this file. -->
<configuration>
    <property>
        <name>dfs.namenode.name.dir</name>
        <value>/usr/local/hadoop/tmp/dfs/name</value>
    </property>
    <property>
        <name>dfs.datanode.data.dir</name>
        <value>/usr/local/hadoop/tmp/dfs/data</value>
    </property>
    <property>
        <name>dfs.replication</name>
        <value>1</value>
    </property>
</configuration>
```

（4）查看 slaves 配置文件的内容，这个文件中保存了运行 DataNode 进程的节点信息。由于我们配置的是单节点环境，slaves 文件中默认是 localhost，即本机，因此不用进行任何修改。

| cat slaves | ◇ 确保已在/usr/local/hadoop/etc/hadoop 目录下
◇ cat 命令用来查看文件的内容
◇ slaves 文件中默认是 localhost，即本机 |

```
spark@ubuntu:/usr/local/hadoop/etc/hadoop$ cat slaves
localhost ←
spark@ubuntu:/usr/local/hadoop/etc/hadoop$
```

（5）在配置文件修改完毕，首次运行 HDFS 服务之前，还要初始化 HDFS 的文件系统，相当于平时的磁盘格式化操作，这个工作只执行一次。如果要重新进行初始化，应先清除相关目录中的内容（即 NameNode 和 DataNode 对应的目录，这样 HDFS 存储的数据也会丢失）。

| cd /usr/local/hadoop
bin/hdfs namenode -format | ◇ 切换到/usr/local/hadoop 目录
◇ 执行 hdfs 命令，进行 namenode 初始化工作
◇ hdfs 是 Hadoop 的 bin 目录下的一个可执行程序
◇ -format 表示初始化 |

```
spark@ubuntu:/usr/local/hadoop/etc/hadoop$ cd /usr/local/hadoop
spark@ubuntu:/usr/local/hadoop$ bin/hdfs namenode -format
23/01/28 02:19:34 INFO namenode.NameNode: STARTUP_MSG:
/************************************************************
STARTUP_MSG: Starting NameNode
STARTUP_MSG:   host = ubuntu/127.0.1.1
STARTUP_MSG:   args = [-format]
STARTUP_MSG:   version = 2.6.5
STARTUP_MSG:   classpath = /usr/local/hadoop-2.6.5/etc/hadoop:/usr/local/h
```

（6）启动 HDFS 服务，在执行过程中会分别运行 NameNode、SecondaryNameNode 及 DataNode 进程。

| cd /usr/local/hadoop
sbin/start-dfs.sh | ◇ 切换到/usr/local/hadoop 目录。若已在则忽略该步
◇ 执行 start-dfs.sh 脚本，启动 HDFS 服务，这是 Hadoop 的 bin 目录下的一个可执行脚本
◇ 首次启动 HDFS 服务，还要确认 secondary namenode 的连接信息。只需确认一次即可 |

```
spark@ubuntu:/usr/local/hadoop$ sbin/start-dfs.sh
Starting namenodes on [localhost]
localhost: starting namenode, logging to /usr/local/hadoop-2.6.5/logs/hadoop
localhost: starting datanode, logging to /usr/local/hadoop-2.6.5/logs/hadoop
Starting secondary namenodes [0.0.0.0]
The authenticity of host '0.0.0.0 (0.0.0.0)' can't be established.
ECDSA key fingerprint is SHA256:KezSjKhm6yG794/NxUAyIxNqpYZaLK4X/AgC1YHQeWo.
Are you sure you want to continue connecting (yes/no/[fingerprint])? yes
0.0.0.0: Warning: Permanently added '0.0.0.0' (ECDSA) to the list of known h
0.0.0.0: starting secondarynamenode, logging to /usr/local/hadoop-2.6.5/logs
```

（7）使用 jps 命令查看 HDFS 服务的进程是否正常运行，如果 Java 进程列表中有 NameNode、SecondaryNameNode，DataNode 这 3 个进程在运行，则说明 HDFS 启动是正常的。

| jps | ◇ jps 命令可以列出所有 Java 进程
◇ jps 是/usr/local/jdk/bin 目录中的一个可执行程序 |

```
spark@ubuntu:/usr/local/hadoop$ jps
4848 NameNode
5197 SecondaryNameNode ←
5006 DataNode
1734 Jps
spark@ubuntu:/usr/local/hadoop$
```

【学习提示】

有时可能会遇到 jps 命令列出的 HDFS 相关进程出现缺失的情况，比如只有 NameNode 进程而没有 DataNode 进程，或者后续在操作 HDFS 时不能正常上传或下载文件。当出现这些问题时，首先应确保前面的配置步骤没有出现错误，特别是配置文件不能输入错误或缺少内容，然后根据所缺少的进程名称，在/usr/local/hadoop 目录下手动执行一次对应的进程启动命令。

- NameNode 进程启动命令：sbin/hadoop-daemon.sh start namenode。
- DataNode 进程启动命令：sbin/hadoop-daemon.sh start datanode。
- SecondaryNameNode 进程启动命令：sbin/hadoop-daemon.sh start secondarynamenode。

如果执行以上启动命令后仍然不能将缺少的进程启动，就再按照下面的步骤进行 HDFS 的重置操作，这样一般可以解决所遇到的问题。

命令	说明

`cd /usr/local/hadoop`
`sbin/stop-dfs.sh`
`rm -rf ./tmp/*`
`bin/hdfs namenode -format`
`sbin/start-dfs.sh`
`jps`
	◇ 切换到 hadoop 的安装目录，如果当前已在该目录下，则忽略该步
	◇ 停止当前运行的 HDFS 服务
	◇ 删除 hadoop 安装目录下 tmp 文件夹下的所有内容
	◇ 重新初始化 hdfs
	◇ 再次启动 HDFS 服务
	◇ 使用 jps 命令查看是否列出 NameNode、DataNode 等进程

5. YARN 的配置

YARN 是一个通用的 Hadoop 集群资源调度平台，负责为应用程序提供服务器计算资源（主要是 CPU 和内存），为上层应用提供统一的资源管理和调度。由于 Spark 可以运行在 YARN 集群管理服务之上，因此接下来配置 YARN，主要涉及 yarn-env.sh 和 yarn-site.xml 两个文件的修改。

（1）打开 yarn-env.sh 文件，找到其中的 JAVA_HOME 环境变量进行修改。

命令	说明
`vi yarn-env.sh`	◇ 确保已在/usr/local/hadoop/etc/hadoop 目录下 ◇ 使用 vi 编辑 yarn-env.sh 文件

```
spark@ubuntu:/usr/local/hadoop/etc/hadoop$
spark@ubuntu:/usr/local/hadoop/etc/hadoop$ vi yarn-env.sh
```

命令	说明
修改 JAVA_HOME 环境变量的值： `export JAVA_HOME=/usr/local/jdk`	◇ vi 编辑命令：i 插入模式 ◇ 找到 JAVA_HOME 环境变量所在的行,将其值修改成 jdk 的路径 ◇ vi 保存命令：:wq（先按 Esc 键切换到命令模式，然后输入这 3 个字符）

```
export YARN_CONF_DIR="${YARN_CONF_DIR:-$HADOOP_YARN_HOME/conf}"

# some Java parameters
export JAVA_HOME=/usr/local/jdk
if [ "$JAVA_HOME" != "" ]; then
```

（2）打开 yarn-site.xml 文件，在其中增加与内存检查相关的设置。这是因为虚拟机使用的内存和 CPU 资源比较有限，若要求必须有多少内存和 CPU 核，一些应用程序可能就无法正常启动。当然，在正式的生产环境中要去掉这两个参数的设置。

命令	说明
`vi yarn-site.xml`	◇ 确保已在/usr/local/hadoop/etc/hadoop 目录下 ◇ 使用 vi 编辑 yarn-site.xml 文件，修改后保存并退出

```
spark@ubuntu:/usr/local/hadoop/etc/hadoop$
spark@ubuntu:/usr/local/hadoop/etc/hadoop$ vi yarn-site.xml
```

| 在 `<configuration>` 下面增加两个 `property` 配置：
  `<property>`
    `<name>yarn.nodemanager.pmem-check-enabled</name>`
    `<value>false</value>`
  `</property>`
  `<property>`
    `<name>yarn.nodemanager.vmem-check-enabled</name>`
    `<value>false</value>`
  `</property>` | ◇ pmem-check-enabled 代表节点物理内存检查（Physical Memory Check）
◇ vmem-check-enabled 代表节点虚拟内存检查（Virtual Memory Check）
◇ YARN 在运行时会启动一个线程，检查每个任务正在使用的内存量，如果任务超出分配值，则默认会直接将其终止 |

```
<configuration>
<!-- Site specific YARN configuration properties -->
    <property>
        <name>yarn.nodemanager.pmem-check-enabled</name>
        <value>false</value>
    </property>
    <property>
        <name>yarn.nodemanager.vmem-check-enabled</name>
        <value>false</value>
    </property>
</configuration>
```

（3）配置完毕后，就可以启动 YARN 服务相关的程序，在执行过程中会分别运行 ResourceManager 和 NodeManager 这两个进程。

| `cd /usr/local/hadoop`
`sbin/start-yarn.sh`
`jps` | ◇ 切换到 /usr/local/hadoop 目录。如果当前已在该目录下，则忽略该步
◇ 执行 start-yarn.sh 脚本，启动 YARN 服务，这是 Hadoop 的 bin 目录下的一个可执行脚本 |

```
spark@ubuntu:/usr/local/hadoop/etc/hadoop$ cd /usr/local/hadoop
spark@ubuntu:/usr/local/hadoop$ sbin/start-yarn.sh
starting yarn daemons
starting resourcemanager, logging to /usr/local/hadoop-2.6.5/logs/yarn-spa
localhost: starting nodemanager, logging to /usr/local/hadoop-2.6.5/logs/y

spark@ubuntu:/usr/local/hadoop$ jps
6561 NodeManager
5250 DataNode
5426 SecondaryNameNode
6412 ResourceManager
5101 NameNode
6781 Jps
spark@ubuntu:/usr/local/hadoop$
```

从 jps 命令的输出结果中可以看出，YARN 集群资源管理服务已经在运行。

6. HDFS 和 YARN 的测试

经过前面的一系列配置，现在的 HDFS 和 YARN 服务都已经在正常运行，它们的启动脚本分别是 start-dfs.sh 和 start-yarn.sh，停止脚本分别是 stop-dfs.sh 和 stop-yarn.sh，这些脚本均位于/usr/local/hadoop 路径的 sbin 目录下而不是 bin 目录下，区别在于，前者用于存放 Hadoop 系统级的可执行程序（像这里的服务启动和停止脚本），后者用于存放一般的 Hadoop 实用程序（如 hdfs 命令等）。

考虑到后续会经常执行一些 Hadoop 的相关命令，为方便起见，这里先把 Hadoop 的 bin 目录设置到 Linux 操作系统的 PATH 环境变量中。

（1）使用 vi 修改/etc/profile 配置文件，在其中添加有关 Hadoop 环境变量的设置。

`cd ~　或　cd` `sudo vi /etc/profile`	◇ 切换到当前主目录 ◇ 编辑/etc/profile 配置文件，修改完毕后保存并退出

```
spark@ubuntu:/usr/local/hadoop$ cd ~
spark@ubuntu:~$ sudo vi /etc/profile
[sudo] password for spark: ←── 输入账户的密码 spark
```

新增 Hadoop 环境变量的设置：
`#hadoop`
`export HADOOP_HOME=/usr/local/hadoop`
`export PATH=${HADOOP_HOME}/bin:$PATH`
	◇ `${HADOOP_HOME}`与`$HADOOP_HOME` 的作用是相同的，都是获取环境变量的值

```
export JAVA_HOME=/usr/local/jdk
export PATH=${JAVA_HOME}/bin:$PATH

#hadoop
export HADOOP_HOME=/usr/local/hadoop
export PATH=${HADOOP_HOME}/bin:$PATH
```

（2）执行 source 命令使/etc/profile 配置文件的内容修改生效。需要注意的是，如果新打开一个终端窗体，则需要在新打开的终端窗体中重新执行一次 source 命令，只有重启虚拟机才会使全局有效。

`source /etc/profile`	◇ source 命令会读取配置文件的内容并使其修改生效

```
spark@ubuntu:~$
spark@ubuntu:~$ source /etc/profile
```

（3）现在可以测试一下是否能够正常操作 HDFS，比如创建目录、上传文件等。

`cd ~`
`touch hello.txt`
`echo "hello,hello" >> hello.txt`
`hdfs dfs -mkdir /mydata`
`hdfs dfs -put hello.txt /mydata`
`hdfs dfs -ls /mydata/*`
	◇ 切换到当前主目录，如果当前已在该目录下，则忽略
	◇ touch 命令可以生成一个空的文件
	◇ echo 命令可回显或输出一个字符串内容
	◇ >>是输出重定向符号，意为在文件末尾追加内容。与此相对的>符号代表重定向覆盖，旧内容不会被保留

◇ hdfs 是/usr/local/hadoop/bin 目录中的可执行程序，因为已在 PATH 环境变量中设置过，所以可以省略前导路径直接执行

◇ dfs 参数用来执行 Hadoop 支持的文件系统操作指令，-mkdir 代表创建 HDFS 目录，-put 代表上传文件到 HDFS，-get 代表从 HDFS 下载文件，-ls 代表列出 HDFS 上指定的文件或目录

```
spark@ubuntu:~$ cd ~
spark@ubuntu:~$ touch hello.txt
spark@ubuntu:~$ echo "hello,hello" >> hello.txt
spark@ubuntu:~$ hdfs dfs -mkdir /mydata
spark@ubuntu:~$ hdfs dfs -put hello.txt /mydata
spark@ubuntu:~$ hdfs dfs -ls /mydata/*
-rw-r--r--   1 spark supergroup         24 2023-01-28 07:19 /mydata/hello.txt
spark@ubuntu:~$
```

（4）在 Ubuntu20.04 里面启动浏览器，访问 http://localhost:50070 即可查看 HDFS 的 WebUI 管理界面，如图 1-38 所示。如果在 Windows 的浏览器中访问，则需要将网址中的 localhost 改成 Ubuntu20.04 虚拟机的 IP 地址（可在 Linux 终端窗体中执行 ip addr 命令查找）。

图 1-38　HDFS 的 WebUI 管理界面（端口为 50070）

（5）在 Ubuntu 20.04 浏览器中访问 http://localhost:8088，可以查看 YARN 的 WebUI 管理界面，如图 1-39 所示。如果在 Windows 的浏览器中访问，则同样需要将网址中的 localhost 改成 Ubuntu20.04 虚拟机的 IP 地址。

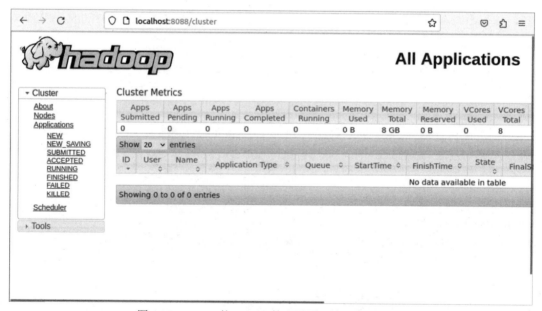

图 1-39　YARN 的 WebUI 管理界面（端口为 8088）

（6）因为这里没有配置 Hadoop 的 MapReduce 组件模块，所以 YARN 暂时还无法测试，待 Spark 环境搭建完毕，就可以提交 Spark 应用程序到 YARN 上面运行了。

【学习提示】

Hadoop 在这里配置的 HDFS 访问地址是 hdfs://localhost:9000，WebUI 管理界面地址的端口是 50070，YARN 的 WebUI 管理界面地址的端口是 8088。

1.3.3　Spark 单机运行环境搭建

Spark 的运行方式比较灵活，既支持在单机环境下运行，也支持在集群环境下运行，比如 Spark Standalone 集群或 YARN 集群等。在当前学习阶段，我们介绍最简单的 Spark 运行方式，即直接将 Spark 安装在本地虚拟机上，进行简单的配置就能使其运行。

1．Spark 的安装配置

此处使用的 Spark 安装软件包文件名为 spark-2.4.8-bin-without-hadoop.tgz，同 JDK 和 Hadoop 软件包一样，我们需要将其上传到当前主目录的 soft 目录下。

（1）打开一个 Linux 终端窗体，执行以下命令将 Spark 安装软件包解压缩到/usr/local 目录下，并创建一个链接文件指向 Spark 目录，同时修改目录的所属用户和组。

```
cd ~/soft                                    ◇ cd 命令用于切换到/home/spark/soft 目录
sudo tar -zxf spark-2.4.8-bin-without-hadoop.tgz -C /usr/local
cd /usr/local
sudo ln -s spark-2.4.8-bin-without-hadoop/ spark
```

◇ sudo 命令用于获取 root 权限，需输入账户的密码
◇ tar 是 Linux 操作系统的一个文件归档包命令，-zxf 代表解压缩提取文件，-C 用于指定解压缩的目标文件夹
◇ ln 用于创建链接文件，紧跟的是目标目录，spark 代表指向目标目录的链接文件

```
sudo chown -R spark:spark spark-2.4.8-bin-without-hadoop
ll
```

◇ chown 代表修改文件目录的所有者，包括用户和组，即 spark:spark，-R 代表递归修改
◇ ll 表示以每个文件为一行的格式列出当前目录内容

```
spark@ubuntu:~$ cd ~/soft
spark@ubuntu:~/soft$ sudo tar -zxf spark-2.4.8-bin-without-hadoop.tgz -C /usr/local
[sudo] password for spark: ←——— 在这里输入账户的密码 spark
spark@ubuntu:~/soft$ cd /usr/local
spark@ubuntu:/usr/local$ sudo ln -s spark-2.4.8-bin-without-hadoop/ spark
spark@ubuntu:/usr/local$ sudo chown -R spark:spark spark-2.4.8-bin-without-hadoop
spark@ubuntu:/usr/local$ ll
total 52
drwxr-xr-x 13 root   root  4096 Jan 28 15:35 ./
drwxr-xr-x 14 root   root  4096 Feb 23  2022 ../
drwxr-xr-x  2 root   root  4096 Feb 23  2022 bin/
drwxr-xr-x  2 root   root  4096 Feb 23  2022 etc/
drwxr-xr-x  2 root   root  4096 Feb 23  2022 games/
lrwxrwxrwx  1 root   root    13 Jan 27 22:03 hadoop -> hadoop-2.6.5//
drwxrwxr-x 11 spark  spark 4096 Jan 28 02:31 hadoop-2.6.5/
drwxr-xr-x  2 root   root  4096 Feb 23  2022 include/
lrwxrwxrwx  1 root   root    13 Jan 27 19:06 jdk -> jdk1.8.0_201//
drwxr-xr-x  7 uucp    143  4096 Dec 15  2018 jdk1.8.0_201/
drwxr-xr-x  3 root   root  4096 Feb 23  2022 lib/
lrwxrwxrwx  1 root   root     9 Jan 26 05:45 man -> share/man/
drwxr-xr-x  2 root   root  4096 Feb 23  2022 sbin/
drwxr-xr-x  7 root   root  4096 Feb 23  2022 share/
lrwxrwxrwx  1 root   root    31 Jan 28 15:35 spark -> spark-2.4.8-bin-without-hadoop//
drwxr-xr-x 13 spark   501  4096 May  8  2021 spark-2.4.8-bin-without-hadoop/
drwxr-xr-x  2 root   root  4096 Feb 23  2022 src/
```

（2）开始配置 Spark 运行环境，所有配置文件均位于 conf 目录下。

```
cd /usr/local                        ◇ cd 表示切换到/usr/local 目录
cd spark/conf                        ◇ 进入 spark 目录的 conf 子目录
cp spark-env.sh.template spark-env.sh    ◇ 从配置模板文件中复制一份 spark-env.sh
```

`vi spark-env.sh`	◇ 使用 vi 修改 spark-env.sh 文件 ◇ vi 编辑命令：G 转到末行，o 插入空行，:wq 保存并退出

在 spark-env.sh 的末尾新增下面的内容：

```
export SPARK_DIST_CLASSPATH=$(/usr/local/hadoop/bin/hadoop classpath)
```

◇ SPARK_DIST_CLASSPATH 用来指向 Hadoop 的 jar 包文件，这样 Spark 就可以访问 HDFS 了
◇ 这里使用了不带 Hadoop 相关 jar 包的 Spark 安装文件，如果没有这个配置，Spark 就只能读/写本地数据，而无法读/写 HDFS 数据
◇ /usr/local/hadoop/bin/hadoop classpath 是一个命令，classpath 参数项会列出一系列 jar 包的文件路径字符串，使用 $(...) 就能取得这个字符串。这种做法的好处是，Spark 可以灵活地适应 Hadoop 的不同版本，因为 jar 包文件路径字符串都是通过 hadoop 命令程序动态生成的，而不是硬编码的固定内容

```
# You might get better performance to enable these options if using native
# - MKL_NUM_THREADS=1          Disable multi-threading of Intel MKL
# - OPENBLAS_NUM_THREADS=1     Disable multi-threading of OpenBLAS

export SPARK_DIST_CLASSPATH=$(/usr/local/hadoop/bin/hadoop classpath)
```

（3）使用 vi 修改/etc/profile 配置文件，在其中添加有关 Spark 的环境变量设置。

`sudo vi /etc/profile`	◇ 启动 vi 编辑器修改/etc/profile 配置文件，修改完毕后保存并退出

```
spark@ubuntu:/usr/local/spark/conf$
spark@ubuntu:/usr/local/spark/conf$ sudo vi /etc/profile
[sudo] password for spark:  ← 输入账户的密码 spark
```

在末尾新增 Spark 的环境变量设置：
`#spark`
`export SPARK_HOME=/usr/local/spark`
`export PATH=${SPARK_HOME}/bin:$PATH`
	◇ vi 编辑命令：G 转到末行，o 插入空行，:wq 保存并退出
	◇ $SPARK_HOME 与 ${SPARK_HOME} 表示的效果是一样的，都是获取环境变量的值

```
export HADOOP_HOME=/usr/local/hadoop
export PATH=${HADOOP_HOME}/bin:$PATH

#spark
export SPARK_HOME=/usr/local/spark
export PATH=${SPARK_HOME}/bin:$PATH
```

（4）执行 source 命令使/etc/profile 配置文件的内容修改生效。需要注意的是，如果新打开一个终端窗体，则需要在新打开的终端窗体中重新执行一次 source 命令，只有重启虚拟机才会使全局有效。

`source /etc/profile`	◇ source 命令会读取配置文件的内容并使其修改生效

```
spark@ubuntu:/usr/local/spark/conf$
spark@ubuntu:/usr/local/spark/conf$ source /etc/profile
```

（5）初步测试配置好的 Spark 能否正常工作。

`cd /usr/local/spark` `bin/run-example SparkPi`	◇ run-example 是 Spark 提供的一个示例程序 ◇ SparkPi 采用蒙特卡洛算法近似计算圆周率 pi 的值

```
spark@ubuntu:/usr/local/spark/conf$ cd /usr/local/spark
spark@ubuntu:/usr/local/spark$ bin/run-example SparkPi
23/01/28 16:59:12 WARN util.Utils: Your hostname, ubuntu resolves to a loo
60 instead (on interface ens33)
23/01/28 16:59:12 WARN util.Utils: Set SPARK_LOCAL_IP if you need to bind
23/01/28 16:59:12 WARN util.NativeCodeLoader: Unable to load native-hadoop
-java classes where applicable
23/01/28 16:59:13 INFO spark.SparkContext: Running Spark version 2.4.8
23/01/28 16:59:13 INFO spark.SparkContext: Submitted application: Spark Pi
23/01/28 16:59:13 INFO spark.SecurityManager: Changing view acls to: spark

23/01/28 16:59:17 INFO scheduler.TaskSchedulerImpl: Removed TaskSet 0.0,
23/01/28 16:59:17 INFO scheduler.DAGScheduler: ResultStage 0 (reduce at
23/01/28 16:59:17 INFO scheduler.DAGScheduler: Job 0 finished: reduce at
Pi is roughly 3.1412357061785308          通过Spark计算得到的pi的近似值
23/01/28 16:59:17 INFO server.AbstractConnector: Stopped Spark@4b4a6ca5{
23/01/28 16:59:17 INFO ui.SparkUI: Stopped Spark web UI at http://172.16
```

　　如果一切正常，则终端窗体上会输出计算得到的 pi 的近似值，但这个值不是固定的，每次运行输出的 pi 值都是会变化的。

2. SparkShell 交互式编程环境

　　Spark 安装目录的 bin 目录中包含一些实用的工具命令脚本，包括 spark-submit、spark-shell、pyspark 等。其中，spark-shell 和 pyspark 都是交互式操作方式的 Spark 编程环境，前者支持 Scala，后者支持 Python，它们都采用"输入一条执行一条"的工作模式，在学习阶段使用是比较方便的。

　　（1）打开一个 Linux 终端窗体，输入 spark-shell 命令启动 SparkShell 交互式编程环境，在启动过程中，可能会出现一个 NumberFormatException 的异常信息，这个问题忽略即可，不影响使用。

```cd ~``` ```spark-shell```	◇ 切换到当前主目录 ◇ spark-shell 是/usr/local/spark/bin 目录中的一个可执行程序，因为设置了 PATH 环境变量，所以可忽略路径信息，Linux 操作系统会通过 PATH 环境变量设置的路径列表去搜索

```
spark@ubuntu:/usr/local/spark$ cd ~
spark@ubuntu:~$ spark-shell
23/01/28 17:59:40 WARN util.Utils: Your hostname, ubuntu resolves to a loo
60 instead (on interface ens33)
23/01/28 17:59:40 WARN util.Utils: Set SPARK_LOCAL_IP if you need to bind
23/01/28 17:59:40 WARN util.NativeCodeLoader: Unable to load native-hadoop
-java classes where applicable
Setting default log level to "WARN".
To adjust logging level use sc.setLogLevel(newLevel). For SparkR, use setL
[ERROR] Failed to construct terminal; falling back to unsupported          异常信息
java.lang.NumberFormatException: For input string: "0x100"
        at java.lang.NumberFormatException.forInputString(NumberFormatExce

Spark context Web UI available at http://172.16.97.160:4040
Spark context available as 'sc' (master = local[*], app id = local-167
Spark session available as 'spark'.
Welcome to
      ____              __
     / __/__  ___ _____/ /__
    _\ \/ _ \/ _ `/ __/  '_/
   /___/ .__/\_,_/_/ /_/\_\   version 2.4.8
      /_/

Using Scala version 2.11.12 (Java HotSpot(TM) 64-Bit Server VM, Java 1
Type in expressions to have them evaluated.
Type :help for more information.

scala>                可以从这里开始输入代码
```

（2）Spark 本身是用 Scala 开发的，当 SparkShell 启动后默认支持运行 Scala 代码。我们先输入下面两行简单的 Scala 代码进行测试（不理解也没关系）。

```
val rdd = sc.textFile("file:///home/spark/hello.txt")
rdd.first
```

◇ val 用来定义 Scala 的"变量"，这种变量在定义时需赋值且不能再次赋值（类似常量），Scala 会自动推断它的数据类型，完整的定义是：val rdd:RDD[String] = sc.textFile(…)

◇ sc 是 SparkShell 交互式编程环境自动创建的一个对象（属于 Driver 进程的一个关键变量）

◇ textFile() 是从文件读取数据的方法，用于将数据转换成集合，参数是一个以 file:// 为前缀的本地文件路径 /home/spark/hello.txt，这个本地文件必须事先存在。主目录中的 hello.txt 文件是此前测试 HDFS 时在 Linux 本地创建的，如果没有这个文件，那么可以用 echo 命令重新创建一个

◇ first 实际是 first() 方法的简写形式，表示获取第 1 个集合元素，Scala 允许无参方法省略括号

```
Using Scala version 2.11.12 (Java HotSpot(TM) 64-Bit Server VM, Java 1.8.0
Type in expressions to have them evaluated.
Type :help for more information.

scala> val rdd = sc.textFile("file:///home/spark/hello.txt")
rdd: org.apache.spark.rdd.RDD[String] = file:///home/spark/hello.txt MapPa

scala> rdd.first
res0: String = hello,hello          ←——— 运行结果

scala>
```

在正常情况下，运行完毕后就会打印输出 hello.txt 文件中的内容，说明 Spark 可以正常读取本地磁盘中的文件。

（3）新打开一个 Linux 终端窗体，在里面输入 jps 命令查看 HDFS 服务是否正在运行，如果没有运行就要先将 HDFS 服务启动，正如在配置 HDFS 服务时所做的那样。

```
jps
( /usr/local/hadoop/sbin/start-dfs.sh )
```

◇ jps 命令用于查看当前 Linux 操作系统正在运行的 Java 进程列表

◇ 根据实际需要启动 HDFS 服务（若服务正在运行则忽略）

```
spark@ubuntu:~$ jps
6561 NodeManager
5250 DataNode              ←———
5426 SecondaryNameNode
9874 SparkSubmit
10040 Jps
6412 ResourceManager
5101 NameNode              ←———
spark@ubuntu:~$
```

如果 jps 命令输出的进程名中不包含 HDFS 服务的 3 个进程，则说明 HDFS 服务没有运行（比如可能重启过虚拟机），就要使用 start-dfs.sh 命令将其启动。

（4）现在可以验证 Spark 能否正常访问 HDFS 上的文件。1.3.2 节在测试 HDFS 时已经上传过一个文件，HDFS 的路径为 /mydata/hello.txt，下面准备在 SparkShell 中读取这个文件的数据。继续在 SparkShell 中输入下面的代码。

```
val rdd = sc.textFile("hdfs:///mydata/hello.txt")
rdd.first
```

◇ 这里的代码与前面一样，仅 `textFile()` 方法的参数做了改变
◇ `"hdfs:///mydata/hello.txt"` 代表本机 HDFS 上的 `/mydata/hello.txt` 文件，前缀 `hdfs://` 代表文件系统，完整路径应为 `hdfs://localhost:9000/mydata/hello.txt`

```
scala> val rdd = sc.textFile("hdfs:///mydata/hello.txt")
rdd: org.apache.spark.rdd.RDD[String] = hdfs:///mydata/hello.txt MapPartit

scala> rdd.first
res1: String = hello,hello          ← 从Hadoop的HDFS上读取文件/mydata/hello.txt的数据

scala>
```

（5）通过上述测试，说明 Spark 的安装与配置是正确的。

要退出 SparkShell 交互式编程环境，可以按键盘上的 Ctrl+D 快捷键，或输入:quit（冒号也要输入）并按回车键。

```
scala>

scala> :quit
spark@ubuntu:~$
```

可以看出，这里编写的 Scala 代码的语法类似 Java＋Python 的"混血"。实际上，Scala 是一种融合了函数与面向对象特性的"双范式"编程语言，运行在 JVM 虚拟机上，能够兼容 Java 代码，比较适用于吞吐量大的数据处理场景，或需要进行长期运行的服务应用。

3．python3.6 的安装

我们准备使用 Python 作为 Spark 应用程序的开发语言，虽然 Spark 本身是用 Scala 编写的，但是它同时提供了多种不同类型的编程语言接口，其中就有对 Python 的支持。Ubuntu20.04 默认安装了 python3.8，但是 Spark2.4.8 最高只能支持到 python3.6，从 Spark3.x 开始才支持 python3.8。如果直接使用默认安装的 python3.8，则会造成 Spark 的兼容性问题，所以这里准备在 Ubuntu20.04 虚拟机中另行安装 python3.6 的运行环境。

（1）先查看 Ubuntu20.04 上已经安装的 Python 相关程序文件。

```
ll /usr/bin/python*      ◇ 列出 /usr/bin 下面的 Python 相关程序文件
                         ◇ /usr 类似于 Windows 的 ProgramFiles 目录，/usr/bin 目录中包
                           含很多常用的 Linux 命令程序
```

```
spark@ubuntu:~$
spark@ubuntu:~$ ll /usr/bin/python*
lrwxrwxrwx 1 root root       9 Jan 26 05:43 /usr/bin/python3 -> python3.8*
-rwxr-xr-x 1 root root 5494584 Nov 14 04:59 /usr/bin/python3.8*
-rwxr-xr-x 1 root root     384 Mar 27  2020 /usr/bin/python3-futurize*
-rwxr-xr-x 1 root root     388 Mar 27  2020 /usr/bin/python3-pasteurize*
spark@ubuntu:~$
```

从输出的文件列表中可以看出，python3 实际是一个链接文件，指向 python3.8 可执行程序。我们可以分别运行 python3 和 python3.8 命令，以确认它们是否为同一个。

```
python3 -V        ◇ -V 代表 version，意为输出 Python 版本信息（-V 是大写形式）
python3.8 -V      ◇ Python 分为 2.x 和 3.x 两类版本，目前 2.x 版本已过时，官方也不再提
python -V           供支持，主流使用是 3.x 版本，旧版本一般在维护原有代码时才可能用到
                  ◇ 在默认情况下，python2.x 的命令程序是 python，python3.x 的命令
                    程序是 python3，但因为 Ubuntu20.04 只预装了 python3.8，所以 python
                    命令就不可用
```

```
spark@ubuntu:~$ python3 -V
Python 3.8.10
spark@ubuntu:~$ python3.8 -V
Python 3.8.10
spark@ubuntu:~$ python -V
```

python命令不可用

```
Command 'python' not found, did you mean:

  command 'python3' from deb python3
  command 'python' from deb python-is-python3
```

（2）现在有两种做法：一种是将系统默认安装的 python3.8 卸载，并替换成 python3.6，不过这种做法存在一定风险，因为可能会影响系统中一些程序的使用；另一种是在系统中同时保留多个 Python 版本，根据实际需要切换使用（有现成的工具用来辅助 Python 的多版本管理）。我们准备采取第 2 种做法，即保留预装的 python3.8，另外再安装一套 python3.6 运行环境到系统中。

在安装 python3.6 之前，需要先进行 apt 软件源的更新工作。

```
sudo apt update          ◇ apt 或 apt-get 是 Ubuntu 默认的软件包管理工具
```

```
spark@ubuntu:~$ sudo apt update
[sudo] password for spark:          输入账户的密码 spark
Hit:1 http://archive.ubuntu.com/ubuntu focal InRelease
Get:2 http://archive.ubuntu.com/ubuntu focal-security InRelease
```

（3）由于 Ubuntu 软件源不包含 python3.6 的预编译版本，因此要使用一个第三方的软件源 Deadsnakes PPA，按照下面的步骤进行安装。

```
sudo apt install software-properties-common     ◇ 安装必要的支持包
sudo add-apt-repository ppa:deadsnakes/ppa       ◇ 在安装 Deadsnakes PPA 时需按回车键
sudo apt update                                     确认一次
                                                 ◇ 安装完毕后，同步更新 apt 软件源信息
```

```
spark@ubuntu:~$ sudo apt install software-properties-common
Reading package lists... Done
Building dependency tree
Reading state information... Done
software-properties-common is already the newest version (0.99.9.8).
spark@ubuntu:~$ sudo add-apt-repository ppa:deadsnakes/ppa
 This PPA contains more recent Python versions packaged for Ubuntu.

Disclaimer: there's no guarantee of timely updates in case of security pro
Nightly Builds
===============

For nightly builds, see ppa:deadsnakes/nightly https://launchpad.net/~dead
 More info: https://launchpad.net/~deadsnakes/+archive/ubuntu/ppa
Press [ENTER] to continue or Ctrl-c to cancel adding it.
```

按回车键确认继续

```
spark@ubuntu:~$ sudo apt update
Hit:1 http://ppa.launchpad.net/deadsnakes/ppa/ubuntu focal InRelease
Hit:2 http://archive.ubuntu.com/ubuntu focal InRelease
Hit:3 http://archive.ubuntu.com/ubuntu focal-security InRelease
Reading package lists... Done
```

（4）现在可以开始安装 python3.6 了，安装完毕后可以查看一下 python3.6 的启动程序。

`sudo apt -y install python3.6`	◇ 安装 python3.6 软件包，-y 意为 yes，即直接安装不用确认
`ll /usr/bin/python*`	◇ 在/usr/bin 目录中查看安装的程序文件
`python3.6 -V`	◇ 查看安装好的 python3.6 版本信息

```
spark@ubuntu:~$ sudo apt -y install python3.6
Reading package lists... Done
Building dependency tree
Reading state information... Done
The following additional packages will be installed:
  libpython3.6-minimal libpython3.6-stdlib python3.6-minimal
Suggested packages:
  python3.6-venv binutils binfmt-support                  这里列出了即将安装的软件包
The following NEW packages will be installed:
  libpython3.6-minimal libpython3.6-stdlib python3.6 python3.6-minimal

spark@ubuntu:~$ ll /usr/bin/python*
lrwxrwxrwx 1 root root         9 Jan 26 05:43 /usr/bin/python3 -> python3.8*
-rwxr-xr-x 2 root root 4715128 Apr 24  2022 /usr/bin/python3.6*
-rwxr-xr-x 2 root root 4715128 Apr 24  2022 /usr/bin/python3.6m*
-rwxr-xr-x 1 root root 5494584 Nov 14 04:59 /usr/bin/python3.8*
-rwxr-xr-x 1 root root     384 Mar 27  2020 /usr/bin/python3-futurize*
-rwxr-xr-x 1 root root     388 Mar 27  2020 /usr/bin/python3-pasteurize*

spark@ubuntu:~$ python3.6 -V
Python 3.6.15
spark@ubuntu:~$
```

　　从上面的命令中可以发现，当 python3.6 成功安装后，在/usr/bin 目录下会多出两个可执行程序，即 python3.6 和 python3.6m，其中 python3.6m 是在内存分配方式上做了优化（"m" 指代 memory，即内存），在实际使用时任选其一即可。

　　在 "2. SparkShell 交互式编程环境" 中介绍 SparkShell 时，提到过 Spark 包含一个名为 pyspark 的交互式编程脚本，它在 Python 的运行环境中才能使用。为了使 pyspark 脚本能够找到正确的 Python 运行环境，可以在运行脚本之前设置一个名为 PYSPARK_PYTHON 的环境变量。为方便起见，我们将其添加到/etc/profile 配置文件中（在 Spark 的 spark-env.sh 文件中进行配置也可以）。

`sudo vi /etc/profile`	◇ 启动 vi 编辑器修改/etc/profile 配置文件，修改完毕后保存并退出

```
spark@ubuntu:~$ sudo vi /etc/profile
[sudo] password for spark:          输入账户的密码 spark
```

在其中增加下面的内容：
`export PYSPARK_PYTHON=python3.6m`
或
`export PYSPARK_PYTHON=python3.6`
	◇ PYSPARK_PYTHON 环境变量在启动 pyspark 脚本时使用

```
#spark
export SPARK_HOME=/usr/local/spark
export PATH=${SPARK_HOME}/bin:$PATH
export PYSPARK_PYTHON=python3.6m
```

4．PySparkShell 交互式编程环境

（1）当 python3.6 运行环境准备就绪后，就可以启动 PySparkShell 交互式编程环境了。

`cd`
`source /etc/profile`
`pyspark`
	◇ 切换到当前主目录。如果现在已在主目录中，则忽略该步
	◇ 确保配置过的 `PYSPARK_PYTHON` 环境变量生效
	◇ pyspark 是 Python 版的 SparkShell，也被称为 PySparkShell

```
spark@ubuntu:~$
spark@ubuntu:~$ source /etc/profile
spark@ubuntu:~$ pyspark
Python 3.6.15 (default, Apr 25 2022, 01:55:53)
[GCC 9.4.0] on linux
Type "help", "copyright", "credits" or "license" for more information.
23/01/29 04:05:34 WARN util.Utils: Your hostname, ubuntu resolves to a loo
using 172.16.97.160 instead (on interface ens33)
23/01/29 04:05:34 WARN util.Utils: Set SPARK_LOCAL_IP if you need to bind
23/01/29 04:05:34 WARN util.NativeCodeLoader: Unable to load native-hadoop
... using builtin-java classes where applicable
Setting default log level to "WARN".

To adjust logging level use sc.setLogLevel(newLevel). For SparkR, use setL
Welcome to
      ____              __
     / __/__  ___ _____/ /__
    _\ \/ _ \/ _ `/ __/  '_/
   /__ / .__/\_,_/_/ /_/\_\   version 2.4.8
      /_/

Using Python version 3.6.15 (default, Apr 25 2022 01:55:53)
SparkSession available as 'spark'.
>>> ■     ◄──── 在这里输入Python代码
```

从 PySparkShell 启动输出的提示信息中可以看出，Spark2.4.8 使用的是 python3.6，这也再次证明之前的配置是正确的。

（2）类似 SparkShell 读取文件数据的做法，在这里同样测试一下 PySparkShell 访问本地和 HDFS 文件的功能。首先确认 HDFS 服务是否正常运行，具体步骤可参考前述内容，这里假定 HDFS 服务已正常运行。

在 PySparkShell 中输入以下代码并执行。

`rdd = sc.textFile("file:///home/spark/hello.txt")`
`rdd.first()`
`rdd = sc.textFile("hdfs:///mydata/hello.txt")`
`rdd.first()`
	◇ sc 为 SparkContext 类型的对象
	◇ textFile()方法用于读取文件的数据并将其转换成数据集，参数是本地文件（file://）或 HDFS 文件（hdfs://）
	◇ first()方法返回第 1 条记录

```
Using Python version 3.6.15 (default, Apr 25 2022 01:55:53)
SparkSession available as 'spark'.
>>>
>>> rdd = sc.textFile("file:///home/spark/hello.txt")
>>> rdd.first()
'hello,hello'   ◄──── 读取本地文件的数据
>>> rdd = sc.textFile("hdfs:///mydata/hello.txt")
>>> rdd.first()
'hello,hello'   ◄──── 读取HDFS文件的数据
>>>
```

如果不出意外，则会打印输出从文件中读取的数据。

（3）测试完毕后，直接按 Ctrl+D 快捷键，或者输入 quit()就可以退出 PySparkShell 交互式编程环境的界面。

5. Pip 的安装与配置

Pip 是一个 Python 包管理工具，提供了 Python 软件库的查找、下载、安装和卸载等功能。实际上，Pip 本身也是 Python 标准库中的一个包，只是这个包比较特殊，可以用于管理 Python 标准库中的其他包。Pip 支持从 PyPI、版本控制、本地项目、文件等途径安装，之后就可以在终端窗体中执行 pip 和 pip3 命令。Ubuntu20.04 默认没有附带 Pip 包管理工具，不过可以通过 apt 命令进行在线安装。

（1）在 Linux 终端窗体中执行下面的命令安装 Pip 包管理工具，查看 Pip 的版本信息，以及对应管理的 Python 版本。

`sudo apt -y install python3-pip`
`sudo apt -y install python3.6-distutils`
`which pip`
`which pip3`
`ll /usr/bin/pip*`
`pip -V`
`pip3 -V`
	◇ 安装 python3-pip 和 python3.6-distutils 软件包
	◇ which 命令可以查看 pip 和 pip3 的具体路径，它会从 PATH 环境变量设置的目录列表中依次搜索
	◇ pip 和 pip3 是 /usr/bin 目录中的两个可执行脚本
	◇ 查看 pip 和 pip3 命令信息，从输出结果中可以看出它们都是针对默认的 python3.8 的，是 python3.8 的包管理工具

```
spark@ubuntu:~$ sudo apt -y install python3-pip
Reading package lists... Done
Building dependency tree
Reading state information... Done
The following additional packages will be installed:
  libexpat1-dev libpython3-dev libpython3.8-dev python-pip-whl python3-dev
  python3-wheel python3.8-dev zlib1g-dev

spark@ubuntu:~$ sudo apt -y install python3.6-distutils
Reading package lists... Done
Building dependency tree
Reading state information... Done
The following additional packages will be installed:
  python3.6-lib2to3

spark@ubuntu:~$ which pip
/usr/bin/pip  ←
spark@ubuntu:~$ which pip3
/usr/bin/pip3  ←
spark@ubuntu:~$ ll /usr/bin/pip*
-rwxr-xr-x 1 root root 365 Jan 24 01:31 /usr/bin/pip*  ←
-rwxr-xr-x 1 root root 367 Jan 24 01:31 /usr/bin/pip3*

spark@ubuntu:~$ pip -V
pip 20.0.2 from /usr/lib/python3/dist-packages/pip (python 3.8)  ←
spark@ubuntu:~$ pip3 -V
pip 20.0.2 from /usr/lib/python3/dist-packages/pip (python 3.8)  ←
spark@ubuntu:~$
```

（2）Pip 包管理工具安装完毕后，就要考虑如何处理系统中现存的两个 Python 版本，即 python3.6 和 python3.8。由于 Ubuntu20.04 中的 python3 命令默认指向 python3.8，pip 和 pip3 脚本命令也都是用来管理 python3.8 软件包的，因此就面临一个问题，如何来分别管理 python3.6 和 python3.8 软件包呢？可以使用 python3.6 -m pip 或 python3.8 -m pip 命令形式，但如果有更直接的办法，比如使用 pip 脚本命令管理 python3.6 软件包，使用 pip3 脚本命令管理 python3.8

软件包，就自然把它们隔离开了。

回顾一下在"3. python3.6 的安装"中配置过的 PYSPARK_PYTHON 环境变量，它的目的是让 pyspark 脚本能够找到合适的 Python 运行环境。假如未设置 PYSPARK_PYTHON 环境变量，pyspark 脚本默认会调用系统的 python 命令来启动后续过程。基于此，可以考虑创建一个名为 python 的链接文件指向 python3.6，同时配置 pip 命令管理 python3.6 软件包。与此对应的，保留 python3 链接文件指向 python3.8，并维持 pip3 管理 python3.8 软件包的功能不变。经过这样的安排，python3.6 和 python3.8 就可以使用它们各自的命令和包管理工具，而且相互不存在冲突（这样的选择不是必需的，这里只是提供一种可行的做法）。

在 Linux 终端窗体中继续执行下面的命令。

```sudo ln -s /usr/bin/python3.6 /usr/bin/python\npython -V\npython3 -V\nhead -n 2 /usr/bin/pip\nhead -n 2 /usr/bin/pip3```	◇ 创建 python 链接文件，指向 python3.6
	    python -> python3.6
	    python3 -> python3.8
	◇ 目标：
	    python + pip => python3.6
	    python3 + pip3 => python3.8
	◇ head 是用来查看文本文件前 n 行的命令，数字用于指定行数，默认是 10 行
	◇ pip 和 pip3 脚本命令之所以默认管理 python3.8 软件包，是因为脚本第 1 行的设置，因此要修改第 1 行的设置

```
spark@ubuntu:~$ sudo ln -s /usr/bin/python3.6 /usr/bin/python
[sudo] password for spark:        ← 输入账户的密码 spark
spark@ubuntu:~$ python -V
Python 3.6.15
spark@ubuntu:~$ python3 -V
Python 3.8.10
```

```
spark@ubuntu:~$ head -n 2 /usr/bin/pip
#!/usr/bin/python3
# EASY-INSTALL-ENTRY-SCRIPT: 'pip==20.0.2','console_scripts',('pip')
spark@ubuntu:~$ head -n 2 /usr/bin/pip3
#!/usr/bin/python3
# EASY-INSTALL-ENTRY-SCRIPT: 'pip==20.0.2','console_scripts',('pip3')
spark@ubuntu:~$
```

```sudo vi /usr/bin/pip```	◇ 修改/usr/bin/pip 脚本文件

```
spark@ubuntu:~$
spark@ubuntu:~$ sudo vi /usr/bin/pip
```

将第 1 行的：
    #!/usr/bin/python3
修改为：
    #!/usr/bin/python3.6
	◇ 因为 python3 默认指向 python3.8 程序，所以 pip 命令管理的是 python3.8 软件包
	◇ 修改为 python3.6 后，则管理 python3.6 软件包

```
#!/usr/bin/python3.6        ← 将这里修改为python3.6
# EASY-INSTALL-ENTRY-SCRIPT: 'pip==20.0.2','console_scripts','pip'
__requires__ = 'pip==20.0.2'
import re
import sys
```

```sudo vi /usr/bin/pip3```	◇ 修改/usr/bin/pip3 脚本文件

```
spark@ubuntu:~$
spark@ubuntu:~$ sudo vi /usr/bin/pip3
```

将第 1 行的：
```
    #!/usr/bin/python3
```
修改为：
```
    #!/usr/bin/python3.8
```

◇ 因为 python3 指向 python3.8 程序，所以 pip3 命令管理的也是 python3.8 软件包
◇ 修改这里是为了明确 pip3 管理 python3.8 软件包，避免产生歧义

```
#!/usr/bin/python3.8  ←—— 将这里修改为python3.8
# EASY-INSTALL-ENTRY-SCRIPT: 'pip==20.0.2','console_scripts','pip3'
__requires__ = 'pip==20.0.2'
import re
import sys
```

（3）现在可以验证一下 pip 和 pip3 的设置是否达到了预期目标。

```
pip -V
python -V
pip3 -V
python3 -V
```

◇ python3.6 --> pip + python
◇ python3.8 --> pip3 + python3

```
spark@ubuntu:~$ pip -V
pip 20.0.2 from /usr/lib/python3/dist-packages/pip (python 3.6)
spark@ubuntu:~$ python -V
Python 3.6.15
spark@ubuntu:~$ pip3 -V
pip 20.0.2 from /usr/lib/python3/dist-packages/pip (python 3.8)
spark@ubuntu:~$ python3 -V
Python 3.8.10
spark@ubuntu:~$
```

【学习提示】

值得注意的是，假如后期升级了 Pip 包管理工具的版本，在终端窗体中执行的 pip 或 pip3 命令就变成了/usr/local/bin 目录下的脚本程序，而不是/usr/bin 目录下的脚本程序。这种情况下，在两个目录下都同时存在 pip 和 pip3 脚本程序，其中，前者存放了升级后的 pip 和 pip3 脚本程序，后者存放了旧的 pip 和 pip3 脚本程序。当执行 pip 或 pip3 命令时，Linux 操作系统具体运行哪个目录中的 pip 和 pip3 脚本程序，取决于 PATH 环境变量中设置的目录路径的先后顺序，排在前面的目录会被优先搜索使用。通过执行 echo $PATH 命令查看当前 PATH 环境变量的具体内容，就会发现里面的/usr/local/bin 目录是位于/usr/bin 目录之前的。也就是说，升级后执行的 pip 和 pip3 命令脚本实际是来自/usr/local/bin 目录的，而不是这里配置的/usr/bin 目录，只有清楚了这一点才不至于造成使用上的困惑。

```
spark@ubuntu:~$ echo $PATH
/usr/local/sbin:/usr/local/bin:/usr/sbin:/usr/bin:/sbin:/bin:/usr/games:
/usr/local/games:/snap/bin
spark@ubuntu:~$
```

如果升级了 pip 和 pip3 脚本程序，为了使 python3.6 和 python3.8 的原有内容继续有效，就要再修改/usr/local/bin 目录中的 pip 和 pip3 脚本文件，修改的内容与上面是类似的，都是将第 1 行设置为对应的 Python 版本。

（4）当 Pip 包管理工具安装与配置好之后，考虑到在实际使用时需要访问网络下载软件，下面将 pip 镜像源改成国内镜像（如阿里云、清华镜像站点等），以加快下载速度。

```
sudo vi /etc/pip.conf
```
◇ 新建并编辑/etc/pip.conf 配置文件

```
spark@ubuntu:~$ sudo vi /etc/pip.conf
[sudo] password for spark: ←──输入账户的密码 spark
```

在新建的配置文件中加入下面的内容（以清华镜像站点为例）：
```
[global]
index-url = https://pypi.tuna.tsinghua.edu.cn/simple
trusted-host = pypi.tuna.tsinghua.edu.cn


[list]
format = columns
```

```
[global]
index-url = https://pypi.tuna.tsinghua.edu.cn/simple
trusted-host = pypi.tuna.tsinghua.edu.cn

[list]
format = columns
```

当 pip 镜像源配置文件修改完毕后，可以通过下面的命令验证是否有效。

`pip config list -v`	◇ config 意为配置
`pip3 config list -v`	◇ list 意为列出
	◇ -v 表示显示详细操作信息，等同--verbose

```
spark@ubuntu:~$ pip config list -v
For variant 'global', will try loading '/etc/xdg/xdg-ubuntu/pip/pip.conf'
For variant 'global', will try loading '/etc/xdg/pip/pip.conf'
For variant 'global', will try loading '/etc/pip.conf'
For variant 'user', will try loading '/home/spark/.pip/pip.conf'
For variant 'user', will try loading '/home/spark/.config/pip/pip.conf'
For variant 'site', will try loading '/usr/pip.conf'
global.index-url='https://pypi.tuna.tsinghua.edu.cn/simple'
global.trusted-host='pypi.tuna.tsinghua.edu.cn'
list.format='columns'

spark@ubuntu:~$ pip3 config list -v
For variant 'global', will try loading '/etc/xdg/xdg-ubuntu/pip/pip.conf'
For variant 'global', will try loading '/etc/xdg/pip/pip.conf'
For variant 'global', will try loading '/etc/pip.conf'
For variant 'user', will try loading '/home/spark/.pip/pip.conf'
For variant 'user', will try loading '/home/spark/.config/pip/pip.conf'
For variant 'site', will try loading '/usr/pip.conf'
global.index-url='https://pypi.tuna.tsinghua.edu.cn/simple'
global.trusted-host='pypi.tuna.tsinghua.edu.cn'
list.format='columns'
spark@ubuntu:~$
```

6. Spark 框架的目录结构

当安装好 Spark 后，在 Spark 的系统目录中包含一系列的子目录和文件，其中每个子目录都有其特定的目的和用途，如图 1-40 所示。

图 1-40　Spark 框架的目录结构

这里将 Spark 框架的目录结构罗列到一个表格中，以便读者对 Spark 框架有更具体的了解，如表 1-1 所示。

表 1-1　Spark 框架的目录结构

内容	作用或解释
bin	应用程序目录，包含 spark-shell、pyspark、spark-submit 等可执行脚本。因为 PATH 环境变量设置了该路径，所以脚本命令可以直接运行
conf	Spark 配置文件所在的目录，比如基本运行环境、集群配置、日志等
data	样例代码用到的一些数据
examples	一些样例程序和源代码
jars	Spark 框架自身运行依赖的 jar 包目录，数据库连接等的 jar 包也放在这个目录中
kubernetes	K8s 云容器运行调度相关的文件
logs	存放 master、worker、history server 等的运行日志（运行集群后才会生成此目录）
licenses	依赖的第三方组件的 license 协议声明文件
python	与 Python 相关的脚本、文档和 lib 库
R	与 R 相关的文档、lib 库
sbin	系统程序目录，主要存放一些启动和停止 Spark 组件的脚本
yarn	spark-yarn-shuffer.jar 包所在的目录，以支持 Spark 在 YARN 集群中的动态资源分配
LICENSE	顾名思义，存放 license 文件
NOTICE	Spark 发行版包含的一些使用提示
README.md	readme 文件，对于初学者很有用，包含一些入门的 Spark 说明
RELEASE	发行版本介绍

1.4　Python 核心语法概览

Python 是一种优雅而健壮的编程语言，继承了传统编译语言的强大性和通用性，同时保留了脚本语言和解释语言的易用性。Python 拥有一个完善的标准库，包含几乎适用于任何开发任务的可重复使用代码，相比其他语言，Python 使用较少行数的代码即可实现同样的功能。

下面将 Python 的核心语法要点归纳到一起，以方便读者复习回顾，如表 1-2 所示。

表 1-2　Python 的核心语法要点

序号	类别	含义	举例
1	关键字	编程语言中具有特殊含义的词语，不能用作常量、变量、标识符名称，均为小写字母	True False None from import del if else elif for while continue break and or not in is def return pass lambda as with try except raise assert finally class global nonlocal yield

序号	类别	含义	举例
2	注释	对代码进行说明的描述性文字，使代码更易于阅读和理解；单行注释用#，多行块注释用 3 个单引号或 3 个双引号	# ''' """
3	标识符	用于变量、函数、类、方法等的命名，包括英文、数字及下画线，不能以数字开头，以下画线开头有特殊含义，区分字母大小写	num def get_name class Animal __init__()
4	数据类型	Python 内置的 5 种标准数据类型包括数值（Number）、字符串（String）、列表（List）、元组（Tuple）、字典（Dictionary），其中，数值包含整型（int/long）、浮点型（float）、复数（complex）	3 3.14 "city" 'city' [1,2,3,4] (1,2,3) {'a':1, 'b':2} {"a", "b", "c"} （无重复元素的集合）
5	运算符	算术运算：+ - * / % // ** 比较运算：== != > >= < <= 赋值运算：= += -= *= /= %= //= **= 位运算：& | ~ ^ << >> 逻辑运算：and or not 成员运算：in not in 身份运算：is is not	1+2 a%2 b//2 a==b a>=b a!=b a=3 a&b a|b x and y not x a in list a is b

6	条件语句	用于条件判断，后面有冒号	if a==2:
			if a==2: elif a==3:
			if a==2: else:

7	循环语句	用于循环执行，可结合 continue、break 一起控制执行流程	for a in xxx: while a==2:

8	函数	函数是组织好的、可重复使用、用来实现单一或相关联功能的代码段	def change(x)
			    ...
			    return x
			lambda x : x+2

9	模块	把相关的代码分配到一个模块里能让代码更好用、更易懂。在模块中可以定义函数、类和变量，也可以包含可执行的代码	import datetime from math import max

10	异常处理	捕捉和处理 Python 程序在运行中出现的异常和错误	try:
			except:
			else:
			finally:

11	面向对象	用类 class 封装，包含数据成员和方法，支持继承，可实例化对象进行使用	class Employee: emp = Employee("tom", 20)

1.5　单元训练

（1）写出下列术语的中文释义。

client　master　worker　driver　executor　context　cluster　manager
task　standalone　terminal　update　upgrade　install　remove　server
disable　link　version　localhost　configuration　property

（2）在启动 PySparkShell 交互式编程环境时，执行的是哪一个 Spark 命令程序？

（3）简述 HDFS 和 YARN 在 Hadoop 大数据系统中的作用分别是什么。

第2章

Spark RDD 离线数据计算

 学习目标

知识目标

- 初步理解 RDD 基本原理和编程模型
- 掌握创建 RDD 的两种基本方法（集合元素/文本文件）
- 掌握常用 RDD 转换算子的含义和使用方法
- 掌握常用 RDD 行动算子的含义和使用方法
- 了解 Spark 读/写文本、CSV、TSV、SequenceFile 等文件类型的方法

能力目标

- 会使用 RDD 转换算子和行动算子解决词频统计问题
- 会使用 RDD 转换算子和行动算子解决基本 TopN 问题
- 会使用 RDD 转换算子和行动算子处理简单数据分析问题

素质目标

- 培养良好的学习态度和学习习惯
- 培养良好的人际沟通和团队协作能力
- 培养正确的科学精神和创新意识

2.1　引言

　　Spark 是一个优秀的开源大数据框架，将海量的数据视为一个"集合"，这为各种数据的统一处理带来了极大便利。Spark 的数据集合有一个专有术语——RDD（Resilient Distributed Dataset，弹性分布式数据集），它代表一个分布式的数据集，是整个 Spark 框架的核心基础。与普通集合不同的是，RDD 是针对数据的并行处理而设计的，但在使用上没有表现出多少特殊之处。Spark 的分布式计算能力，正是建立在 RDD 这种特殊集合之上的一系列"数据转换"和"计算执行"操作实现的，前者相当于"步骤"，后者相当于"行动"。

2.2　RDD 基本原理

　　RDD 是 Spark 的核心设计理念，代表一个不可变、可分区且可在不同计算节点（计算机）上并行计算的"数据集合"，是一种分布式计算模型的极佳数据抽象，如图 2-1 所示。RDD 是 Spark 的一个关键数据结构，我们可以从两个方面加以理解：一方面，RDD 是一种可容纳海量数据的集合；另一方面，RDD 的数据元素是分布式的，这意味着数据可位于不同计算节点的内存中，但在逻辑上仍属于一个整体，使用起来也和普通集合没太大差异。相对而言，普通集合的数据只能属于一台计算机的一个进程，是无法同时分散到多个计算节点上的。

RDD 基本原理

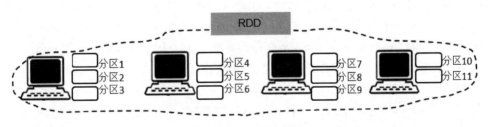

图 2-1　RDD 基本原理

　　那么 RDD 的数据元素是如何合理地分布到多个计算节点上的呢？答案是：分区。RDD 在实现上被划分成多个分区（即分组），这些分区数据可单独分配到不同的计算节点上，从而实现分布式计算的功能，如图 2-2 所示，其中虚线框代表一个 RDD，它来自存储在 HDFS 上的 logs.data 数据文件，默认每个数据块大小为 128MB。

　　当 Spark 读取文件时，每个数据块被转换为 RDD 的一个分区，这些分区共同构成完整的 RDD。RDD 的每个分区数据之所以能在不同计算节点上处理，是因为 HDFS 本身就是分布式的，因此只要确定了每个计算节点具体负责处理哪个分区，就能轻易地读取到该分区的文件块数据。虽然 RDD 在逻辑上是一个整体，但在形态上是以"分区"为单位将数据块分散到不同节点上去计算处理的。值得一提的是，RDD 的一个分区并不是只包含一条数据，而是包含一批数据元素。对于普通文本文件来说，文件的每行默认会被转换成 RDD 的一个字符串元素，这样在一个 RDD 分区中就有文件的多行数据内容。

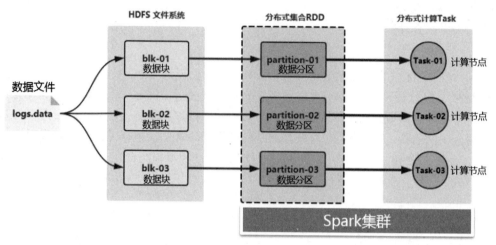

图 2-2   RDD 的分区机制

RDD 虽然是 Spark 的数据集，但平时并不存储真实的数据元素，这一点也与普通集合不同。实际上，我们可以把 RDD 想象为一张表格，在这张表格中描述了每行的数据是如何被"计算"出来的。否则，如果每个 RDD 包含的数据都同时存在，假定一个 RDD 大小为 5GB，那么经过几次处理，机器的内存可能就消耗殆尽了，这对海量数据的处理就更加不可能实现了。所以，RDD 的数据元素在计算时才会存在，用完即可丢弃（缓存的 RDD 数据元素除外），以释放内存给下一次 RDD 的计算使用，RDD 本质上只是一种"过程性"的数据集，要在真正执行计算时才会出现在内存中（在内存不足的情况下也会将部分数据临时存放到磁盘上）。

所谓 RDD 的弹性，是指在处理数据的过程中，对已有 RDD 的计算会生成一个新的 RDD，这样前后不同的 RDD 之间就会形成类似"RDD1→RDD2→RDD3→RDD4……"的一系列数据集，它们之间如同一根链条一样先后串联在一起，形成所谓的"血缘关系"。在这种情况下，如果中间某个 RDD（比如 RDD3）因为某些原因导致其中的某些分区数据丢失，那么 Spark 会自动回退到 RDD3 的上一级（RDD2），按照丢失数据所在分区重新计算一次即可恢复，这样就可以继续后面的计算，而不是从头再来一遍。此外，RDD 的分区还可在运行过程中动态调整，比如集群中有的计算节点很忙，有的计算节点相对空闲，那么 Spark 可以自动调整 RDD 分区的数量和分配目标，从而使得整个集群始终处于一种良好的运行状态。如果中间生成的某个 RDD 会被多次反复使用，那么此时可以考虑将这个 RDD 缓存起来避免进行重复计算，从而提高整个 RDD 计算链的性能和效率。

值得欣慰的是，在实际编程中，RDD 与普通集合的使用方法基本是一样的，RDD 的数据元素可以是 Python、Java、Scala 等任意类型的对象。Spark 在计算 RDD 的数据元素时，默认将数据元素放到内存中，以便多次迭代计算使用，这也是在性能上比 Hadoop 的 MapReduce 更高的一个重要原因。

综上所述，RDD 的主要特性可归纳为如下 4 点。

- Dataset（数据集）：RDD 是一个可以容纳海量数据的集合，是过程化的数据集，数据元素在执行计算时才会真正存在。

- Distributed（分布式）：RDD 的数据元素可以通过分区（相当于子集）分配到不同的计算节点上处理，从而实现分布式的并行计算。
- Resilient（弹性）：RDD 的数据元素默认存放在内存中，支持容错，任何 RDD 分区数据的丢失都会导致重新计算和恢复，分区个数也可以动态调整以充分利用计算资源。
- Readonly（只读）：RDD 数据集被设计为只读，每次对 RDD 施加的计算都会生成一个新的 RDD。由于 RDD 的数据元素是在运行过程中"计算"出来的，并不是一直存在的，所以无法像普通集合元素那样直接被修改。

2.3　RDD 编程模型

在对 RDD 的概念有一个基本的了解后，我们将具体讨论 RDD 的编程模型，如图 2-3 所示（虚线箭头代表若干次操作），其中 rdd1 是初始数据集（支持从文件、内存或其他数据源创建），整个 rdd1 至 rdd*n* 的计算流程就如同一个工厂流水装配线，流水线上的 RDD 经过反复迭代计算会源源不断地产生新的 RDD。自 RDD 的创建开始，中间经过若干次的 Transformation 迭代，直到 Action 为止，这样就能得到处理后的结果数据，整个计算过程即宣告结束。

RDD 编程模型

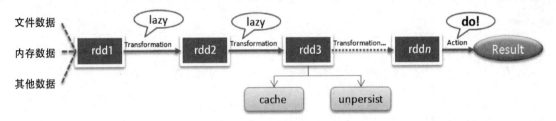

图 2-3　RDD 编程模型

Spark 主要支持两类与 RDD 相关的操作：Transformation（转换）算子和 Action（行动）算子。所谓转换算子，是指一个在 RDD 上的并行化方法的调用，它们都是 RDD 对象上的方法，形式上类似普通 Python 对象的方法，但能够支持在集群节点上并行执行。当转换算子作用于 RDD 时，会生成一个新的 RDD，比如 map、filter、reduceByKey 等都是转换算子。行动算子是用来真正启动 RDD 转换计算的执行的，并将产生的结果数据返回应用程序或保存到磁盘上，比如 collect、saveAsTextFile 等都是行动算子。

在实现上，RDD 的转换操作采取了一种称为 lazy 的延迟计算工作模式，即延迟执行。也就是说，调用 RDD 的转换算子，并不会被立即提交到 CPU 上执行，只有在遇到 RDD 的行动算子时，才会开始启动整个 RDD 计算链的执行，所以行动算子也可以被看成触发 RDD 转换计算执行的一个"发令枪"。换言之，作用于 RDD 的转换操作，实际只是一系列的计算步骤，类似于"工作计划"，只有等到执行 RDD 行动算子时，才会启动真正的执行。正是这种设计，Spark 在实际执行 RDD 的数据元素计算之前，可以先优化整个计算链。

RDD 的计算流程如图 2-4 所示。

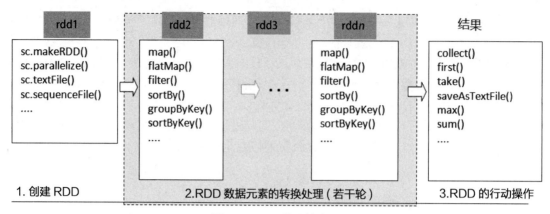

图 2-4 RDD 的计算流程

Spark 支持的 RDD 功能操作可通过下面的方式查看。打开一个 Linux 终端窗体，在其中执行 pyspark 命令以启动 PySparkShell 交互式编程环境，并输入下面的代码。

pyspark	◇ 启动 PySparkShell 交互式编程环境
rdd = sc.parallelize([1,2])	◇ 通过[1,2]创建一个 RDD 数据集 rdd
rdd.<Tab>连续 2 次	◇ 在输入完"rdd."后连续按两次 Tab 键

```
spark@ubuntu:~$ pyspark
Python 3.6.15 (default, Apr 25 2022, 01:55:53)
[GCC 9.4.0] on linux
Type "help", "copyright", "credits" or "license" for more information

Welcome to
      ____              __
     / __/__  ___ _____/ /__
    _\ \/ _ \/ _ `/ __/  '_/
   /__ / .__/\_,_/_/ /_/\_\   version 2.4.8
      /_/

Using Python version 3.6.15 (default, Apr 25 2022 01:55:53)
SparkSession available as 'spark'.

>>> rdd = sc.parallelize([1,2])
>>> rdd.          在输入完"rdd."后连续按两次Tab键
Display all 106 possibilities? (y or n)
rdd.aggregate(              rdd.mapValues(
rdd.aggregateByKey(         rdd.max(
rdd.barrier(                rdd.mean(
rdd.cache(                  rdd.meanApprox(
rdd.cartesian(              rdd.min(
rdd.checkpoint(             rdd.name(
rdd.coalesce(               rdd.partitionBy(
rdd.cogroup(                rdd.partitioner
rdd.collect(                rdd.persist(
```

在输入完"rdd."后连续按两次 Tab 键，此时终端会列出所有在 RDD 上支持的 Transformation（转换）操作和 Action（行动）操作。

【学习提示】

PySparkShell 交互式编程环境支持自动补全功能，这意味着用户只需输入部分代码的关键字母，比如 rdd.co，并按 Tab 键，系统就会自动补全以 co 开头的方法。如果以 co 开头的方法不止有一个，PySparkShell 就会把它们全部列出来，在这种情形下，只需继续输入方法的其他关键字母，直到能区分出来为止，再次按 Tab 键后，完整的方法名字就自动补全了。

2.4 Spark RDD 常用操作

在使用 RDD 对数据进行处理之前，一般要先准备好数据源。Spark 为用户设计了各种方便得到初始 RDD 的途径，包括从普通 Python 集合创建 RDD［List（列表）、Touple（元组）、Set（集合）等］、从外部文件创建 RDD（本地文件、HDFS 系统文件等）。下面将通过一些简单的案例来分别阐述 RDD 的创建、RDD 的转换操作、RDD 的行动操作的相关内容。

2.4.1 RDD 的创建

1．通过集合元素创建 RDD

在 Python 中，通过集合元素创建 RDD 需要使用 parallelize()方法。虽然 Spark 还有一个 makeRDD()方法也能用来创建 RDD，但是它并未提供这个方法的 Python 版本，因此这里就不能使用 makeRDD()方法。

RDD 的创建

（1）在 PySparkShell 交互式编程环境中输入下面的代码。

```
a = [1,2,3,4,5]
rdd1 = sc.parallelize(a)
rdd1
rdd1 = sc.parallelize( [1,2,3,4,5] )
rdd1

b = (1,2,3,4,5)
rdd2 = sc.parallelize(b)
rdd2
rdd2 = sc.parallelize( (1,2,3,4,5) )
rdd2
```

◇ 分别从列表和元组创建 RDD
◇ 在交互式编程环境中，用变量名或有返回值的函数作为一行，会直接显示该变量或值，rdd1 在这里相当于 print(rdd1)。RDD 类型的变量，输出的只是基本信息，如果是普通 Python 变量或函数，则会输出实际的数据内容
◇ rdd1 在未真正执行计算之前还不存在具体数据。如果要显示 rdd1 的数据内容，则需要调用 collect()等方法启动 rdd1 的计算，从而得出具体的数据

```
Using Python version 3.6.15 (default, Apr 25 2022 01:55:53)
SparkSession available as 'spark'.
>>>
>>> a = [1,2,3,4,5]
>>> rdd1 = sc.parallelize(a)
>>> rdd1
ParallelCollectionRDD[0] at parallelize at PythonRDD.scala:195
>>> rdd1 = sc.parallelize( [1,2,3,4,5] )
>>> rdd1
ParallelCollectionRDD[1] at parallelize at PythonRDD.scala:195
>>>

>>> b = (1,2,3,4,5)
>>> rdd2 = sc.parallelize(b)
>>> rdd2
ParallelCollectionRDD[2] at parallelize at PythonRDD.scala:195
>>> rdd2 = sc.parallelize( (1,2,3,4,5) )
>>> rdd2
ParallelCollectionRDD[3] at parallelize at PythonRDD.scala:195
>>>
```

　　这里创建的 RDD 返回的是一个 ParallelCollectionRDD 类型的对象，代表"并行化的集合"。虽然 RDD 字面上被称为"数据集"，但与普通 Python 集合的概念还是有着本质不同的，这是因为 RDD 的集合数据可以跨机器分散到不同计算节点上，而 Python 集合只能是一个整体，且只能在一台机器上存放。此外，RDD 的并行能力也是通过内部的分区机制来实现的，在使用 parallelize()方法创建 RDD 时，也可以明确指定分区的数量，若不指定则会按默认的分区数处理。

　　（2）继续输入下面的代码，了解 RDD 分区的使用。

代码	说明

`rdd3 = sc.parallelize([1,2,3,4,5])`
`rdd3.getNumPartitions()`
`rdd3.collect()`
	◇ getNumPartitions()方法用于返回 rdd3 的分区数，默认为当前 CPU 核数
	◇ collect 意为"收集"，collect()方法能返回 RDD 数据内容

`rdd4 = sc.parallelize([1,2,3,4,5], 3)`
`rdd4.getNumPartitions()`
`rdd4.collect()`
`rdd4.glom().collect()`
	◇ 创建 RDD 并设定其分区数
	◇ 返回 rdd4 的分区数
	◇ 返回 rdd4 的数据元素，分区不影响数据
	◇ 返回 rdd4 的每个分区中的数据元素

```
>>> rdd3 = sc.parallelize([1,2,3,4,5])
>>> rdd3.getNumPartitions()
2
>>> rdd3.collect()
[1, 2, 3, 4, 5]
>>>

>>> rdd4 = sc.parallelize([1,2,3,4,5], 3)
>>> rdd4.getNumPartitions()
3
>>> rdd4.collect()
[1, 2, 3, 4, 5]
>>> rdd4.glom().collect()
[[1], [2, 3], [4, 5]]
>>>
```

　　上述代码中的 parallelize()方法的第 2 个参数用于指定该 RDD 的数据元素被组织为多少个分区，这样每个分区的数据就可以被独立发送到不同的计算节点上实现并行处理。当然，如果不提供这个参数，Spark 则会使用默认的分区数。

　　RDD 的分区可理解为 RDD 数据的子集，只不过它只是 Spark 的一种内部实现机制，就像一个班级中的学生小组一样，而且它也不影响外部对 RDD 本身的处理和使用，如图 2-5 所示。

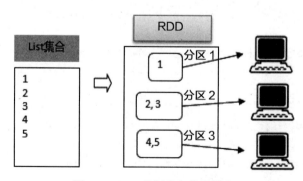

图 2-5　RDD 的创建和分区概念

（3）Spark 官方对 parallelize 算子的方法定义如下。

pyspark.SparkContext.parallelize

SparkContext.`parallelize`(*c: Iterable[T], numSlices: Optional[int] = None*) →
pyspark.rdd.RDD[T]   [source]

> Distribute a local Python collection to form an RDD. Using range is recommended if the input
> represents a range for performance.

中文释义：_____

_____

parallelize()方法的第 1 个参数是一个可迭代的数据对象，支持 Python 列表、元组或集合等类型；第 2 个参数是可选的，用来指定生成的分区数。

【随堂练习】

定义一个包含 6 位同学姓名的 Python 集合，调用 parallelize()方法将其转换为 RDD，并在屏幕上显示该 RDD 的默认分区数及姓名信息。

2．通过文本文件创建 RDD

通过集合元素创建 RDD，只适合在对代码进行功能测试时使用，大部分情况下还是要通过文本文件来创建 RDD 的。

（1）打开一个新的 Linux 终端窗体，输入以下 shell 命令，以准备数据文件（需要注意的是，不是在 PySparkShell 编程环境里面执行）。

`cd ~`
`mkdir mydata`
`cd mydata`
`touch a.txt`
`touch b.txt`
`echo -e "1111\n2222\n3333\n4444" > a.txt`
 	
`echo -e "xxx\nyyy\nzzz " > b.txt`
 	
`ll`
 	
`cat a.txt`
`cat b.txt`
	◇ 切换到当前主目录,如果已在这个目录,则忽略该步
	◇ 使用 `mkdir` 命令创建一个 `mydata` 目录
	◇ 进入 `mydata` 目录
	◇ 在 `mydata` 目录下创建 `a.txt` 和 `b.txt` 文件
	◇ 分别在 `a.txt` 和 `b.txt` 文件中写入字符串内容，参数 `-e` 用于对给定字符串中的特殊字符进行解析（即\n 不是两个字符，而是一个换行符）
	◇ `ll` 表示以每个文件为一行的格式列出当前目录内容
	◇ `cat` 命令用来查看文本文件的内容

```
spark@ubuntu:~$ mkdir mydata
spark@ubuntu:~$ cd mydata
spark@ubuntu:~/mydata$ touch a.txt
spark@ubuntu:~/mydata$ touch b.txt
spark@ubuntu:~/mydata$ echo -e "1111\n2222\n3333\n4444" > a.txt
spark@ubuntu:~/mydata$ echo -e "xxx\nyyy\nzzz" > b.txt
spark@ubuntu:~/mydata$ ll
total 20
drwxrwxr-x  2 spark spark 4096 Feb 10 06:32 ./
drwxr-xr-x 18 spark spark 4096 Feb 10 06:32 ../
-rw-rw-r--  1 spark spark   20 Feb 10 06:32 a.txt
-rw-rw-r--  1 spark spark   13 Feb 10 06:32 b.txt

spark@ubuntu:~$ cat a.txt
1111
2222
3333
4444
```

```
spark@ubuntu:~$ cat b.txt
xxx
yyy
zzz
spark@ubuntu:~$
```

（2）继续输入以下命令，将文件上传至 HDFS 的目录中。

`cd ..`	◇ 切换到当前主目录，即/home/spark
`jps`	◇ 查看 HDFS 服务相关进程是否存在
`( /usr/local/hadoop/sbin/start-dfs.sh )`	◇ 若 HDFS 服务已经在运行，则忽略启动命令
`hdfs dfs -put ./mydata /`	◇ 将整个 mydata 目录上传至 HDFS 根目录下
`hdfs dfs -ls /mydata`	◇ 查看文件是否上传成功

```
spark@ubuntu:~/mydata$ cd ..
spark@ubuntu:~$ jps
2209 SparkSubmit
2776 Jps              ← 这里不存在 HDFS 服务相关进程，所以应先启动 HDFS 服务
spark@ubuntu:~$ /usr/local/hadoop/sbin/start-dfs.sh
Starting namenodes on [localhost]

spark@ubuntu:~$ hdfs dfs -put ./mydata  /
spark@ubuntu:~$ hdfs dfs -ls /mydata
-rw-r--r--   1 spark supergroup         20 2023-02-10 06:40 /mydata/a.txt
-rw-r--r--   1 spark supergroup         13 2023-02-10 06:40 /mydata/b.txt
spark@ubuntu:~$
```

这里先使用 jps 命令查看 HDFS 服务相关进程（NameNode、SecondaryNameNode、DataNode）是否存在，如果不存在则需执行 HDFS 服务的启动命令。如果 HDFS 服务上已有 mydata 目录，则还需执行 hdfs dfs -rm -r -f /mydata 命令将其删除后，再上传，否则会出现错误。

（3）文本文件准备好以后，可以回到 PySparkShell 编程环境中通过以下代码创建 RDD。

`rdd1 = sc.textFile("file:///home/spark/mydata/a.txt")`	◇ 读取 mydata 目录下的
`rdd2 = sc.textFile("file:///home/spark/mydata/*.txt")`	a.txt 文件
`rdd3 = sc.textFile("file:///home/spark/mydata/")`	◇ 读取 mydata 目录下的所
`rdd6 = sc.textFile("hdfs:///mydata/a.txt")`	有后缀为 .txt 的文件
`rdd7 = sc.textFile("hdfs:///mydata/*.txt")`	◇ 读取 mydata 目录下的所
`rdd8 = sc.textFile("hdfs:///mydata/")`	有文件
◇ `textFile()` 方法支持文件名、目录、通配符及 gz 压缩包等形式	
◇ `file://` 代表访问本地文件，`hdfs://` 代表访问 HDFS 文件	

```
>>> rdd1 = sc.textFile("file:///home/spark/mydata/a.txt")
>>> rdd2 = sc.textFile("file:///home/spark/mydata/*.txt")
>>> rdd3 = sc.textFile("file:///home/spark/mydata/")

>>> rdd6 = sc.textFile("hdfs:///mydata/a.txt")
>>> rdd7 = sc.textFile("hdfs:///mydata/*.txt")
>>> rdd8 = sc.textFile("hdfs:///mydata/")
```

Spark 支持读取普通文本文件或目录，支持使用通配符。如果读取的是通配符或整个目录，则只会生成一个 RDD，而不是每个文件分别对应一个 RDD。

（4）验证 RDD 的数据元素内容，以确定文件数据是否读取成功。

`rdd1.collect()`	◇ collect 意为"收集"，是一个行动算子，可
`rdd2.collect()`	以将 RDD 的数据元素从各节点收集汇总到一起
`rdd3.collect()`	
`rdd6.collect()`	

```
rdd7.collect()
rdd8.collect()
```

```
>>> rdd1.collect()
['1111', '2222', '3333', '4444']
>>> rdd2.collect()
['1111', '2222', '3333', '4444', 'xxx', 'yyy', 'zzz ']
>>> rdd3.collect()
['1111', '2222', '3333', '4444', 'xxx', 'yyy', 'zzz ']

>>> rdd6.collect()
['1111', '2222', '3333', '4444']
>>> rdd7.collect()
['1111', '2222', '3333', '4444', 'xxx', 'yyy', 'zzz ']
>>> rdd8.collect()
['1111', '2222', '3333', '4444', 'xxx', 'yyy', 'zzz ']
>>>
```

从输出结果中可知，RDD 数据集的每个数据元素正好是文件的每行，并且都是字符串类型。

【结论】

通过读取文本文件得到的 RDD，其中的每个数据元素对应文件的每行。图 2-6 演示了文件内容与 RDD 数据集之间的对应关系，在这里 a.txt 文件的第 1 行是"1111"，那么它在 RDD 数据集中对应的就是一个长度为 4 的字符串（而不是数值）。因为 a.txt 文件总共有 4 行，所以生成的 RDD 数据集也就有 4 个数据元素。

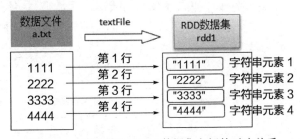

图 2-6　文件内容与 RDD 数据集之间的对应关系

Spark 官方对 textFile 算子的方法定义如下。

pyspark.SparkContext.textFile

SparkContext.textFile(*name: str, minPartitions: Optional[int] = None, use_unicode: bool = True*)
→ pyspark.rdd.RDD[str]　　　　　　　　　　　　　　　　　　　　　　　　　　[source]

Read a text file from HDFS, a local file system (available on all nodes), or any Hadoop-supported file system URI, and return it as an RDD of Strings. The text files must be encoded as UTF-8.

If use_unicode is False, the strings will be kept as *str* (encoding as *utf-8*), which is faster and smaller than unicode. (Added in Spark 1.2)

中文释义：_____

_____

_____

textFile()方法的第 1 个参数是读取的文件路径，后两个参数是可选的且都有默认值，分别用来指定 RDD 数据集的分区数，以及是否使用 Unicode 编码处理文件内容。

【随堂练习】

使用 vi 在主目录中创建一个 words1.txt 文本文件，其内容如下。

```
Hello spark
```

```
Hello hadoop
Hello spark and hadoop
```

通过 textFile()方法将这个文件的每行内容读取并显示出来。

2.4.2 RDD 的转换操作

RDD 的转换（Transformation）操作（常用的转换算子包括 map、flatMap、filter、sortBy、distinct、reduceByKey 等）涵盖了 Spark 大数据处理的关键功能。2.3 节讲过，RDD 转换算子被设计为"延迟执行"，在调用时不会立即产生结果，因为作用于 RDD 的转换算子只是一个操作步骤或转换计划，需要通过调用行动算子才会触发这些转换操作的真正执行。此外，RDD 转换操作返

RDD 的转换操作

回的总是一个新的 RDD，原 RDD 不会发生任何改变。因此，在调用 RDD 转换方法后，通常要用一个新变量来赋值接收它，或在其上继续调用其他方法（链式调用）。

1. map 数据转换

一般来说，map 操作的使用频率非常高，几乎在每个数据处理的任务中都会用到。map 意为"映射""变换"，用来对 RDD 的每个数据元素"应用指定的处理函数"并返回新的数据元素，从而构成一个新的 RDD。例如，如果 RDD 的数据元素是小写字母形式的字符串，通过 map 算子就可以将其变成大写字母形式的字符串。下面先看一个简单的例子，以初步体会 map 算子的功能。

（1）在 PySparkShell 交互式编程环境中输入下面的代码。

```rdd1 = sc.parallelize([1,2,3,4])```
```rdd1.collect()```
```rdd2 = rdd1.map(lambda x : x+1)```
```rdd2.collect()```
	◇ 使用 [1,2,3,4] 构造一个 RDD
	◇ 查看 rdd1 的数据元素
	◇ 将 rdd1 的每个数据元素都加 1，其中 x 代表 rdd1 的每个数据元素
	◇ 链式调用（代码中 rdd2、rdd1 变量按对应赋值的内容将其替换的效果）：
	```sc.parallelize([1,2,3,4]) \```
	``` .map(lambda x : x+1) \```
	``` .collect()```

```
>>> rdd1 = sc.parallelize([1, 2, 3, 4])
>>> rdd1.collect()
[1, 2, 3, 4]
>>> rdd2 = rdd1.map(lambda x : x+1)
>>> rdd2.collect()
[2, 3, 4, 5]
>>>
```

这里首先通过[1,2,3,4]构造了一个 rdd1 数据集，然后使用 map 算子指定一个 lambda 表达式（即匿名函数）对每个数据元素进行处理。这个 lambda 表达式的功能是将数据元素 x 的值加 1，因为 map 算子是作用于 rdd1 数据集的每个元素的，所以最终就是 rdd1 数据集的所有数据元素值都增加了 1 生成新的数据元素，从而构成一个 rdd2 数据集。这一过程的工作原理如图 2-7 所示。

匿名函数"lambda x : x+1"的含义为：冒号左边的 x 代表来自 rdd1 数据集的每个数据元素，冒号右边表示转换之后得到的新数据元素，即将原 x 变成 x+1。

（2）map 算子可以对 RDD 的数据元素进行任意的处理变换，比如下面的例子代码。

```
rdd1 = sc.parallelize(["aa", "bb", "cc", "dd"])
rdd2 = rdd1.map(lambda x : (x, 1))
rdd2.collect()
```

◇ 使用字符串数组构造一个 RDD
◇ 将 rdd1 数据集的每个数据元素 x 都转换成一个元组 (x,1)
◇ 链式调用形式为：
```
sc.parallelize(["aa", "bb", "cc",
"dd"]) \
  .map(lambda x : (x,1) ) \
  .collect()
```

```
>>> rdd1 = sc.parallelize(["aa", "bb", "cc", "dd"])
>>> rdd2 = rdd1.map(lambda x : (x, 1))
>>> rdd2.collect()
[('aa', 1), ('bb', 1), ('cc', 1), ('dd', 1)]
>>>
```

从运行结果中可以看出，rdd1 数据集中有 4 个字符串，rdd2 数据集将 rdd1 数据集的每个数据元素与数字 1 构成一个"元组"，即将字符串 x 变成元组(x,1)。map 算子的数据转换操作二如图 2-8 所示。

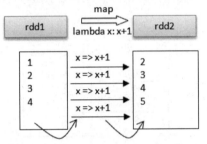

图 2-7　map 算子的数据转换操作一

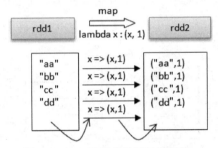

图 2-8　map 算子的数据转换操作二

在使用 map 算子时，如果只是进行简单的处理，则传入一个 lambda 表达式作为方法的参数即可，但如果要对 RDD 的数据元素进行较复杂的处理，最好是定义一个普通函数。比如，上面这个例子的代码可以改成下面的形式。

```
def trans(x):
    return (x, 1)                  ## 下一行为空白行,表明trans()函数定义结束 ##

rdd1 = sc.parallelize(["aa", "bb", "cc", "dd"])
rdd2 = rdd1.map(lambda x : trans(x)) ## 本行代码和下一行代码等价 ##
rdd2 = rdd1.map(trans)               ## 单参数函数的简化形式 ##
rdd2.collect()
```

在使用 map 算子调用内置或自定义的函数时，可以写成 map(lambda x:trans(x))，或直接简化为 map(trans)，前提是 trans()函数只有一个用来代表 RDD 数据元素的参数。

（3）在对 RDD 进行转换时，还可以根据需要多次调用 map 算子，这个过程也会产生一系列新的 RDD。来看下面的示例代码。

```
stu = ["张婷 女 19 2019级",
     "李婉 女 20 2019级",
     "刘思思 男 22 2018级"]
rdd1 = sc.parallelize(stu)
rdd2 = rdd1.map(lambda x : x.split(" "))
```

◇ 准备一个字符串数组，共包含 3 个元素
◇ x.split(" ")意为将 x 字符串以空格为分隔符，拆解成一个由多个子串构成的数组
◇ collect()方法返回的是 Python 集合，而不是 RDD
◇ 链式调用形式为：

```
rdd2.collect()
rdd3 = rdd2.map(lambda x : (x[0],x[2]))
rdd3.collect()
```

```
sc.parallelize(stu) \
  .map(lambda x : x.split(" ")) \
  .map(lambda x : (x[0],x[2])) \
  .collect()
```

```
>>> stu = ["张婷 女 19 2019级",
...        "李婉 女 20 2019级",
...        "刘思思 男 22 2018级"]
>>> rdd1 = sc.parallelize(stu)
>>> rdd2 = rdd1.map(lambda x : x.split(" "))
>>> rdd2.collect()
[['张婷', '女', '19', '2019级'], ['李婉', '女', '20', '2019级'], ['刘思思','男',
'22', '2018级']]
>>> rdd3 = rdd2.map(lambda x : (x[0], x[2]))
>>> rdd3.collect()
[('张婷', '19'), ('李婉', '20'), ('刘思思', '22')]
>>>
```

在本例中，stu 是一个包含 3 个学生信息的字符串数组。rdd2 是针对每个学生信息的字符串切分出来的数据集，每个元素又是一个小数组。rdd3 取 rdd2 每个元素的部分数据构成一个新元组，最终得到一个仅包含姓名和年龄的学生信息，其他内容都被忽略，如图 2-9 所示。

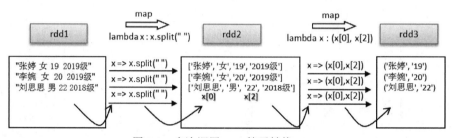

图 2-9　多次调用 map 算子转换 RDD

这里的 split()方法用来对一个字符串按指定分隔符进行"拆解"，返回一个由子串构成的数组。比如，字符串"aa bb cc"调用 split(" ")方法后，返回["aa", "bb", "cc"]，其中的分隔符可以根据自己的需要来设定。

此外，上述代码在调用 map 算子之后都执行了一次 collect 操作，目的是能够立即查看每次 RDD 转换操作后的结果，方便我们根据输出内容理解代码的功能。如果仅通过 print(rdd1)函数，是看不出 rdd1 变量包含的元素内容的，这是因为 RDD 转换算子是延迟执行的，如果没有调用 collect 等这样的行动算子来触发，它们就不会执行。

（4）Spark 官方对 map 算子的方法定义如下。

pyspark.RDD.map

RDD.map(*f: Callable[[T], U], preservesPartitioning: bool = False*) → pyspark.rdd.RDD[U]　　[source]

Return a new RDD by applying a function to each element of this RDD.

Examples

```
>>> rdd = sc.parallelize(["b", "a", "c"])
>>> sorted(rdd.map(lambda x: (x, 1)).collect())
[('a', 1), ('b', 1), ('c', 1)]
```

中文释义：_____

_____

map()方法的第 1 个参数是一个函数或 lamda 表达式，用来对 RDD 的每个元素施加具体的处理逻辑。第 2 个参数是可选的，用于指明新 RDD 是否使用原有 RDD 的分区数。

【学习提示】

map 算子是针对 RDD 的每个元素，根据传入的函数进行处理的。与此对应，Spark 还提供了一个 mapPartitions 算子，这个算子是以分区为单位对 RDD 的元素进行批量迭代处理的。如果使用 map 算子，则每次只能计算一条数据，如果有一万条数据，则处理函数要执行一万次，因为每次只处理一条数据，所以 map 算子对内存的要求较低。而在使用 mapPartitions 算子进行操作时，处理函数是先一次性接收每个分区的数据再执行计算的。对于处理函数中要频繁创建额外对象的场合，比如数据写入数据库时都要先建立连接，写完后再关闭连接，那么 mapPartitions 算子的"批量"处理效率就会比 map 算子高得多，在这种情况下，应优先使用 mapPartitions 算子。不过，如果分区的数据量很大，比如 10 万条数据一次性传给处理函数但又不能及时腾出所需的内存空间，就会造成内存溢出的问题。

【随堂练习】

（1）有一个元组数据(1,2,3,4,5)，使用 map 算子将其转换为下面的数据集合，即[(1,1),(2,4),(3,9),(4,16),(5,25)]，意为每个元组中的第二部分数值是第一部分数值的平方。

（2）针对 2.4.1 节"随堂练习"中创建的文本文件 words1.txt，使用 map 算子将每行包含的单词拆解出来并输出。

提示：文本文件转换成 RDD 后，每行就是 RDD 的一个字符串元素，每个字符串元素都调用 split()方法即可拆解单词。

2. flatMap 数据转换

从形式上看，flatMap 算子与 map 算子具有类似的功能，都是对 RDD 的每个元素进行处理，两者的区别在于，flatMap 算子还会将生成的 RDD 去掉一层内部的嵌套，相当于先进行map 操作，再进行 flat 处理。基于此，flatMap 算子要求生成的中间元素必须是一个可循环迭代的集合（List/Set/Touple 等），在此基础上对这个集合进行拆解，并将拆解后的元素合并到一起构成一个新的 RDD。

（1）在 PySparkShell 交互式编程环境中输入下面的代码。

```
rdd1 = sc.parallelize([1,2,3])
rdd2 = rdd1.map(lambda x : [x,x])
rdd3 = rdd1.flatMap(lambda x : [x,x])
rdd2.collect()
rdd3.collect()
```

◇ rdd2 和 rdd3 都是从 rdd1 进行转换操作得到的
◇ 这里设计的 lambda 表达式是返回输入元素 x 构成的一个数组，即[x,x]

```
>>> rdd1 = sc.parallelize([1,2,3])
>>> rdd2 = rdd1.map(lambda x : [x,x])
>>> rdd3 = rdd1.flatMap(lambda x : [x,x])
>>> rdd2.collect()
[[1, 1], [2, 2], [3, 3]]
>>> rdd3.collect()
[1, 1, 2, 2, 3, 3]
>>>
```

在这段代码中，map()和 flatMap()方法的参数是同一个 lambda 表达式，它们都是将 rdd1的每个元素转换成一个小集合，例如，元素 1 就会变成一个小集合[1,1]。通过 rdd2 和 rdd3 的对比可知，map 算子返回的是由 3 个"小集合"元素构成的数据集，而 flatMap 算子得到的则是完全由单个数字构成的数据集，相当于在 map 算子的基础上对这些"小集合"进行二次拆解后合并到一起的效果，如图 2-10 所示。

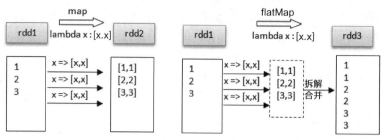

图 2-10　map 和 flatMap 算子数据转换的区别

（2）输入下面的代码并执行，看看会出现什么结果。

```
rdd4 = rdd1.map(lambda x : x+1)
rdd4.collect()
rdd5 = rdd1.flatMap(lambda x : x+1)
rdd5.collect()
```

◇ rdd4 和 rdd5 都是从 rdd1 进行转换操作得到的
◇ lambda 表达式返回的是输入元素加 1 的数值，无法进行二次拆解，因此 flatMap() 方法在执行时会出现错误

```
>>> rdd4 = rdd1.map(lambda x : x+1)
>>> rdd4.collect()
[2, 3, 4]
>>> rdd5 = rdd1.flatMap(lambda x : x+1)
>>> rdd5.collect()
23/02/10 20:12:42 ERROR executor.Executor: Exception in task 1.0 in stage

org.apache.spark.api.python.PythonException: Traceback (most recent call
  File "/usr/local/spark/python/lib/pyspark.zip/pyspark/worker.py", line
    process()
  File "/usr/local/spark/python/lib/pyspark.zip/pyspark/worker.py", line
    serializer.dump_stream(func(split_index, iterator), outfile)
  File "/usr/local/spark/python/lib/pyspark.zip/pyspark/serializers.py",
    vs = list(itertools.islice(iterator, batch))
TypeError: 'int' object is not iterable    int类型的对象不可迭代
    at org.apache.spark.api.python.BasePythonRunner$ReaderIterator.ha
```

由运行结果可知，map() 方法的执行是正常的，而 flatMap() 方法的执行却出现了错误，原因是 rdd1 的元素经过"加 1 变换"得到的仍是普通的数字元素，无法进行进一步拆解。

（3）Spark 官方对 flatMap 算子的方法定义如下。

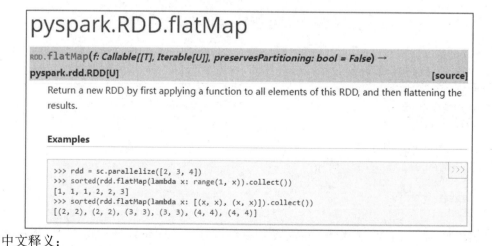

中文释义：_____

_____

_____

flatMap() 方法的第 1 个参数是函数或 lambda 表达式，它是作用于 RDD 每个元素的具体处

理逻辑，并且要求处理函数返回的是集合对象。第 2 个参数是可选的，用于指明新 RDD 是否按照原有 RDD 的分区数。flat 一词的本义就是"展平的""水平的"。

【随堂练习】

（1）思考以下代码：

```
stu = ["张婷,女,19,2019级", "刘思思,男,22,2018级"]
rdd1 = sc.parallelize(stu)
rdd2 = rdd1.map(lambda x : x.split(","))
rdd2.collect()
```

如果将其中的 map() 方法替换为 flatMap() 方法，是否会有问题，容易产生什么影响？

（2）针对 2.4.1 节"随堂练习"中创建的文本文件 words1.txt，使用 flatMap 算子将这个文件包含的所有单词拆解出来，比较一下输出结果与使用 map 算子有什么区别。

3. filter 数据筛选

在面对现实问题中的海量数据时，要尽早地对数据进行筛选、过滤，以降低数据规模、提高效率，所以也有"早筛选，勤过滤"的说法，而 filter 就是 Spark 用来实现这种功能的一个算子。

下面是一个简单的例子，在 PySparkShell 交互式编程环境中输入下面的代码。

```
rdd1 = sc.parallelize([1, 2, 3, 4, 5])
rdd2 = rdd1.filter(lambda x: x % 2 == 0)
rdd2.collect()
```

◇ 如果条件表达式"x % 2 == 0"的值为 True，则元素 x 被留下；如果为 False，则元素 x 不会出现在 rdd2 中
◇ 链式调用形式为：
```
sc.parallelize([1, 2, 3, 4, 5]) \
  .filter(lambda x: x % 2 == 0) \
  .collect()
```

```
>>> rdd1 = sc.parallelize([1, 2, 3, 4, 5])
>>> rdd2 = rdd1.filter(lambda x: x % 2 == 0)
>>> rdd2.collect()
[2, 4]
>>>
```

本例中 lambda 表达式的参数 x 代表 rdd1 的每个元素，x % 2 == 0 用来判定这个元素是否能被 2 整除（余数为 0），若能则该元素进入 rdd2 中，否则被忽略。值得注意的是，这里并不是把 lambda 表达式冒号右边的返回值（True/False）放入 rdd2 中，它只是用来判定元素能否进入 rdd2 中的依据，原理如图 2-11 所示。

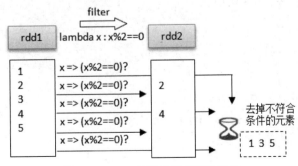

图 2-11　filter 算子的数据筛选操作

在使用 filter 算子时，要提供一个条件表达式对 RDD 中的每个元素进行求值，返回的结果（True/False）决定了该元素能否出现在新生成的 RDD 中，filter 算子相当于一个"控制阀"的作用。

Spark 官方对 filter 算子的方法定义如下。

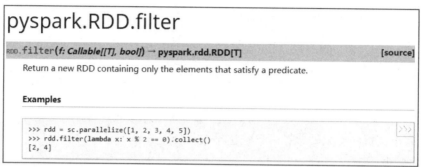

中文释义：_____

_____

_____

filter()方法只需提供一个参数，该参数是一个返回 True/False 的函数或 lambda 表达式，以作为 RDD 的元素是否被选中的依据。

【随堂练习】

（1）思考以下代码并尝试执行，分析一下为什么得不到期望的结果，应如何修改？

```
rdd1 = sc.parallelize([1, 2, 3, 4, 5])
rdd1.filter(lambda x: x % 2 == 0)
rdd1.collect()
```

（2）找出 Spark 软件包的 README.md 文件中所有以字母 m 和 n 开头的单词，不区分字母大小写。

4．sortBy 数据排序

排序是一个很重要的功能，比如电商平台需要经常关注畅销商品的库存情况，常见的排序算法包括冒泡排序、快速排序、归并排序等。Spark 提供了在大数据分析中进行排序的功能算子，包括 sortBy 和 sortByKey 等，其中 sortBy 是一个通用排序算子，意为"按……进行排序"，而 sortByKey 只能针对(k,v)键值对类型的元素进行排序，即"按 key 值进行排序"。

（1）sortBy 算子的简单示例如下。

```
rdd1 = sc.parallelize([1, 5, -2, 10, 8])
rdd2 = rdd1.sortBy(lambda x:x)
rdd3 = rdd1.sortBy(lambda x:x, False)
rdd2.collect()
rdd3.collect()
```

◇ lambda 表达式冒号右边的返回值为排序依据
◇ sortBy()方法的第 2 个参数 False 表示按照降序排列，默认是 True，表示按照升序排列

```
>>> rdd1 = sc.parallelize([1, 5, -2, 10, 8])
>>> rdd2 = rdd1.sortBy(lambda x: x)
>>> rdd3 = rdd1.sortBy(lambda x: x, False)
>>> rdd2.collect()
[-2, 1, 5, 8, 10]
>>> rdd3.collect()
[10, 8, 5, 1, -2]
>>>
```

在这个例子中，lambda 表达式的返回值，即冒号右边的 x 就是排序依据，即按 x 的大小进行排序。第 2 个参数是可选的，默认按照升序排列。尽管这里是对纯数字进行排序，但在调用 sortBy()方法时也要提供一个直接返回元素本身的 lambda 表达式或函数才行，不能写成"rdd1.sortBy(x)"这种错误的形式。

（2）下面是一个更为通用的 sortBy 算子的例子，即对非数值的元素进行排序。

```
stu = [("张婷", "女", 19, "2019级"),
       ("刘思思", "男", 22, "2018级")]
rdd1 = sc.parallelize(stu)
rdd2 = rdd1.sortBy(lambda x: x[3])
rdd2.collect()
```

◇ 链式调用形式为：
```
sc.parallelize(stu) \
  .sortBy(lambda x: x[3]) \
  .collect()
```

```
>>> stu = [("张婷", "女", 19, "2019级"),
...        ("刘思思", "男", 22, "2018级")]
>>> rdd1 = sc.parallelize(stu)
>>> rdd2 = rdd1.sortBy(lambda x: x[3])
>>> rdd2.collect()
[('刘思思', '男', 22, '2018级'), ('张婷', '女', 19, '2019级')]
>>>
```

这里的 sortBy()方法是对传递进来的元素 x（代表学生信息的元组），按照 x 的第四部分内容（年级）进行排序。其中，lambda 表达式的返回值 x[3]为排序依据（x 元组第一部分是 x[0]，第二部分是 x[1]，以此类推），如图 2-12 所示。

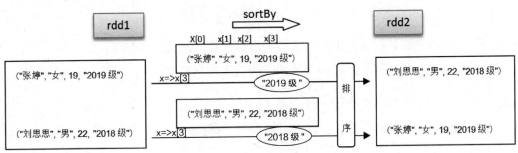

图 2-12　sortBy 算子的数据排序操作

需要注意的是，lambda 表达式的功能只是提供一个排序依据，sortBy()方法调用该表达式后并不会改变原 RDD 本身，返回的也是一个新的 RDD，即经过排序后的全部元素。

（3）Spark 官方对 sortBy 算子的方法定义如下。

pyspark.RDD.sortBy

RDD.sortBy(*keyfunc: Callable[[T], S], ascending: bool = True, numPartitions: Optional[int] = None*) → RDD[T]　　　　　　　　　　　　　　　　　　　　　　　　[source]

Sorts this RDD by the given keyfunc

中文释义：_____

_____

_____

sortBy()方法有 3 个参数，其中第 1 个参数最关键，用于设定排序依据（通常为一个简单的 lambda 表达式），其他两个参数是可选的，分别用来控制排序的结果顺序（升序或降序，默认为升序），以及排序后新 RDD 的分区数。如果传递给 sortBy()方法的元素不是可自然排序的数据（非数字或字符串等），就要明确指出是按什么进行排序的，比如按上面学生信息中的某个字段，或者按对元素进行处理后生成的数据等。

【随堂练习】

（1）参考数据[("李婉","女",20, "2019 级"),("刘思思","男",22,"2018 级"),("张婷","女",19,"2019 级")]，将其按年龄从大到小排序。

（2）将 Spark 软件包的 README.md 文件中的所有单词排序后输出。

5. distinct 数据去重

在数据清洗工作中，经常会出现某些数据重复的情况。如果重复数据没必要保留，就可以将这些数据删除，以减少后续处理的工作量，Spark 提供了一个 distinct 算子来实现这一功能。distinct()方法使用起来很简单，在调用时也无须任何参数。

下面是 distinct 算子的简单应用案例，在 PySparkShell 交互式编程环境中输入下面的代码。

```
rdd1 = sc.parallelize([1, 1, 2, 2, 5])
rdd2 = rdd1.distinct()
rdd2.collect()
```

◇ distinct 意为"不同的"
◇ 链式调用形式为：
```
sc.parallelize([1, 1, 2, 2, 5]) \
  .distinct() \
  .collect()
```

```
>>> rdd1 = sc.parallelize([1, 1, 2, 2, 5])
>>> rdd2 = rdd1.distinct()
>>> rdd2.collect()
[2, 1, 5]
>>>
```

以上代码很容易理解，在此不做过多赘述，基本原理如图 2-13 所示。

Spark 官方对 distinct 算子的方法定义如下。

pyspark.RDD.distinct

RDD.distinct(*numPartitions: Optional[int] = None*) → pyspark.rdd.RDD[T]　　[source]

Return a new RDD containing the distinct elements in this RDD.

Examples

```
>>> sorted(sc.parallelize([1, 1, 2, 3]).distinct().collect())
[1, 2, 3]
```

中文释义：_____

_____

_____

distinct()方法只有一个可选参数，即分区数。

【随堂练习】

统计 Spark 软件包的 README.md 文件中包含的所有不同单词，不区分字母大小写，并将其按照小写字母形式输出。

提示：将所有单词先转换成小写字母形式，再去重。

6. union 数据合并

如果需要将来源不同的数据合并到一起进行处理，Spark 提供的 union 算子可以很方便地达到这一目的。不过，union 算子合并的数据如果有重复的，则重复数据会在新 RDD 中同时存在，因此有时也会结合 distinct 算子进行去重。

下面是一个简单的 union 算子应用案例。

```
rdd1 = sc.parallelize([1, 2, 3, 4])
rdd2 = sc.parallelize([2, 2, 3, 4, 5, 5])
rdd3 = rdd1.union(rdd2)
rdd1.collect()
rdd2.collect()
rdd3.collect()
```

◇ union 意为"联合""合并"

```
>>> rdd1 = sc.parallelize([1, 2, 3, 4])
>>> rdd2 = sc.parallelize([2, 2, 3, 4, 5, 5])
>>> rdd3 = rdd1.union(rdd2)
>>> rdd1.collect()
[1, 2, 3, 4]
>>> rdd2.collect()
[2, 2, 3, 4, 5, 5]
>>> rdd3.collect()
[1, 2, 3, 4, 2, 2, 3, 4, 5, 5]
>>>
```

从 rdd1、rdd2、rdd3 的输出结果来看，rdd3 包含了 rdd1 和 rdd2 的全部元素，rdd1 和 rdd2 的元素仍保持不变，从代码形式上看，"rdd1.union(rdd2)"好像将 rdd2 的元素合并到了 rdd1 中，但这一点读者不要产生误解，基本原理如图 2-14 所示。

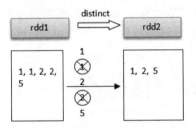

图 2-13　distinct 算子的数据去重操作

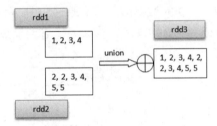

图 2-14　union 算子的数据合并操作

Spark 官方对 union 算子的方法定义如下。

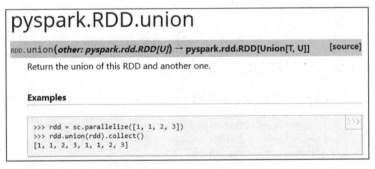

中文释义：＿＿＿＿＿＿＿＿＿＿＿＿＿＿＿＿＿＿＿＿＿＿＿＿＿＿＿＿＿＿＿＿＿
＿＿＿＿＿＿＿＿＿＿＿＿＿＿＿＿＿＿＿＿＿＿＿＿＿＿＿＿＿＿＿＿＿＿＿＿＿＿＿

union()方法在使用上很简单，其参数代表另一个 RDD，返回一个新的 RDD。

【随堂练习】

统计 Spark 软件包的 README.md 和 NOTICE 两个文件中包含的所有单词，并将其按照小写字母的形式输出。

提示：将两个文件包含的所有单词先分别转换成小写字母形式，再合并，最后去重。

7. intersection 数据交集

对不同的数据集来说，如果希望找出它们当中包含的相同元素，则可以在代码中使用 intersection 算子，它的功能相当于数学上两个集合的"交集"操作。如果两个数据集没有任何公共元素，就会得到一个空集。

下面是 intersection 算子求交集的案例。

```
rdd1 = sc.parallelize([1, 2, 3, 4, 4])
rdd2 = sc.parallelize([2, 2, 3, 4, 4, 5])
rdd3 = rdd1.intersection(rdd2)
rdd3.collect()
```

◇ intersection 原意为"路口"，有交叉的含义

```
>>> rdd1 = sc.parallelize([1, 2, 3, 4, 4])
>>> rdd2 = sc.parallelize([2, 2, 3, 4, 4, 5])
>>> rdd3 = rdd1.intersection(rdd2)
>>> rdd3.collect()
[4, 2, 3]
>>>
```

从上面的运行结果可以得知，两个 RDD 的交集是不会包含重复元素的。也就是说，尽管 rdd1 和 rdd2 都有两个元素 4，但最后的交集只保留一个元素 4，而且交集后的元素也没有按顺序排列。所以，intersection 算子的功能可以理解为将两个数据集的全部相同元素取出，去重后合并为一个新的数据集，基本原理如图 2-15 所示（虚线箭头用于演示数据的中间处理过程，以便于读者更好地理解，实际只能看到最后的处理结果）。

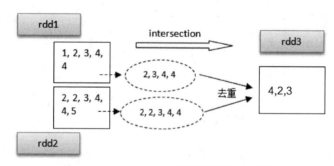

图 2-15　intersection 算子的数据交集操作

Spark 官方对 intersection 算子的方法定义如下。

pyspark.RDD.intersection

RDD.intersection(*other: pyspark.rdd.RDD[T]*) → pyspark.rdd.RDD[T]　　[source]

Return the intersection of this RDD and another one. The output will not contain any duplicate elements, even if the input RDDs did.

Notes

This method performs a shuffle internally.

中文释义：_____

_____

_____

intersection()方法与 union()方法类似，其参数代表另一个 RDD，返回新的 RDD。

【随堂练习】

统计 Spark 软件包的 README.md 和 NOTICE 两个文件中有哪些单词是相同的，并将其

按照小写字母形式输出。

提示：将两个文件中包含的所有单词先分别转换成小写字母形式，再求它们的交集。

8. subtract 数据差集

subtract 算子可以用来对两个数据集进行差集（减法）运算，基本原理是将第 1 个数据集的元素减去"两个数据集的交集"，得到新的数据集。如果两个数据集没有任何相同的元素，则得到的结果内容与第 1 个数据集相同。

下面是 subtract 算子求差集的案例。

```
rdd1 = sc.parallelize([1, 2, 3, 4])
rdd2 = sc.parallelize([2, 3, 4, 5, 5])
rdd3 = rdd1.subtract(rdd2)
rdd3.collect()
```
◇ subtract 意为"减去""减掉"

```
>>> rdd1 = sc.parallelize([1, 2, 3, 4])
>>> rdd2 = sc.parallelize([2, 3, 4, 5, 5])
>>> rdd3 = rdd1.subtract(rdd2)
>>> rdd3.collect()
[1]
>>>
```

在上面的代码中，rdd1 与 rdd2 包含的公共元素是[2,3,4]，所以 rdd1 与 rdd2 的差集，就是将 rdd1 中的[2,3,4]元素去除后剩下的内容，基本原理如图 2-16 所示（虚线箭头用于演示数据的中间处理过程，以便于读者更好地理解，实际只能看到最后的处理结果）。

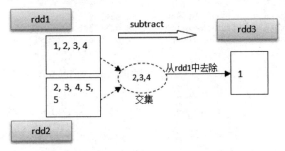

图 2-16　subtract 算子的数据差集操作

Spark 官方对 subtract 算子的方法定义如下。

pyspark.RDD.subtract

RDD.subtract(*other: pyspark.rdd.RDD[T], numPartitions: Optional[int] = None*) → pyspark.rdd.RDD[T]　　　　　　　　　　　　　　　　　　　　　　　　[source]

Return each value in *self* that is not contained in *other*.

Examples

```
>>> x = sc.parallelize([("a", 1), ("b", 4), ("b", 5), ("a", 3)])
>>> y = sc.parallelize([("a", 3), ("c", None)])
>>> sorted(x.subtract(y).collect())
[('a', 1), ('b', 4), ('b', 5)]
```

中文释义：_____

_____

_____

subtract()方法的第 1 个参数代表 RDD，第 2 个参数是可选的，代表分区数，返回一个新的 RDD。

【随堂练习】

统计 Spark 软件包的 README.md 和 NOTICE 两个文件中在 README.md 文件中出现，但不在 NOTICE 文件中出现的单词，并以小写字母形式将满足条件的单词输出。

提示：将两个文件包含的所有单词先分别转换成小写字母形式，再求它们的差集。

9. groupBy 数据分组

如果在一个数据集中，希望对数据元素依据某种规则进行分类组织，以便做出针对性处理，那么可以使用 groupBy 算子。

（1）现在有一个包含若干整数的集合，要将里面的元素分为 3 组，其中第 1 组数据能被 3 整除，第 2 组数据被 3 整除后余 1，第 3 组数据被 3 整除后余 2，实现这一功能的代码如下。

```rdd1 = sc.parallelize([1, 1, 2, 3, 5, 8])```
```rdd2 = rdd1.groupBy(lambda x: x % 3)```
```rdd2.collect()```
	◇ lambda 表达式的返回值有几个不同的取值，分组就会有几个
	◇ 链式调用形式为：
	```sc.parallelize([1, 1, 2, 3, 5, 8]) \```
	``` .groupBy(lambda x: x % 3) \```
	``` .collect()```

```
>>> rdd1 = sc.parallelize([1, 1, 2, 3, 5, 8])
>>> rdd2 = rdd1.groupBy(lambda x: x % 3)
>>> rdd2.collect()
[(2, <pyspark.resultiterable.ResultIterable object at 0x7fde2b3764e0>),
 (0, <pyspark.resultiterable.ResultIterable object at 0x7fde2b376240>),
 (1, <pyspark.resultiterable.ResultIterable object at 0x7fde2b376198>)]
>>>
```

从输出结果中可以看出，groupBy()方法返回的是(k,v)形式的键值对数据。rdd1 的每个元素除以 3 得到的余数（即 x%3）分别是 0、1、2 这 3 个不同的值，那么 groupBy()方法分别以 0、1、2 为 key 值对 rdd1 的元素进行分组，并把元素加到 key 值对应的 value 组中（value 在这里是一个可迭代对象，相当于集合）。也就是说，元素除以 3 的余数是什么值，该元素就被分配到这个 key 值对应的 value 组中。

（2）为了更清楚地看出以 0、1、2 为 key 值的(k,v)键值对数据包含的 value 值，我们通过一个 for 循环将其打印输出，继续输入如下代码。

```result = rdd2.collect()```
```for (x, y) in result:```
```   print(x, "=>", list(y))```
（这里留一个空行）
	◇ collect()方法返回的是一个(k,v)键值对形式的元组集合
	◇ print()函数后面留一个空行，以结束循环

```
>>> result = rdd2.collect()
>>> for (x, y) in result:
...     print(x, "=>". list(v))
...          ←──────  这里留一个空行，直接按回车键
2 => [2, 5, 8]
0 => [3]
1 => [1, 1]
>>>
```

在上述代码中，定义了一个变量 result，用于将 collect()方法返回的(k,v)键值对集合保存起来，然后在 for 循环中调用 list()函数，将 v 转换成一个列表并通过 print()函数输出，基本原理如图 2-17 所示（虚线箭头用于演示数据的中间处理过程，以便于读者更好地理解，实际只能

看到最后的处理结果）。

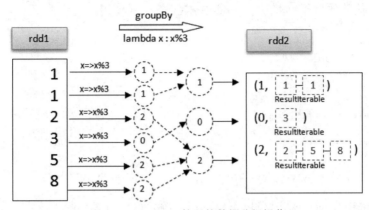

图 2-17　groupBy 算子的数据分组操作

（3）Spark 官方对 groupBy 算子的方法定义如下。

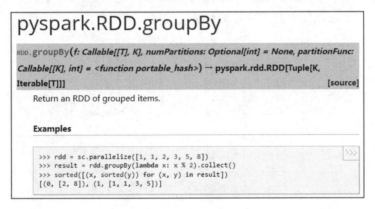

中文释义：_____

_____

_____

groupBy()方法的第 1 个参数就是元素进行分组的依据，它是一个函数（通常为 lambda 表达式），这个函数的返回值作为 key 值对元素进行分组，返回一个新的 RDD。RDD 中 key 值的个数是由 lambda 表达式能产生多少个不相同的值决定的。其他两个参数是可选的，分别是生成新 RDD 的分区数，以及分区函数。

【随堂练习】

将 Spark 软件包的 README.md 文件中包含的所有单词按首字母分类（忽略字母大小写），分别输出以 a、b、c 开头的单词。

提示：将文件中包含的所有单词先转换成小写字母形式，再分组，最后过滤。

10．groupByKey 数据分组

对于元素本身就是(k,v)键值对的数据集来说，Spark 还提供了一个直接处理这种类型数据的 groupByKey 算子。从功能上看，groupByKey 算子与 groupBy 算子是相同的，都是用来对 RDD 中的元素进行分组的，只不过 groupByKey 算子要求 RDD 元素必须是(k,v)键值对形式的，而 groupBy 算子则是通用的，适用于任意类型的 RDD。groupByKey 算子按照 RDD 元素的 key 值进行分组，那些具有相同 key 值元素的 value 值被拼装到一个可迭代对象中，所以

groupByKey 算子使用起来更加直接。

下面是一个简单的例子，演示了 groupByKey 算子的使用。

```
rdd1 = sc.parallelize([("a", 1),
         ("b", 2), ("a", 3)])
rdd2 = rdd1.groupByKey()
rdd2.collect()
```

◇ 链式调用形式为：
```
sc.parallelize([("a",1),("b",2),("a",3)]) \
  .groupByKey() \
  .collect()
```

```
>>> rdd1 = sc.parallelize([("a", 1),
...          ("b", 2), ("a", 3)])
>>> rdd2 = rdd1.groupByKey()
>>> rdd2.collect()
[('b', <pyspark.resultiterable.ResultIterable object at 0x7fde2bc46320>),
 ('a', <pyspark.resultiterable.ResultIterable object at 0x7fde2bc463c8>)]
>>>
```

在使用 groupByKey()方法时可以不提供任何额外参数，直接返回按照 key 值分组的数据集。此外，结果数据集的元素仍是(k,v)键值对，原元素的 key 值被合并，value 部分变成了一个可迭代的对象，即各个元素的 value 值的集合，基本原理如图 2-18 所示（虚线箭头用于演示数据的中间处理过程，以便于读者更好地理解，实际只能看到最后的处理结果）。

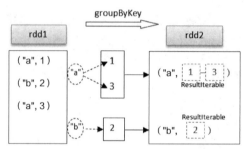

图 2-18　groupByKey 算子的数据分组操作

Spark 官方对 groupByKey 算子的方法定义如下。

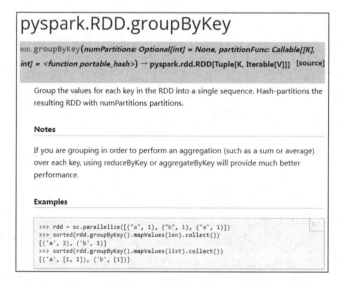

中文释义：＿＿＿＿＿＿＿＿＿＿＿＿＿＿＿＿＿＿＿＿＿＿＿＿＿＿＿＿＿＿＿＿＿＿＿

＿＿＿

＿＿＿

　　groupByKey()方法包含两个可选参数，一般忽略即可。对于分组后的 RDD，如果还要按照 key 值对其中的 value 值进行聚合操作，比如求和、求平均值等，那么应该考虑使用 reduceByKey() 或 aggregateByKey()方法，以获得更好的性能。

　　【随堂练习】

　　仿照 groupBy 算子，将分组后 value 包含的元素值输出。

11．reduceByKey 数据归并

　　我们经常会遇到对 RDD 的元素进行"归并"（归类+合并计算）的情形，最典型的就是"词频统计"例子。虽然实际的词频统计需求很少出现，但它在 map 算子和 reduceByKey 算子上的应用是很多问题解决方案的一个典型参照。Spark 提供的 reduceByKey 算子可以对 key 值相同的元素的 value 值执行归并计算变成新的元素。也就是说，reduceByKey 算子是针对(k,v)键值对形式的元素进行操作的，如果不是(k,v)键值对形式的元素，那么一般要通过 map 算子先将其转换成(k,v)键值对形式。当相同 key 值对应的 value 数据经过合并计算后，每个 key 值就只有一条数据，value 值则是经过合并计算得到的结果。

　　下面来看一个 reduceByKey 算子的具体例子，以便理解它的作用。

```
rdd1 = sc.parallelize([("a", 2), ("b", 3),
                       ("a", 1), ("a", 4)])
rdd2 = rdd1.reduceByKey(lambda x,y : x+y)
rdd2.collect()
```

◇　reduceByKey()方法需要提供一个对 value 值进行两两合并计算的函数，这里是 x+y，即两两相加

◇　reduce 意为"减少""缩减"

◇　链式调用形式为：

```
sc.parallelize([("a", 2), ("b", 3),
                ("a", 1), ("a", 4)]) \
    .reduceByKey(lambda x,y : x+y) \
    .collect()
```

```
>>> rdd1 = sc.parallelize([("a", 2), ("b", 3),
...                        ("a", 1), ("a", 4)])
>>> rdd2 = rdd1.reduceByKey(lambda x,y : x+y)
>>> rdd2.collect()
[('b', 3), ('a', 7)]
>>>
```

　　从输出结果可知，key 值为"a"的元素的 value 值被累加到一起，key 值为"b"的元素的 value 值也被累加到一起，分别是 7（2+1+4）和 3（只有 3）。reduceByKey()方法有一个 lambda 表达式，参数 x 和 y 分别代表进行两两相加的 value 值。reduceByKey()方法会反复对数据集中的具有相同 key 值的元素进行 value 值累加，从而达到"归并"的效果，基本原理如图 2-19 所示（虚线箭头用于演示数据的中间处理过程，以便于读者更好地理解，实际只能看到最后的处理结果）。这里所指的"归并算法"，只要能够满足交换律和结合律的处理就行，即元素合并的顺序对结果没有影响，并不单指数学上的"加法"。

　　当在集群节点中进行并行计算时，reduceByKey 算子会先对位于同一计算节点上的数据进行"局部"合并，然后对局部合并后的中间结果进行"全局合并"，这样就大大减少了合并计算过程中的网络传输时间（具有相同 key 值的元素可能要从一台计算机发送到另一台计算机去合并）。所以，使用 reduceByKey 算子对数据集进行合并，通常要比 groupByKey()方法与 sum()等函数一起使用的性能更好，也更合理，相对来说也更高效。

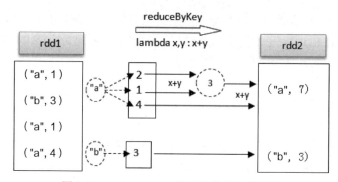

图 2-19　reduceByKey 算子的数据归并操作

综上所述，reduceByKey 算法在内部的操作分成两个步骤：第 1 步根据 key 值对数据集的元素进行分组，相同 key 值的元素对应的 value 值被归类在一起（等同于 groupByKey 算子）；第 2 步对已经归类的各 value 值进行两两合并计算（函数或 lambda 表达式）。

Spark 官方对 reduceByKey 算子的方法定义如下。

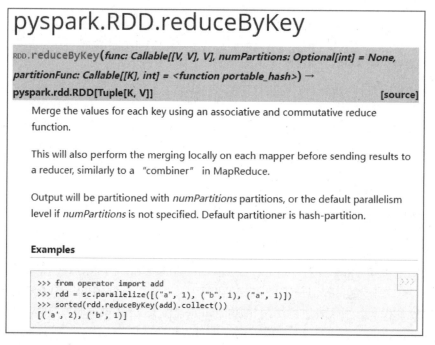

中文释义：_____

_____

reduceByKey()方法的第 1 个参数是具体执行"合并计算"的处理函数。也就是说，相同 key 值对应的 value 值是能够执行两两合并计算的，合并后的结果再与其他 value 值"合并"，最后得到合并后的(k,v)键值对形式的数据元素。需要指出的是，这里所说的合并并不限于累加，还可以是其他计算操作，比如数学上的乘法、两个集合的元素合并到一起等，但求平均值不是一个能满足交换律和结合律的操作。

【随堂练习】

使用 Python 产生 100 个随机整数，随机整数的取值范围为 5～20，分别统计各随机整数出现的次数。

12. sortByKey 数据排序

sortBy 算子用来对任意类型的 RDD 元素进行排序，是一个通用的排序算子。对于(k,v)键值对形式的 RDD 来说，Spark 还专门提供了一个 sortByKey 算子，它是根据(k,v)键值对元素的 key 值进行排序的。

下面给出 sortByKey 算子的几种使用方法。

```
data = [('a',1), ('b',2), ('1',3), ('A',4)]    ◇ 构造一个(k,v)键值对形式的 rdd1
rdd1 = sc.parallelize(data)                     ◇ 默认按 key 值升序排列
rdd1.sortByKey().collect()                      ◇ False 表示降序排列
rdd1.sortByKey(False).collect()                 ◇ sortByKey()方法的第 1 个参数 False
                                                表示降序排列，第 2 个参数 None 表示忽略分
rdd1.sortByKey(False, None,                     区数，第 3 个参数表示将 key 值转换为小写字
        lambda k: k.lower()).collect()          母形式进行排序
```

```
>>> data = [('a',1), ('b',2), ('1',3), ('A',4)]
>>> rdd1 = sc.parallelize(data)
>>> rdd1.sortByKey().collect()
[('1', 3), ('A', 4), ('a', 1), ('b', 2)]
>>> rdd1.sortByKey(False).collect()
[('1', 3), ('A', 4), ('a', 1), ('b', 2)]
>>> rdd1.sortByKey(False, None,
...         lambda k: k.lower()).collect()
[('b', 2), ('a', 1), ('A', 4), ('1', 3)]
>>>
```

sortByKey 算子的使用并不复杂，理解起来也没什么难度，就是按照每个元素的 key 值对数据进行排序。

Spark 官方对 sortByKey 算子的方法定义如下。

pyspark.RDD.sortByKey

RDD.sortByKey(*ascending: Optional[bool] = True, numPartitions: Optional[int] = None, keyfunc: Callable[[Any], Any] = <function RDD.<lambda>>*) → pyspark.rdd.RDD[Tuple[K, V]]　　　　[source]

Sorts this RDD, which is assumed to consist of (key, value) pairs.

中文释义：_____

_____

sortByKey()方法包含 3 个可选参数，其中，第 1 个参数用于确定排序的结果为升序还是降序（默认为 True，代表升序），第 2 个参数用于指定得到的 RDD 有几个分区（None 为默认分区数），第 3 个参数 keyfunc 可以用来修改排序依据，作用与 sortBy()方法的第 1 个参数类似，可以设定处理函数或 lambda 表达式，以确定排序依据。

【随堂练习】

使用本节"11. reduceBykey 数据归并"的"随堂练习"中产生的 100 个随机整数，将每

个随机整数出现的次数按从大到小的顺序输出。

13. keys 和 values 操作

RDD 的 keys()和 values()方法可以用来分别获取(k,v)键值对数据集的所有元素的 key 值和 value 值，返回的也都是 RDD。由于这两个方法的含义比较容易理解，因此这里直接给出一个案例代码。

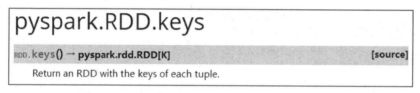

```
>>> rdd = sc.parallelize([(1, 2), (3, 4), (5, 6), (7, 8)])
>>> k = rdd.keys()
>>> k.collect()
[1, 3, 5, 7]
>>> v = rdd.values()
>>> v.collect()
[2, 4, 6, 8]
>>>
```

这两个方法不需要提供任何参数，分别返回一个由全部 key 值和全部 value 值构成的 RDD。

Spark 官方对 keys 算子和 values 算子的方法定义如下。

pyspark.RDD.keys

RDD.keys() → pyspark.rdd.RDD[K]   [source]

Return an RDD with the keys of each tuple.

pyspark.RDD.values

RDD.values() → pyspark.rdd.RDD[V]   [source]

Return an RDD with the values of each tuple.

中文释义：_____

_____

_____

【随堂练习】

使用本节"11. reduceBykey 数据归并"的"随堂练习"中产生的 100 个随机整数，统计出现的是哪些整数，它们出现的次数分别是多少。

14. mapValues 和 flatMapValues 操作

在大数据处理过程中，对于以(k,v)键值对形式存在的数据，除了 reduceByKey、sortByKey 等这类针对 key 值进行处理的算子，Spark 还提供了 mapValues、flatMapValues 等针对 value 值进行处理的算子。

mapValues 算子和 flatMapValues 算子用来把(k,v)键值对元素的 value 值传给一个函数或 lambda 表达式处理，返回结果再与原 key 值组合成一个新的元素。换句话说，它们是专门用来处理(k,v)键值对元素的 value 值的。flatMapValues 除了具有与 mapValues 一样的功能，还会多一步操作，即将处理后的 value 值进行二次拆解，拆解后的值再分别与原 key 组合成新的元素。

下面通过演示 mapValues()和 flatMapValues()方法进行说明。

```
rdd1 = sc.parallelize([ ("b", ["葡萄"]),
        ("a", ["苹果", "香蕉", "柠檬"]) ])
rdd2 = rdd1.mapValues(lambda x: len(x))
rdd2.collect()

rdd3 = sc.parallelize([ ("a", [1, 2, 3]),
        ("b", [4, 5]) ])
rdd4 = rdd3.mapValues(lambda x : x)
rdd5 = rdd3.flatMapValues(lambda x : x)
rdd4.collect()
rdd5.collect()
```

◇ 构造一个(k,v)键值对形式的 RDD

◇ 将元素的 value 值转换成一个数值,len()
函数用于求集合元素的个数

◇ 参数 x 代表 rdd3 的每个元素的 value 值,
这里提供的 lambda 表达式未对 value 值做任
何处理,直接返回其本身

```
>>> rdd1 = sc.parallelize([ ("b", ["葡萄"]),
...           ("a", ["苹果", "香蕉", "柠檬"]) ])
>>> rdd2 = rdd1.mapValues(lambda x: len(x))
>>> rdd2.collect()
[('b', 1), ('a', 3)]
>>>
>>> rdd3 = sc.parallelize([ ("a", [1, 2, 3]),
...           ("b", [4, 5]) ])
>>> rdd4 = rdd3.mapValues(lambda x : x)
>>> rdd5 = rdd3.flatMapValues(lambda x : x)
>>> rdd4.collect()
[('a', [1, 2, 3]), ('b', [4, 5])]
>>> rdd5.collect()
[('a', 1), ('a', 2), ('a', 3), ('b', 4), ('b', 5)]
```

通过对比 mapValues()和 flatMapValues()方法处理的结果可知,rdd4 和 rdd5 的区别主要在
于产生的 value 值是否被二次拆解,基本原理如图 2-20 和图 2-21 所示。

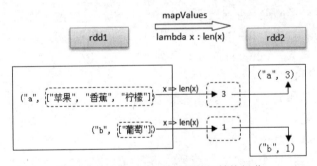

图 2-20 mapValues 算子的数据转换操作

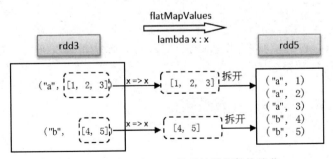

图 2-21 flatMapValues 算子的数据转换操作

Spark 官方对 mapValues 算子和 flatMapValues 算子的方法定义如下。

pyspark.RDD.mapValues

RDD.`mapValues`(*f: Callable[[V], U]*) → pyspark.rdd.RDD[Tuple[K, U]]　　　　[source]

Pass each value in the key-value pair RDD through a map function without changing the keys; this also retains the original RDD's partitioning.

pyspark.RDD.flatMapValues

RDD.`flatMapValues`(*f: Callable[[V], Iterable[U]]*) → pyspark.rdd.RDD[Tuple[K, U]]

Pass each value in the key-value pair RDD through a flatMap function　　[source]
without changing the keys; this also retains the original RDD's partitioning.

中文释义：_____

_____

_____

mapValues()与 flatMapValues()方法的区别主要在于，后者对 value 值进行转换之后，还要进行一次"拆解"操作，拆解得到的数据再分别与原 key 值组合成一个新的元素。因此，flatMapValues 要求处理函数的返回值必须是可以拆解的，只有这样才能将拆解出来的值与原 key 值组合成新的(k,v)键值对元素。

【随堂练习】

使用本节"11. reduceByKey 数据归并"的"随堂练习"中产生的 100 个随机整数，如果某个整数出现的次数大于或等于 10 次，则将它的次数变成 A；如果某个整数出现的次数小于 10 次，则将它的次数变成 B。比如，假定产生的随机整数 9 出现了 15 次，则将(9,15)变成(9, 'A')。

15. join 连接类操作

在关系数据库中，经常会遇到表连接的情形，Spark 提供了连接类算子，包括 join、leftOuterJoin、rightOuterJoin、fullOuterJoin。其中，join 为内连接，leftOuterJoin 为左外连接，rightOuterJoin 为右外连接，fullOuterJoin 为全外连接，这 4 个算子都是针对(k,v)键值对形式的 RDD 数据集进行操作的。

数据连接的应用场景为：如果一个相关的信息同时分散在多个数据集中，比如学生的个人信息、选课信息、课程成绩分别对应 3 个数据集，要获取某个学生的选课信息和课程成绩，就要将多个数据集的关联信息拼合到一起。

为帮助读者理解这几个连接类算子的具体功能和使用方法，下面分别举例说明。

（1）join 内连接。

```
rdd1 = sc.parallelize([(1,2), (3,4), (5,6)])
rdd2 = sc.parallelize([(3,9), (3,8), (5,2)])
rdd3 = rdd1.join(rdd2)
rdd3.collect()
```
◇ rdd1 与 rdd2 的内连接，是以两边都包含的相同 key 值的元素为参考，将 rdd1 的每个元素与 rdd2 的相同 key 值的元素进行组合

```
>>> rdd1 = sc.parallelize([(1,2), (3,4), (5,6)])
>>> rdd2 = sc.parallelize([(3,9), (3,8), (5,2)])
>>> rdd3 = rdd1.join(rdd2)
>>> rdd3.collect()
[(5, (6, 2)), (3, (4, 9)), (3, (4, 8))]
>>>
```

join 内连接的基本原理如图 2-22 所示，rdd1 和 rdd2 的元素中包含的相同 key 值分别为 3 和

5，因此只需将 rdd1 与 rdd2 的 key 值相同的元素分别组合起来，就能得到新的元素。为方便读者理解，图 2-22 只展示了 key 值为 3 的元素的连接过程，key 值为 5 的元素的连接与此类似。其中的虚线箭头和实线箭头用于区分针对不同来源的元素的处理，比如上面的(3,4)和下面的(3,9)合并得到(3,(4,9))。

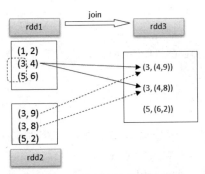

图 2-22　join 内连接的基本原理

【结论】

rdd1 与 rdd2 的 join 内连接操作，是将 rdd1 的每个元素与 rdd2 的具有相同 key 值的元素分别进行连接，参与连接的两个元素的 key 值必须相同，否则将被忽略。

Spark 官方对 join 算子的方法定义如下。

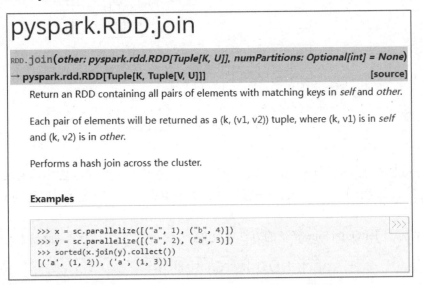

中文释义：_____

_____

_____

【随堂练习】

分析以下代码的运行结果，体会 join 内连接操作的基本步骤。

```
rdd1 = sc.parallelize([(1,2), (3,4), (3,6)])
rdd2 = sc.parallelize([(3,9), (1,3)])
rdd3 = rdd1.join(rdd2)
rdd3.collect()
```

（2）leftOuterJoin 左外连接。

```
rdd1 = sc.parallelize([(1,2), (3,4), (3,6)])
rdd2 = sc.parallelize([(3,9)])
rdd3 = rdd1.leftOuterJoin(rdd2)
rdd3.collect()
```

◇ rdd1 与 rdd2 的左外连接，是将左边 rdd1 的每个元素，与右边 rdd2 中具有相同 key 值的元素进行连接，如果 rdd2 中不包含相同 key 值的元素，则结果中右边的 value 值被置为 None

```
>>> rdd1 = sc.parallelize([(1,2), (3,4), (3,6)])
>>> rdd2 = sc.parallelize([(3,9)])
>>> rdd3 = rdd1.leftOuterJoin(rdd2)
>>> rdd3.collect()
[(1, (2, None)), (3, (4, 9)), (3, (6, 9))]
>>>
```

在上述代码中，rdd1 的每个元素分别与 rdd2 中具有相同 key 值的元素进行连接，如果 rdd2 中不存在对应的 key 值，则结果中右边的 value 值被置为 None。

leftOuterJoin 左外连接的基本原理如图 2-23 所示。其中的虚线箭头和实线箭头用于区分针对不同来源的元素的处理，比如上面的(3,4)和下面的(3,9)合并得到(3,(4,9))。

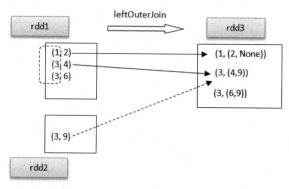

图 2-23　leftOuterJoin 左外连接的基本原理

【结论】

rdd1 与 rdd2 的 leftOuterJoin 左外连接，是将 rdd1 的每个元素与 rdd2 中具有相同 key 值的元素进行连接。在连接时，若 rdd2 中不存在相同 key 值的元素，则连接后右边的 value 值被置为 None。

Spark 官方对 leftOuterJoin 算子的方法定义如下。

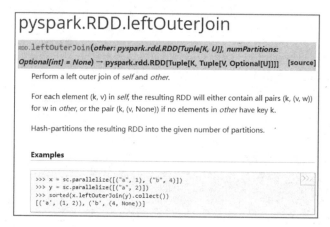

中文释义：_____

_____

_____

【随堂练习】

分析以下代码的运行结果，体会 leftOuterJoin 左外连接操作的基本步骤。

```
rdd1 = sc.parallelize([(1,2), (3,4), (3,6)])
rdd2 = sc.parallelize([(3,9), (1,3)])
rdd3 = rdd1.leftOuterJoin(rdd2)
rdd3.collect()
```

（3）rightOuterJoin 右外连接。

```
rdd1 = sc.parallelize([(1,2), (3,4), (3,6)])
rdd2 = sc.parallelize([(3,9), (2,4)])
rdd3 = rdd1.rightOuterJoin(rdd2)
rdd3.collect()
```

◇ rdd1 与 rdd2 的右外连接，是以 rdd2 的每个元素为参考，将左边 rdd1 中含有相同 key 值的元素与 rdd2 的元素进行连接。如果 rdd1 中不包含相同 key 值的元素，则结果中左边的 value 值被置为 None

```
>>> rdd1 = sc.parallelize([(1,2), (3,4), (3,6)])
>>> rdd2 = sc.parallelize([(3,9), (2,4)])
>>> rdd3 = rdd1.rightOuterJoin(rdd2)
>>> rdd3.collect()
[(2, (None, 4)), (3, (4, 9)), (3, (6, 9))]
>>>
```

与 leftOuterJoin 不同的是，rightOuterJoin 是以右边 rdd2 的每个元素为参考，将 rdd1 中 key 值相同的元素与 rdd2 的元素进行连接的。

rightOuterJoin 右外连接的基本原理如图 2-24 所示。其中的虚线箭头和实线箭头用于区分针对不同来源的元素的处理，比如上面的(3,4)和下面的(3,9)合并得到(3,(4,9))。

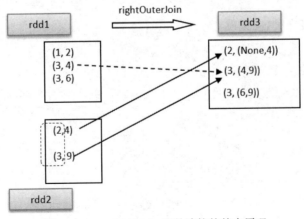

图 2-24 rightOuterJoin 右外连接的基本原理

【结论】

rdd1 与 rdd2 的 rightOuterJoin 右外连接，是以 rdd2 的每个元素为参考，将 rdd1 中具有相同 key 值的元素与 rdd2 的元素进行连接。在连接时，若 rdd1 中不存在相同 key 值的元素，则连接后左边的 value 值被置为 None。

Spark 官方对 rightOuterJoin 算子的方法定义如下。

pyspark.RDD.rightOuterJoin

RDD.`rightOuterJoin`(*other: pyspark.rdd.RDD[Tuple[K, U]], numPartitions: Optional[int] = None*) → pyspark.rdd.RDD[Tuple[K, Tuple[Optional[V], U]]]　　[source]

Perform a right outer join of *self* and *other*.

For each element (k, w) in *other*, the resulting RDD will either contain all pairs (k, (v, w)) for v in this, or the pair (k, (None, w)) if no elements in *self* have key k.

Hash-partitions the resulting RDD into the given number of partitions.

Examples

```
>>> x = sc.parallelize([("a", 1), ("b", 4)])
>>> y = sc.parallelize([("a", 2)])
>>> sorted(y.rightOuterJoin(x).collect())
[('a', (2, 1)), ('b', (None, 4))]
```

中文释义：_____

_____

【随堂练习】

分析以下代码的运行结果，体会 rightOuterJoin 右外连接操作的基本步骤。

```
rdd1 = sc.parallelize([(1,2), (3,4), (3,6), (5,8)])
rdd2 = sc.parallelize([(3,9), (1,3)])
rdd3 = rdd1.rightOuterJoin(rdd2)
rdd3.collect()
```

（4）fullOuterJoin 全外连接。

```
rdd1 = sc.parallelize([(1,2), (3,4), (3,6)])
rdd2 = sc.parallelize([(3,9), (2,4)])
rdd3 = rdd1.fullOuterJoin(rdd2)
rdd3.collect()
```

◇ rdd1 与 rdd2 的全外连接，是先执行 rdd1 与 rdd2 的左外连接，再执行 rdd1 与 rdd2 的右外连接，在操作过程中，已发生连接的两个元素，不再进行重复的连接

```
>>> rdd1 = sc.parallelize([(1,2), (3,4), (3,6)])
>>> rdd2 = sc.parallelize([(3,9), (2,4)])
>>> rdd3 = rdd1.fullOuterJoin(rdd2)
>>> rdd3.collect()
[(1, (2, None)), (2, (None, 4)), (3, (4, 9)), (3, (6, 9))]
>>>
```

fullOuterJoin 相当于结合了 leftOuterJoin 和 rightOuterJoin 的特点，分别以左边的 rdd1 和右边的 rdd2 为参照，将其中的元素分别与对方连接，即先 leftOuterJoin 后 rightOuterJoin，但不出现重复的连接操作。比如 rdd1 的 a 元素与 rdd2 的 b 元素发生过连接操作，则 b 元素就不再重复与 a 元素进行连接。

【结论】

rdd1 与 rdd2 的 fullOuterJoin 全外连接操作，是先执行 rdd1 与 rdd2 的左外连接，再执行 rdd1 与 rdd2 的右外连接，且遵循"不重复连接"原则。

Spark 官方对 fullOuterJoin 算子的方法定义如下。

pyspark.RDD.fullOuterJoin

RDD.`fullOuterJoin`(*other: pyspark.rdd.RDD[Tuple[K, U]]*, *numPartitions: Optional[int] = None*) → *pyspark.rdd.RDD[Tuple[K, Tuple[Optional[V], Optional[U]]]]*

[source]

Perform a right outer join of *self* and *other*.

For each element (k, v) in *self*, the resulting RDD will either contain all pairs (k, (v, w)) for w in *other*, or the pair (k, (v, None)) if no elements in *other* have key k.

Similarly, for each element (k, w) in *other*, the resulting RDD will either contain all pairs (k, (v, w)) for v in *self*, or the pair (k, (None, w)) if no elements in *self* have key k.

Hash-partitions the resulting RDD into the given number of partitions.

Examples

```
>>> x = sc.parallelize([("a", 1), ("b", 4)])
>>> y = sc.parallelize([("a", 2), ("c", 8)])
>>> sorted(x.fullOuterJoin(y).collect())
[('a', (1, 2)), ('b', (4, None)), ('c', (None, 8))]
```

中文释义：_____

_____

【随堂练习】

分析以下代码的运行结果，体会 fullOuterJoin 全外连接操作的基本步骤。

```
rdd1 = sc.parallelize([(1,2), (3,4), (3,6), (5,8)])
rdd2 = sc.parallelize([(3,9), (1,3)])
rdd3 = rdd1.fullOuterJoin(rdd2)
rdd3.collect()
```

16．zip 操作

zip 算子的作用是将第 1 个 RDD 的每个元素作为 key 值，第 2 个 RDD 对应位置的元素作为 value 值，组合成(k,v)键值对形式的新数据集。也就是说，zip 算子要求参与运算的两个 RDD 元素的个数必须相同。

下面给出 zip 算子的操作案例。

```
rdd1 = sc.parallelize([0,1,2,3,4])
rdd2 = sc.parallelize(['A', 'B', 'C', 'D', 'E'])
rdd3 = rdd1.zip(rdd2)
rdd3.collect()
```

◇ zip 一词的含义是"拉链"，拉链的齿就是成对扣住的
◇ rdd1 的元素为 key 值，rdd2 的元素为 value 值，组合起来的元素就是 zip 操作的结果

```
>>> rdd1 = sc.parallelize([0,1,2,3,4])
>>> rdd2 = sc.parallelize(['A', 'B', 'C', 'D', 'E'])
>>> rdd3 = rdd1.zip(rdd2)
>>> rdd3.collect()
[(0, 'A'), (1, 'B'), (2, 'C'), (3, 'D'), (4, 'E')]
>>>
```

在上述代码中，zip()方法将 rdd1 中的 5 个数字[0,1,2,3,4]，分别与 rdd2 中的 5 个字母['A', 'B','C','D','E']在对应位置组合，构成(0,'A')、(1,'B')等形式的 5 个元素。所以，如果遇到需要将两组相同个数的元素组合到一起的情况，则可以使用 zip 算子。

zip 算子的基本操作原理如图 2-25 所示。

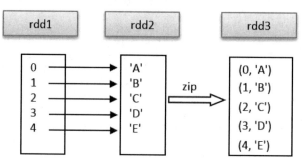

图 2-25　zip 算子的基本操作原理

Spark 官方对 zip 算子的方法定义如下。

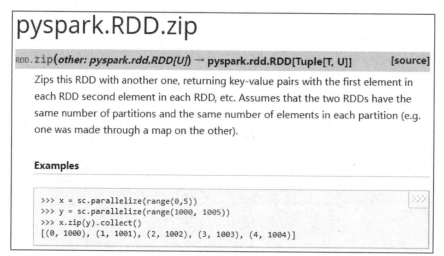

中文释义：_____

_____

_____

【随堂练习】

学生的基本信息和学生的 Spark 课程成绩分别位于 stu.txt（学号,姓名)和 spark.txt(学号,课程名,分数）文件中，它们所对应的内容如下。

stu.txt 文件	spark.txt 文件
1，吴思思	1, Spark, 80
2，杭天琪	2, Spark, 92

| 3，李清照 | 3, Spark, 60 |
| 4，朱三桂 | 4, Spark, 70 |

将其合并到一起，并输出类似如下格式的信息。

```
1，吴思思，Spark, 80
2，杭天琪，Spark, 92
3，李清照，Spark, 60
4，朱三桂，Spark, 70
```

2.4.3 RDD 的行动操作

RDD 的行动（Action）操作是用来启动 RDD 数据转换的计算过程，并返回结果到 Driver 进程中的。2.3 节讲过，RDD 的所有转换操作都是"延迟"执行的，转换操作形成的计算链只是一个执行计划，并不会立即对数据进行处理，此时 Spark 只是记住了整个转换操作形成的计算流程，直至遇到如 collect、count 等这类行动算子时，才会开始真正地执行，并最终生成所需的结果。

Spark 行动操作算子包括 collect、take、count、foreach 等。Spark 应用程序包含多少个行动算子，Spark 就会将其划分出多少个计算任务（Job），这些计算任务就被发送到各节点中执行，它们之间可能并行执行也可能串行执行，这取决于所使用的 RDD 的先后依存关系。

1. collect 操作

Spark 应用程序是被提交给集群中的 Driver 进程执行的，而 collect 算子则是将集群中各节点上的 RDD 计算结果通过网络"收集汇总"到 Driver 进程所在的节点，形成一个本地计算机的数据集合。因此，如果收集到的数据量特别大，一是容易造成很大的网络压力，二是可能直接导致 Driver 进程内存溢出。所以，在开发阶段为了测试程序代码逻辑的正确性，使用 collect 算子观察 RDD 的数据元素内容是非常便利的，但其并不适用于任意场合。在大部分情况下，当数据处理完毕后，一般要将计算结果保存到 HDFS 或数据库等持久化的存储中。

鉴于前面已经多次用到 collect 算子，下面用一个简单的例子来验证 collect()方法返回的数据类型。

```
rdd = sc.parallelize(['hello world', 'hello spark'])
words = rdd.collect()
type(rdd)
print(rdd)
type(words)
print(words)
```

◇ collect()方法返回的是一个 List 数组，位于 Driver 进程所在的节点，与 RDD 已经没有任何联系，也不能实现并行计算

◇ type()函数用于查看变量的数据类型

```
>>> rdd = sc.parallelize(['hello world', 'hello spark'])
>>> words = rdd.collect()
>>> type(rdd)
<class 'pyspark.rdd.RDD'>
>>> print(rdd)
ParallelCollectionRDD[163] at parallelize at PythonRDD.scala:195
>>> type(words)
<class 'list'>
>>> print(words)
['hello world', 'hello spark']
>>>
```

从输出内容可知，collect()方法返回的是一个 List 数组而不是 RDD，也就是说，返回的数据已不在分布式计算的范畴内。

【学习提示】

Spark 转换算子和行动算子可以通过算子操作的返回值类型来区分，转换算子的返回值是 RDD 类型，行动算子的返回值是普通 Python 数据类型。

Spark 在对 RDD 数据进行计算时，还可以指定分区数，控制并行计算的粒度，以便将分区数据分配到不同的 CPU 核或计算节点上运行，前面的很多转换操作提供了这个参数。如果希望查看数据在 RDD 分区中的分布情况，则可以依次调用 glom()方法和 collect()方法。例如：

```
rdd1 = sc.parallelize([1, 3, 4, 2], 3)
rdd1.collect()
rdd1.glom().collect()
```
◇ glom()方法的作用是将位于同一分区的数据转换为内存数组，分区本身保持不变
◇ 无论 RDD 有多少个分区，对外效果都是一个整体数据集，分区只是 Spark 内部的一种工作机制

```
>>> rdd1 = sc.parallelize([1, 3, 4, 2], 3)
>>> rdd1.collect()
[1, 3, 4, 2]
>>> rdd1.glom().collect()
[[1], [3], [4, 2]]
>>>
```

这里的 rdd1 在创建时指定了分区数为 3，collect()方法得到的是全部元素，而 glom()方法得到的则是每个分区包含的元素。

Spark 官方对 collect 算子的方法定义如下。

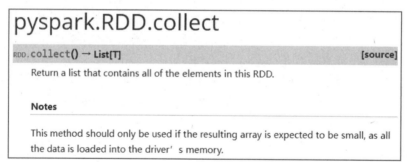

中文释义：＿＿＿＿＿＿＿＿＿＿＿＿＿＿＿＿＿＿＿＿＿＿＿＿＿＿＿＿＿＿＿

＿＿＿＿＿＿＿＿＿＿＿＿＿＿＿＿＿＿＿＿＿＿＿＿＿＿＿＿＿＿＿＿＿＿＿＿＿

＿＿＿＿＿＿＿＿＿＿＿＿＿＿＿＿＿＿＿＿＿＿＿＿＿＿＿＿＿＿＿＿＿＿＿＿＿

2. take 操作

除了 collect 算子，用户还可以使用 take 算子获取 RDD 的前 n 条数据。take 算子和 collect 算子的使用方法是类似的，都是需要先将 RDD 的数据元素从集群的各节点汇总到 Driver 进程所在的节点上。所以，take 算子也只适用于数据量小的场合，不适用于数据量大的场合。

下面给出 take 算子的示例代码。

```
rdd = sc.parallelize([2, 3, 2, 4, 5])
rdd.take(2)
rdd.take(10)
```
◇ take()方法的参数是希望获取的元素个数
◇ 若指定的数量超过实际元素的个数，则返回全部元素

```
>>> rdd = sc.parallelize([2, 3, 2, 4, 5])
>>> rdd.take(2)
[2, 3]
>>> rdd.take(10)
[2, 3, 2, 4, 5]
>>>
```

take()方法的功能比较直观，使用起来也很简单，在此不再赘述。

3．first 操作

collect 算子、take 算子都是将 RDD 的数据元素转换为本地数组，如果只是希望观察 RDD 数据的情况，比如只查看一条数据，此时可以使用 first 算子来实现，其适用于数据量大的场合，不像 collect 算子、take 算子那样需要将 RDD 的数据元素全部汇集到一起。

使用 first()方法时不需要任何参数，返回的数据是普通 Python 数据类型。下面是一个简单的 first 算子的示例代码。

`sc.parallelize([2, 3, 4]).first()`	◇ 如果 RDD 中没有任何数据元素,则调用 `first()` 方法会出现错误

```
>>> sc.parallelize([2, 3, 4]).first()
2
```

在这个例子中，直接返回集合中的第 1 个元素。不过，如果是对一个空的 RDD 执行 first() 方法，则会报错误信息。

4．count/countByValue 操作

在实际工作中，还会经常遇到一个需求，就是统计 RDD 的元素个数。Spark 设计的 count 算子可以用来获取 RDD 的元素个数，countByValue 算子可以用来计算 RDD 中每种元素的数量。此外，对于(k,v)键值对形式的 RDD 来说，用户还可以使用 countByKey 算子计算每种 key 值的元素个数。

下面是 count 算子和 countByValue 算子的使用示例。

`rdd1 = sc.parallelize([1, 6, 1, 6, 6])`
`rdd1.count()`
`rdd1.countByValue()`
	◇ RDD 中包含 5 个元素
	◇ 值为 1 的元素有 2 个，值为 6 的元素有 3 个

```
>>> rdd1 = sc.parallelize([1, 6, 1, 6, 6])
>>> rdd1.count()
5
>>> rdd1.countByValue()
defaultdict(<class 'int'>, {1: 2, 6: 3})
```

在上面的代码中，count()方法用于返回 rdd1 数据集的元素个数，countByValue()方法用于返回数据集中各种元素的数量。

5．max/min/sum/mean 操作

在对数据进行分析时，经常要统计最大值、最小值，以及计算数据的累加和、数据序列的平均值等，Spark 与之对应的算子分别是 max、min、sum 和 mean，这几个方法的功能很容易理解，使用起来也比较简单。

下面直接给出示例代码。

`rdd = sc.parallelize([1.0, 2.0, 3.0])`
`rdd.max()`
`rdd.min()`
`rdd.sum()`
	◇ `max()`：求最大值
	◇ `min()`：求最小值
	◇ `sum()`：求和

rdd.mean()	◇ mean()：求平均值

```
>>> rdd = sc.parallelize([1.0, 2.0, 3.0])
>>> rdd.max()
3.0
>>> rdd.min()
1.0
>>> rdd.sum()
6.0
>>> rdd.mean()
2.0
>>>
```

这几个方法的调用不需要任何参数，返回结果分别是 rdd 数据集的最大值、最小值、累加和、平均值，它们都是数值类型。

2.5 Spark RDD 数据计算实例

2.5.1 词频统计案例

词频统计是大数据技术学习中的一个常见案例，也是一个经典的大数据统计问题。词频统计的基本原理是在一系列包含单词的数据集中统计出每个单词出现的总次数。我们以 Spark 安装包的 licenses 目录中的 LICENSE-py4j.txt 文件为例，对其中包含的所有单词进行词频统计。

在 Linux 终端窗体中通过 head 命令查看 LICENSE-py4j.txt 文件的部分内容。

词频统计案例

```
spark@ubuntu:~$ head /usr/local/spark/licenses/LICENSE-py4j.txt
Copyright (c) 2009-2011, Barthelemy Dagenais All rights reserved.

Redistribution and use in source and binary forms, with or without
modification, are permitted provided that the following conditions are me

- Redistributions of source code must retain the above copyright notice,
list of conditions and the following disclaimer.

- Redistributions in binary form must reproduce the above copyright notic
this list of conditions and the following disclaimer in the documentation
spark@ubuntu:~$
```

要使用 Spark 统计文件中包含单词的词频信息，可以按照如下步骤进行。

（1）将单词内容从文件中读取出来，每行对应一个 RDD 元素，即每个元素为文件的一行，类型为 String；

（2）对每行字符串包含的单词，以空格为分隔符进行拆解，以得到各个单词。每行经过拆解后会得到一个单词小集合，因此需要再将这些小集合展平，合并为一个总的单词集合；

（3）设定集合中的每个单词附带一个数字 1，表明该词出现一次；

（4）将每个相同单词附带的数字 1 累加起来，结果为该词出现的总次数；

（5）获取处理完毕后的词汇列表，返回应用程序并输出。

下面根据上面的思路来编写相应代码。

在 PySparkShell 交互式编程环境中输入下面的代码。

```rdd1 = sc.textFile('file:///usr/local/spark/licenses/LICENSE-py4j.txt')```
```rdd2 = rdd1.flatMap(lambda x : x.split(' '))```
```rdd3 = rdd2.map(lambda x : (x,1))```
```rdd4 = rdd3.reduceByKey(lambda a,b: a+b)```
```rdd4.collect()```
	◇ x.split()方法以空格为分隔符将 x 拆解出来，得到对应的单词集合，flatMap()方法会将每行的单词集合再次拆解合并成一个大的单词集合
	◇ (x,1)的含义是将单词转换为一个元组，1 为次数
	◇ reduceByKey()方法按 key 值进行 value 值的合并计算，计算方法为每个元素的 value 值两两相加

```
>>> rdd1 = sc.textFile('file:///usr/local/spark/licenses/LICENSE-py4j.txt')
>>> rdd2 = rdd1.flatMap(lambda x : x.split(' '))
>>> rdd3 = rdd2.map(lambda x : (x,1))
>>> rdd4 = rdd3.reduceByKey(lambda a,b: a+b)
>>> rdd4.collect()
```

词频结果

```
[('2009-2011,', 1), ('Barthelemy', 1), ('', 6), ('Redistribution', 1), ('
, ('binary', 2), ('are', 2), ('permitted', 1), ('following', 3), ('condit
('above', 2), ('copyright', 2), ('notice,', 2), ('this', 3), ('form', 1)
n', 1), ('and/or', 1), ('other', 1), ('distribution.', 1), ('The', 1), ('
, ('promote', 1), ('derived', 1), ('specific', 1), ('permission.', 1), ('
 1), ('COPYRIGHT', 2), ('"AS', 1), ('IS"', 1), ('EXPRESS', 1), ('IMPLIED'
ING,', 1), ('BUT', 2), ('TO,', 2), ('OF', 8), ('MERCHANTABILITY', 1), ('F
', 1), ('NO', 1), ('SHALL', 1), ('BE', 1), ('LIABLE', 1), ('SPECIAL,', 1)
1), ('SUBSTITUTE', 1), ('SERVICES;', 1), ('LOSS', 1), ('PROFITS;', 1), ('
```

在上述代码中，首先调用 textFile()方法将 LICENSE-py4j.txt 文件转换成 rdd1，此时 rdd1 的每个元素就是文件的一行字符串，若文件存在空行，对应元素就是一个长度为 0 的空字符串。然后将 rdd1 的每个元素通过 split()方法以空格为分隔符进行拆解，得到一个小的单词集合，flatMap()方法会将这些小单词集合拆解合并为一个大集合，即 rdd2。最后使用 map()方法将 rdd2 的每个单词转换成(k,v)键值对，并使用 reduceByKey()方法将具有相同 key 值的 value 值两两相加合并，从而得到每个单词的总次数信息。

Spark 词频统计的各个 RDD 转换过程及计算过程如图 2-26 和图 2-27 所示。

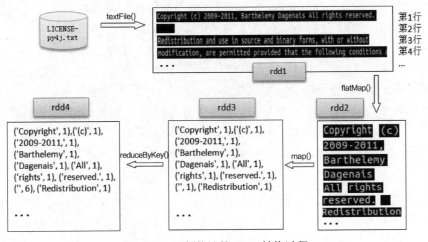

图 2-26   词频统计的 RDD 转换过程

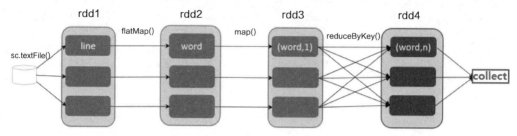

图 2-27　词频统计的 RDD 计算过程

此外，上述词频统计的实现代码还可简化为下面的链式调用形式：

```
rdd1 = sc.textFile('file:///usr/local/spark/licenses/LICENSE-py4j.txt')
rdd1.flatMap(lambda x : x.split(' ')) \
    .map(lambda x : (x,1)) \
    .reduceByKey(lambda a,b: a+b) \
    .collect()
```

【随堂练习】

（1）根据上述运行结果可知，词频统计的输出结果包含了一个"空词"为 6 次的情况，这个问题是由读取的数据文件存在空行导致的，请在上述例子代码的基础上解决该问题（不修改原始文件的内容）。

（2）上述例子代码中还存在一个问题，即没有考虑到单词的字母大小写形式。如果单词的字母是相同的，则无论大写还是小写的，都应该视为同一个单词。修改上述例子中的代码，输出小写字母形式的单词词频。

2.5.2　基本 TopN 问题案例

顾名思义，所谓 TopN 是指在一系列已有的数据中得到前 N 个目标，这种需求很常见，比如查找一个班级里面的前 3 名学生、公司绩效最大的员工等。如果数据量不大，使用类似 Excel 这样的办公软件就很容易解决，但对于大数据的场合，这种方式就行不通了，一方面，单台计算机的内存无法同时装载这么多数据；另一方面，处理数据的时间可能变得令人难以接受。

基本 TopN 问题案例

下面通过一个简单的实例来说明如何使用 Spark 解决 TopN 问题。

（1）假设有一小批量的学生信息数据，包括学号、姓名、年龄、分数字段，现在需要找出前两名学生。为简化起见，若存在学生分数相同的情况则任取。

在 PySparkShell 交互式编程环境中输入下面的代码。

```
students = [ (1,"AA",18,87), (2,"BB",16,71),
          (3,"CC",16,66), (4,"DD",18,77),
          (5,"EE",18,50), (6,"FF",18,90) ]
sc.parallelize(students) \
  .sortBy(lambda x: x[3], False) \
  .take(2)
```

◇ x[3]代表元组的第 4 部分，即分数
◇ 先调用 sortBy()方法进行降序排列，然后使用 take()方法获取前两个元素
◇ sortBy()方法的第 1 个参数为排序依据，第 2 个参数 False 代表按降序排列，若为 True 则按升序排列（默认）

```
>>> students = [ (1,"AA",18,87), (2,"BB",16,71),
...              (3,"CC",16,66), (4,"DD",18,77),
...              (5,"EE",18,50), (6,"FF",18,90) ]
>>> sc.parallelize(students) \
...     .sortBy(lambda x: x[3], False) \
...     .take(2)
[(6, 'FF', 18, 90), (1, 'AA', 18, 87)]
>>>
```

在上述代码中，先通过 sortBy()方法对数据集进行降序排列，然后获取前两个元素，基本原理如图 2-28 所示。

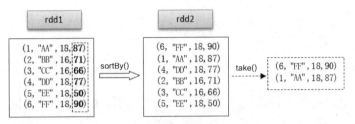

图 2-28　学生信息排序（1）

（2）同第（1）步的问题，假设数据量非常大，虽然 sortBy 算子是作用于 RDD 上的分布式操作，每个节点会对自己所负责的分区的数据进行排序，但 take 算子最终还是要将经过排序的 RDD 数据全部汇总到 Driver 进程所在的节点上，这对于大数据处理的场合来说显然不是一个合适的选择。为了充分利用 Spark 分布式计算的优势，可以考虑采取"分治"的策略，即先获取每个分区的 TopN，再获取全局的 TopN。也就是说，每个节点对分区数据进行单独的排序，排序后各取前两条数据汇总到 Driver 进程所在的节点上，在这些汇总的数据中再获取前两条数据。通过这样的"分治"处理，可以大大减少中间数据在节点之间的传输时间，也能减轻汇总数据处理的压力。

在 PySparkShell 交互式编程环境中输入下面的代码。

```
students = [ (1,"AA",18,87), (2,"BB",16,71),
             (3,"CC",16,66), (4,"DD",18,77),
             (5,"EE",18,50), (6,"FF",18,90) ]
rdd1 = sc.parallelize(students, 2)

# 分区数据的局部排序函数定义，返回前两条数据
def sortInPartitions(part):
    data = sorted(part, key=lambda stu : stu[3],
                  reverse=True)
    return data[0:2]

rdd2 = rdd1.mapPartitions(sortInPartitions)
rdd2.collect()
result = rdd2.sortBy(lambda x: x[3], False) \
             .take(2)
print(result)
```

◇ 如果继续沿用第（1）步的 Linux 终端窗体且未退出 PySparkShell 界面，那么这 5 名学生信息可以不用再次输入，直接复用 students 变量即可
◇ 创建 RDD，并设定为两个分区，以实现在多个节点中对分区数据进行排序的目的
◇ 这里调用 Python 的 sorted()函数对分区数据进行排序，reverse=True 表示按降序排列
◇ 返回经过降序排列的结果数据的前两条

◇ 使用 mapPartitions 算子实现对分区数据的排序，每个分区返回前两条数据，两个分区共返回 4 条数据
◇ 对汇总的数据再次进行降序排列，并获取前两条数据

```
>>> students = [ (1,"AA",18,87), (2,"BB",16,71),
...               (3,"CC",16,66), (4,"DD",18,77),
...               (5,"EE",18,50), (6,"FF",18,90) ]
>>> rdd1 = sc.parallelize(students, 2)
>>>
>>> def sortInPartitions(part):
...     data = sorted(part, key=lambda stu : stu[3],
...                       reverse=True)
...     return data[0:2]
...
>>> rdd2 = rdd1.mapPartitions(sortInPartitions)
>>> rdd2.collect()
[(1, 'AA', 18, 87), (2, 'BB', 16, 71), (6, 'FF', 18, 90), (4, 'DD', 18, 77)]
>>> result = rdd2.sortBy(lambda x: x[3], False) \
...               .take(2)
>>> print(result)
[(6, 'FF', 18, 90), (1, 'AA', 18, 87)]
>>>
```

我们在创建 rdd1 时人为设定了两个分区，这是因为如果只有一个分区，就可能得不到预期的效果。代码中的 sortInPartitions()函数会被 RDD 的每个分区数据调用，并返回该分区中的前两条数据。当全部分区排序完毕后，每个分区返回的前两条数据再汇总到一起排序，最后从中获取前两条数据，问题就得到了解决，基本原理如图 2-29 所示。

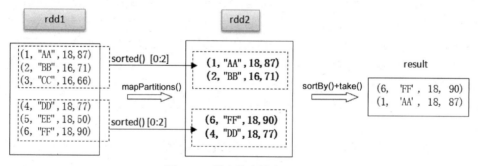

图 2-29　学生信息排序（2）

【结论】

在使用 Spark 分布式计算框架时，RDD 的转换操作用来实现对数据的各种处理，这个过程可以很灵活，最后通过行动操作就能触发 RDD 计算链的执行。行动操作返回的不是 RDD，这也就意味着数据不再是分布式的了。

【随堂练习】

现在有一批订单数据保存在 myprod.txt 文件中，其中每行为一个订单，包括 orderid（订单 ID）、userid（用户 ID）、payment（支付金额）、product（商品）字段，根据这些订单数据，找出哪个商品是最畅销的（总支付金额最大）。订单数据的样本如下。

```
1,u1768,50,B
2,u1218,600,B
3,u2239,788,A
4,u3101,28,B
5,u4899,290,C
6,u3110,54,C
7,u4436,259,C
```

```
8,u2369,7890,A
9,u4287,226,A
101,u6562,489,C
102,u1124,33,C
103,u3267,159,A
104,u4569,57,B
105,u1438,37,B
```

2.5.3　用户消费数据处理案例

我国的电子商务发展非常迅猛，已深度融入生产和生活的各个领域，在经济社会数字化转型方面发挥了举足轻重的作用，"网购"也已成为一种普遍的社会现象。现在假定有一批商品购买的消费样本数据保存在 buying.txt 文件中，其中每行代表一个商品订单，具体包括用户名、下单日期、消费金额字段（字段之间以逗号分隔）。

用户消费数据处理案例

```
u1,2018-10-01,20.01
u2,2019-10-05,50.88
u3,2019-10-05,10.65
u1,2019-05-06,5.64
u4,2019-09-10,10.49
u1,2020-02-15,80.45
u2,2019-05-06,30.45
u2,2019-06-28,130.45
```

（1）计算每个用户的总消费金额，并按从大到小的顺序排列。

（2）统计哪些用户购买了商品，下单日期都有哪些。

（3）统计每个用户消费的最大一笔订单金额。

首先考虑一下文件数据，假定这个文件存储在当前主目录（/home/spark）中，因为数据格式是固定的，内容也比较简单，所以可以先将文件数据转换成 RDD，然后把 RDD 的字符串元素（对应每行）通过逗号分隔将其中的各个字段值分离出来。

第 1 个问题主要关注两个字段，即用户名和消费金额。为了统计每个用户的总消费金额，应把分离出来的消费金额字段从字符串转换成浮点数才能进行计算。

在 PySparkShell 交互式编程环境中输入下面的代码。

```
rdd1 = sc.textFile("file:///home/spark/buying.txt")   ◇ 将文件数据转换为 RDD
rdd2 = rdd1.map(lambda x : x.split(','))              ◇ 每行分离出 3 个字段数据
rdd3 = rdd2.map(lambda x : (x[0],x[1],float(x[2])) )  ◇ 将消费金额字符串转换为浮
                                                         点数
rdd4 = rdd3.map(lambda x : (x[0],x[2]))              ◇ 抽取用户名和消费金额，形
                                                         成(k,v)键值对
rdd5 = rdd4.reduceByKey(lambda a,b:a+b)              ◇ 按用户名将每一笔消费金额
                                                         汇总累加
rdd6 = rdd5.map(lambda x : (x[1],x[0]))             ◇ 交换用户名和消费金额顺
                                                         序，便于按 key 值排序
rdd7 = rdd6.sortByKey(False)                         ◇ 按消费金额进行降序排列
rdd7.collect()
```

```
>>> rdd1 = sc.textFile("file:///home/spark/buying.txt")
>>> rdd2 = rdd1.map(lambda x : x.split(','))
>>> rdd3 = rdd2.map(lambda x : (x[0],x[1],float(x[2])) )
>>> rdd4 = rdd3.map(lambda x : (x[0],x[2]))
>>> rdd5 = rdd4.reduceByKey(lambda a,b:a+b)
>>> rdd6 = rdd5.map(lambda x : (x[1],x[0]))
>>> rdd7 = rdd6.sortByKey(False)
>>> rdd7.collect()
[(211.77999999999997, 'u2'), (106.10000000000001, 'u1'), (10.65, 'u3'), (10.49, 'u4')]
>>>
```

第 2 个问题关注的是用户名和下单日期这两个字段，因此只需将原数据行中的用户名字段和下单日期字段提取出来去重即可。

`rdd5 = rdd3.map(lambda x : (x[0],x[1]) )`	◇ 提取用户名和下单日期字段，构成(k,v)键值对
`rdd5.keys().distinct().collect()`	◇ 获取 key 值并去重
`rdd5.values().distinct().collect()`	◇ 获取 value 值并去重

```
>>> rdd5 = rdd3.map(lambda x : (x[0],x[1]) )
>>> rdd5.keys().distinct().collect()
['u1', 'u2', 'u3', 'u4']
>>> rdd5.values().distinct().collect()
['2018-10-01', '2019-05-06', '2020-02-15', '2019-10-05', '2019-09-10', '2019-06-28']
>>>
```

第 3 个问题，为了统计每个用户消费的最大一笔订单金额，可以先对每个用户的消费记录进行分组，然后获取每个用户组中的最大值即可。

`rdd5 = rdd4.groupByKey()`	◇ 按用户名将 value 值汇集到一起，即消费金额
`rdd6 = rdd5.mapValues(lambda v : max(v))`	◇ 对 value 值调用 max()函数获取最大值，
`rdd6.collect()`	`mapValues(lambda v : max(v))`可以简化为 `mapValues(max)`

```
>>> rdd5 = rdd4.groupByKey()
>>> rdd6 = rdd5.mapValues(lambda v : max(v))
>>> rdd6.collect()
[('u1', 80.45), ('u2', 130.45), ('u3', 10.65), ('u4', 10.49)]
>>>
```

至此，全部问题得到了解决。通过这个例子也容易看出，很多时候可以应用 map 算子灵活抽取数据元素的一部分字段构成(k,v)键值对，从而充分利用 RDD 的功能算子来达到目的。

2.6　Spark 文件的读/写

2.6.1　文本文件的读/写

1. textFile 算子读取文本数据

Spark 的 textFile 算子可以用于读取来自文件系统的数据，回顾词频统计案例中从文本文件返回的 RDD，每个元素对应文本文件的一行字符串内容。也就是说，文本文件有多少行，返回的 RDD 就有多少个字符串元素。

我们通过在 2.4.1 节中创建的 mydata 目录下的 a.txt 文件再次简单验证一下，在 PySparkShell 交互式编程环境中输入下面的代码。

```
rdd1 = sc.textFile("file:///home/spark/mydata/a.txt")
rdd1.count()
rdd1.foreach(print)
或
rdd1.foreach(lambda x: print(x))
```

◇ 读取 a.txt 文件内容到 rdd1 中
◇ 获取 rdd1 的元素个数
◇ foreach()方法用来对 rdd1 的每个元素执行 print()处理函数，即打印输出

```
>>> rdd1 = sc.textFile("file:///home/spark/mydata/a.txt")
>>> rdd1.count()
4  ←
>>> rdd1.foreach(print)
4444
1111  ↙
2222
3333
```

在上述代码中，textFile()方法首先读取 a.txt 文件的内容并将其转换为 rdd1，然后调用 count()方法获取 rdd1 的元素个数，并使用 foreach()方法对 rdd1 的每个元素进行处理。这里 foreach()与 collect()方法是类似的，它也是一个 Action（行动）操作，不过在调用时还需提供一个处理函数或 lambda 表达式，以执行对每个 RDD 元素的具体处理工作。foreach()与 collect()方法的不同之处在于，它不会将 RDD 一次性汇总到 Driver 进程所在的节点上，而是每次取一个元素进行处理，相当于"以时间换空间"的做法。

与在内存中创建 RDD 的 parallelize()方法类似，textFile()方法也能指定创建的 RDD 的分区数。此外，Spark 要求读取的数据文件是 UTF-8 编码类型的。所以，如果数据文件是以其他类型编码的，则在后续处理时很可能出现乱码现象，这一点需要引起注意。

【随堂练习】

假定在 HDFS 的/datas 目录中有两个文本文件，即 a.txt 和 b.txt，其内容分别如下。

a.txt 文件内容：	b.txt 文件内容：
1,1768,50,B	3,2239,788,A
2,1218,600,B	4,3101,28,B

通过 textFile()方法将 a.txt 和 b.txt 两个文本文件的内容读取到同一个 RDD 中。

2. saveAsTextFile 算子保存到文本文件

当需要把数据处理后的结果保存到文件系统（如本地文件、HDFS 文件等）中时，Spark 支持使用 saveAsTextFile 算子将 RDD 以文本文件的形式存储，它是一个行动算子。在使用 saveAsTextFile 算子保存 RDD 元素时，数据集的每个元素将作为单独一行写入文本文件中。也就是说，RDD 有多少个元素，最终保存的文本文件总共就有多少行。

在 PySparkShell 交互式编程环境中输入下面的代码。

```
rdd1 = sc.parallelize( range(1,10000) )
rdd1.getNumPartitions()
rdd1.saveAsTextFile("file:///home/spark/output1/")

rdd2 = rdd1.repartition(4)
rdd2.getNumPartitions()
rdd2.saveAsTextFile("file:///home/spark/output2/")
```

◇ 构造 rdd1，包含 9999 个整数元素
◇ 获取 rdd1 的分区数
◇ 将 rdd1 保存到本地目录 ~/output1 中
◇ 重新调整 RDD 分区数为 4
◇ 获取 rdd2 的分区数

◇ 将 rdd2 保存到本地目录~/output2 中

```
>>> rdd1 = sc.parallelize( range(1,10000) )
>>> rdd1.getNumPartitions()
2
>>> rdd1.saveAsTextFile("file:///home/spark/output1/")
>>>
>>> rdd2 = rdd1.repartition(4)
>>> rdd2.getNumPartitions()
4
>>> rdd2.saveAsTextFile("file:///home/spark/output2/")
>>>
```

在上述代码中，首先构造了一个包含 9999 个整数元素的 rdd1，并按默认分区数将其保存至本地目录 file:///home/spark/output1/中。然后将 rdd1 重新进行分区并转换为 rdd2，分区数被调整为 4，以同样的方式将其保存至本地目录 file:///home/spark/output2/中。

```
spark@ubuntu:~$
spark@ubuntu:~$ ls ~/output1
part-00000   part-00001   _SUCCESS
spark@ubuntu:~$ ls ~/output2
part-00000   part-00001   part-00002   part-00003   _SUCCESS
```

查看保存数据的目录就会发现，output1 目录中的文本文件有 2 个，而 output2 目录中的文本文件有 4 个。很显然，文本文件的个数是与 RDD 的分区数有关系的，其中 rdd1 使用了默认的分区数，等于当前 CPU 核数，即 2 个 CPU 核。Spark 是以分区为单位将数据分配到节点上进行计算的，因此每个节点都会使用一个文件单独保存。此外，在目录中还存在一个名为 _SUCCESS 的空文件，其作用是指示数据保存操作成功，其余文件名都是以 part 开头的。

根据前面可知，RDD 的分区数相当于并行计算的级别，比如分区数为 4，就意味着整个 RDD 被划成 4 份，然后被分配到各节点上并行执行。每个节点执行完毕后，都会将自己处理得到的结果保存到指定的目录（即~/output2）中，这样各节点相互不受影响，并且保证了并行执行的效果。在数据全部处理完毕后，就可以将生成的结果文件合并到一起成为一个文件，或者使用 textFile 算子直接读取整个目录进行后续的处理。

Spark 官方对 saveAsTextFile 算子的方法定义如下。

pyspark.RDD.saveAsTextFile

RDD.saveAsTextFile(*path: str, compressionCodecClass: Optional[str] = None*) → **None**

Save this RDD as a text file, using string representations of elements.　　　　[source]

Parameters: **path** : *str*

path to text file

compressionCodecClass : *str, optional*

fully qualified classname of the compression codec class i.e.
"org.apache.hadoop.io.compress.GzipCodec"　(None by default)

中文释义：＿＿＿＿＿＿＿＿＿＿＿＿＿＿＿＿＿＿＿＿＿＿＿＿＿＿＿＿＿＿＿＿＿
＿＿＿＿＿＿＿＿＿＿＿＿＿＿＿＿＿＿＿＿＿＿＿＿＿＿＿＿＿＿＿＿＿＿＿＿＿
＿＿＿＿＿＿＿＿＿＿＿＿＿＿＿＿＿＿＿＿＿＿＿＿＿＿＿＿＿＿＿＿＿＿＿＿＿

saveAsTextFile()方法有两个参数，其中，第 1 个参数是文件路径，第 2 个参数是可选的，用于指明是否对数据进行压缩，在默认情况下是不压缩的。此外，保存的文件目录要求事先不存在，否则在执行时会报 FileAlreadyExistsException 异常信息。

【随堂练习】

给定一组键值对数据，即("spark",2),("hadoop",6),("hadoop",4),("spark",6)，将其保存到 HDFS 的/books 目录中。

2.6.2　SequenceFile 文件的读/写

SequenceFile 文件是 Hadoop 为存储二进制形式的(k,v)键值对而设计的，Hadoop 可以把所有文件打包到 SequenceFile 文件中，以高效地存储和处理小文件。SequenceFile 文件支持压缩功能（在默认情况下不启用压缩）。不过，与普通文本文件不同的是，SequenceFile 文件中的数据是无法使用 cat、head 等命令直接阅读的。

Spark 分别提供了 sequenceFile()和 saveAsSequenceFile()方法以支持对 SequenceFile 文件的读/写。下面直接使用示例对其进行说明，在 PySparkShell 交互式编程环境中输入下面的代码。

```
data = sc.parallelize( [("张三",18),("李四",19),("王五",18)] )
data.saveAsSequenceFile("file:///home/spark/outseq/")

indata = sc.sequenceFile("file:///home/spark/outseq/")
indata.collect()
```

◇ 读/写 SequenceFile 文件，只需指定文件所在的目录即可

```
>>> data = sc.parallelize( [("张三",18),("李四",19),("王五",18)] )
>>> data.saveAsSequenceFile("file:///home/spark/outseq/")
>>>
>>> indata = sc.sequenceFile("file:///home/spark/outseq/")
>>> indata.collect()
[('李四', 19), ('王五', 18), ('张三', 18)]
>>>
```

使用 ls 终端命令可以查看保存的结果（不能使用 cat 命令查看具体内容）。

```
spark@ubuntu:~$ ls outseq/
part-00000  part-00001  _SUCCESS
spark@ubuntu:~$
```

saveAsSequenceFile()方法用于指明保存 RDD 数据的方式，与保存到文本文件是类似的，SequenceFile 文件的保存目录也要求事先不能存在，否则在执行时报异常信息。如果要将 SequenceFile 文件保存到 HDFS 上，只需修改保存的文件路径即可。

2.7　单元训练

（1）将在 2.4.1 节中创建的 mydata 目录中的 a.txt 文件转换为一个由数字为元素构成的 RDD，转换规则为：若文件中的行内容是一个偶数则除以 2，是奇数则不变。比如，文件的原始内容为 4 行，分别为 1111、2222、3333、4444，得到的结果为 [1111, 1111, 3333, 2222]。

（2）将 Spark 软件包的 README.md 文件中的所有"字符长度超过 12 个"的单词筛选出来，将其转换为大写字母形式，并显示其中的前 5 个单词。

提示：先 flatMap()、filter()、map()，再 take(5)。

（3）在词频统计的案例中，文件中除了普通的单词和空格，还出现了如数字、斜杠（/）、

连字符（-）、逗号（,）、点号（.）、冒号（:）以及小括号（()）等的特殊字符，因此单词拆解这一步的结果不是很理想。修改 split() 方法的参数，增加正则表达式的内容，同时以数字、空格、斜杠、连字符、逗号、点号、冒号、小括号为分隔符对单词进行拆解。

提示：首先导入 re 库，使用正则表达式将 x.split(' ') 替换为 re.split ('\d|\s|\(|\))|\.|-|,|/|:', x)，其中，\d 代表数字，\s 代表空格，\(代表左括号，\)代表右括号，\.代表点号，-代表连字符，,代表逗号，/代表斜杠，:代表冒号，它们之间用|隔开。

（4）有一个 data 集合，其包含的元素内容为 data = [1,5,7,10,23,20,6,5,10,7,10]，求出 data 集合的平均值，以及集合中出现次数最多的数字。

（5）假定在 test.txt 文件中包含如下数据（每行为一名学生的信息，分别对应班级号、姓名、年龄、性别、科目、考试成绩）。

```
12 宋江 25 男 chinese 50
12 宋江 25 男 math 60
12 宋江 25 男 english 70
12 吴用 20 男 chinese 50
12 吴用 20 男 math 50
12 吴用 20 男 english 50
12 杨春 19 女 chinese 70
12 杨春 19 女 math 70
12 杨春 19 女 english 70
13 李逵 25 男 chinese 60
13 李逵 25 男 math 60
13 李逵 25 男 english 70
13 林冲 20 男 chinese 50
13 林冲 20 男 math 60
13 林冲 20 男 english 50
13 王英 19 女 chinese 70
13 王英 19 女 math 80
13 王英 19 女 english 70
```

请完成以下问题：

（1）一共有多少名小于 20 岁的学生参加考试？

（2）一共有多少名女生参加考试？

（3）12 班有多少名学生参加考试？

（4）english 科目的平均分是多少？

（5）每名学生的平均分是多少？

（6）12 班的平均分是多少？

（7）12 班女生的平均分是多少？

（8）全校 chinese 科目最高分是多少？

（9）12 班 chinese 科目最低分是多少？

（10）13 班 math 科目最高分是多少？

（11）总分大于 150 分的 12 班女生有几个？

（12）总分大于 150 分，math 科目大于或等于 70 分，且年龄大于或等于 19 岁的学生的平均分是多少？

第3章

Spark SQL 离线数据处理

 学习目标

知识目标

- 理解 DataFrame 的基本原理和常用创建方法（集合/CSV 文件等）
- 掌握 DataFrame 的查看以及数据查询和处理方法
- 掌握 DataFrame 视图表的 SQL 查询
- 了解 DataFrame 读/写数据库和 Spark 数据类型转换

能力目标

- 会使用 Spark SQL 解决人口信息统计问题
- 会使用 Spark SQL 分析电影评分数据
- 会使用 Spark SQL 处理基本的数据分析问题

素质目标

- 培养良好的学习态度和学习习惯
- 培养良好的人际沟通和团队协作能力
- 培养正确的科学精神和创新意识

3.1　引言

Spark SQL 是用来处理"结构化数据"的功能组件，提供了一种访问多数据源的通用方式，支持 CSV、JSON、Parquet、Hive、JDBC 等多种数据类型。所谓结构化数据，可理解为以"固定格式"存在的数据，也称为模式（schema）数据，其每列都有固定的名称和类型，类似数据库表。Spark SQL 设计的 DataFrame 支持直接执行 SQL 语句，充当分布式 SQL 查询引擎，以实现对结构化数据的便捷处理。Spark SQL 还支持无缝将标准 SQL 语句与 Spark 程序混合编写的做法，允许将结构化数据变成 RDD 分布式数据集，这种紧密的集成可以轻松地运行 SQL 查询以及复杂的分析算法。

Spark SQL 的技术特点主要包括：第一，引入 DataFrame 数据类型，相当于一种包含字段结构信息的 RDD，可以像传统数据库表一样定义数据；第二，在应用程序中可以混合使用不同来源的数据，比如将来自 JSON 的数据和来自 MySQL 的数据进行连接或合并；第三，内置了查询优化框架，把 SQL 语句解析成 RDD 的逻辑执行计划，在底层实现高效的计算。

3.2 DataFrame 基本原理

通过第 2 章的学习可知，RDD 是 Spark 的核心理念，也是整个 Spark 设计的基石。RDD 为 Spark 实现分布式计算提供了一个优秀的抽象数据类型，但其也存在一些局限，比如没有内置结构化数据的优化引擎，必须针对 RDD 数据处理每一个细节等。一个典型的例子，就是从文件读取数据后，每条数据只是一个字符串（文件的一行对应一个 RDD 元素），Spark

DataFrame 基本原理

对数据本身的字段结构信息一无所知，也不清楚数据的原本类型。Spark SQL 采用了 DataFrame 数据类型，它包含数据所需的结构细节，这样通过 Spark SQL 提供的标准接口就能获得有关 RDD 的数据结构和执行计算信息，也使得 Spark 可以对 DataFrame 的数据源以及作用于 DataFrame 上的操作进行优化，达到提升计算效率的目的。因此，Spark SQL 具备了直接处理大规模结构化数据的能力，同时比 RDD 更加简单、易用。

从本质上说，DataFrame 仍然是一种以 RDD 为基础的分布式数据集，所以也被称为 SchemaRDD，即带有 schema 字段结构信息的 RDD，如图 3-1 所示。DataFrame 在使用上类似传统数据库的二维表，支持从多种数据源中创建，包括结构化文件、外部数据库、Hive 表等。因此，我们可以简单地将 DataFrame 理解为一张数据表，即：

DataFrame（数据表）= schema（表字段结构）+ Data（数据行 RDD）

Name	Age	Height	schema字段结构
String	Int	Double	
String	Int	Double	
String	Int	Double	
String	Int	Double	属性
String	Int	Double	
String	Int	Double	

RDD[Person]（Person × 6）   DataFrame

图 3-1 RDD 和 DataFrame 的特点与区别

DataFrame 的每列都附带字段的名称和类型（schema，模式/元信息），相当于 "schema + RDD"。RDD 是一种分布式的对象集合，对象内部的数据结构是未知的，需要经过反序列化处理后才知道内部存储的是什么内容，这就导致 RDD 在转换时效率较低。DataFrame 则提供了比 RDD 更丰富的功能方法，不仅可以实现 RDD 的绝大多数功能，而且处理数据也变得更加简单。在使用 DataFrame 功能方法或 SQL 语句处理数据时，Spark 优化器会自动对其进行优化，这样即使编写的代码或 SQL 语句不够理想，Spark 应用程序也能高效地执行。

除了 DataFrame，Spark 还新增了一种名为 DataSet 的数据类型，它不仅与 DataFrame 一样包含数据和字段结构信息，还结合了 RDD 和 DataFrame 的优点，既支持很多类似 RDD 的功能方法，又支持 DataFrame 的所有操作，使用起来很像 RDD，但执行效率和空间资源利用率都要比 RDD 高，可用来方便地处理结构化和非结构化数据。当 DataSet 存储的元素是 Row 类型对象时，它就等同于 DataFrame。所以，DataFrame 其实是一种特殊的、功能稍弱一点的 DataSet 的特例。

DataSet 需要通过构造 JVM 对象才能使用，所以它目前仅支持 Scala 和 Java 两种原生的编程语言。不过，自 Spark2.2 开始，DataFrame 和 DataSet 的 API 已经基本上得到了统一，两者的使用也相差无几，而且 DataFrame 和 DataSet 都是建立在 RDD 基础上的，它们都可以与 RDD 之间相互转换。由于 DataFrame 的使用与数据库表是相似的，因此我们经常把 DataFrame 称为 "数据表" 或 "DataFrame 数据集"。

3.3　Spark SQL 常用操作

3.3.1　DataFrame 的基本创建

1. 使用集合创建 DataFrame

在编写代码时，经常会使用 Python 集合创建 DataFrame 来进行功能测试，只需调用 createDataFrame()方法就可以得到一个 DataFrame 对象。下面以实例来演示如何创建 DataFrame，其中用到了 Spark 的自动类型推断机制，以确定各字段的数据类型。

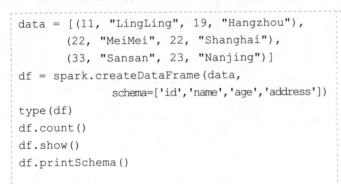

DataFrame 的基本创建

打开一个 Linux 终端窗体，启动 PySparkShell 交互式编程环境，输入下面的代码。

```
data = [(11, "LingLing", 19, "Hangzhou"),
        (22, "MeiMei", 22, "Shanghai"),
        (33, "Sansan", 23, "Nanjing")]
df = spark.createDataFrame(data,
            schema=['id','name','age','address'])
type(df)
df.count()
df.show()
df.printSchema()
```

◇ 创建元组集合，每个元组代表一个人的信息，相当于数据表的一行，即一条记录

◇ 创建 DataFrame，设定 schema 字段结构信息，这行代码默认会自动推断出各字段的数据类型

◇ type()函数可以显示对象的类型信息
◇ 获取 df 对象包含的数据行数
◇ 显示数据内容，默认最多显示 20 行
◇ 打印输出 df 对象的 schema 字段结构信息

```
>>> data = [(11, "LingLing", 19, "Hangzhou"),
...         (22, "MeiMei", 22, "Shanghai"),
...         (33, "Sansan", 23, "Nanjing")]
>>> df = spark.createDataFrame(data,
...             schema=['id', 'name', 'age', 'address'])
>>> type(df)
<class 'pyspark.sql.dataframe.DataFrame'>
>>> df.count()
3
>>> df.show()
+---+--------+---+--------+
| id|    name|age| address|
+---+--------+---+--------+
| 11|LingLing| 19|Hangzhou|
| 22|  MeiMei| 22|Shanghai|
| 33|  Sansan| 23| Nanjing|
+---+--------+---+--------+

>>> df.printSchema()
root
 |-- id: long (nullable = true)
 |-- name: string (nullable = true)
 |-- age: long (nullable = true)
 |-- address: string (nullable = true)
```

在例子中，Python 数组包含 3 个人的信息（元组数据），每个元素有 4 个字段，通过调用 createDataFrame()方法创建的数据集是 pyspark.sql.dataframe.DataFrame 类型的对象，count()和 show()方法分别用于输出其中的数据行数和数据内容，使用 printSchema()方法把这个 DataFrame 对象的 schema 字段结构信息显示出来，其中的 id 和 age 自动推断为 long 类型，name 和 address 自动推断为 string 类型，括号中的 nullable=true 代表该字段允许为空。

需要注意的是，createDataFrame()方法是通过 spark 对象（SparkSession）来调用的，而不是此前在创建 RDD 时使用的 sc 对象（SparkContext）。实际上，SparkSession 现在已经成为 Spark2.0 之后应用程序的统一入口点，简化了在各种场合下对 Spark 运行环境的访问，而且 sc 对象也可以通过 SparkSession 得到，例如：

```
rdd1 = sc.parallelize([1,2,3,4])
rdd1 = spark.sparkContext.parallelize([1,2,3,4])
```

在这里容易发现，sc 变量与 spark.sparkContext 实际上是等价的。

【学习提示】

后续在编写 Spark 应用程序时，建议尽量统一使用 SparkSession 来操作 Spark 的各种功能，除非在早期 Spark1.x 版本的程序代码中可以使用 SparkContext。

除了使用 createDataFrame()方法的自动类型推断机制确定字段的数据类型，我们还可以通过一个类似 SQL 表结构定义的字符串来设定字段的数据类型。

```
data = [(11, "LingLing", 19, "Hangzhou"),
        (22, "MeiMei", 22, "Shanghai"),
        (33, "Sansan", 23, "Nanjing")]

myschema = 'id LONG, name STRING, age INT, address STRING'
```
◇ myschema 用来定义字段信息，包含字段名、字段类型

```
df = spark.createDataFrame(data, myschema)     ◇ 打印输出 df 对象的 schema 字段结构信息
df.printSchema()                                ◇ show()方法用于显示 df 对象的数据内容，
df.show()                                       默认最多显示 20 行
```

```
>>> data = [(11, "LingLing", 19, "Hangzhou"),
...         (22, "MeiMei", 22, "Shanghai"),
...         (33, "Sansan", 23, "Nanjing")]
>>> myschema = 'id LONG, name STRING, age INT, address STRING'
>>> df = spark.createDataFrame(data, myschema)

>>> df.printSchema()
root
 |-- id: long (nullable = true)
 |-- name: string (nullable = true)
 |-- age: integer (nullable = true)
 |-- address: string (nullable = true)

>>> df.show()
+---+--------+---+--------+
| id|    name|age| address|
+---+--------+---+--------+
| 11|LingLing| 19|Hangzhou|
| 22|  MeiMei| 22|Shanghai|
| 33|  Sansan| 23| Nanjing|
+---+--------+---+--------+
```

这里的 myschema 是一个普通字符串，其中包含的字段信息与传统数据库的表结果字段定义语句是相似的，此外，字符串中的数据类型名（LONG/INT/STRING）是不区分字母大小的。

此外，DataFrame 的 schema 字段结构信息还能够通过代码来实现，下面是一个具体示例。

```
from pyspark.sql.types import StructType,StructField
from pyspark.sql.types import LongType,IntegerType,StringType
```
◇ 上面两行是导入的数据类型
```
data = [(11, "LingLing", 19, "Hangzhou"),
        (22, "MeiMei", 22, "Shanghai"),
        (33, "Sansan", 23, "Nanjing")]
myschema = StructType([
    StructField("id", LongType(), True),
    StructField("name", StringType(), True),
    StructField("age", IntegerType(), True),
    StructField("address", StringType(), True)
])
df = spark.createDataFrame(data, myschema)
df.show()
df.printSchema()
```
◇ 设定数据的 schema 字段结构信息，包含字段名、字段类型、字段是否允许为空（True/False）
◇ LongType 为长整型，StringType 为字符串，IntegerType 为整型
◇ 通过 data 和 my schema 创建 DataFrame 数据集
◇ 显示 df 对象包含的数据内容
◇ 打印输出 df 对象的 schema 字段结构信息

```
>>> from pyspark.sql.types import StructType,StructField
>>> from pyspark.sql.types import LongType,IntegerType,StringType
>>>
>>> data = [(11, "LingLing", 19, "Hangzhou"),
...         (22, "MeiMei", 22, "Shanghai"),
...         (33, "Sansan", 23, "Nanjing")]
>>> myschema = StructType([
...     StructField("id", LongType(), True),
...     StructField("name", StringType(), True),
...     StructField("age", IntegerType(), True),
...     StructField("address", StringType(), True)
... ])
>>> df = spark.createDataFrame(data, myschema)
```

```
>>> df.show()
+---+--------+---+--------+
| id|    name|age| address|
+---+--------+---+--------+
| 11|LingLing| 19|Hangzhou|
| 22|  MeiMei| 22|Shanghai|
| 33|  Sansan| 23| Nanjing|
+---+--------+---+--------+

>>> df.printSchema()
root
 |-- id: long (nullable = true)
 |-- name: string (nullable = true)
 |-- age: integer (nullable = true)
 |-- address: string (nullable = true)
```

在上述代码中，DataFrame 字段结构信息是通过 StructType 来设定的，StructType 的参数就是具体的字段信息 StructField，而 StructField 的 3 个参数分别代表字段名、字段类型以及字段是否允许为空（nullable=true/false）。

【随堂练习】

通过 3 种不同的途径，创建一个如下所示的 DataFrame，并将数据显示出来。

```
+-------+----+---+-----+
|user_id|name|age|score|
+-------+----+---+-----+
|     a1|秀儿| 12| 56.5|
|     a2|小丁| 15| 23.0|
|     a3|小梅| 23| 84.0|
|     a4|小筱|  9| 93.5|
+-------+----+---+-----+
```

2. 使用 CSV 文件创建 DataFrame

Spark SQL 读取 CSV 文件数据并将其转换为 DataFrame 的做法非常简单，这是因为 CSV 本质上就是一个结构化的文本文件，文件的每行代表一条完整的数据记录，数据的字段内容用逗号分隔（TSV 则用制表符 Tab 进行字段分隔）。Spark SQL 能够自动识别这些分隔符，还能自动推断各字段的数据类型。但有的 CSV 文件的第 1 行是标题，从第 2 行开始才是数据，而有的 CSV 文件只有数据，并不包含标题，所以在读取时要区别对待。

下面以/home/spark 主目录中的 people1.csv 和 people2.csv 文件为例来演示如何从 CSV 文件中读取数据并将其转换为 DataFrame。这两个文件读者可自行创建并上传到虚拟机，其内容如下。

```
people1.csv
1    id,name,age,address
2    11,LingLing,19,Hangzhou
3    22,MeiMei,22,Shanghai
4    33,Sansan,23,Nanjing
```

```
people2.csv
1    11,LingLing,19,Hangzhou
2    22,MeiMei,22,Shanghai
3    33,Sansan,23,Nanjing
```

在 PySparkShell 交互式编程环境中输入下面的代码。

```
df1 = spark.read.csv("file:///home/spark/people1.csv",
                     header=True, inferSchema=True)
df2 = spark.read.csv("file:///home/spark/people2.csv")
df1.printSchema()
df2.printSchema()
df1.show()
df2.show()
```

◇ 从 people1.csv 文件中读取数据，header 参数代表标题行，inferSchema 参数代表是否自动推断字段的数据类型
◇ 从 people2.csv 文件中直接读取数据，默认无标题行
◇ 分别打印输出 df1 和 df2 对象的 schema 字段结构信息及其包含的数据内容

```
>>> df1 = spark.read.csv("file:///home/spark/people1.csv",
...                       header=True, inferSchema=True)
>>> df2 = spark.read.csv("file:///home/spark/people2.csv")
>>> df1.printSchema()
root
 |-- id: integer (nullable = true)
 |-- name: string (nullable = true)
 |-- age: integer (nullable = true)
 |-- address: string (nullable = true)

>>> df2.printSchema()
root
 |-- _c0: string (nullable = true)
 |-- _c1: string (nullable = true)
 |-- _c2: string (nullable = true)
 |-- _c3: string (nullable = true)

>>> df1.show()
+---+--------+---+--------+
| id|    name|age| address|
+---+--------+---+--------+
| 11|LingLing| 19|Hangzhou|
| 22|  MeiMei| 22|Shanghai|
| 33|  Sansan| 23| Nanjing|
+---+--------+---+--------+

>>> df2.show()
+---+--------+---+--------+
|_c0|     _c1|_c2|     _c3|
+---+--------+---+--------+
| 11|LingLing| 19|Hangzhou|
| 22|  MeiMei| 22|Shanghai|
| 33|  Sansan| 23| Nanjing|
+---+--------+---+--------+
```

使用 CSV 文件创建 df1 的方法和使用集合创建 DataFrame 的方法基本相同，在调用 csv() 方法时提供了 header 和 inferSchema 两个参数，这样 Spark SQL 就会自动识别标题行并推断出各字段的数据类型。对于 df2 来说，因为 people2.csv 文件不包含标题行，所以在没有预设字段名的前提下，字段名是由 Spark SQL 自动设定的（_c0、_c1 等这样的名字），数据类型为 string。在这种情况下，通常需要人为设定字段名，比如下面的示例代码。

```myschema = 'id LONG, name STRING, age INT, address STRING'```
```df3 = spark.read.csv("file:///home/spark/people2.csv",```
```   schema=myschema)```
```df3.printSchema()```
```df3.show()```
	◇ 字段定义，包含字段名、字段类型
	◇ 使用指定的 schema 读取 people2.csv 文件中的数据

```
>>> myschema = 'id LONG, name STRING, age INT, address STRING'
>>> df3 = spark.read.csv("file:///home/spark/people2.csv",
...                      schema=myschema)
>>> df3.printSchema()
root
 |-- id: long (nullable = true)
 |-- name: string (nullable = true)
 |-- age: integer (nullable = true)
 |-- address: string (nullable = true)

>>> df3.show()
+---+--------+---+--------+
| id|    name|age| address|
+---+--------+---+--------+
| 11|LingLing| 19|Hangzhou|
| 22|  MeiMei| 22|Shanghai|
| 33|  Sansan| 23| Nanjing|
+---+--------+---+--------+
```

【学习提示】

如果遇到 CSV 文件的 header 标题行的字段名为中文的情况，除了通过 schema()方法重新设定字段名，还可以使用 option()方法设定更多的选项参数，包括分隔符、文本编码等。下面的代码演示了这种情况的处理方法。

```
cameraDF = spark.read
    .option("encoding","GBK")                      # 设定 GBK 字符集，避免中文出现乱码
    .option("header", true)                         # 包含标题行
    .option("sep", ",")                             # 设定分隔符为逗号
    .option("inferSchema", "True")                  # 自动推断字段的数据类型
    .schema("sxtid string, sxtxlh string")          # 重新设定字段名
    .csv("hdfs:///data/camera_info.csv")            # 读取文件数据（如 HDFS 或本地文件等）
```

【随堂练习】

在主目录中创建一个 stus.csv 文件，文件中包含以下数据内容，将其转换为 DataFrame。

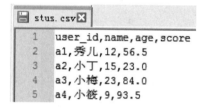

3.3.2　DataFrame 的查看

DataFrame 的查看主要包括查看数据表的字段结构、数据内容这两方面的操作，常用的查看算子如表 3-1 所示。它们都是 Action（行动）算子（类似 RDD 的行动算子），由它们可以启动转换算子的执行。

DataFrame 的查看

表 3-1　DataFrame 常用的查看算子

算子名称	功能描述
printSchema	打印 DataFrame 的字段结构信息
columns（属性）	返回 DataFrame 的字段名
dtypes（属性）	返回 DataFrame 的字段名及字段类型
count	统计 DataFrame 的数据行数
show	显示 DataFrame 的数据内容，可指定行数以及当字段内容超长时是否截断显示
first,head	获取 DataFrame 的首行数据内容，返回 Row 类型对象
take,takeAsList	获取 DataFrame 前 n 行的数据内容（元素为 Row 类型对象）
collect	获取 DataFrame 的所有行数据内容（元素为 Row 类型对象），只适用于数据量小的场合
foreach	每次对一行数据应用指定的处理函数并返回结果，内存占用较小
foreachPartition	与 foreach 类似，以分区为单位处理数据，对分区数据应用处理函数

下面依次介绍表 3-1 中的部分常用算子。先准备接下来要用的 DataFrame 数据集。

```
data = [(6, "DingDing", 18, 88, "M"),          ◇ 元组集合，代表 5 个人的信息
        (3, "KeKe",     18, 90, "F"),
```

```
            (2, "FeiFei",   16, 60, None),
            (4, "JiaJia",   24, 92, "M"),
            (1, "MeiMei",   20, 95, "F")]
schema = ["id", "name", "age", "score", "gender"]
df = spark.createDataFrame(data, schema)
```

◇ schema 是字段结构信息
◇ 根据 schema 和 data 创建 DataFrame

```
>>> data = [(6, "DingDing", 18, 88, "M"),
...         (3, "KeKe",     18, 90, "F"),
...         (2, "FeiFei",   16, 60, None),
...         (4, "JiaJia",   24, 92, "M"),
...         (1, "MeiMei",   20, 95, "F")]
>>> schema = ["id", "name", "age", "score", "gender"]
>>> df = spark.createDataFrame(data, schema)
```

下面演示 printSchema、columns、dtypes 算子的使用。

```
df.printSchema()
df.columns
df.dtypes
```

◇ 打印 DataFrame 表的字段结构信息
◇ 返回 DataFrame 的字段名
◇ 返回 DataFrame 的字段名及字段类型

```
>>> df.printSchema()
root
 |-- id: long (nullable = true)
 |-- name: string (nullable = true)
 |-- age: long (nullable = true)
 |-- score: long (nullable = true)
 |-- gender: string (nullable = true)

>>> df.columns
['id', 'name', 'age', 'score', 'gender']
>>> df.dtypes
[('id', 'bigint'), ('name', 'string'), ('age', 'bigint'),
 ('score', 'bigint'), ('gender', 'string')]
```

dtypes 属性中的 bigint 代表长整型，与 printSchema()方法中 long 的含义是一样的。

```
df.count()
df.show()
df.show(2)
df.show(2, False)
```

◇ 获取 DataFrame 的数据行数
◇ 显示 DataFrame 的数据内容，默认显示前 20 行
◇ 显示指定的 DataFrame 前两行数据内容
◇ 显示前两行数据内容，若字段内容长度超过 20 个字符，则不截断显示（False 表示不截断，True 表示截断）

```
>>> df.count()
5
>>> df.show()
+---+--------+---+-----+------+
| id|    name|age|score|gender|
+---+--------+---+-----+------+
|  6|DingDing| 18|   88|     M|
|  3|    KeKe| 18|   90|     F|
|  2|  FeiFei| 16|   60|  null|
|  4|  JiaJia| 24|   92|     M|
|  1|  MeiMei| 20|   95|     F|
+---+--------+---+-----+------+

>>> df.show(2)
+---+--------+---+-----+------+
| id|    name|age|score|gender|
+---+--------+---+-----+------+
|  6|DingDing| 18|   88|     M|
|  3|    KeKe| 18|   90|     F|
+---+--------+---+-----+------+
only showing top 2 rows
```

```
>>> df.show(2, False)
+---+--------+---+-----+------+
|id |name    |age|score|gender|
+---+--------+---+-----+------+
|6  |DingDing|18 |88   |M     |
|3  |KeKe    |18 |90   |F     |
+---+--------+---+-----+------+
only showing top 2 rows
```

这里的 show() 方法可以根据需要使用，包括设定显示的数据行数，以及当字段内容超长时是否截断显示（可避免输出的内容出现错乱）等。

df.first()	◇ 获取 DataFrame 的第 1 行数据，返回 Row 类型对象
df.take(2)	◇ 获取 DataFrame 前 n 行数据记录，返回 Row 类型对象数组
df.collect()	◇ 获取全部数据行，返回 Row 类型对象数组

```
>>> df.first()
Row(id=6, name='DingDing', age=18, score=88, gender='M')
>>> df.take(2)
[Row(id=6, name='DingDing', age=18, score=88, gender='M'),
 Row(id=3, name='KeKe', age=18, score=90, gender='F')]
>>> df.collect()
[Row(id=6, name='DingDing', age=18, score=88, gender='M'),
 Row(id=3, name='KeKe', age=18, score=90, gender='F'),
 Row(id=2, name='FeiFei', age=16, score=60, gender=None),
 Row(id=4, name='JiaJia', age=24, score=92, gender='M'),
 Row(id=1, name='MeiMei', age=20, score=95, gender='F')]
```

上面获取到的 DataFrame 数据行返回的都是 Row 类型对象或 Row 类型对象数组，每个 Row 类型对象的属性值就是对应数据行的字段内容。

下面演示 foreach 算子的简单使用，示例代码如下。

```def myprocess(x):```
```   name = x.name.upper()```
```   print(name)```
 	
```df.foreach(lambda row: myprocess(row))```
或
```df.foreach(myprocess)```
	◇ 定义一个函数，用于执行数据行的具体处理工作，这里将 name 字段的内容转换成大写字母形式
	◇ print() 函数下面保留一个空行
	
	◇ 通过 foreach() 方法对数据行应用处理函数。如果 lambda 表达式只有一个传入参数，则可以直接将函数名作为 foreach() 方法的参数

```
>>> def myprocess(x):
...     name = x.name.upper()
...     print(name)
...            ←———— 这里留一个空行
>>> df.foreach( lambda row: myprocess(row) )
FEIFEI
DINGDING
KEKE
JIAJIA
MEIMEI
>>>
```

在调用 foreach() 方法时，lambda 表达式的功能是对每行数据进行处理，具体处理过程定义在 myprocess() 函数中。如果要将数据写入数据库中，应考虑使用 foreachPartition 算子，因为它是针对一个分区的批量数据创建数据库连接的，可以避免造成处理效率低下的问题（foreach 算子对每条数据都要创建一个数据库连接，使用完还要断开）。

【随堂练习】

首先分别将下面 DataFrame 的字段结构信息、字段名、数据行数和第 1 条记录输出，然后使用 foreach()方法把每名学生的分数按四舍五入的方式显示出来。

```
+-------+----+---+-----+
|user_id|name|age|score|
+-------+----+---+-----+
|     a1|秀儿| 12| 56.5|
|     a2|小丁| 15| 23.0|
|     a3|小梅| 23| 84.0|
|     a3|小筱|  9| 93.5|
+-------+----+---+-----+
```

3.3.3 DataFrame 的数据操作（DSL）

由于 DataFrame 是建立在 RDD 基础上的，因此它也分为转换操作和行动操作这两大类 API，统称为 DSL（Domain Specific Language，领域特定的语言，类似 RDD 的算子），RDD 的很多转换操作和行动操作在 DataFrame 中也是支持的。判断是 DataFrame 的转换操作还是 DataFrame 的行动操作，可以根据返回的结果为 Spark SQL 数据类型（比如 DataFrame 等），还是普通的 Python 数据类型来确定。同样地，DataFrame 的转换操作也是延迟执行的，只有遇到行动操作时才会真正启动计算过程。

为方便起见，本节大部分示例代码将统一使用下面的 DataFrame 数据表，对应的变量名为 df 对象（取自 DataFrame 一词的两个首字母）。

```
data = [(6, "DingDing", 18, 88, "M"),
        (3, "KeKe",     18, 90, "F"),
        (2, "FeiFei",   16, 60, None),
        (4, "JiaJia",   24, 92, "M"),
        (1, "MeiMei",   20, 95, "F")]
schema = ["id","name","age","score","gender"]
df = spark.createDataFrame(data, schema)
```

◇ 每次在退出 PySparkShell 交互式编程环境后，需要重新执行这几行代码才能使用 df 对象

◇ 元组集合，代表 5 个人的信息
◇ schema 字段结构信息，这行代码默认会自动推断出各字段的数据类型

若在本节后续内容的学习中遇到 df 变量未初始化的情况，就要重新执行上述代码创建 DataFrame 数据集，以便对 df 变量进行初始化。

1．DataFrame 的数据查询

DataFrame 数据查询操作涉及对数据的筛选、排序、分组、查询等，相关的算子如表 3-2 所示，这些操作返回的都是一个新的 DataFrame 数据集。

DataFrame 的数据查询

表 3-2 DataFrame 常用的数据查询算子

算子名称	功能描述
where/filter	根据指定条件得到符合要求的 DataFrame 数据集，类似于 SQL 语句的 WHERE 子句，条件表达式可以使用 NOT、AND、OR 等
sort/orderBy	按指定的条件对 DataFrame 数据集进行排序，得到一个新的 DataFrame 数据集，类似于 SQL 语句中的 ORDER BY 子句
groupBy	按指定的条件对 DataFrame 数据集进行分组，得到一个新的 DataFrame 数据集，类似于 SQL 语句中的 GROUP BY 子句
select/selectExpr	对 DataFrame 数据集中的行数据进行查询，得到一个新的 DataFrame 数据集，类似于 SQL 语句中的 SELECT 子句。selectExpr 算子支持使用表达式

下面进行举例说明。

（1）where 和 filter 数据过滤。

where 和 filter 都是用于筛选符合条件的数据行的，这里的 where 实际是 filter 的别名，所以这两个算子是等价的。where() 和 filter() 方法需要提供一个过滤条件的参数，该参数有两种形式：一种是形如"age>18"的字符串；另一种是使用 df.age>18 或 df['age']>18 的 Column 对象的形式。

Spark 官方对 filter 算子的方法定义如下。

pyspark.sql.DataFrame.filter

DataFrame.filter(*condition*)   [source]

Filters rows using the given condition.

where() is an alias for filter().

New in version 1.3.0.

Parameters:: condition : *Column or str*

a Column of types.BooleanType or a string of SQL expression.

中文释义：_____

_____

下面是 where 算子的使用示例，继续在 PySparkShell 交互式编程环境中输入下面的代码（若 df 变量未初始化，则先按照前面数据准备的代码进行赋值，下同）。

```
df1 = df.where("age>=18")                    ◇ 查询 age>=18 的数据行
df2 = df.where("age>=18 and score>90")       ◇ 查询 age>=18 且 score>90 的数据行
df3 = df.where(df.age>=18)                    ◇ 查询 age>=18 的数据行
df4 = df3.where(df3.score>90)                 ◇ 继续查询 df3 中 score>90 的数据行
df1.show()
df2.show()
df3.show()
df4.show()
```

```
>>> df1 = df.where("age>=18")
>>> df2 = df.where("age>=18 and score>90")
>>> df3 = df.where(df.age>=18)
>>> df4 = df3.where(df3.score>90)

>>> df1.show()
+---+--------+---+-----+------+
| id|    name|age|score|gender|
+---+--------+---+-----+------+
|  6|DingDing| 18|   88|     M|
|  3|    KeKe| 18|   90|     F|
|  4|  JiaJia| 24|   92|     M|
|  1|  MeiMei| 20|   95|     F|
+---+--------+---+-----+------+
```

```
>>> df2.show()
+---+------+---+-----+------+
| id|  name|age|score|gender|
+---+------+---+-----+------+
|  4|JiaJia| 24|   92|     M|
|  1|MeiMei| 20|   95|     F|
+---+------+---+-----+------+
>>> df3.show()
+---+--------+---+-----+------+
| id|    name|age|score|gender|
+---+--------+---+-----+------+
|  6|DingDing| 18|   88|     M|
|  3|    KeKe| 18|   90|     F|
|  4|  JiaJia| 24|   92|     M|
|  1|  MeiMei| 20|   95|     F|
+---+--------+---+-----+------+
>>> df4.show()
+---+------+---+-----+------+
| id|  name|age|score|gender|
+---+------+---+-----+------+
|  4|JiaJia| 24|   92|     M|
|  1|MeiMei| 20|   95|     F|
+---+------+---+-----+------+
```

在这个例子中，df1 至 df3 都是从原始数据表 df 中通过 where 操作得到的数据行，df4 则是从 df3 中再次筛选得到的数据行。where()和 filter()方法的字符串形式的参数与 SQL 语句的写法是相似的，所以使用 SQL 语句形式的字符串还是比较直观的。

（2）sort 和 orderBy 数据排序。

DataFrame 可以通过 orderBy()或 sort()方法对数据进行排序，在调用这两个方法时需指定排序依据，即"按照什么字段"进行排序，这两个方法在功能上是一样的，其中，Spark 官方对 sort 算子的方法定义如下。

pyspark.sql.DataFrame.sort

`DataFrame.sort(*cols, **kwargs)`   [source]

Returns a new DataFrame sorted by the specified column(s).

New in version 1.3.0.

Parameters::　　cols : *str, list, or* Column, *optional*

list of Column or column names to sort by.

Other Parameters::　ascending : *bool or list, optional*

boolean or list of boolean (default True). Sort ascending vs. descending. Specify list for multiple sort orders. If a list is specified, length of the list must equal length of the *cols*.

中文释义：＿＿＿＿＿＿＿＿＿＿＿＿＿＿＿＿＿＿＿＿＿＿＿＿＿＿＿＿＿＿＿＿＿＿＿＿

＿＿＿

sort()方法的第 1 个参数用于指定排序的字段，可以是字符串、数组或 Column 对象形式，第 2 个参数用于指定按升序还是降序排列，可以为布尔值或数组形式。

下面是 sort()方法的具体示例，在使用时 sort()和 orderBy()方法可以相互替换。继续在 PySparkShell 交互式编程环境中输入下面的代码。

```df1 = df.sort("age")```	◇ 按年龄排序，默认按升序（ascending）排列
```df2 = df.sort("age", ascending=False)```	
```df3 = df.sort(["age","score"])```	◇ 按年龄排序，按降序（descending）排列
```df4 = df.sort(["age","score"], ascending=[1,0])```	◇ 按年龄和分数排序，默认按升序排列
```df5 = df.sort(df.age)```	◇ 按年龄升序排列，按分数降序排列，1=True/0=False
```df6 = df.sort([df.age, df.score])```	
```df7 = df.sort([df.age.desc(), df.score.asc()])```	◇ 按年龄排序，默认按升序排列
```df1.show()```	◇ 按年龄和分数排序，均按升序排列
```df7.show()```	◇ 按年龄降序排列，按分数升序排列

```
>>> df1 = df.sort("age")
>>> df2 = df.sort("age", ascending=False)
>>> df3 = df.sort(["age","score"])
>>> df4 = df.sort(["age","score"], ascending=[1,0])
>>> df5 = df.sort(df.age)
>>> df6 = df.sort([df.age, df.score])
>>> df7 = df.sort([df.age.desc(), df.score.asc()])
>>> df1.show()
+---+--------+---+-----+------+
| id|    name|age|score|gender|
+---+--------+---+-----+------+
|  2|  FeiFei| 16|   60|  null|
|  6|DingDing| 18|   88|     M|
|  3|    KeKe| 18|   90|     F|
|  1|  MeiMei| 20|   95|     F|
|  4|  JiaJia| 24|   92|     M|
+---+--------+---+-----+------+

>>> df7.show()
+---+--------+---+-----+------+
| id|    name|age|score|gender|
+---+--------+---+-----+------+
|  4|  JiaJia| 24|   92|     M|
|  1|  MeiMei| 20|   95|     F|
|  6|DingDing| 18|   88|     M|
|  3|    KeKe| 18|   90|     F|
|  2|  FeiFei| 16|   60|  null|
+---+--------+---+-----+------+
```

在上述代码中，如果是默认的按升序排列，则相当于指定了参数 ascending=True。因为 Python 的 True 和 False 值分别与 1 和 0 等价，所以在指定升序或降序时也可以写成 ascending=1 或 ascending=0。多字段排序的情况，默认都是以升序排列的，即先按第 1 个字段排序，如果第 1 个字段相同再按第 2 个字段排序，以此类推。此外，这里第 4 行代码的参数 ascending=[1,0] 与["age","score"]在位置上是一一对应的，即 1 对应 age 字段，0 对应 score 字段，代表按"年龄升序、分数降序"的排序方式。

（3）groupBy 数据分组。

顾名思义，groupBy 就是对 DataFrame 的数据行依据某种准则进行分组归类，返回的是 GroupedData 类型的对象，groupBy()方法通常要与聚合函数一起使用，可以是 Spark 内置的聚合函数或自定义函数。常用的聚合函数如下。

- count()：统计记录的数量。
- mean(), avg()：统计字段的平均值。
- max()、min()：统计字段的最大值和最小值。
- sum()、统计字段的累加和。

Spark 官方对 groupBy 算子的方法定义如下。

pyspark.sql.DataFrame.groupBy

DataFrame.groupBy(*cols*)   [source]

Groups the DataFrame using the specified columns, so we can run aggregation on them. See GroupedData for all the available aggregate functions.

groupby() is an alias for groupBy().

New in version 1.3.0.

Parameters::　cols : *list, str or* Column

　　　　columns to group by. Each element should be a column name (string) or an expression (Column).

中文释义：_____

_____

_____

下面直接通过示例代码予以说明。继续在 PySparkShell 交互式编程环境中输入下面的代码。

```
df1 = df.groupBy('gender').count()
df2 = df.groupBy('gender').agg({"age":"mean","score":"max"})
df1.show()
df2.show()
```

◇ 按性别统计人数
◇ 按性别统计平均年龄和最高分

```
>>> df1 = df.groupBy('gender').count()
>>> df2 = df.groupBy('gender').agg({"age":"mean","score":"max"})

>>> df1.show()
+------+-----+
|gender|count|
+------+-----+
|     F|    2|
|  null|    1|
|     M|    2|
+------+-----+

>>> df2.show()
+------+----------+--------+
|gender|max(score)|avg(age)|
+------+----------+--------+
|     F|        95|    19.0|
|  null|        60|    16.0|
|     M|        92|    21.0|
+------+----------+--------+
```

（4）select 和 selectExpr 数据查询。

select 和 selectExpr 算子用于从 DataFrame 数据集中查询指定的字段，返回一个新的 DataFrame 数据集。另外，selectExpr 算子还支持对指定字段进行处理，如取绝对值、四舍五入等。也就是说，它可以与表达式一起使用。Spark 官方对这两个算子的方法定义如下。

pyspark.sql.DataFrame.select

DataFrame.select(*cols)   [source]

Projects a set of expressions and returns a new DataFrame.

New in version 1.3.0.

Parameters:: cols : *str*, Column, *or list*

column names (string) or expressions (Column). If one of the column
names is '*', that column is expanded to include all columns in
the current DataFrame.

pyspark.sql.DataFrame.selectExpr

DataFrame.selectExpr(*expr)   [source]

Projects a set of SQL expressions and returns a new DataFrame.

This is a variant of select() that accepts SQL expressions.

New in version 1.3.0.

中文释义：_____

_____

_____

根据方法定义的说明可以看出，selectExpr()方法相当于 select()方法的加强版，其参数支持 SQL 形式的字符串表达式。

select()和 selectExpr()方法的示例代码如下。

```
df.select('*').show()                           ◇ 查询数据集的所有字段
df.select('name', 'age').show()                 ◇ 查询数据集的 name、age 字段
df.selectExpr("age*2").show()                   ◇ 查询数据集的 age 字段，且将字段值乘以 2
df.selectExpr("age*2 as newage").show()         ◇ 将查询的 age*2 字段的别名设置为 newage
```

```
>>> df.select('*').show()
+---+--------+---+-----+------+
| id|    name|age|score|gender|
+---+--------+---+-----+------+
|  6|DingDing| 18|   88|     M|
|  3|    KeKe| 18|   90|     F|
|  2|  FeiFei| 16|   60|  null|
|  4|  JiaJia| 24|   92|     M|
|  1|  MeiMei| 20|   95|     F|
+---+--------+---+-----+------+

>>> df.select('name', 'age').show()
+--------+---+
|    name|age|
+--------+---+
|DingDing| 18|
|    KeKe| 18|
|  FeiFei| 16|
|  JiaJia| 24|
|  MeiMei| 20|
+--------+---+

>>> df.selectExpr("age*2").show()
+---------+
|(age * 2)|
+---------+
|       36|
|       36|
|       32|
|       48|
|       40|
+---------+
```

```
>>> df.selectExpr("age*2 as newage").show()
+------+
|newage|
+------+
|    36|
|    36|
|    32|
|    48|
|    40|
+------+
```

代码的最后两行调用了 selectExpr() 方法，其参数是 SQL 形式的字段。此外，它们还可以结合 DataFrame 的其他操作方法一起使用，比如：

```
df1 = df.where('age>18').select('name')    ◇ 过滤 age>18 的记录，再查询其 name 字段
df1.show()
```

```
>>> df1 = df.where('age>18').select('name')
>>> df1.show()
+------+
|  name|
+------+
|JiaJia|
|MeiMei|
+------+
```

综上所述，DataFrame 上的很多操作方法的功能与传统的 SQL 语句是相似的。

【随堂练习】

下面是一个包含几名学生信息的 DataFrame 数据集。

```
df_stu = spark.createDataFrame(
        [ ("a1", "秀儿", 12, 56.5), ("a2", "小丁", 15, 23.0),
         ("a3", "小梅", 23, 84.0), ("a4", "小筱", 9, 93.5) ],
        ("user_id", "name", "age", "score") )
df_stu.show()
```

```
>>> df_stu.show()
+-------+----+---+-----+
|user_id|name|age|score|
+-------+----+---+-----+
|     a1|秀儿| 12| 56.5|
|     a2|小丁| 15| 23.0|
|     a3|小梅| 23| 84.0|
|     a4|小筱|  9| 93.5|
+-------+----+---+-----+
```

（a）筛选出 age<15 的数据行。

（b）按分数排序输出所有数据行。

（c）求出最高分和平均年龄。

2. DataFrame 的数据处理

DataFrame 提供了一系列用于数据处理的功能操作，包括去除重复行、删除字段、填充字段、连接数据行等，相关的算子如表 3-3 所示。不过要注意的是，类似于 RDD 的做法，DataFrame 的数据处理操作并不会改变它自身的数据内容，而是生成一个新的 DataFrame。此外，Spark 是基于分布式的手段对数据进行管理的，因此 DataFrame 也不能简单地直接操作某列数据。

DataFrame 的数据处理

表 3-3　DataFrame 常用的数据处理算子

算子名称	功能描述
distinct	删除完全重复的数据行
dropDuplicates	根据指定的字段删除重复的数据行
dropna	删除某些字段值为 null 的数据行
drop	删除数据集的某些字段，保留其他字段
limit	设定返回的结果数据集的行数
intersect,intersectAll	按数据行的字段位置顺序返回两个 DataFrame 数据集的交集，等同于 SQL 语句的 INTERSECT。intersectAll 还会保留重复记录
union/unionAll, unionByName	返回两个 DataFrame 数据集的并集，均保留重复记录。union/unionAll 等同于 SQL 语句的 UNION ALL，按数据行的字段位置顺序合并。unionByName 则是按数据行的字段名合并
exceptAll	返回两个 DataFrame 数据集的差集
join	将两个 DataFrame 数据集连接起来，分为内连接、左外连接、右外连接、全外连接几种方式
withColumn	添加列，或替换现有同名的列
withColumnRenamed	修改数据集的字段名
col,apply	获取指定列，返回 Column 对象，通常用于参与其他计算

下面将介绍表 3-3 中部分算子的使用方法。

（1）distinct 和 dropDuplicates 去重。

distinct()和 dropDuplicates()方法都是用来删除重复的数据行的，但两者之间还是有一点区别。下面是 DataFrame 的两种数据行去重操作的例子。

```from pyspark.sql import Row```	◇ 导入所需的模块包

```df1 = sc.parallelize([```
`    Row(name='Alice', age=5, height=80),`
`    Row(name='Alice', age=5, height=80),`
`    Row(name='Alice', age=9, height=80),`
`    Row(name='Tom', age=12, height=None)]).toDF()`
	◇ 使用 Row 类构造包含 4 条记录的集合，并将其转换成 DataFrame。这是创建 DataFrame 的另一种方法，即先通过 Row 创建 RDD，然后将该 RDD 转换为 DataFrame

```df1.distinct().show()```	◇ 删除完全重复的数据行，生成新的 DataFrame
```df1.dropDuplicates(['name', 'height']).show()```	◇ 删除 name 和 height 字段相同的数据行

```
>>> from pyspark.sql import Row
>>> df1 = sc.parallelize([
...         Row(name='Alice', age=5, height=80),
...         Row(name='Alice', age=5, height=80),
...         Row(name='Alice', age=9, height=80),
...         Row(name='Tom', age=12, height=None) ]).toDF()

>>> df1.distinct().show()
+---+------+-----+
|age|height| name|
+---+------+-----+
|  5|    80|Alice|
|  9|    80|Alice|
| 12|  null|  Tom|
+---+------+-----+
```

```
>>> df1.dropDuplicates(['name', 'height']).show()
+---+------+-----+
|age|height| name|
+---+------+-----+
|  5|    80|Alice|
| 12|  null|  Tom|
+---+------+-----+
```

在这个例子中，调用 distinct()和 dropDuplicates()方法删除重复的数据行，前者要求数据行的每个字段都相同才会删除，后者是确定指定的字段相同后才删除。另外，这里的 DataFrame 是通过 pyspark.sql.Row 类创建的，每个 Row 类型对象都要指定字段名和字段内容，当然也可以采用 3.3.1 节讲过的使用集合创建 DataFrame 的方式。

（2）dropna 和 drop 按列删除。

如果 DataFrame 中存在不完整的数据行，比如某些行缺失部分字段值，此时就可以通过 dropna()方法来过滤这种数据行，或者根据需要"剪掉"某些字段，这也是 ETL 数据清洗工作中常见的一种做法。但值得一提的是，原始的 DataFrame 并不会发生变化。继续沿用上面 df1 数据集的代码，示例如下。

```
df1.dropna().show()                      ◇ 删除包含 null 值的数据行，生成新的 DataFrame
df1.drop('height').show()                ◇ 剪掉 height 字段（影响所有记录）
df1.drop('age','height').show()          ◇ 剪掉 age 和 height 字段（影响所有记录）
```

```
>>> df1.dropna().show()
+---+------+-----+
|age|height| name|
+---+------+-----+
|  5|    80|Alice|
|  5|    80|Alice|
|  9|    80|Alice|
+---+------+-----+

>>> df1.drop('height').show()
+---+-----+
|age| name|
+---+-----+
|  5|Alice|
|  5|Alice|
|  9|Alice|
| 12|  Tom|
+---+-----+

>>> df1.drop('age','height').show()
+-----+
| name|
+-----+
|Alice|
|Alice|
|Alice|
|  Tom|
+-----+
```

此外，对存在字段值缺失的数据行还可以使用 fill()方法填充缺失的字段值，或者通过 replace()方法替换某些字段值。这里给出一个示例参考代码。

```
df2 = df1.na.fill(50)                          # 将空字段全部填充为 50
df2 = df1.na.fill(False)                       # 将空字段全部填充为 False
df2 = df1.na.fill({'age':50, 'name':'unknown'}) # 不同空字段分别填充不同值
df2 = df1.na.replace(9, 20)                    # 将所有字段值为 9 的字段替换为 20
```

（3）limit 限定行数。

limit()方法用来限定 DataFrame 的行数，以便进行后续处理。例如：

```
df2 = df1.limit(2)                    ◇ 限定 DataFrame 的行数，生成新的 DataFrame
df2.count()                           ◇ 获取当前 DataFrame 的行数
df2.show()
```

```
>>> df2 = df1.limit(2)
>>> df2.count()
2
>>> df2.show()
+---+------+-----+
|age|height| name|
+---+------+-----+
|  5|    80|Alice|
|  5|    80|Alice|
+---+------+-----+
```

其中，limit()方法返回一个新的 DataFrame，通过这种方式减少了后续处理的数据量，这一点与 show()方法是不同的，show()方法只显示指定数量的数据内容，并不影响实际的数据行数。

（4）withColumn 和 withColumnRenamed 按列处理。

withColumn()方法用来在当前 DataFrame 基础上添加一列，或替换现有的同名列，并返回一个新的 DataFrame。如果在新增或替换时还要修改字段的值，则可以对它进行简单的运算或借助函数进行修改。withColumnRenamed()方法则用于修改现有列的字段名，列数据保持不变。继续沿用上面 df2 数据集的代码，示例如下。

```
df3 = df2.withColumnRenamed('age','newage')          ◇ 修改字段名 age 为 newage
df3.show()                                            ◇ 查看修改后的 DataFrame 数据

from pyspark.sql.functions import col,upper,lit       ◇ 导入 col()、upper()、lit()函数
df4 = df2.withColumn("newname",upper(col("name")))    ◇ 新增一列 newname，内容为原 name
df5 = df2.withColumn("name",upper(col("name")))         列数据的大写字母
df6 = df2.withColumn("addr",lit("hangzhou"))          ◇ 替换 name 列，内容为原 name 列数
df4.show()                                              据的大写字母
df5.show()                                            ◇ 新增 addr 列，内容为字面值 hangzhou
df6.show()
df2.show()                                            ◇ 再次查看 df2 的数据，证明原数据一
                                                        直未发生变化
```

```
>>> df3 = df2.withColumnRenamed('age','newage')
>>> df3.show()
+------+------+-----+
|newage|height| name|
+------+------+-----+
|     5|    80|Alice|
|     5|    80|Alice|
+------+------+-----+
>>> from pyspark.sql.functions import col,upper,lit
>>> df4 = df2.withColumn("newname",upper(col("name")))
>>> df5 = df2.withColumn("name",upper(col("name")))
>>> df6 = df2.withColumn("addr",lit("hangzhou"))
>>> df4.show()
+---+------+-----+-------+
|age|height| name|newname|
+---+------+-----+-------+
|  5|    80|Alice|  ALICE|
|  5|    80|Alice|  ALICE|
+---+------+-----+-------+
```

```
>>> df5.show()
+---+------+-----+
|age|height| name|
+---+------+-----+
|  5|    80|ALICE|
|  5|    80|ALICE|
+---+------+-----+

>>> df6.show()
+---+------+-----+--------+
|age|height| name|    addr|
+---+------+-----+--------+
|  5|    80|Alice|hangzhou|
|  5|    80|Alice|hangzhou|
+---+------+-----+--------+

>>> df2.show()
+---+------+-----+
|age|height| name|
+---+------+-----+
|  5|    80|Alice|
|  5|    80|Alice|
+---+------+-----+
```

上述代码中用到了 col()、lit()、upper()函数，它们都可以用来操作 DataFrame 的字段，其中，col()函数用于获取一列数据返回 Column 对象，lit()函数将常量值转换为字段，upper()函数将字段转换为大写字母形式，还有其他一些实用的函数存放在 pyspark.sql.functions 包中。

（5）intersectAll 交集与 unionByName 并集。

intersectAll()方法用来获取两个 DataFrame 的交集，得到的是两者按字段顺序排列的相同数据行（只看字段位置而不看字段名，且交集可能存在重复数据行）。unionByName()方法用来获取两个 DataFrame 的并集，得到的是将两者数据行按字段名合并到一起的记录。示例代码如下。

```
df1 = spark.createDataFrame([(1, 2, 3), (4, 5, 6)],      ◇ 创建 DataFrame，字段顺序为
                    ["c0", "c1", "c2"])                   c0 c1 c2
df2 = spark.createDataFrame([(4, 5, 6)],                 ◇ 创建 DataFrame，字段顺序为
                    ["c1", "c2", "c0"])                   c1 c2 c0，顺序发生变化
df1.intersectAll(df2).show()                             ◇ df1 和 df2 的交集（按字段顺
                                                         序排列）
df1.unionByName(df2).show()                              ◇ df1 和 df2 的并集（按字段名合并）
```

```
>>> df1 = spark.createDataFrame([(1, 2, 3), (4, 5, 6)],
...                     ["c0", "c1", "c2"])
>>> df2 = spark.createDataFrame([(4, 5, 6)],
...                     ["c1", "c2", "c0"])

>>> df1.intersectAll(df2).show()
+---+---+---+
| c0| c1| c2|
+---+---+---+      交集只考虑两边的字段顺序，忽略字段名
|  4|  5|  6|
+---+---+---+

>>> df1.unionByName(df2).show()
+---+---+---+
| c0| c1| c2|
+---+---+---+
|  1|  2|  3|
|  4|  5|  6|
|  6|  4|  5|      这一行按字段名合并，字段值的顺序有变化（原来的顺序为 4  5  6）
+---+---+---+
```

综上所述，intersectAll()和 unionByName()两个方法都是用来执行集合运算的，前者是按数据行的字段顺序求相同记录（不考虑字段名），后者则是按照字段名进行合并。

（6）join 连接处理。

join 算子用于连接两个 DataFrame 的数据行，包括内连接、左外连接、右外连接、全外连接方式，默认采用内连接（inner）方式。Spark 官方对 join 算子的方法定义如下。

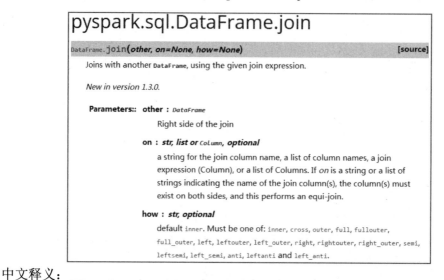

中文释义：_____

_____

_____

在使用 join()方法时，可以按一个或多个字段进行连接。下面是一个简单的内连接示例。

```
df1 = spark.createDataFrame(
            [("a", 1),( "b",2),("c",3)], ["name","num1"])
df2 = spark.createDataFrame([("a", 1), ("b", 4)], ["name", "num2"])
df3 = df1.join(df2, "name")
df3.show()
```

◇ 构造两个 DataFrame
◇ 按 name 字段执行 df1 和 df2 的内连接

```
>>> df1 = spark.createDataFrame(
...             [("a", 1),( "b",2),("c",3)], ["name","num1"])
>>> df2 = spark.createDataFrame([("a", 1), ("b", 4)], ["name", "num2"])
>>> df3 = df1.join(df2, "name")
>>> df3.show()
+----+----+----+
|name|num1|num2|
+----+----+----+
|   b|   2|   4|
|   a|   1|   1|
+----+----+----+
```

从运行结果容易看出，DataFrame 的内连接与 RDD 的内连接的操作效果是一致的。

【随堂练习】

下面是一个包含几名学生信息的 DataFrame，字段分别代表编号、姓名、年龄、综合分数。

```
df_stu = spark.createDataFrame(
       [ ("a1", "秀儿", 12, 56.5), ("a2", "小丁", 15, 23.0),
         ("a3", "小梅", 23, 84.0), ("a4", "小筱", 9,  93.5) ],
```

```
                ("user_id", "name", "age", "score"))
    df_stu.show()
```

（1）在原 DataFrame 基础上新增一列，值为原综合分数字段值的一半。

```
+-------+----+---+-----+---------+
|user_id|name|age|score|score_new|
+-------+----+---+-----+---------+
|     a1|秀儿| 12| 56.5|    28.25|
|     a2|小丁| 15| 23.0|     11.5|
|     a3|小梅| 23| 84.0|     42.0|
|     a4|小筱|  9| 93.5|    46.75|
+-------+----+---+-----+---------+
```

（2）限定 DataFrame 的数据行数为 2 行。

```
+-------+----+---+-----+---------+
|user_id|name|age|score|score_new|
+-------+----+---+-----+---------+
|     a1|秀儿| 12| 56.5|    28.25|
|     a2|小丁| 15| 23.0|     11.5|
+-------+----+---+-----+---------+
```

（3）删除原有的 score 列。

```
+-------+----+---+---------+
|user_id|name|age|score_new|
+-------+----+---+---------+
|     a1|秀儿| 12|    28.25|
|     a2|小丁| 15|     11.5|
|     a3|小梅| 23|     42.0|
|     a4|小筱|  9|    46.75|
+-------+----+---+---------+
```

（4）将字段名 user_id 修改为 id。

```
+---+----+---+---------+
| id|name|age|score_new|
+---+----+---+---------+
| a1|秀儿| 12|    28.25|
| a2|小丁| 15|     11.5|
| a3|小梅| 23|     42.0|
| a4|小筱|  9|    46.75|
+---+----+---+---------+
```

（5）将 score_new 字段值增加 10。

```
+---+----+---+---------+
| id|name|age|score_new|
+---+----+---+---------+
| a1|秀儿| 12|    38.25|
| a2|小丁| 15|     21.5|
| a3|小梅| 23|     52.0|
| a4|小筱|  9|    56.75|
+---+----+---+---------+
```

3.3.4 DataFrame 的数据操作（SQL）

Spark SQL 除了支持 DSL 形式的数据操作 API 方法，还可以像 Hive 那样直接执行 SQL 语句，这为 Spark 在数据分析工作中提供了极大便利。Spark SQL 的 SQL 操作是通过 spark.sql() 方法实现的，它以 SQL 字符串为参数，返回一个 DataFrame。不过，Spark SQL 并不支持 SQL 事务、UPDATE 等操作，并且在执行 SQL 操作之前应将 DataFrame 注册为一个临时视图（TempView），相当于表名，所以也称为临时视图表。也就是说，DataFrame 可以当作一张数据表使用，通过在程序中调用 spark.sql() 方法执行 SQL 操作，返回结果为一个新的 DataFrame。

同样地，本节先准备两组数据供后续的代码示例使用，分别是网站信息和网站访问记录。为方便起见，这两组数据分别存放于 sql_website.csv 和 sql_access_log.csv 文件中，它们的内容如图 3-2 和图 3-3 所示。

id(编号)	name(名称)	url(网址)	alexa(排名)	country(国家)
1	Google	https://www.google.com	1	USA
2	淘宝	https://www.taobao.com/	13	CN
3	菜鸟教程	http://www.runoob.com/	4689	CN
4	微博	http://weibo.com/	20	CN
5	Facebook	https://www.facebook.com/	3	USA
7	stackoverflow	http://stackoverflow.com/	0	IND

图 3-2　网站信息（sql_website.csv）

aid(编号)	site_id(站点编号)	count(访问次数)	date(日期)
1	1	45	2022-05-10
2	3	100	2022-05-13
3	1	230	2022-05-14
4	2	10	2022-05-14
5	5	205	2022-05-14
6	4	13	2022-05-15
7	3	220	2022-05-15
8	5	545	2022-05-16
9	3	201	2022-05-17

图 3-3　网站访问记录（sql_access_log.csv）

【学习提示】

本节涉及的 SQL 案例数据，可参见菜鸟教程网站的"SQL 教程"。

1. DataFrame 视图表的创建

在通过 SQL 操作 DataFrame 之前，必须先将当前 DataFrame 注册为一张临时视图表才能使用。DataFrame 临时视图表又分为"局部会话范围"和"全局会话范围"两种形式，前者仅限当前的 SparkSession 会话使用，后者可在当前 Spark 应用程序的所有 SparkSession 实例中访问到。在使用全局视图表时，视图名称需要附带一个"global_temp."

DataFrame 视图表的创建

前缀，这是因为全局视图表是要绑定到 global_temp 系统保留数据库上的。不过，无论是哪一类视图表，它们在使用完毕后就会被自动删除，这也是被称为"临时视图表"的原因，其与在关系数据库中创建视图的做法不一样。

假定 sql_website.csv 和 sql_access_log.csv 这两个数据文件已经上传至本地主目录/home/spark 中，接下来在 PySparkShell 交互式编程环境中输入下面代码进行测试。

```
df1 = spark.read.csv("file:///home/spark/sql_website.csv",
              header=True, inferSchema=True)
df2 = spark.read.csv("file:///home/spark/sql_access_log.csv",
              header=True, inferSchema=True)
df1.createTempView("website")
df2.createGlobalTempView("access_log")
spark.sql("select * from website").show()
spark.sql("select * from global_temp.access_log").show()
```

◇ 加载 sql_website. csv 和 sql_access_ log.csv 文件创建两个 DataFrame

◇ 创建一张局部视图表 website 和一张全局视图表 access_log

◇ 查询两张视图表中的数据

```
>>> df1 = spark.read.csv("file:///home/spark/sql_website.csv",
...                 header=True, inferSchema=True)
>>> df2 = spark.read.csv("file:///home/spark/sql_access_log.csv",
...                 header=True, inferSchema=True)
>>> df1.createTempView("website")
>>> df2.createGlobalTempView("access_log")
```

```
>>> spark.sql("select * from website").show()
+---+-------------+--------------------+-----+-------+
| id|         name|                 url|alexa|country|
+---+-------------+--------------------+-----+-------+
|  1|       Google|https://www.googl...|    1|    USA|
|  2|         淘宝|https://www.taoba...|   13|     CN|
|  3|     菜鸟教程|http://www.runoob...| 4689|     CN|
|  4|         微博|   http://weibo.com/|   20|     CN|
|  5|     Facebook|https://www.faceb...|    3|    USA|
|  7|stackoverflow|http://stackoverf...|    0|    IND|
+---+-------------+--------------------+-----+-------+
```

```
>>> spark.sql("select * from global_temp.access_log").show()
+---+-------+-----+-------------------+
|aid|site_id|count|               date|
+---+-------+-----+-------------------+
|  1|      1|   45|2022-05-10 00:00:00|
|  2|      3|  100|2022-05-13 00:00:00|
|  3|      1|  230|2022-05-14 00:00:00|
|  4|      2|   10|2022-05-14 00:00:00|
|  5|      5|  205|2022-05-14 00:00:00|
|  6|      4|   13|2022-05-15 00:00:00|
|  7|      3|  220|2022-05-15 00:00:00|
|  8|      5|  545|2022-05-16 00:00:00|
|  9|      3|  201|2022-05-17 00:00:00|
+---+-------+-----+-------------------+
```

在例子中，分别通过 df1 和 df2 创建了两张视图表，其中 website 被设定为局部视图表，access_log 被设定为全局视图表。从给定的 SQL 参数容易看出，局部视图表和全局视图表在使用上的差别就是，全局视图表包含一个 "global_temp." 前缀。

此外，Spark SQL 还提供了如下另外两种创建视图表的方法。

```
df1.createOrReplaceTempView("website")
df2.createOrReplaceGlobalTempView("access_log")
```

它们的区别主要在于，使用 createTempView() 和 createGlobalTempView() 方法创建视图表后，该视图表的名称不能被重复利用，必须先删除才行，而使用 createOrReplaceTempView() 和 createOrReplaceGlobalTempView() 方法创建视图表后，视图表的名称可以被直接替换使用，相对更加方便一些。当然，无论是使用哪种方法创建的视图表，它们都支持手动删除，删除之后就不能在 SQL 语句中使用了，示例代码如下。

```
spark.catalog.dropTempView('website')              # 删除局部视图表
spark.catalog.dropGlobalTempView('access_log')     # 删除全局视图表
```

【学习提示】

全局视图表只能在同一个 Spark 应用的各个会话中共享，不能跨 Spark 应用而存在，比如当前 PySparkShell 交互式编程环境运行了一个 Spark 应用，如果在另一个 Linux 终端窗体中再次启动 PySparkShell 交互式编程环境，这就是一个新的 Spark 应用了。

【随堂练习】

根据下面的数据构造一个 DataFrame 数据集，将其注册为 student 视图表，并将其中的行数据通过 SQL 语句查询出来。

```
+-------+----+---+-----+
|user_id|name|age|score|
+-------+----+---+-----+
|     a1|秀儿| 12| 56.5|
|     a2|小丁| 15| 23.0|
|     a3|小梅| 23| 84.0|
|     a4|小筱|  9| 93.5|
+-------+----+---+-----+
```

2. DataFrame 视图表的 SQL 查询

通过 SQL 查询 DataFrame 的数据需要借助 spark.sql()方法，这个方法返回一个新的 DataFrame 对象。在日常工作中，使用 SQL 语句操作数据是一种很普遍的方式。Spark SQL 实现了 SQL 语句的解析执行，因此只要构造了 SQL 语句就能充分利用 Spark 强大的分布式计算功能，也大大降低了使用 Spark 进行大数据处理与分析的门槛。

DataFrame 视图表的 SQL 查询

下面将通过具体的例子来阐述 DataFrame 的 SQL 查询的用法，其中，df1 和 df2 对象是分别通过数据文件 sql_website.csv 和 sql_access_log.csv 创建的 DataFrame 数据集，临时视图表 website 和 access_log 则是分别注册自 df1 和 df2 对象。为方便区分，这里构造的 SQL 语句包含的关键字一般用大写字母形式表示（SQL 语句实际上是不区分字母大小写的）。

```
df1 = spark.read.csv("file:///home/spark/sql_website.csv",
                header=True, inferSchema=True)
df2 = spark.read.csv("file:///home/spark/sql_access_log.csv",
                header=True, inferSchema=True)
df1.createOrReplaceTempView("website")
df2.createOrReplaceTempView("access_log")
```

◇ 若退出过 PySparkShell 交互式编程环境，则需要重新执行这几行代码，才能使用 df1 和 df2 对象，以及 website 和 access_log 视图表

```
>>> df1 = spark.read.csv("file:///home/spark/sql_website.csv",
...             header=True, inferSchema=True)
>>> df2 = spark.read.csv("file:///home/spark/sql_access_log.csv",
...             header=True, inferSchema=True)
>>> df1.createOrReplaceTempView("website")
>>> df2.createOrReplaceTempView("access_log")
```

（1）SQL 基本查询。

SQL 基本查询包括 SELECT、SELECT DISTINCT、WHERE、ORDER BY 等。如果读者熟悉 SQL 语法，则可以清楚这部分内容与数据库的 SQL 语句基本是一样的。

① 查询指定的字段值。

```
df = spark.sql("SELECT name,country FROM website")
df.show()
```

◇ 从 website 视图表中查询 name 和 country 字段
◇ 格式为 SELECT ... FROM ...

```
>>> df = spark.sql("SELECT name,country FROM website")
>>> df.show()
+-------------+-------+
|         name|country|
+-------------+-------+
|       Google|    USA|
|         淘宝|     CN|
|     菜鸟教程|     CN|
|         微博|     CN|
|     Facebook|    USA|
|stackoverflow|    IND|
+-------------+-------+
```

这个例子是从 website 视图表中查询 name 和 country 两个字段，返回一个新的 DataFrame，并将查询到的数据显示出来。

② 查询无重复的字段值。

数据集中的某一列可能包含重复的字段值，如果希望仅列出不同的字段值，则可以增加 DISTINCT 关键字以返回唯一的字段值或字段值组合。比如查询出所有不同的国家名称。

```
spark.sql("SELECT DISTINCT country FROM website").show()
```

◇ 从 website 视图表中查询不同的 country 值
◇ DISTINCT 意为"不同的"

```
>>> spark.sql("SELECT DISTINCT country FROM website").show()
+-------+
|country|
+-------+
|     CN|
|    USA|
|    IND|
+-------+
```

③ 按条件查询。

所谓按条件查询，是指提取那些满足指定条件的数据行，条件查询是通过 WHERE 子句实现的，条件表达式可以与 AND、OR、NOT 组合使用。比如查询 id 为 1 的网站。

```
spark.sql("SELECT * FROM website WHERE id=1").show()
```

◇ 从 website 视图表中查询 id=1 的数据记录
◇ show() 默认会截断超长的字段显示

```
>>> spark.sql("SELECT * FROM website WHERE id=1").show()
+---+------+--------------------+-----+-------+
| id|  name|                 url|alexa|country|
+---+------+--------------------+-----+-------+
|  1|Google|https://www.googl...|    1|    USA|
+---+------+--------------------+-----+-------+
```

查询国家为 CN 且排名小于或等于 20 的网站。

```
spark.sql("SELECT * FROM website WHERE country='CN' AND alexa<=20").show()
```

◇ 查询国家为 CN 且排名小于或等于 20 的记录

```
>>> spark.sql("SELECT * FROM website WHERE country='CN' AND alexa<=20").show()
+---+----+--------------------+-----+-------+
| id|name|                 url|alexa|country|
+---+----+--------------------+-----+-------+
|  2|淘宝|https://www.taoba...|   13|     CN|
|  4|微博|    http://weibo.com/|   20|     CN|
+---+----+--------------------+-----+-------+
```

查询国家为 USA 或 CN 的所有网站。

```
spark.sql("SELECT * FROM website WHERE country='USA' OR country='CN'").show()
```

◇ 查询国家为 USA 或 CN 的记录

```
>>> spark.sql("SELECT * FROM website WHERE country='USA' OR country='CN'").show()
+---+--------+--------------------+-----+-------+
| id|    name|                 url|alexa|country|
+---+--------+--------------------+-----+-------+
|  1|  Google|https://www.googl...|    1|    USA|
|  2|    淘宝|https://www.taoba...|   13|     CN|
|  3|菜鸟教程|http://www.runoob...| 4689|     CN|
|  4|    微博|    http://weibo.com/|   20|     CN|
|  5|Facebook|https://www.faceb...|    3|    USA|
+---+--------+--------------------+-----+-------+
```

查询排名大于 15 且国家为 CN 或 USA 的所有网站。

spark.sql('''SELECT * FROM website WHERE alexa > 15 AND (country='CN' OR country='USA')''') \ .show()	◇ 查询排名大于 15, 且国家为 CN 或 USA 的记录 ◇ SQL 字符串太长, 可用 3 个单引号以支持字符串内容的换行, 这样在格式上更加直观

```
>>> spark.sql('''SELECT * FROM website WHERE alexa > 15
...                AND (country='CN' OR country='USA')''') \
...        .show()
+---+--------+-------------------+-----+-------+
| id|    name|                url|alexa|country|
+---+--------+-------------------+-----+-------+
|  3|菜鸟教程|http://www.runoob...| 4689|     CN|
|  4|    微博|   http://weibo.com/|   20|     CN|
+---+--------+-------------------+-----+-------+
```

④ 查询结果排序。

对查询出来的数据，如果希望按某个或某些字段排序，则需要使用 ORDER BY 关键字。ORDER BY 默认按升序排列，如果要按降序排列，则可在排序字段后面增加 DESC 关键字（升序为 ASC 关键字，可省略）。比如，查询所有网站，并按 alexa 字段升序排列。

spark.sql("SELECT * FROM website ORDER BY alexa").show()	◇ ORDER BY 意为"按……排序"

```
>>> spark.sql("SELECT * FROM website ORDER BY alexa").show()
+---+-------------+-------------------+-----+-------+
| id|         name|                url|alexa|country|
+---+-------------+-------------------+-----+-------+
|  7|stackoverflow|http://stackoverf...|    0|    IND|
|  1|       Google|https://www.googl...|    1|    USA|
|  5|     Facebook|https://www.faceb...|    3|    USA|
|  2|         淘宝|https://www.taoba...|   13|     CN|
|  4|         微博|   http://weibo.com/|   20|     CN|
|  3|     菜鸟教程|http://www.runoob...| 4689|     CN|
+---+-------------+-------------------+-----+-------+
```

如果要按 alexa 字段降序排列，其 SQL 语句应改为：

```
SELECT * FROM website ORDER BY alexa DESC
```

查询所有网站，并按 country 和 alexa 字段升序排列。

spark.sql("SELECT * FROM website ORDER BY country,alexa").show()	◇ 默认按升序排列

```
>>> spark.sql("SELECT * FROM website ORDER BY country,alexa").show()
+---+-------------+-------------------+-----+-------+
| id|         name|                url|alexa|country|
+---+-------------+-------------------+-----+-------+
|  2|         淘宝|https://www.taoba...|   13|     CN|
|  4|         微博|   http://weibo.com/|   20|     CN|
|  3|     菜鸟教程|http://www.runoob...| 4689|     CN|
|  7|stackoverflow|http://stackoverf...|    0|    IND|
|  1|       Google|https://www.googl...|    1|    USA|
|  5|     Facebook|https://www.faceb...|    3|    USA|
+---+-------------+-------------------+-----+-------+
```

这个例子是先将查询结果按 country 字段排序，若 country 字段值相同则再按 alexa 字段排序。此外，还可以单独指定每个字段的排列顺序，比如先按 country 字段降序排列，再按 alexa 字段升序排列。

```
>>> spark.sql("SELECT * FROM website ORDER BY country DESC,alexa ASC").show()
+---+-------------+--------------------+-----+-------+
| id|         name|                 url|alexa|country|
+---+-------------+--------------------+-----+-------+
|  1|       Google|https://www.googl...|    1|    USA|
|  5|     Facebook|https://www.faceb...|    3|    USA|
|  7|stackoverflow|http://stackoverf...|    0|    IND|
|  2|         淘宝|https://www.taoba...|   13|     CN|
|  4|         微博|    http://weibo.com/|   20|     CN|
|  3|     菜鸟教程|http://www.runoob...| 4689|     CN|
+---+-------------+--------------------+-----+-------+
```

【随堂练习】

使用"1. DataFrame 视图表的创建"的"随堂练习"中注册的 student 表构造 SQL 语句，实现以下功能。

① 查询所有学生的姓名。

② 查询年龄超过 12 岁的学生。

③ 查询分数大于 60 分的学生，并按分数从高到低排序。

（2）SQL 高级查询。

针对 DataFrame 的高级查询可使用 SELECT...LIMIT、SELECT...LIKE 等。下面通过示例代码阐述它们的使用方法。

① 查询指定数量的记录。

SELECT...LIMIT 可以设定查询返回的记录数，这对于拥有大量记录的数据集来说比较有用。比如查询出两条网站记录。

```
spark.sql("SELECT * FROM website LIMIT 2").show()          ◇ LIMIT 意为"限制"
```

```
>>> spark.sql("SELECT * FROM website LIMIT 2").show()
+---+------+--------------------+-----+-------+
| id|  name|                 url|alexa|country|
+---+------+--------------------+-----+-------+
|  1|Google|https://www.googl...|    1|    USA|
|  2|  淘宝|https://www.taoba...|   13|     CN|
+---+------+--------------------+-----+-------+
```

上面这条 SQL 语句还可以加入各种筛选条件，或者按要求排序。也就是说，设定要返回的记录数，只需在 SQL 语句的末尾加上 LIMIT 即可，其他仍可按一般的 SQL 语法处理。比如：

```
>>> spark.sql(''' SELECT * FROM website
...                  WHERE alexa < 8
...                  ORDER BY country LIMIT 2 ''').show()
+---+-------------+--------------------+-----+-------+
| id|         name|                 url|alexa|country|
+---+-------------+--------------------+-----+-------+
|  7|stackoverflow|http://stackoverf...|    0|    IND|
|  1|       Google|https://www.googl...|    1|    USA|
+---+-------------+--------------------+-----+-------+
```

② 模糊查询。

模糊查询是指字段值是否符合某种匹配模式，而不是精确匹配。SQL 语句中的 LIKE 操作符可用于模糊匹配 WHERE 字段的内容。比如查询 name 字段值以字母 G 开头的所有网站。

```
spark.sql("SELECT * FROM website WHERE name LIKE 'G%'").show()
```
◇ LIKE 意为
"相似"
◇ %代表任意多
个字符

```
>>> spark.sql("SELECT * FROM website WHERE name LIKE 'G%'").show()
+---+------+--------------------+-----+-------+
| id|  name|                 url|alexa|country|
+---+------+--------------------+-----+-------+
|  1|Google|https://www.googl...|    1|    USA|
+---+------+--------------------+-----+-------+
```

下面的 SQL 语句用于查询 url 字段值不包含"oo"的所有网站。

```
>>> spark.sql("SELECT * FROM website WHERE url NOT LIKE '%oo%'").show()
+---+-------------+--------------------+-----+-------+
| id|         name|                 url|alexa|country|
+---+-------------+--------------------+-----+-------+
|  2|         淘宝|https://www.taoba...|   13|     CN|
|  4|         微博|    http://weibo.com/|   20|     CN|
|  7|stackoverflow|http://stackoverf...|    0|    IND|
+---+-------------+--------------------+-----+-------+
```

查询 name 字段值以任意一个字符开头，且其后为"oogle"的所有网站。

```
spark.sql("SELECT * FROM website WHERE name LIKE '_oogle'").show()
```
◇ 下画线代表
任意一个字符

```
>>> spark.sql("SELECT * FROM website WHERE name LIKE '_oogle'").show()
+---+------+--------------------+-----+-------+
| id|  name|                 url|alexa|country|
+---+------+--------------------+-----+-------+
|  1|Google|https://www.googl...|    1|    USA|
+---+------+--------------------+-----+-------+
```

【学习提示】

SQL 查询在执行模糊匹配时，百分号（%）代表 0 或任意多个字符，下画线（_）代表任意一个字符。

③ IN 和 BETWEEN 查询。

SQL 的 IN 操作符允许在 WHERE 子句中规定多个值，BETWEEN 操作符用于选取介于两个值之间的值。比如下面的 SQL 语句用于查询 name 字段值为"Google"或"菜鸟教程"的所有网站。

```
>>> spark.sql("SELECT * FROM website WHERE name IN ('Google','菜鸟教程')").show()
+---+--------+--------------------+-----+-------+
| id|    name|                 url|alexa|country|
+---+--------+--------------------+-----+-------+
|  1|  Google|https://www.googl...|    1|    USA|
|  3|菜鸟教程|http://www.runoob...| 4689|     CN|
+---+--------+--------------------+-----+-------+
```

查询 alexa 字段值介于 1~20 之间的所有网站。

```
>>> spark.sql("SELECT * FROM website WHERE alexa BETWEEN 1 AND 20").show()
+---+--------+--------------------+-----+-------+
| id|    name|                 url|alexa|country|
+---+--------+--------------------+-----+-------+
|  1|  Google|https://www.googl...|    1|    USA|
|  2|    淘宝|https://www.taoba...|   13|     CN|
|  4|    微博|    http://weibo.com/|   20|     CN|
|  5|Facebook|https://www.faceb...|    3|    USA|
+---+--------+--------------------+-----+-------+
```

如果需要查询 alexa 字段值不在 1～20 范围内的网站，则可以使用 NOT BETWEEN 操作符。

```
>>> spark.sql("SELECT * FROM website WHERE alexa NOT BETWEEN 1 AND 20").show()
+---+-------------+--------------------+-----+-------+
| id|         name|                 url|alexa|country|
+---+-------------+--------------------+-----+-------+
|  3|     菜鸟教程|http://www.runoob...| 4689|     CN|
|  7|stackoverflow|http://stackoverf...|    0|    IND|
+---+-------------+--------------------+-----+-------+
```

下面的 SQL 语句用于查询 alexa 字段值介于 1～20 之间，但 country 字段值不为 USA 和 IND 的所有网站。

```
spark.sql(''' SELECT * FROM website
              WHERE (alexa BETWEEN 1 AND 20)
              AND country NOT IN ('USA', 'IND') ''') \
    .show()
```

◇ 若 SQL 字符串内容太长，可使用 3 个单引号，以便于字符串的换行

```
>>> spark.sql(''' SELECT * FROM website
...               WHERE (alexa BETWEEN 1 AND 20)
...               AND country NOT IN ('USA', 'IND') ''') \
...     .show()
+---+----+--------------------+-----+-------+
| id|name|                 url|alexa|country|
+---+----+--------------------+-----+-------+
|  2|淘宝|https://www.taoba...|   13|     CN|
|  4|微博|    http://weibo.com/|   20|     CN|
+---+----+--------------------+-----+-------+
```

如果要查询 date 字段值介于 2022-05-10 和 2022-05-14 之间（不含 2022-05-14）的所有访问记录，则可以使用如下 SQL 语句。

```
spark.sql(""" SELECT * FROM access_log WHERE
              date BETWEEN '2022-05-10' AND '2022-05-14' """) \
    .show()
```

◇ BETWEEN...AND...意为"介于……之间"

```
>>> spark.sql(""" SELECT * FROM access_log WHERE
...               date BETWEEN '2022-05-10' AND '2022-05-14' """) \
...     .show()
+---+-------+-----+-------------------+
|aid|site_id|count|               date|
+---+-------+-----+-------------------+
|  1|      1|   45|2022-05-10 00:00:00|
|  2|      3|  100|2022-05-13 00:00:00|
+---+-------+-----+-------------------+
```

【随堂练习】

使用"1. DataFrame 视图表的创建"的"随堂练习"中注册的 student 表构造 SQL 语句，实现以下功能。

① 查询分数最高的两名学生。

② 查询姓名以"小"字开头的学生，并按分数由高到低排序。

③ 查询姓名中不包含"小"字的学生。

④ 查询年龄介于 12～20 之间的学生。

（3）SQL 连接查询。

SQL 连接查询使用 JOIN 操作符（包括 INNER JOIN、LEFT JOIN、RIGHT JOIN 等几类），它按某些字段将来自两张或两张以上数据表的数据行结合起来。其中，最常见的 INNER JOIN

用于从多张数据表中返回满足条件的所有行。比如，查询所有网站的访问记录。

```
spark.sql(''' SELECT a.id, a.name, b.count, b.date
              FROM website a
              INNER JOIN access_log b
              ON a.id = b.site_id ''').show()
```
◇ INNER JOIN 为内连接

```
>>> spark.sql(''' SELECT a.id, a.name, b.count, b.date
...               FROM website a
...               INNER JOIN access_log b
...               ON a.id = b.site_id ''').show()
+---+--------+-----+-------------------+
| id|    name|count|               date|
+---+--------+-----+-------------------+
|  1|  Google|   45|2022-05-10 00:00:00|
|  3|菜鸟教程|  100|2022-05-13 00:00:00|
|  1|  Google|  230|2022-05-14 00:00:00|
|  2|    淘宝|   10|2022-05-14 00:00:00|
|  5|Facebook|  205|2022-05-14 00:00:00|
|  4|    微博|   13|2022-05-15 00:00:00|
|  3|菜鸟教程|  220|2022-05-15 00:00:00|
|  5|Facebook|  545|2022-05-16 00:00:00|
|  3|菜鸟教程|  201|2022-05-17 00:00:00|
+---+--------+-----+-------------------+
```

在这里还用到了 SQL 别名机制，其中 website 的别名被设为 a，access_log 的别名被设为 b，以简化 SQL 语句的表达形式。此外，还可以根据需要设置字段的别名，比如 SELECT a.id AS siteid 中的 siteid 就是字段的别名，设置的字段的别名会出现在查询的结果中。

【随堂练习】

使用"1. DataFrame 视图表的创建"的"随堂练习"中注册的 student 表新增一张课程成绩 course 表，构造 SQL 语句，实现以下功能，并对比一下它们的运行结果有什么异同。

```
+-------+----+---+-----+      +---+-----+------+----+
|user_id|name|age|score|      | id|spark|hadoop|java|
+-------+----+---+-----+      +---+-----+------+----+
|     a1|秀儿| 12| 56.5|      | a3|   80|    78|  90|
|     a2|小丁| 15| 23.0|      | a1|   30|    66|  70|
|     a3|小梅| 23| 84.0|      | a2|   60|    70|  60|
|     a4|小筱|  9| 93.5|      | a5|   76|    90|  80|
+-------+----+---+-----+      +---+-----+------+----+
```

① 使用 INNER JOIN 查询所有学生的课程成绩。

② 使用 LEFT JOIN 查询所有学生的课程成绩。

③ 使用 RIGHT JOIN 查询所有学生的课程成绩。

④ 使用 FULL OUTER JOIN 查询所有学生的课程成绩。

（4）SQL 嵌套查询/子查询。

对于简单的数据业务，基本的查询功能就可以解决问题。如果问题不是那么直接，可能就需要通过多次嵌套查询来实现。比如查询日访问量（count 字段）大于 200 次的网站。

```
spark.sql(''' SELECT * FROM website
              WHERE id IN
                (SELECT site_id FROM access_log WHERE count>200) ''') \
    .show()
```
◇ 嵌套查询子句为 SQL 字符串括号部分的内容

```
>>> spark.sql(''' SELECT * FROM website
...                    WHERE id IN
...                      (SELECT site_id FROM access_log WHERE count>200) ''') \
...       .show()
+---+--------+--------------------+-----+-------+
| id|    name|                 url|alexa|country|
+---+--------+--------------------+-----+-------+
|  1|  Google|https://www.googl...|    1|    USA|
|  3|菜鸟教程|http://www.runoob...| 4689|     CN|
|  5|Facebook|https://www.faceb...|    3|    USA|
+---+--------+--------------------+-----+-------+
```

　　"SELECT site_id FROM access_log WHERE count>200"得到的是仅有一个字段的临时表，使用 IN 关键字将其转换为一个查询条件，从而得到二次查询的结果。

　　【随堂练习】

　　使用"（3）SQL 连接查询"的"随堂练习"中的 student 表和 course 表构造 SQL 语句，查询 Spark 和 Hadoop 课程成绩均超过 70 分的学生信息。

　　（5）SQL 聚合查询。

　　与关系数据库类似，Spark SQL 还实现了常用的聚合函数功能，包括 COUNT()、AVG()、MAX()、MIN()等。比如计算 access_log 视图表中 count 字段的平均值。

```
spark.sql("SELECT AVG(count) AS avg_count FROM access_log").show()
```
◇ AVG()函数
用于求平均值

```
>>> spark.sql("SELECT AVG(count) AS avg_count FROM access_log").show()
+-----------------+
|        avg_count|
+-----------------+
|174.33333333333334|
+-----------------+
```

　　下面查询访问次数高于平均访问量的 site_id 和 count 字段值，同时使用了嵌套查询和聚合函数。

```
spark.sql('''SELECT site_id, count FROM access_log
          WHERE count > (SELECT AVG(count) FROM access_log)''')\
     .show()
```
◇ 嵌套查询和
聚合函数一起
使用

```
>>> spark.sql('''SELECT site_id, count FROM access_log
...                  WHERE count > (SELECT AVG(count) FROM access_log)''')\
...         .show()
+-------+-----+
|site_id|count|
+-------+-----+
|      1|  230|
|      5|  205|
|      3|  220|
|      5|  545|
|      3|  201|
+-------+-----+
```

　　【随堂练习】

　　使用"（3）SQL 连接查询"的"随堂练习"中的 student 表和 course 表构造 SQL 语句，查询 Spark 课程成绩超过该课程平均分的学生信息。

　　（6）SQL 分组统计查询。

　　分组统计查询是数据处理中经常会遇到的操作。在 Spark SQL 中，分组统计是通过关键字 GROUP BY 来实现的，分组统计通常要结合聚合函数一起使用。比如统计 access_log 视图表中各 site_id 的访问量。

```
spark.sql('''SELECT site_id, SUM(count) AS nums          ◇ GROUP BY 意为 "按……分组"
             FROM access_log
             GROUP BY site_id ''').show()
```

```
>>> spark.sql('''SELECT site_id, SUM(count) AS nums
...                 FROM access_log
...                 GROUP BY site_id ''').show()
+-------+----+
|site_id|nums|
+-------+----+
|      1| 275|
|      3| 521|
|      5| 750|
|      4|  13|
|      2|  10|
+-------+----+
```

【随堂练习】

从 website 视图表中统计出每个国家排名第一的网站的信息。

（7）用户自定义函数（UDF）。

Spark SQL 内置的 pyspark.sql.functions 模块中包含大量可直接使用的数据处理函数，包括标量值函数、聚合函数等，以支持对 DataFrame 的行或列的数据进行相应处理。表 3-4 列出了 pyspark.sql.functions 模块中的部分常用内置函数。

表 3-4　pyspark.sql.functions 模块中的部分常用内置函数

类型	常用内置函数
字符串函数	lower()、upper()、substr()、concat()、startsWith()、regexp_replace()、regexp_extract()
数学函数	abs()、ceil()、floor()、log()、round()、sqrt()
统计函数	avg()、max()、min()、mean()、count()、stddev()
日期函数	datediff()、date_add()、from_utc_timestamp()
编解码函数	md5()、sha1()、sha2()
窗口函数	over()、rank()、dense_rank()、row_number()、percent_rank()、lead()、lag()、ntile()

虽然 Spark SQL 提供了很多内置函数供用户使用，但在实际工作中仍有不少问题是内置函数无法解决的或使用内置函数实现起来较为烦琐，此时就要使用用户自定义函数来完成所需的复杂逻辑。所谓用户自定义函数（User Defined Function，UDF），是指通过 Spark 支持的编程语言定义一个函数传递给 Spark SQL，使用起来就像内置的 sum()、avg()等函数一样。在用户自定义函数中，可以灵活运用编程语言本身提供的各种函数、方法、库等实现所需功能，从而不受 Spark SQL 本身的限制。

下面是一个基本的用户自定义函数示例。

```
from pyspark.sql.types import StringType          ◇ 导入所需的模块包


# 用户自定义函数                                    ◇ 定义一个 convert()函数，目的
def convert(s):                                     是将字符串转换为小写字母，并且前
    return "_"+s.lower()+"_"                        后各用一个下画线连接起来


# 用户自定义函数要先在 Spark SQL 中注册才能使用       ◇ 将用户自定义函数注册为myconvert
spark.udf.register("myconvert",convert,StringType())  （为避免混淆，这里使用新名字），返回
```

```
# 调用用户自定义函数
spark.sql('''SELECT id, name, myconvert(country)
            FROM website''').show()
```

◇ 值类型为 StringType
◇ 可以像 Spark SQL 内置的函数一样调用用户自定义函数 myconvert()

```
>>> from pyspark.sql.types import StringType
>>>
>>> def convert(s):
...     return "_"+s.lower()+"_"
...
>>> spark.udf.register("myconvert",convert,StringType())
<function convert at 0x7f5f8a64a6a8>

>>> spark.sql('''SELECT id, name, myconvert(country)
...              FROM website''').show()
+---+------------+------------------+
| id|        name|myconvert(country)|
+---+------------+------------------+
|  1|      Google|             _usa_|
|  2|        淘宝|              _cn_|
|  3|    菜鸟教程|              _cn_|
|  4|        微博|              _cn_|
|  5|    Facebook|             _usa_|
|  7|stackoverflow|            _ind_|
+---+------------+------------------+
```

从运行结果中容易看出，第 3 个字段的内容已经变成原字段值的小写字母形式且前后多了一个下画线。

值得一提的是，用户自定义函数不仅可以应用在 SQL 中，而且对 DSL 形式的 API 操作也是支持的。下面是一个在 DSL 操作中调用用户自定义函数的代码示例。

```
convudf = spark.udf.register("myconvert", convert,StringType())
df1.select(df1.id, df1.name, convudf(df1.country)).show()
```

◇ 注册用户自定义函数，返回一个 convudf 函数对象供 DSL 操作使用
◇ DSL 操作只能使用 convudf 函数对象，用户自定义函数注册的名称只能应用在 SQL 语句中

```
>>> convudf = spark.udf.register("myconvert", convert, StringType())
>>> df1.select(df1.id, df1.name, convudf(df1.country)).show()
+---+------------+------------------+
| id|        name|myconvert(country)|
+---+------------+------------------+
|  1|      Google|             _usa_|
|  2|        淘宝|              _cn_|
|  3|    菜鸟教程|              _cn_|
|  4|        微博|              _cn_|
|  5|    Facebook|             _usa_|
|  7|stackoverflow|            _ind_|
+---+------------+------------------+
```

【随堂练习】

使用 "1. DataFrame 视图表的创建" 的 "随堂练习" 中注册的 student 表，自定义一个函数，实现将 score 自动转换为 5 级分制，即低于 60 分为不及格，60～69 分为及格，70～79 分为中等，80～89 分为良好，90 分以上为优秀。

提示：先使用 withColumn()方法在 DataFrame 中新增一个 new_score 字段（数据类型为字符串），然后通过定义一个用户自定义函数实现 "按 score 字段设置 new_score 字段的值" 的功能。

3.4　Spark SQL 数据处理实例

3.4.1　词频统计案例

在学习 Spark RDD 时，我们以一个词频统计的例子展示了如何通过 RDD
的各种转换和行动操作来实现某些功能。在实际工作中，更多的还是以 SQL 语
句的方式来执行各种数据处理操作。这是因为平时遇到的大部分数据是结构化
的，即便是非结构化的，也可以通过一些手段将其转换为结构化的，这样就可
以通过 SQL 语句来进行操作。下面仍以词频统计为例，阐述 Spark SQL 如何
将 LICENSE-py4j.txt 文件包含的单词词频统计出来。

词频统计案例

我们先回顾一下 LICENSE-py4j.txt 文件的内容。

```
spark@ubuntu:~$ head /usr/local/spark/licenses/LICENSE-py4j.txt
Copyright (c) 2009-2011, Barthelemy Dagenais All rights reserved.

Redistribution and use in source and binary forms, with or without
modification, are permitted provided that the following conditions are me

- Redistributions of source code must retain the above copyright notice,
list of conditions and the following disclaimer.

- Redistributions in binary form must reproduce the above copyright notic
this list of conditions and the following disclaimer in the documentation
spark@ubuntu:~$
```

很显然，这个文件的数据是非结构化的，每行的单词个数是不固定的，也没有具体的含义。
为了使用 Spark SQL 来处理这些数据，首先就要将这个文件的数据转换成结构化的。由于我们
真正关注的是各个单词，因此可以像以往那样将文件数据转换为 RDD。然后经过一定处理后
将其转变为 DataFrame，剩下的工作就简单了。

在 PySparkShell 交互式编程环境中输入下面的代码。

```
from pyspark.sql import Row
rdd1 = sc.textFile(
        "file:///usr/local/spark/licenses/LICENSE-py4j.txt")
rdd2 = rdd1.flatMap(lambda line : line.split(' '))
# 将每个单词变成一个 Row 类型对象，代表一条记录
rdd3 = rdd2.map(lambda x : Row(x))
df = rdd3.toDF(['word'])
df.createOrReplaceTempView("t_word")
df2 = spark.sql(
    """SELECT word, count(word) AS count FROM t_word
        GROUP BY word ORDER BY count DESC""")
df2.show()
```

◇ 转换文件数据为 RDD

◇ 将所有单词拆解出来
◇ 代码中的 Row(x) 也
可替换成 (x,) 或 [x]
◇ 将 RDD 转换为
DataFrame，字段名设
为 word，代表单词
◇ 将 DataFrame 注册
为视图，并执行 SQL 分
组统计查询

```
>>> from pyspark.sql import Row
>>> rdd1 = sc.textFile(
...         "file:///usr/local/spark/licenses/LICENSE-py4j.txt")
>>> rdd2 = rdd1.flatMap(lambda line : line.split(' '))
>>> rdd3 = rdd2.map(lambda x : Row(x))
>>> df = rdd3.toDF(['word'])
>>> df.createOrReplaceTempView("t_word")
>>> df2 = spark.sql(
...     """SELECT word, count(word) AS count FROM t_word
...        GROUP BY word ORDER BY count DESC""")
>>> df2.show()
+---------------+-----+
|           word|count|
+---------------+-----+
|             OF|    8|
|             OR|    8|
|            the|    8|
|               |    6|
|            THE|    5|
+---------------+-----+
```

在这段代码中，首先将文件数据转换为 rdd1，由于它是非结构化的数据，因此同样需要把每行包含的单词拆解出来。为了能使用 Spark SQL 进行处理，这里把每个单词变成一个结构化的 Row 类型对象（代表一条表数据记录），并将 RDD 转换为 DataFrame，后续就是常规的 Spark SQL 操作了。从输出结果可知，其中还包含非正常的单词，这也说明 RDD 的处理并不完善，比如可以将 rdd2 的赋值调整为下面的代码，包括单词分割、空词过滤、单词统一转换为小写字母。除此之外，还可以在此基础上进行一些额外的处理，这样会更加完善。

```
rdd2 = rdd1.flatMap(lambda line : line.strip().lower().split(' '))
```

虽然使用 Spark SQL 进行词频统计的过程，好像比直接通过 RDD 解决显得更加麻烦，但是这里的目的主要是提供一种使用 Spark SQL 处理非结构化数据的思路。通常来说，在面对非结构化数据时，一般要先将其转换成结构化数据才能由 Spark SQL 来处理。

3.4.2　人口信息统计案例

假定有一批包含 600 万人口信息的数据存储在当前主目录的 people_info.csv 文本文件中，其中，每行数据代表一个人的基本信息，3 个字段分别是编号、性别（F/M）、身高（单位是 cm），部分样本数据内容如下。

人口信息统计案例

```
spark@ubuntu:~$ head people_info.csv
1,F,180
2,M,146
3,F,198
4,F,196
5,M,197
6,F,202
7,M,184
8,M,153
9,M,218
10,M,214
```

```
spark@ubuntu:~$ tail people_info.csv
5999991,F,155
5999992,M,140
5999993,M,137
5999994,F,181
5999995,M,205
5999996,M,150
5999997,F,192
5999998,M,164
5999999,M,206
6000000,F,203
```

现要求使用 Spark SQL 完成以下数据分析任务。

（1）统计男性身高超过 170cm 以及女性身高超过 165cm 的总人数。

（2）按照性别分组统计男性和女性人数。

（3）统计身高大于 210cm 的前 50 名男性，并按身高从高到矮排序。

（4）统计男性的平均身高。

（5）统计女性身高的最大值。

根据问题要求，我们先简单分析一下数据，这是一个以逗号分隔的标准 CSV 格式的文本文件，且不存在标题行，因此需要构造数据的 schema 字段结构信息（id、gender 和 height）并将其转换成 DataFrame 数据集。当数据准备完毕后，就可以针对每个分析任务编写 SQL 语句，也都是一些基本的 SQL 查询和统计。

在 PySparkShell 交互式编程环境中输入下面的代码。

```
pepschema = 'id LONG, gender STRING, height INT'
df = spark.read.csv("file:///home/spark/people_info.csv",
        schema=pepschema)
df.createOrReplaceTempView("people_info")
```

◇ schema 字段结构信息定义
◇ 指定 schema 读取 people_info.csv 文件中的数据，并将其注册为临时视图表

```
>>> pepschema = 'id LONG, gender STRING, height INT'
>>> df = spark.read.csv("file:///home/spark/people_info.csv",
...             schema=pepschema)
>>> df.createOrReplaceTempView("people_info")
```

上述代码首先将 people_info.csv 文件加载进来并转换成 DataFrame 对象，相当于一张包含 600 万条数据的表格，然后将其注册为 people_info 视图表。

接下来考虑第 1 个问题，即按照要求的条件统计人数，这需要用到 SQL 的 count()统计函数，代码如下。

```
spark.sql(""" SELECT count(id) FROM people_info
        WHERE (height>170 and gender='M')
        OR (height>165 and gender='F') """).show()
```

◇ 统计男性身高超过 170cm 以及女性身高超过 165cm 的总人数。需要注意的是，WHERE 条件中用的是 OR，而不是 AND

```
>>> spark.sql(""" SELECT count(id) FROM people_info
...             WHERE (height>170 and gender='M')
...             OR (height>165 and gender='F') """).show()
[Stage 291:>                                                    (0 + 2)
[Stage 291:============================>                        (1 + 1)

+--------+
|count(id)|
+--------+
| 3091252|
+--------+
```

第 2 个问题实际是一个分组统计问题，可以先通过 GROUP BY 按指定字段进行分组，然后将分组后的字段应用 count()、avg()、max()等聚合函数。这里的分组统计功能实现代码如下。

```
spark.sql("""SELECT gender,count(gender) FROM people_info
        GROUP BY gender """).show()
```

◇ 按照性别分组统计男性和女性人数

```
>>> spark.sql(""" SELECT gender,count(gender) FROM people_info
...             GROUP BY gender """).show()
[Stage 267:>                                                    (0 + 2)
[Stage 267:============================>                        (1 + 1)

+------+-------------+
|gender|count(gender)|
+------+-------------+
|     F|      2999577|
|     M|      3000423|
+------+-------------+
```

第 3 个问题是统计身高大于 210cm 的前 50 名男性，并按身高从高到矮排序，因此需要使用 ORDER BY 和 LIMIT，实现代码如下。

```
spark.sql(""" SELECT * FROM people_info
              WHERE height>210 AND gender='M'
              ORDER BY height DESC LIMIT 50 """).show()
```

◇ 统计身高大于 210cm 的前 50 名男性，并按身高从高到矮排序

```
>>> spark.sql(""" SELECT * FROM people_info
...               WHERE height>210 AND gender='M'
...               ORDER BY height DESC LIMIT 50 """).show()
+----+------+------+
|  id|gender|height|
+----+------+------+
|5583|     M|   219|
|5798|     M|   219|
| 225|     M|   219|
|5877|     M|   219|
+----+------+------+
```

第 4 个问题是统计男性的平均身高，需要使用 avg()函数，实现代码如下。

```
spark.sql("SELECT avg(height) FROM people_info WHERE gender='M'").show()
```
◇ 统计男性的平均身高

```
>>> spark.sql("SELECT avg(height) FROM people_info WHERE gender='M'").show()
[Stage 285:>                                            (0 + 2)
[Stage 285:=============================>                (1 + 1)

+-----------------+
|      avg(height)|
+-----------------+
|169.48521191845282|
+-----------------+
```

第 5 个问题是统计女性身高的最大值，这个问题也比较简单，实现代码如下。

```
spark.sql("SELECT max(height) FROM people_info WHERE gender='F'").show()
```
◇ 统计女性身高的最大值

```
>>> spark.sql("SELECT max(height) FROM people_info WHERE gender='F'").show()
[Stage 287:>                                            (0 + 2)
[Stage 287:============================>                 (1 + 1)

+-----------+
|max(height)|
+-----------+
|        219|
+-----------+
```

至此，人口信息的各项统计任务就全部完成了。本例的侧重点主要在于如何按照问题要求将正确的 SQL 语句构造出来，读者在学习时可以回顾"数据库"相关课程中的 SQL 内容，以加深对上述代码的理解。

3.4.3 电影评分数据分析案例

MovieLens 是一个关于电影评分的公开数据集，里面包含了大量的 IMDB（Internet Movie DataBase）用户对电影的评分信息，所以也经常被用作推荐系统、机器学习算法的测试数据集。MovieLens 数据集的 movies.csv 和 ratings.csv 文件中分别存放了电影信息、电影的用户评分数据，其中的部分样本数据如下，它们的第 1 行都是标题行。

电影评分数据分析案例

```
spark@ubuntu:~/ml-25m$ head movies.csv
movieId,title,genres
1,Toy Story (1995),Adventure|Animation|Children|Com
2,Jumanji (1995),Adventure|Children|Fantasy
3,Grumpier Old Men (1995),Comedy|Romance
4,Waiting to Exhale (1995),Comedy|Drama|Romance
5,Father of the Bride Part II (1995),Comedy
6,Heat (1995),Action|Crime|Thriller
7,Sabrina (1995),Comedy|Romance
8,Tom and Huck (1995),Adventure|Children
9,Sudden Death (1995),Action
```

```
spark@ubuntu:~/ml-25m$ head ratings.csv
userId,movieId,rating,timestamp
1,296,5.0,1147880044
1,306,3.5,1147868817
1,307,5.0,1147868828
1,665,5.0,1147878820
1,899,3.5,1147868510
1,1088,4.0,1147868495
1,1175,3.5,1147868826
1,1217,3.5,1147878326
1,1237,5.0,1147868839
```

这两个文件置于/home/spark/ml-25m 目录中，其中，movies.csv 文件的大小约为 2.9MB，包含 6 万多部电影信息，数据格式为[movieId,title,genres]，分别对应[电影 ID,电影名称,电影类别]；ratings.csv 文件则包含电影的用户评分数据，大小约为 647MB，数据格式为[userId,movieId,rating,timestamp]，分别对应[用户 ID,电影 ID,用户评分,时间戳]。这里的用户评分采用 5 星制且按半颗星的规模递增（0.5～5），并设置每个用户对每部电影只能评分一次，时间戳是自 1970 年 1 月 1 日 0 点到用户提交评价时间的毫秒数。

现使用 Spark SQL 完成以下数据分析任务。

（1）查找电影评分排名前 10 的电影。

（2）查找电影评分次数超过 5000 次，且平均评分排名前 10 的电影及对应的平均评分。

为了解决这两个问题，我们先对它们进行简单的分析。第 1 个问题实际上是获取电影的关注度信息，因此首先要统计出每部电影的评分次数（即发布评论的用户数），然后对其进行降序排列，即可获取前 10 部电影。第 2 个问题则包含两个条件：一是电影评分次数超过 5000 次，二是平均评分排名前 10 的电影。

第 1 个问题的实现方法有两种，在 PySparkShell 交互式编程环境中输入下面的代码。

```
df1 = spark.read.csv("file:///home/spark/ml-25m/movies.csv",
            header=True, inferSchema=True)
df2 = spark.read.csv("file:///home/spark/ml-25m/ratings.csv",
            header=True, inferSchema=True)

df1.createOrReplaceTempView("movies")
df2.createOrReplaceTempView("ratings")
```

◇ 分别从 movies.csv 和 ratings.csv 文件中读取数据，header 为标题行，inferSchema 用于设置自动推断字段类型

◇ 分别将两个 DataFrame 注册为临时视图表

```
>>> df1 = spark.read.csv("file:///home/spark/ml-25m/movies.csv",
...                   header=True, inferSchema=True)
>>> df2 = spark.read.csv("file:///home/spark/ml-25m/ratings.csv",
...                   header=True, inferSchema=True)
[Stage 296:>                                              (0 + 2) /
[Stage 296:=========>                                     (1 + 2) /
[Stage 296:==================>                            (2 + 2) /
[Stage 296:===========================>                   (3 + 2) /
[Stage 296:====================================>          (4 + 2) /
[Stage 296:=============================================> (5 + 1) /

>>> df1.createOrReplaceTempView("movies")
>>> df2.createOrReplaceTempView("ratings")
```

```
# ---- 方法 1：分两步查询 ----
df_max10 = spark.sql(
""" SELECT movieId, count(userId) as cnt FROM ratings
    GROUP BY movieId
    ORDER BY cnt DESC LIMIT 10 """)
df_max10.createOrReplaceTempView("max10_ratings")
```

◇ 按 movieId 字段进行分组，计算每部电影的评分用户数 cnt,因为每个用户对每部电影只能评分一次

◇ 按评分用户数 cnt 进行降序排列，获取前 10 部电影

```
>>> df_max10 = spark.sql(
... """ SELECT movieId, count(userId) as cnt FROM ratings
...         GROUP BY movieId
...         ORDER BY cnt DESC LIMIT 10 """)
>>> df_max10.createOrReplaceTempView("max10_ratings")
```

　　方法 1 的第 1 步，先按 movieId 字段对数据进行分组，将每部 movieId 电影的评分用户数统计出来，然后对评分用户数进行降序排列并获取前 10 部电影，最后把查询出来的数据集注册为 max10_ratings 视图表。

```
df_movie = spark.sql(
""" SELECT a.movieId, a.title, a.genres, b.cnt
    FROM movies a, max10_ratings b
    WHERE a.movieId = b.movieId
    ORDER BY cnt DESC """)
df_movie.show()
```
◇ 连接 max10_ratings 和 movies 两张表，查询出这 10 部电影的详细信息，并按评分用户数进行降序排列

```
>>> df_movie = spark.sql(
... """ SELECT a.movieId, a.title, a.genres, b.cnt
...         FROM movies a, max10_ratings b
...         WHERE a.movieId = b.movieId
...         ORDER BY cnt DESC """)
>>> df_movie.show()
[Stage 301:>                                           (0 + 2)
[Stage 301:==========>                                 (1 + 2)

+-------+--------------------+--------------------+-----+
|movieId|               title|              genres|  cnt|
+-------+--------------------+--------------------+-----+
|    356| Forrest Gump (1994)|Comedy|Drama|Roma...|81491|
|    318|Shawshank Redempt...|         Crime|Drama|81482|
|    296| Pulp Fiction (1994)|Comedy|Crime|Dram...|79672|
|    593|Silence of the La...|Crime|Horror|Thri...|74127|
|   2571|  Matrix, The (1999)|Action|Sci-Fi|Thr...|72674|
|    260|Star Wars: Episod...|   Action|Adventure|...|68717|
|    480|Jurassic Park (1993)|Action|Adventure|...|64144|
|    527|Schindler's List ...|           Drama|War|60411|
|    110|   Braveheart (1995)|    Action|Drama|War|59184|
|   2959|   Fight Club (1999)|Action|Crime|Dram...|58773|
+-------+--------------------+--------------------+-----+
```

　　由于第 1 步查询出来的前 10 部电影只有电影的 movieId，因此还需根据这个 movieId 从 movies 表中得到电影的详细信息。所以第 2 步要做的就是通过内连接将每部电影关联的数据查询出来。

　　接下来，我们将以上两个步骤合并，直接通过嵌套查询的方式一次性实现。继续输入下面的代码。

```
# ---- 方法 2：将两步合并，直接使用嵌套查询 ----
df_movie = spark.sql(
""" SELECT a.movieId, a.title, a.genres, b.cnt
    FROM movies a,
        ( SELECT movieId, count(userId) as cnt FROM ratings
            GROUP BY movieId
            ORDER BY cnt DESC LIMIT 10 ) as b
    WHERE a.movieId = b.movieId
    ORDER BY cnt DESC """)
df_movie.show()
```
◇ 在嵌套的子查询中，通过 movieId 分组查询出评分用户数，并进行降序排列获取前 10 部电影，得到的查询结果当作表 b
◇ 连接表 a 和表 b，获取前 10 部电影的详细信息，其中，a 是 movies 表的别名

```
>>> df_movie = spark.sql(
... """ SELECT a.movieId, a.title, a.genres, b.cnt
...         FROM movies a,
...          ( SELECT movieId, count(userId) as cnt FROM ratings
...             GROUP BY movieId
...             ORDER BY cnt DESC LIMIT 10 ) as b
...         WHERE a.movieId = b.movieId
...         ORDER BY cnt DESC """)
>>> df_movie.show()
[Stage 317:>                                    (0 + 2)
[Stage 317:====================>                (2 + 2)
```

　　方法 2 首先将子查询直接嵌入外部查询中，子查询得到的数据集被命名为 b，然后完成两张表（a 和 b）的连接，从而得到前 10 部电影的详细信息，查询的结果与方法 1 完全相同。

　　接着解决第 2 个问题。在第 1 个问题的基础上稍做调整，首先增加一个"评分次数大于5000 次"的条件，计算平均评分，然后进行降序排列获取前 10 行，并在聚合函数的基础上通过 HAVING 子句处理"评分次数大于 5000 次"的条件。

　　继续在 PySparkShell 交互式编程环境中输入下面的代码。

``
df2_movie = spark.sql(
""" SELECT a.movieId, a.title, a.genres, b.avgr
    FROM movies a,
     (SELECT movieId, count(userId) as cnt, avg(rating) as avgr
        FROM ratings
        GROUP BY movieId
        HAVING cnt > 5000
        ORDER BY avgr DESC LIMIT 10) as b
    WHERE a.movieId = b.movieId
    ORDER BY avgr DESC """)
 	
df2_movie.show()
``
	◇ 在嵌套的子查询中，通过 movieId 分组查询出评分用户数超过 5000个的记录，并按评分的平均值进行降序排列，获取前 10 部电影，得到的查询结果当作表 b
	◇ 分组统计中包含评分用户数、评分的平均值
	◇ 连接表 a 和表 b，获取前 10 部电影的详细信息，其中 a 是 movie 表的别名，b 是嵌套查询生成的临时表

```
>>> df2_movie = spark.sql(
... """ SELECT a.movieId, a.title, a.genres, b.avgr
...         FROM movies a,
...          ( SELECT movieId, count(userId) as cnt, avg(rating) as avgr
...             FROM ratings
...             GROUP BY movieId
...             HAVING cnt > 5000
...             ORDER BY avgr DESC LIMIT 10 ) as b
...         WHERE a.movieId = b.movieId
...         ORDER BY avgr DESC """)
>>> df2_movie.show()
[Stage 313:>                                    (0 + 2)
[Stage 313:=========>                           (1 + 2)

+-------+--------------------+--------------------+-----------------+
|movieId|               title|              genres|             avgr|
+-------+--------------------+--------------------+-----------------+
|    318|Shawshank Redempt...|         Crime|Drama| 4.413576004516335|
|    858|Godfather, The (1...|         Crime|Drama| 4.324336165187245|
|     50|Usual Suspects, T...|Crime|Mystery|Thr...| 4.284353213163313|
|   1221|Godfather: Part I...|         Crime|Drama|4.2617585117585115|
|   2019|Seven Samurai (Sh...|    Action|Adventure| 4.25476920775043|
|    527|Schindler's List ...|           Drama|War| 4.247579083279535|
|   1203|  12 Angry Men (1957)|               Drama| 4.243014062405697|
|    904|   Rear Window (1954)|    Mystery|Thriller| 4.237947624243627|
|   2959|    Fight Club (1999)|Action|Crime|Dram...| 4.228310618821568|
|   1193|One Flew Over the...|               Drama|4.2186616007543405|
+-------+--------------------+--------------------+-----------------+
```

至此，有关电影评分的数据分析问题已经全部得到解决。从上面的代码中也可以看出，Spark SQL 大数据处理工作中的一个非常重要的功底是根据问题需求编写合适的 SQL 语句。

3.5　Spark SQL 访问数据库

Spark SQL 主要用来处理结构化数据，这些海量数据并不适合通过 Oracle、DB2、MySQL 等传统关系数据库来处理。大数据的数据来源其实有很多种，常见的有 TXT、CSV、JSON 等类型的数据，同时 Spark SQL 支持使用 JDBC 直接访问数据库，能将经过处理后的 DataFrame 写回数据库，或者从数据库表中直接创建 DataFrame。

3.5.1　在 Linux 操作系统上安装 MySQL

在 Ubuntu 环境下安装 MySQL，可以通过软件源仓库在线安装，也可以自行下载合适的离线版本安装。目前，Ubuntu 软件源仓库中最新的 MySQL 版本号是 MySQL8.0。为方便起见，下面就通过 Ubuntu 软件源仓库在线安装 MySQL。

重新打开一个 Linux 终端窗体运行下面的 shell 命令（注意：不是在 PySparkShell 交互式编程环境中）。

```
sudo apt update                          ◇ 通过 update 更新软件源
sudo apt -y install mysql-server         ◇ 安装 MySQL 服务器软件，-y 代表 yes
```

```
spark@ubuntu:~$ sudo apt update
[sudo] password for spark:              输入当前账户的密码 spark
Hit:1 http://archive.ubuntu.com/ubuntu focal InRelease
Get:2 http://archive.ubuntu.com/ubuntu focal-security InRelease [114 kB]
Get:3 http://ppa.launchpad.net/deadsnakes/ppa/ubuntu focal InRelease [18.1 
Get:4 http://archive.ubuntu.com/ubuntu focal-security/main amd64 Packages [

spark@ubuntu:~$ sudo apt -y install mysql-server
Reading package lists... Done
Building dependency tree
Reading state information... Done
The following additional packages will be installed:
  libaio1 libcgi-fast-perl libcgi-pm-perl libevent-core-2.1-7 libevent-pthr
  libhtml-template-perl libmecab2 mecab-ipadic mecab-ipadic-utf8 mecab-util
  mysql-client-core-8.0 mysql-server-8.0 mysql-server-core-8.0
```

根据实际所用网络状况，安装过程大概需要几分钟的时间。一旦安装完成，MySQL 服务就会自动启动。要验证 MySQL 服务是否正在运行，可以输入下面的 shell 命令。

```
sudo systemctl status mysql              ◇ systemctl 命令用于对服务进行启动、停止等操作
                                         ◇ status 用于获得服务的运行状态
```

```
spark@ubuntu:~$ sudo systemctl status mysql
●mysql.service - MySQL Community Server
    Loaded: loaded (/lib/systemd/system/mysql.service; enabled; vendor pres
    Active: active (running) since Thu 2022-12-15 15:32:08 CST; 5min ago
  Main PID: 36666 (mysqld)
    Status: "Server is operational"         显示 MySQL 服务正在运行
     Tasks: 38 (limit: 4582)
```

从输出的结果可知，MySQL 服务已经被启动，并且正在运行。MySQL8.0 的 root 用户默认是通过 auth_socket 插件授权的，我们将其改为 root 用户直接连接 MySQL 服务器。继续输

入下面的终端 shell 命令以及 SQL 语句。

```
sudo mysql                                          ◇ 以 Linux 操作系统的 root 权限执行 mysql 命令
ALTER USER 'root'@'localhost' IDENTIFIED WITH mysql_native_password BY '123456';
FLUSH PRIVILEGES;                                   ◇ 设置 MySQL 自己的 root 账户和密码，并使设置生效
quit;
```

```
spark@ubuntu:~$ sudo mysql
Welcome to the MySQL monitor.  Commands end with ; or \g.
Your MySQL connection id is 8
Server version: 8.0.32-0ubuntu0.20.04.2 (Ubuntu)

Copyright (c) 2000, 2023, Oracle and/or its affiliates.

Oracle is a registered trademark of Oracle Corporation and/or its
affiliates. Other names may be trademarks of their respective
owners.

Type 'help;' or '\h' for help. Type '\c' to clear the current input statement.

mysql> ALTER USER 'root'@'localhost' IDENTIFIED WITH mysql_native_password BY '123456';
Query OK, 0 rows affected (0.01 sec)

mysql> FLUSH PRIVILEGES;
Query OK, 0 rows affected (0.00 sec)

mysql> quit;
Bye
spark@ubuntu:~$
```

接下来准备要用的数据库和表，先通过 MySQL 的 root 账户连接到数据库服务，然后创建一个 people 数据库以及 people_info 表，并在表中添加一条测试数据。

```
mysql -u root -p                                    ◇ 执行 mysql 命令连接到本机 MySQL，
create database people;                             需输入密码 123456
use people;                                         ◇ 创建一个 people 数据库并引用它
create table people_info(id bigint, gender varchar(10),height int);
insert into people_info values(0, 'F', 168);        ◇ 插入测试数据到 people_info 表中
quit;                                               ◇ 退出 mysql 命令
```

```
spark@ubuntu:~$ mysql -u root -p
Enter password:              ←——— 输入密码123456
Welcome to the MySQL monitor.  Commands end with ; or \g.
Your MySQL connection id is 9
Server version: 8.0.32-0ubuntu0.20.04.2 (Ubuntu)

Copyright (c) 2000, 2023, Oracle and/or its affiliates.

Type 'help;' or '\h' for help. Type '\c' to clear the current input stateme

mysql> create database people;
Query OK, 1 row affected (0.00 sec)

mysql> use people;
Database changed

mysql> create table people_info(id bigint, gender varchar(10),height int);
Query OK, 0 rows affected (0.01 sec)

mysql> insert into people_info values(0, 'F', 168);
Query OK, 1 row affected (0.01 sec)

mysql> quit;
Bye
spark@ubuntu:~$
```

由于 Spark SQL 连接 MySQL 在底层仍是通过 Java 实现的，因此还需将连接 JDBC 的 jar

包文件复制到 Spark 安装目录的 jars 文件夹中。

```
cd ~/soft                                              ◇ 切换到当前主目录的 soft 文件夹
tar -zxf mysql-connector-j-8.0.31.tar.gz               ◇ 解压缩 JDBC 的 jar 包文件
cp mysql-connector-j-8.0.31/mysql-connector-j-8.0.31.jar /usr/local/spark/jars
```

```
spark@ubuntu:~$ cd ~/soft
spark@ubuntu:~/soft$ tar -zxf mysql-connector-j-8.0.31.tar.gz
spark@ubuntu:~/soft$ cp mysql-connector-j-8.0.31/mysql-connector-j-8.0.31.jar /usr/local/spark/jars
```

3.5.2　DataFrame 写入 MySQL

Spark SQL 访问 MySQL 的基本条件已经准备好，现在可以开始编写代码了，这里使用人口信息统计案例中的数据，将其中的 10 条记录保存到 MySQL 中。

由于 Spark 的安装目录中新增了一个连接 MySQL 的 JDBC 驱动文件，为了使其生效，应从当前正在运行的 PySparkShell 交互式编程环境退出（按 Ctrl+D 快捷键），重新执行 pyspark 命令进入 PySparkShell 交互式编程环境，并输入下面的代码。

```
pepschema = 'id LONG, gender STRING, height INT'      ◇ schema 字段结构信息定义, 含字段名、
df = spark.read.csv(                                    字段类型, 与 MySQL 的表字段定义一致
        "file:///home/spark/people_info.csv",         ◇ 使用指定的 schema 读取 people_info.
        schema=pepschema)                               csv 文件中的数据, 并将其注册为临时视图
df.createOrReplaceTempView("my_people_info")            表 my_people_info
```

因在 spark/jars 目录中增加了 jar 包文件, 所以这里要重新执行 pyspark 命令进入 PySparkShell 交互式编程环境

```
version 2.4.8
Using Python version 3.6.15 (default, Apr 25 2022 01:55:53)
SparkSession available as 'spark'.
>>> pepschema = 'id LONG, gender STRING, height INT'
>>> df = spark.read.csv(
...         "file:///home/spark/people_info.csv",
...         schema=pepschema)
>>> df.createOrReplaceTempView("my_people_info")
>>>
```

```
pep10 = spark.sql(                                    ◇ 为了测试, 这里只取其中的 10 条记录
        "SELECT * FROM my_people_info LIMIT 10")
prop = {'user': 'root',                               ◇ 准备连接 MySQL 所需的信息: 用户
        'password': '123456',                           名、密码、数据库驱动类名
        'driver': 'com.mysql.cj.jdbc.Driver'}         ◇ MySQL 连接地址, 包括主机、端口号、
url = 'jdbc:mysql://localhost:3306/people'              数据库名
pep10.write.jdbc(url=url, table='people_info',        ◇ 将 DataFrame 写入 people_info
        mode='append', properties=prop)                 表中, 数据以 append 追加的方式保存
pep10.show()                                          ◇ 输出 pep10 数据集中的数据, 即 10
                                                        条记录
```

```
>>> pep10 = spark.sql(
...         "SELECT * FROM my_people_info LIMIT 10")
>>> prop = {'user': 'root',
...         'password': '123456',
...         'driver': 'com.mysql.cj.jdbc.Driver'}
>>> url = 'jdbc:mysql://localhost:3306/people'
>>> pep10.write.jdbc(url=url, table='people_info',
...         mode='append', properties=prop)
>>>
```

```
>>> pep10.show()
+---+------+------+
| id|gender|height|
+---+------+------+
|  1|     F|   180|
|  2|     M|   146|
|  3|     F|   198|
|  4|     F|   196|
|  5|     M|   197|
|  6|     F|   202|
|  7|     M|   184|
|  8|     M|   153|
|  9|     M|   218|
| 10|     M|   214|
+---+------+------+
```

通过这个例子可以看出，DataFrame 提供了一个 write.jdbc()方法用来直接将数据集保存到数据库表中。一般来说，DataFrame 的字段结构要与 MySQL 表的字段结构一致。如果 DataFrame 的字段数比 MySQL 表的字段数多，那么在保存之前应使用 drop()方法去除多余字段；如果 DataFrame 的字段数比 MySQL 表的字段数少，那么 MySQL 表的多余字段默认会被置空值（要求字段允许为 NULL）。

为了确认 DataFrame 的数据是否被真正保存到 MySQL 表中，我们可以在 Linux 终端窗体中输入下面的 shell 命令和 SQL 语句予以验证（注意：不是在 PySparkShell 交互式编程环境中）。

```
mysql -u root -p                      ◇ 执行 mysql 命令连接到本机 MySQL,需输入密
use people;                             码 123456
select * from people_info;            ◇ 使用 SQL 语句查询 people_info 表的数据
quit;                                 ◇ 退出 mysql 命令
```

```
spark@ubuntu:~$ mysql -u root -p
Enter password:          ←——— 输入 MySQL 的 root 账户的密码 123456
Welcome to the MySQL monitor.  Commands end with ; or \g.
Your MySQL connection id is 13
Server version: 8.0.32-0ubuntu0.20.04.2 (Ubuntu)

Copyright (c) 2000, 2023, Oracle and/or its affiliates.

mysql> use people;
Reading table information for completion of table and column names
You can turn off this feature to get a quicker startup with -A

Database changed
mysql> select * from people_info;
```

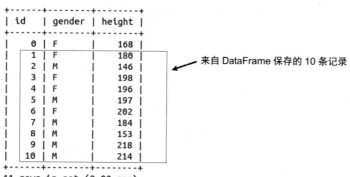

```
+------+--------+--------+
| id   | gender | height |
+------+--------+--------+
|   0  | F      |   168  |
|   1  | F      |   180  |
|   2  | M      |   146  |
|   3  | F      |   198  |     ←——— 来自 DataFrame 保存的 10 条记录
|   4  | F      |   196  |
|   5  | M      |   197  |
|   6  | F      |   202  |
|   7  | M      |   184  |
|   8  | M      |   153  |
|   9  | M      |   218  |
|  10  | M      |   214  |
+------+--------+--------+
11 rows in set (0.00 sec)

mysql> quit;
Bye
spark@ubuntu:~$
```

根据查询结果可知，DataFrame 的数据确实被保存到 MySQL 表中了。

3.5.3　从 MySQL 中创建 DataFrame

要从数据库表中读取数据到 DataFrame 中，可以调用 spark.read.jdbc()方法来实现，在读取时需要提供连接 MySQL 所需的信息（如用户名、密码、数据库驱动类名等），返回的是一个 DataFrame 对象。

在 PySparkShell 交互式编程环境中输入下面的代码。

```
prop = {'user': 'root',
        'password': '123456',
        'driver': 'com.mysql.cj.jdbc.Driver'}
url = 'jdbc:mysql://localhost:3306/people'
data = spark.read.jdbc(url=url,
        table='people_info', properties=prop)
print(type(data))
data.show()
```

◇ 准备连接 MySQL 所需的信息：用户名、密码、数据库驱动类名

◇ MySQL 连接地址，包括主机、端口号、数据库名
◇ 从 MySQL 的 people_info 表中读取数据

◇ 输出 data 变量的数据类型
◇ 显示 DataFrame 的数据内容

```
>>> prop = {'user': 'root',
...         'password': '123456',
...         'driver': 'com.mysql.cj.jdbc.Driver'}
>>> url = 'jdbc:mysql://localhost:3306/people'
>>> data = spark.read.jdbc(url=url,
...         table='people_info', properties=prop)
>>> print(type(data))
<class 'pyspark.sql.dataframe.DataFrame'>
>>> data.show()
+---+------+------+
| id|gender|height|
+---+------+------+
|  0|     F|   168|
|  1|     F|   180|
|  2|     M|   146|
|  3|     F|   198|
|  4|     F|   196|
|  5|     M|   197|
|  6|     F|   202|
|  7|     M|   184|
|  8|     M|   153|
|  9|     M|   218|
| 10|     M|   214|
+---+------+------+
```

← 从 MySQL 数据库表中读取到的 11 条记录

当 MySQL 数据库表的数据转换为 DataFrame 对象之后，就可以使用 DataFrame 提供的各种操作对数据做进一步的处理。

3.6　DataFrame 创建和保存

与 RDD 类似，Spark SQL 提供了多种不同的途径来创建和保存 DataFrame。在 3.3.1 节和 3.5.3 节中，我们已经分别介绍过通过集合、CSV 文件、数据库等途径创建 DataFrame，下面介绍如何通过 JSON 文件、Parquet 文件创建 DataFrame。此外，当持久化 DataFrame 时，Spark SQL 也支持将其保存到 CSV、JSON 及 Parquet 等数据格式的文件中。

3.6.1　创建 DataFrame

1. 通过 JSON 文件创建 DataFrame

首先准备一个空的 JSON 文件，在其中写入几条测试用的人口信息数据。在 Linux 终端窗体中输入下面的 shell 命令和文件内容（注意：不是在 PySparkShell 交互式编程环境中）。

```
cd ~
cat > people_info.json
{"id":1, "gender":"F", "height":180}
{"id":2, "gender":"M", "height":146}
{"id":3, "gender":"F", "height":198}
<Ctrl+D>
```

◇ 切换到当前主目录，如果已在则忽略该步
◇ 从键盘输入测试数据到 people_info.json 文件中

◇ 输入完毕后按 Ctrl+D 快捷键结束输入

```
spark@ubuntu:~$ cd ~
spark@ubuntu:~$ cat > people_info.json
{"id":1, "gender":"F", "height":180}
{"id":2, "gender":"M", "height":146}
{"id":3, "gender":"F", "height":198}
■ ◀── 输入结束，在这里按 Ctrl+D 快捷键
```

然后切换到 PySparkShell 交互式编程环境，输入下面的代码。

```
df1 = spark.read.json(
        "file:///home/spark/people_info.json")
df2 = spark.read.format("json").load(
        "file:///home/spark/people_info.json")
df1.show()
df2.show()
```

◇ 方法 1：使用 json()方法直接加载 JSON 文件

◇ 方法 2：首先使用 format()方法设定加载的文件类型，然后使用 load()方法加载 JSON 文件

```
>>> df1 = spark.read.json(
...         "file:///home/spark/people_info.json")
>>> df2 = spark.read.format("json").load(
...         "file:///home/spark/people_info.json")

>>> df1.show()
+------+------+---+
|gender|height| id|
+------+------+---+
|     F|   180|  1|
|     M|   146|  2|
|     F|   198|  3|
+------+------+---+

>>> df2.show()
+------+------+---+
|gender|height| id|
+------+------+---+
|     F|   180|  1|
|     M|   146|  2|
|     F|   198|  3|
+------+------+---+
```

这里列举了两种加载 JSON 文件的方法，其中，json()方法针对的是 JSON 格式的文件，load()方法则是一个通用的加载文件数据的方法，所以需要使用 format()方法设定文件类型，其支持 CSV、JSON、Parquet 等常见的数据格式，只需在 format()方法的括号里面填入"csv" "json" "parquet"等这样的字符串名称即可。

2．通过 Parquet 文件创建 DataFrame

Parquet 是 Apache Hadoop 生态圈的一种新型列式存储格式，它兼容常见的大数据计算框架（如 Hadoop、Spark 等）。Parquet 与平台、编程语言无关，这也使得它的适用范围很广，只要相关语言有支持的类库就可以使用。Parquet 目前是 Spark SQL 默认的存储格式，Spark SQL 会自动解析 Parquet 文件的数据结构。不过要注意的是，Parquet 文件不能直接使用 cat 或 vi 文本工具查阅，否则会被识别为乱码形式，只有被 Spark 加载到应用程序以后才能出现正常的数据内容。

Spark 提供了一个 Parquet 的样例数据放置在 examples/src/main/resources 目录中。下面通过一个简单的例子演示如何加载 Parquet 文件，这里假定 Spark 安装包放在/usr/local/spark 目录中，如果不是这个目录，就需要修改一下代码中的目录位置。

在 PySparkShell 交互式编程环境中输入下面的代码。

```
df = spark.read.load("file:///usr/local/spark/examples/src/main/resources/users.parquet")
```
◇ 加载 `users.parquet` 文件数据将其转换为 `DataFrame`

```
df.show()
```
◇ 显示 `df` 对象中的数据内容

```
>>> df = spark.read.load("file:///usr/local/spark/examples/src/main/resources/users.parquet")
>>> df.show()
+------+--------------+----------------+
|  name|favorite_color|favorite_numbers|
+------+--------------+----------------+
|Alyssa|          null| [3, 9, 15, 20]|
|   Ben|           red|             []|
+------+--------------+----------------+
```

由此可见，Spark SQL 在加载默认格式的 Parquet 文件时直接调用 load()方法即可，不需要通过 format()方法来设置文件类型。

3.6.2　保存 DataFrame

DataFrame 的数据可以根据需要保存到 CSV、JSON、Parquet 等各种数据格式的文件中，Spark 官方推荐的是 Parquet 格式。在将 DataFrame 的数据保存到文件中时，还可以附带各种选项，比如是否保存 CSV 文件的标题行等。

在 PySparkShell 交互式编程环境中输入下面的代码。

```
data = [(11, "LingLing", 19, "Hangzhou"),
        (22, "MeiMei", 22, "Shanghai"),
        (33, "Sansan", 23, "Nanjing")]
df = spark.createDataFrame(data,
                schema=['id','name','age','address'])
df.write.parquet("file:///home/spark/stu_parquet/");
df.write.option("header", True) \
        .csv("file:///home/spark/stu1_csv/");
df.write.option("header", True) \
        .format("csv").save("file:///home/spark/stu2_csv/");
df.write.json("file:///home/spark/stu_json/");
```

◇ 测试数据为 3 个元组

◇ 使用测试数据创建 DataFrame
◇ 保存为 Parquet 文件
◇ 分别用两种方法保存 CSV 文件,同时保留标题行
◇ 保存为 JSON 文件
◇ 在保存 DataFrame 的数据时需指定保存的目录路径，而不是文件名
◇ 保存数据的目录事先不能存在

```
>>> data = [(11, "LingLing", 19, "Hangzhou"),
...         (22, "MeiMei", 22, "Shanghai"),
...         (33, "Sansan", 23, "Nanjing")]
>>> df = spark.createDataFrame(data,
...                 schema=['id','name','age','address'])

>>> df.write.parquet("file:///home/spark/stu_parquet/");
>>> df.write.option("header", True) \
...         .csv("file:///home/spark/stu1_csv/");
>>> df.write.option("header", True) \
...         .format("csv").save("file:///home/spark/stu2_csv/");
>>> df.write.json("file:///home/spark/stu_json/");
>>>
```

与读取文件类似，Spark SQL 提供了不同格式数据的保存方法，像 parquet()、csv()、json() 等，也可以使用通用的 save()方法进行保存，只需指定保存的文件类型即可。在代码执行后，我们可以发现主目录中存在 4 个以 stu 开头的目录，通过 Linux 终端窗体进入任意一个目录即可查看具体保存的数据内容（注意：不是在 PySparkShell 交互式编程环境中）。

cd ~	◇ 切换到当前主目录，如果已在则忽略该步
ll -d stu*	◇ 列出以 stu 开头的目录。-d 代表仅列出目录
cd stu1_csv	◇ 进入 stu1_csv 目录
ls	◇ 列出 stu1_csv 目录中的文件
cat part-*	◇ 查看所有以 part-开头的文件内容

```
spark@ubuntu:~$ ll -d stu*
drwxrwxr-x 2 spark spark 4096 Feb 18 07:22 stu1_csv/
drwxrwxr-x 2 spark spark 4096 Feb 18 07:22 stu2_csv/
drwxrwxr-x 2 spark spark 4096 Feb 18 07:22 stu_json/
drwxrwxr-x 2 spark spark 4096 Feb 18 07:22 stu_parquet/

spark@ubuntu:~$ cd stu1_csv
spark@ubuntu:~/stu1_csv$ ls
part-00000-06329d25-4682-4337-8663-9e783583ef5c-c000.csv  _SUCCESS
part-00001-06329d25-4682-4337-8663-9e783583ef5c-c000.csv

spark@ubuntu:~/stu1_csv$ cat part-*
id,name,age,address
11,LingLing,19,Hangzhou
id,name,age,address
22,MeiMei,22,Shanghai
33,Sansan,23,Nanjing
```

3.7 Spark 的数据类型转换

Spark 内置的几种关键数据类型，包括 RDD、DataFrame 和 DataSet 等，在实际工作中可以根据需要选择使用。同时，这几种数据类型之间是支持相互转换的。因为 PySpark 目前并不支持 DataSet，所以下面简单介绍 RDD 和 DataFrame 之间是如何进行转换的。

回顾一下，RDD 是一种分布式的数据集合，提供了一系列转换算子，比如 map、flatMap、filter、union、intersection 等。RDD 是一种非常灵活的数据机制，它的元素可以是相同类型，也可以是完全互异的类型。与之对应的，DataFrame 是一种完全结构化的数据集，它与数据库表的概念接近，每列数据必须具有相同的类型。正是由于 DataFrame 掌握了数据集的类型信息，因此 DataFrame 可以进行列数据的优化，从而获得比 RDD 更优的性能，代码也更简洁。

在实现上，DataFrame 实际上是以 Row 类型对象为元素构成的集合，每个 Row 类型对象存储 DataFrame 的一行，Row 类型对象里面记录了每个数据行的全部"字段->值"的映射信息。

当遇到一些 DataFrame 的操作不能或不方便处理的问题时，也可以考虑将 DataFrame 转换为 RDD 来处理。在 DataFrame 转换为 RDD 后，每行数据变成了 RDD 的一个 Row 元素，各数据的列值就是 Row 类型对象中的"字段->值"的映射。

下面以一个 DataFrame 转换为 RDD 的简单例子进行说明，在 PySparkShell 交互式编程环境中输入下面的代码。

``` data = [('a', 1), ('b', 2)] df = spark.createDataFrame(data, schema=['cc1','cc2']) df.show() rdd1 = df.rdd rdd1.collect() rdd2 = rdd1.map(lambda x: [x[1], x[0]]) rdd2.collect() ```	◇ 测试数据为 2 个元组 ◇ 使用测试数据创建 DataFrame ◇ 通过 DataFrame 的 rdd 属性获取到 RDD 对象，也就是说，DataFrame 是带有 RDD 的信息的

```
>>> data = [('a', 1), ('b', 2)]
>>> df = spark.createDataFrame(data, schema=['cc1','cc2'])
>>> df.show()
+---+---+
|cc1|cc2|
+---+---+
|  a|  1|
|  b|  2|
+---+---+

>>> rdd1 = df.rdd
>>> rdd1.collect()
[Row(cc1='a', cc2=1), Row(cc1='b', cc2=2)]
>>> rdd2 = rdd1.map(lambda x: [x[1], x[0]])
>>> rdd2.collect()
[[1, 'a'], [2, 'b']]
>>>
```

上面的 rdd1 包含的每个元素都是 Row 类型对象，Row 就是"行"的意思，所以一个 Row 类型对象对应 DataFrame 的一行，数据的字段也变成了 Row 类型对象的属性（即 cc1、cc2，有几个字段就有几个 Row 属性）。Row 类型对象的属性值可通过索引序号访问，比如代码中的 x[0]、x[1]，也可以直接以 x.cc1、x.cc2 这样的对象属性方式进行访问（属性名与字段名相同）。

DataFrame 转换为 RDD 是比较简单的，但因为 RDD 的灵活性很大，并不是所有 RDD 都能转换为 DataFrame，只有当 RDD 的每个数据元素都具有相同结构时才行。在 PySparkShell 交互式编程环境中继续输入下面的代码。

``
data = [(11, "LingLing", 19, "Hangzhou"),
        (22, "MeiMei", 22, "Shanghai"),
        (33, "Sansan", 23, "Nanjing")]
rdd = sc.parallelize(data)
df = rdd.toDF(['id', 'name', 'age', 'address'])
df.show()
 	
rdd2 = rdd.map(lambda x: (x[0], x[1]))
df2 = spark.createDataFrame(rdd2, schema=['id', 'name'])
``
	◇ 测试数据为 3 个结构一致的元组
	
	◇ 使用测试数据创建 RDD
	◇ 直接通过 toDF() 方法将 RDD 转换为 DataFrame

```
df2.show()
```

◇ 使用 rdd2 作为数据源
创建一个 DataFrame

```
>>> data = [(11, "LingLing", 19, "Hangzhou"),
...          (22, "MeiMei", 22, "Shanghai"),
...          (33, "Sansan", 23, "Nanjing")]
>>> rdd = sc.parallelize(data)
>>> df = rdd.toDF(['id', 'name', 'age', 'address'])

>>> df.show()
+---+--------+---+--------+
| id|    name|age| address|
+---+--------+---+--------+
| 11|LingLing| 19|Hangzhou|
| 22|  MeiMei| 22|Shanghai|
| 33|  Sansan| 23| Nanjing|
+---+--------+---+--------+

>>> rdd2 = rdd.map(lambda x: (x[0], x[1]))
>>> df2 = spark.createDataFrame(rdd2, schema=['id', 'name'])
>>> df2.show()
+---+--------+
| id|    name|
+---+--------+
| 11|LingLing|
| 22|  MeiMei|
| 33|  Sansan|
+---+--------+
```

根据例子代码可知，只要 RDD 的每个数据元素具有相同结构，就可以通过 toDF()方法将其转换成 DataFrame，或者调用 spark.createDataFrame()方法传入一个 RDD 参数作为数据源，也能创建 DataFrame。

3.8 单元训练

（1）有一批学生信息，包括 name、age、score 3 个字段，其内容为[("LiLei",18,87)、("HanMeiMei",16,77)、("DaChui",16,66)、("Jim",18,77)、("RuHua",18,50)]，分别通过 Spark SQL 的 DSL 和 SQL 操作解决以下问题。

① 按 score 字段从大到小排序，如果 score 字段值相同，则再按 age 字段从大到小排序。

② 找出分数排名前 3 的学生，若存在学生分数相同则任取。

（2）已知班级信息表和成绩信息表：

```
#班级信息表包括 class,stu_name 字段
classes = [("class1","LiLei")、("class1","HanMeiMei")、("class2", "DaChui"),
("class2","LuHua")]
#成绩信息表包括 stu_name,score 字段
scores = [("LiLei", 76)、("HanMeiMei", 80)、("DaChui", 70)、("LuHua", 60)]
```

找出平均分在 75 分以上的班级。

（3）假定在某电商平台上，每个顾客访问任何一个店铺的任何一件商品时都会产生一条访问日志，请统计：

① 每个店铺的 UV，即访客数。

② 每个店铺访问次数排名前 3 的访客信息，包括店铺名称、访客 ID、访问次数。

数据参考（含用户 user_id、被访问的店铺名称 shop）：

```
u1 a
u2 b
u1 b
u1 a
u3 c
u4 b
u1 a
u2 c
u5 b
u4 b
u6 c
u2 c
u1 b
u2 a
u2 a
u3 a
u5 a
u6 a
```

（4）假定在 test.txt 文件中包含如下数据（每行为一名学生的信息，分别对应班级号、姓名、年龄、性别、科目、考试成绩）。

```
12 宋江 25 男 chinese 50
12 宋江 25 男 math 60
12 宋江 25 男 english 70
12 吴用 20 男 chinese 50
12 吴用 20 男 math 50
12 吴用 20 男 english 50
12 杨春 19 女 chinese 70
12 杨春 19 女 math 70
12 杨春 19 女 english 70
13 李逵 25 男 chinese 60
13 李逵 25 男 math 60
13 李逵 25 男 english 70
13 林冲 20 男 chinese 50
13 林冲 20 男 math 60
13 林冲 20 男 english 50
13 王英 19 女 chinese 70
13 王英 19 女 math 80
13 王英 19 女 english 70
```

使用 Spark SQL，通过编写 SQL 语句完成以下统计任务。

① 一共有多少名小于 20 岁的学生参加考试？

② 一共有多少名男生参加考试？

③ 12 班有多少名学生参加考试？

④ english 科目的平均分是多少？

⑤ 每名学生的平均分是多少？

⑥ 12 班的平均分是多少？

⑦ 12 班男生和女生的总平均分分别是多少？

⑧ 全校 chinese 科目最高分是多少？

⑨ 12 班 chinese 科目最低分是多少？

⑩ 13 班 math 科目最高分是多少？

⑪ 总分大于 150 分的 12 班女生有几个？

⑫ 总分大于 150 分，且 math 科目大于或等于 70 分，且年龄大于或等于 19 岁的学生的平均分是多少？

（5）数据文件 employee.txt 包含的数据内容如下。

```
1,Ella,36
2,Bob,29
3,Jack,29
```

先将文件数据转换为 RDD，然后将 RDD 转换为 DataFrame，并按 id:1,name:Ella,age:36 为一行的格式打印出 DataFrame 的所有数据行。

第4章

<<<<<<

Spark Streaming 实时数据计算

 学习目标

知识目标

- 理解 DStream 流计算的基本工作原理
- 掌握 Spark Streaming 应用程序的主要编写步骤
- 了解 DStream 的常用操作（无状态/updateStateByKey/reduceByKeyAndWindow）
- 了解 Kafka 发布与订阅消息系统的技术原理和编程方法
- 了解 DStream 读取文件数据流和 Kafka 数据流的方法

能力目标

- 会使用 Netcat 网络工具收发数据
- 会编写简单的 Spark Streaming 应用程序
- 会使用 Kafka 进行数据的收发操作与编程

素质目标

- 培养良好的学习态度和学习习惯
- 培养良好的人际沟通和团队协作能力
- 培养正确的科学精神和创新意识

4.1　引言

在前面章节中，处理的数据都是事先存在的，这种类型的数据也被称为"离线数据"。不过，在有些情况下数据往往是随着时间的推移一点点产生的，比如工厂设备传感器产生的数据、电商平台推荐的商品信息等，如果等数据累积到一定程度才对其进行处理，就不能满足工作要求。比如，传感器检测到的设备异常需要及时进行处理，否则可能酿成生产事故。我们把这种源源不断产生的数据，称为"实时数据"，针对实时数据的处理称为"流计算/实时计算"，而把针对离线数据的处理称为"批计算/离线计算"。

Hadoop 的 MapReduce、Spark RDD、Spark SQL 等都只能进行离线计算，无法应用到实时数据业务的场合。2013 年，Spark 增加了 Spark Streaming 模块，其发展至今已成为广泛应用的流处理技术之一。不过，Spark Streaming 并不属于严格的流处理，它的实现机制是把"流计算"当成"批计算"的一个特例，即将流处理看作"一定时间段内累积数据"的批处理，能够达到秒级的时间响应要求。如果有更严格的实时性要求，比如毫秒级，就要使用 Flink、Storm 等这类实时的流处理引擎。2016 年，Spark 引入了一个全新设计的 Structured Steaming 流计算技术，它是在 Spark SQL 模块基础之上发展而来的，能够实现毫秒级的结构化数据的流处理功能。因为很多实时数据的处理场景对秒级的时间要求是足够的，且 Spark Streaming 技术实现起来也比较简单，所以这里以 Spark Streaming 为例进行介绍。

4.2　Spark Streaming 基本原理

批计算模型一般是先有全量数据，然后将计算应用于这些数据，因此计算结果是一次性输出的。在流计算模型中，输入数据是持续性

Spark Streaming 基本原理

的，它们在时间上是无界的，这也就意味着永远拿不到完整的全量数据进行分析。此外，流计算的结果也是持续输出的，在时间上没有边界，就像水流一样，数据连绵不断地产生并被快速处理。流计算适用于有一定实时性要求的场合，为了提高计算效率，往往尽可能采用增量计算的方式，已计算过的数据不再重复处理。

Spark Streaming 建立在 Spark RDD 基础之上，它接收实时输入的数据流，然后将数据拆解成多个批次，并将每个批次的数据交给 Spark 计算引擎处理，这样每个批次的数据就相当于一个局部范围内的离线数据。为实现这一目标，Spark Streaming 设计了一个名为 DStream（Discretized Stream，离散化数据流）的数据结构，代表连续不断的数据流，在实现上是将输入数据流按照预设的时间片进行分段，比如每秒切分一次，每个切分的数据段都被 Spark 转换成一个批次的 RDD 数据，这些数据分段则为 DStream，如图 4-1 所示。

由于 DStream 是由切分数据段的 RDD 构成的，所以 DStream 的数据处理也就变成了对 RDD 的操作。在 DStream 上应用的任何算子，比如 map、reduce、join、window 等，Spark 底层都会将其翻译为对 DStream 的局部 RDD 的操作，并生成一个新的 DStream。Spark Streaming

微批次数据处理过程如图 4-2 所示。

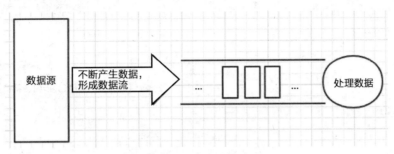

图 4-1　Spark Streaming 流计算基本原理

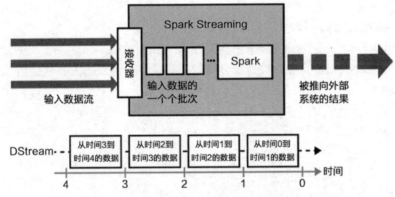

图 4-2　Spark Streaming 微批次数据处理过程

Spark Streaming 可以应用在网站链接点击监控、欺诈识别、物联网传感器等的实时数据处理场合，支持 HDFS、Socket、Kafka、Flume 等数据源，在数据流被切分成 DStream 后，还可以进一步通过 RDD、Spark SQL 或机器学习等 API 进行处理。

4.3　Spark Streaming 词频统计

为了使读者对 Spark Streaming 编程有一个基本认识，下面通过具体的例子进行说明。考虑到 Spark Streaming 需要有一个源源不断产生数据的数据源，我们准备使用一个名为 Netcat 的网络工具。Netcat 简称 nc，它堪称是网络处理中的"瑞士军刀"，能直接通过 TCP 和 UDP 协议在网络中读/写数据，Netcat 实现的是在两台计算机之间建立网络连接并返回两个数据流，之后就可以方便地实现远程文件传输、聊天、流媒体等功能，或作为其他协议的独立客户端使用。

4.3.1　Netcat 网络工具测试

Ubuntu 系统已经附带 Netcat 网络工具，文件名为 nc。我们可以开启两个终端窗体，分别输入下面的命令对 Netcat 进行测试，其中左边终端窗体充当监听 9999 端口的服务端，右边终端窗体充当连接到服务器的客户端，双方可以互发数据并在对方显示。需要注意的是，这里必须先启动左边终端窗体的服务端监听 9999 端口，然后才能启动右边终端窗体的客户端连接到 9999 端口，否则将会遇到连接错误，如图 4-3 所示。

```
nc -lk 9999                              nc localhost 9999
◇ nc 服务端，-l 代表 listen，-k 代表 keep    ◇ nc 客户端，连接到本机 9999 端口
```

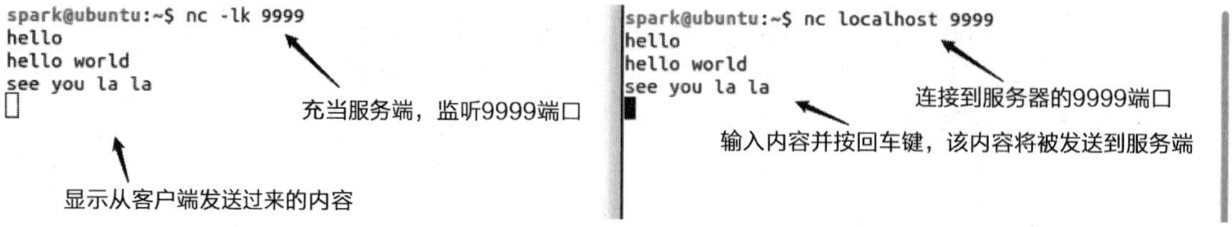

spark@ubuntu:~$ nc -lk 9999
hello
hello world
see you la la
□

充当服务端，监听9999端口

显示从客户端发送过来的内容

spark@ubuntu:~$ nc localhost 9999
hello
hello world
see you la la
■

连接到服务器的9999端口

输入内容并按回车键，该内容将被发送到服务端

图 4-3　netcat 网络通信测试示例

如果一切正常，nc 服务端和客户端就可以互发数据，每次输入的内容都会在对方的窗体中显示，这是因为 nc 同时支持双向交互操作。一旦测试完毕，就可以分别按 Ctrl+C 快捷键结束两个终端窗体中运行的 nc 程序。

接下来，再次启动 nc 作为服务端，并等待 Spark Streaming 应用程序的连接。这里是将 nc 服务端程序充当 Spark Streaming 的数据源，这样在 nc 服务端输入的内容就会自动发送给 Spark Streaming 应用程序处理。另外，nc 服务端程序监听的端口可以任意选择（任何大于 1024 的端口均可），只要不与操作系统上其他网络应用程序监听的端口冲突即可。

在当前 Linux 终端窗体中输入以下命令启动 nc 服务端，并保持运行不要关闭。

```
nc -lk 9999        ◇ nc 服务端，-l 代表 listen，-k 代表 keep（即当客户端端口连接后不退
                      出，继续监听）
```

spark@ubuntu:~$ nc -lk 9999
■

4.3.2　DStream 词频统计

Spark Streaming 与 Spark RDD、Spark SQL 的不同之处在于，它接收的是一个源源不断产生数据的数据源，所以 Spark Streaming 是不间断循环运行的，不像 Spark RDD、Spark SQL 那样执行完操作就可以终止。此外，我们在 Spark Streaming 应用程序中至少需要启动两个线程，一个用来接收数据，另一个用来处理数据，如果只有一个线程，就无法对数据进行处理，也就看不到任何实质性的效果。

下面编写一个 Socket 网络数据流的词频统计程序，在 Linux 终端窗体中执行下面的命令。

```
cd ~                        ◇ 切换到当前主目录，若已在则忽略该步
mkdir streaming             ◇ 在主目录中创建一个 streaming 子目录
cd streaming                ◇ 进入 streaming 目录
vi NetworkWordCount.py      ◇ 新建一个 NetworkWordCount.py 程序
```

spark@ubuntu:~$ mkdir streaming
spark@ubuntu:~$ cd streaming
spark@ubuntu:~/streaming$ vi NetworkWordCount.py

进入 vi 编辑器后，按 a 键切换到插入模式，并输入下面的代码。

```
#!/usr/bin/env python3.6                              ◇ 声明脚本执行环境，如果是在命令行中
from pyspark import SparkContext                        使用 python 命令运行本程序文件，则可以
from pyspark.streaming import StreamingContext          不用输入这一行
import sys                                             ◇ 导入相关模块包
```

```
# 启动两个 local 线程，每 3 秒为一个批次
sc = SparkContext('local[2]', 'NetworkWordCount')
ssc = StreamingContext(sc, 3)

# 创建代表 Socket 数据流的 DStream 对象 linesRdd
host = sys.argv[1]
port = int(sys.argv[2])
linesRdd = ssc.socketTextStream(host,port)

# 按指定的时间间隔处理每个批次的 RDD，并输出结果
wordCounts = linesRdd \
        .flatMap(lambda line: line.split(" ")) \
        .map(lambda word: (word, 1)) \
        .reduceByKey(lambda a,b : a+b)
wordCounts.pprint()

# 启动 DStream 流计算的运行，并等待程序终止
ssc.start()
ssc.awaitTermination()
```

◇ 创建 SparkContext 对象，local[2] 表示启动两个本地工作线程，分别用来接收数据和处理数据

◇ Spark Streaming 程序入口点，设定每 3 秒为一个批次，即每个批次为积累 3 秒的数据

◇ argv 代表从命令行传递的参数，可以有多个，分别为 localhost 和 9999

◇ 使用从命令行提供的主机名和端口创建一个代表 Socket 数据流的 DStream 类型的对象

◇ linesRdd 是 DStream 类型的对象，在这个 DStream 离散流中的每条记录都是一行文本，通过空格分隔符进行切分，每行被切分为多个单词，相同单词的计数累加到一起

◇ pprint() 方法用来输出每个批次 RDD 的前 10 个元素

◇ 启动 Spark Streaming 循环执行 DStream 处理

◇ 等待程序终止（按 Ctrl+C 快捷键结束）

```
#!/usr/bin/env python3.6
from pyspark import SparkContext
from pyspark.streaming import StreamingContext
import sys

# 启动两个local线程，每3秒为一个批次
sc = SparkContext('local[2]', 'NetworkWordCount')
ssc = StreamingContext(sc, 3)

# 创建代表 Socket 数据流的 DStream 对象 linesRdd
host = sys.argv[1]
port = int(sys.argv[2])
linesRdd = ssc.socketTextStream(host,port)

# 按指定的时间间隔处理每个批次的RDD，并输出结果
wordCounts = linesRdd \
        .flatMap(lambda line: line.split(" ")) \
        .map(lambda word: (word, 1)) \
        .reduceByKey(lambda a,b : a+b)
wordCounts.pprint()

# 启动DStream流计算的运行，并等待程序终止
ssc.start()
ssc.awaitTermination()
```

　　以上代码输入完毕后，保存内容并退出 vi 编辑器，接下来通过 spark-submit 命令将 Spark Streaming 应用程序提交给 Spark 运行。

```
spark-submit NetworkWordCount.py localhost 9999
```

◇ spark-submit 是将应用程序提交给 Spark 运行的一个命令

◇ 命令行的参数 localhost 代表本机，9999 代表端口号

```
spark@ubuntu:~/streaming$
spark@ubuntu:~/streaming$ spark-submit NetworkWordCount.py localhost 9999
```

当 NetworkWordCount.py 程序运行之后，每隔 3 秒就会处理并输出一次结果。接下来，找到 4.3.1 节中运行 nc 服务端的终端窗体，在其中随便输入一些单词，稍等片刻即可在 Spark Streaming 应用程序中打印词频统计的结果信息。

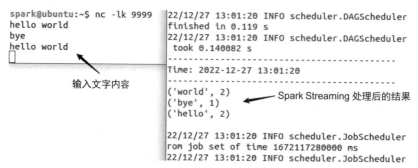

不过，Spark 在运行时默认会产生大量日志信息，导致我们真正关注的输出内容很快就被淹没。在这种情况下，可在 Spark 的 conf 目录中通过 log4j.properties 配置文件设定全局的运行日志级别，或在代码中使用 sc.setLogLevel()方法设定当前应用程序的运行日志级别，可以是 WARN、ERROR、INFO、DEBUG、ALL 等。为简单起见，这里使用代码的方式设置运行日志级别，先按 Ctrl+C 快捷键终止当前 NetworkWordCount.py 程序的运行，然后启动 vi 编辑器修改代码的内容。

```
vi NetworkWordCount.py
```
在 sc 变量初始化的下一行，输入下面的代码：
```
sc.setLogLevel("WARN")
```
◇ 日志级别：ALL、DEBUG、ERROR、FATAL、INFO、OFF、TRACE、WARN
◇ 修改完毕后，保存内容并退出 vi 编辑器

```
# 启动两个local线程，每3秒为一个批次
sc = SparkContext('local[2]', 'NetworkWordCount')
sc.setLogLevel("WARN")
ssc = StreamingContext(sc, 3)
```

保存内容并退出 vi 编辑器，重新执行 spark-submit 命令将 NetworkWordCount.py 程序提交给 Spark 运行，并在 nc 服务端窗体中再次输入一些单词，此时就可以比较清楚地查看 Spark Streaming 处理后的输出结果了。

在上面的代码中，SparkContext()构造方法的参数 local[2] 是为了让 Spark Streaming 应用程序启动两个线程，这样既可以接收数据，也可以处理数据。如果改成默认的 local 或 local[1]，就只能接收数据而无法进行计算，也就看不到输出结果了（打印输出是在计算线程中执行的），因此 Spark Streaming 应用程序开启的线程数不能少于两个，这一点应引起重视。

通过这个例子，我们简单归纳一下 Spark Streaming 应用程序编写的基本步骤。
① 准备 Spark Streaming 数据源，比如 Socket、Kafka 消息系统等。
② 对 DStream 批次数据进行转换操作和输出操作，类似普通 RDD 的处理。
③ 使用 StreamingContext.start()方法启动实时数据的接收线程和计算线程。
④ 通过 StreamingContext.awaitTermination()方法等待程序循环处理结束。
⑤ 通过 StreamingContext.stop()方法主动结束，或手动结束，或因错误而结束。

4.4　DStream 数据转换操作

4.4.1　DStream 无状态转换操作

通过 4.3 节中的示例可知，Spark Streaming 首先要准备一个数据源，这里调用的是 socketTextStream(host,port) 方法，返回一个 Socket 网络数据源，即 DStream 对象。由于 DStream 内部仍是由 RDD 构成的，因此对 DStream 的处理实际上就是对 RDD 的处理，从代码中也容易看出，Spark Streaming 的词频统计步骤和 RDD 基本是一致的。DStream

DStream 无状态转换操作

和 RDD 的主要区别在于，DStream 的数据来源于数据流的片段，且随时间的推移源源不断地产生，而 RDD 的数据通常是从现有的数据文件中得到的，或通过前一个 RDD 转换而来。

Spark Streaming 默认对每个批次的数据处理是完全独立的，因此每个批次的词频统计互不影响。也就是说，不同时间段的 DStream 数据没有关联性，在时间 B 中的词频统计，不依赖于时间 A 得到的词频统计结果。我们将 Spark Streaming 这种完全独立处理的行为称为 DStream 无状态转换操作。Spark Streaming 词频统计程序，就是一个典型的 DStream 无状态转换操作的例子。

DStream 无状态转换操作仅仅计算当前时间片的数据内容，每个批次的处理结果不依赖于先前批次的数据，也不影响后续批次的数据。所以，DStream 无状态转换操作处理的批次数据都是独立的，转换操作被直接应用到每个批次的 RDD 数据上，DStream 的无状态转换操作与 RDD 的转换操作是类似的，返回的也是一个新的 DStream。

下面列举几个 DStream 常用的无状态转换操作的方法，如表 4-1 所示。

表 4-1　DStream 常用的无状态转换操作的方法

方法名	功能描述	示例
map()	对 DStream 中的每个元素应用指定处理函数，返回一个新的 DStream	map(lambda x : x+1)
flatMap()	对 DStream 中的 RDD 应用指定函数，返回输出的集合元素经拆解合并后生成的 DStream	flatMap(lambda x : x.split(" "))
filter()	返回 DStream 筛选的元素构成的 DStream	filter(lambda x : x!=1)
reduceByKey()	将 DStream 中 key 值相同的(k,v)元素执行合并计算	reduceByKey(lambda a,b : a+b)
transform()	通过对 DStream 应用 RDD-to-RDD 的算子函数生成一个新的 DStream。支持在 DStream 中执行任意 RDD 的转换操作	transform(lambda rdd :rdd.filter(...))

除了无状态转换操作，DStream 还支持有状态转换操作，在这种情况下，DStream 在计算当前批次数据时，会依赖之前批次的数据或中间结果，并不断把当前计算的数据与历史时间片的数据进行累计。比如，统计数据流中的某个单词出现的总次数，就需要把每个批次的词频数与历史批次的累积词频数加在一起，从而实现所有历史数据的聚合。此外，对于一些需要统计指定时间范围内的数据的场景，例如，社交媒体或新闻热搜词的排名，可能就需要每隔几分钟统计一次最近 24 小时的热搜词等。

DStream 有状态转换操作主要分为两大类，包括基于状态更新的转换，以及基于滑动窗口的转换，它们可以分别用来解决类似累积词频统计、热搜词统计等问题。

4.4.2　DStream 基于状态更新的转换

DStream 基于状态更新的转换允许将当前时间和历史时间片的 RDD 数据叠加计算。比如，对 DStream 的数据按 key 值执行 reduce 操作，并将各个批次的中间结果累加到一起。DStream 的 updateStateByKey 算子可以执行带历史状态的计算，同时要借助 checkpoint（检查点）机制保存更早的历史数据，相当于磁盘缓存。

DStream 基于状态更新的转换

不过，Spark 并非保存所有的历史数据，只是将当前的计算结果保存到磁盘以便下一次计算调用，这种做法大大简化了对历史数据的读/写处理，同时又防止了历史数据导致的 RDD 计算链过长，从而避免重复计算。因此，在使用 updateStateByKey 算子时，必须开启 checkpoint（检查点）机制并设置中间结果数据保存的目录（集群环境一般为 HDFS 上的目录，开发测试阶段可指定使用本地目录），这样才能把每个 key 值对应的状态值长期保存，避免内存数据的丢失。比如，统计"双十一"当天的总销量和成交金额，操作者会在各个时间段分批计算和局部累计产生的数据，最后进行全部汇总。

下面将通过 DStream 基于状态更新的转换来实现全量的词频统计功能。打开一个 Linux 终端窗体，启动 vi 编辑器编写 NetworkWordCountAll.py 程序。

```
cd ~/streaming                          ◇ 切换到当前主目录中的 streaming 子目录
vi NetworkWordCountAll.py                ◇ 编辑 NetworkWordCountAll.py 程序
```

```
spark@ubuntu:~$
spark@ubuntu:~$ cd ~/streaming
spark@ubuntu:~/streaming$ vi NetworkWordCountAll.py
```

进入 vi 编辑器后，按 a 键切换到插入模式，并输入下面的代码。

```
from pyspark import SparkContext              ◇ 导入相关模块包
from pyspark.streaming import StreamingContext

# 启动两个 local 线程，设定每 5 秒为一个批次，启用检查点机制    ◇ 创建 SparkContext 对象，
sc = SparkContext('local[2]', 'NetworkWordCountAll')         local[2] 表示启动两个本地工
sc.setLogLevel("WARN")                                       作线程
ssc = StreamingContext(sc, 5)                                ◇ 调整运行日志级别为 WARN，
ssc.checkpoint("file:///tmp/spark")                          输出警告信息
linesRdd = ssc.socketTextStream("localhost", 9999)           ◇ Spark Streaming 批次数
                                                             据设为 5 秒
# 词频统计处理函数，将每个单词的出现次数前后累加               ◇ 启用 checkpoint（检查点）
def countWords(newValues, lastSum):                          机制
    if lastSum is None :                                     ◇ 创建一个使用 Socket 数据源
        lastSum = 0                                          的 DStream
    return sum(newValues) + lastSum
                                                             ◇ 累积状态计算的函数定义，其
# 按指定时间间隔处理，保存更新单词的累积出现次数               中 newValues 是一个包含当前
wordCountsAll = linesRdd \                                   单词各词频的数组，每个词的出现
    .flatMap(lambda line: line.split(" ")) \                 次数类似[1,1,…]，sum() 函数
    .map(lambda word : (word, 1)) \                          将数组元素累加，lastSum 是历
```

```
        .updateStateByKey(countWords)
wordCountsAll.pprint()

# 启动 DStream 流计算的运行，并等待程序终止
ssc.start()
ssc.awaitTermination()
```

史累积的中间结果（首次出现则设为 0）

\# 调用 updateStateByKey() 方法更新每个批次的单词出现的次数，保存到检查点目录中

◇ 启动 Spark Streaming 循环执行处理，等待程序终止（按 Ctrl+C 快捷键结束）

```
from pyspark import SparkContext
from pyspark.streaming import StreamingContext
# 启动两个 local 线程，设定每 5 秒为一个批次，启用检查点机制
sc = SparkContext('local[2]', 'NetworkWordCountAll')
sc.setLogLevel("WARN")
ssc = StreamingContext(sc, 5)
ssc.checkpoint("file:///tmp/spark")
linesRdd = ssc.socketTextStream("localhost", 9999)

# 词频统计处理函数，将每个单词的出现次数前后累加
def countWords(newValues, lastSum):
    if lastSum is None :
        lastSum = 0
    return sum(newValues) + lastSum

# 按指定时间间隔处理，保存更新单词的累积出现次数
wordCountsAll = linesRdd \
        .flatMap(lambda line: line.split(" ")) \
        .map(lambda word : (word, 1)) \
        .updateStateByKey(countWords)
wordCountsAll.pprint()

# 启动 DStream 流计算的运行，并等待程序终止
ssc.start()
ssc.awaitTermination()
```

　　保存以上代码并退出 vi 编辑器，通过 spark-submit 命令将 NetworkWordCountAll.py 程序提交到 Spark 运行。需要注意的是，要确保 nc 服务端正在运行，否则需要重新执行 nc -lk 9999 命令来启动它，不然在提交时会遇到错误。

```
spark-submit NetworkWordCountAll.py
```
◇ 如果 nc 监听 9999 端口的服务停止过，则需要在另一个 Linux 终端窗体中使用下面的命令来启动它：nc -lk 9999

```
spark@ubuntu:~$ nc -lk 9999
```
```
tu:~/streaming$
tu:~/streaming$
tu:~/streaming$
tu:~/streaming$ spark-submit NetworkWordCountAll.py
```

　　当程序运行之后，在 nc 服务端窗体中任意输入一些内容，就可以查看程序输出的全局词频结果，而不再是每批次数据的局部单词数量统计信息。

```
spark@ubuntu:~$
spark@ubuntu:~$
spark@ubuntu:~$ nc -lk 9999
hello world
hello spark
hello hadoop
```
```
-------------------------------------
Time: 2022-12-28 03:30:02
-------------------------------------
('world', 1)
('hello', 2)
('spark', 1)

-------------------------------------
Time: 2022-12-28 03:30:07
-------------------------------------
('world', 1)
('hadoop', 1)
('hello', 3)
('spark', 1)
```

根据输出结果可以看出，通过 updateStateByKey 算子统计的词频，都是在之前批次的中间统计结果基础上累积的数值，并不需要从最开始出现的单词重新计算一遍得到。

4.4.3　DStream 基于滑动窗口的转换

DStream 基于滑动窗口的转换是在时间轴上设置批次数据所在的"时间窗口"大小，以及窗口滑动的间隔，从而动态获取数据流的一种机制，比如每隔 10 秒统计一次最近 30 分钟的新闻热搜词。它是在一个比单批次间隔更长的时间范围内，通过整合位于窗口范围内的多个批次数据计算得到的数据结果，原理如图 4-4 所示。

DStream 基于滑动窗口的转换

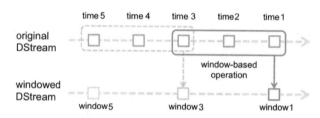

图 4-4　DStream 基于滑动窗口的转换的基本原理

在图 4-4 中，从右至左的 time1、time2、time3、time4、time5 分别代表每个时间点的批次数据，假定一个批次的数据为 1 秒，就是第 1 秒、第 2 秒、第 3 秒、第 4 秒、第 5 秒这样的批次。如果将滑动窗口的步长设为 3 秒（涵盖 3 个批次），每次窗口滑动的间隔为 2 秒，容易发现相邻的窗口就有一个重复批次的数据会被处理。滑动窗口转换的原理是，每次处理当前窗口时，总是在前一个窗口计算结果的基础上进行递增，然后减去前一个窗口中应失效的批次。因此，使用滑动窗口需要提供一个正常计算的函数，以及一个逆函数以消除重复批次的计算结果。以图 4-4 为例，windows1 和 window3 是两个相邻的窗口，其中，window1 = time1 + time2 + time3 这 3 个批次，window3 = window1 + time4 + time 5 - time1 - time2，最终结果就是 window3 = time3 + time4 + time5 这 3 个批次。通过这样的处理，滑动窗口技术能够实现局部的几个批次数据合并到一起计算的效果。

综上所述，基于滑动窗口的转换，实际上是 Spark 提供的一组"短线"操作，它比单批次的"局部时间"更长，但又比基于状态更新的"全程时间"更短，通过滑动窗口技术可以实现大规模数据的增量更新和统计，即对任意一段时间内的数据进行处理，且不重复计算已处理过的数据。滑动窗口操作有两个参数，分别是窗口时长及滑动步长，它们都必须是 Spark Streaming 设置的批次间隔的整数倍，这是因为 RDD 是 DStream 的最小数据单元，否则会出现一个 RDD 被切分的问题，导致程序运行时报错。

Spark Streaming 支持的滑动窗口算子包括 reduceByKeyAndWindow、reduceByWindow、groupByKeyAndWindow、countByWindow、countByValueAndWindow、window 等几种。为简单起见，下面以 reduceByKeyAndWindow 算子为例，对 4.3.2 节的词频统计案例进行改造，以实现基于滑动窗口的词频统计功能。

首先复制一份 NetworkWordCount.py 程序并重命名为 NetworkWordCountWindow.py，然后在其中增加与滑动窗口计算相关的代码。

| ```
cd ~/streaming
cp NetworkWordCount.py NetworkWordCountWindow.py
vi NetworkWordCountWindow.py
``` | ◇ 切换到~/streaming 目录,若已在则忽略该步<br>◇ 复制一份 NetworkWordCount.py 程序并重命名<br>◇ 编辑 NetworkWordCountWindow.py 程序的代码 |

```
spark@ubuntu:~/streaming$
spark@ubuntu:~/streaming$ cp NetworkWordCount.py NetworkWordCountWindow.py
spark@ubuntu:~/streaming$ vi NetworkWordCountWindow.py
```

进入 vi 编辑器后，按 a 键切换到插入模式，并输入下面的代码。

| 主要的代码修改内容如下（黑体字部分）：<br><br>```
ssc = StreamingContext(sc, 1)
ssc.checkpoint("file:///tmp/spark")
```<br><br># 将 DStream 的批次数据按空格拆解，转成(k,1)键值对的形式<br>```
kvDS = linesRdd \
        .flatMap(lambda line: line.split(" ")) \
        .map(lambda word: (word, 1))
```<br># 执行滑动窗口操作，设置窗口时长为 3 秒，滑动步长为 2 秒<br>```
winWordCount = kvDS \
        .reduceByKeyAndWindow(
                lambda a,b:a+b,
                lambda a,b:a-b,
                3, 2)
winWordCount.pprint()
``` | ◇ 设定每秒为一个批次，并启用 checkpoint（检查点）机制<br><br><br>◇ 处理接收的数据流，按空格拆解单词，并设定每个单词的频率为 1，形成 (k,1) 键值对的形式，k 为每个单词<br><br><br>◇ 调用 reduceByKeyAndWindow 滑动窗口算子<br>◇ 用于正常计算的函数，累加<br>◇ 用于消除窗口内的重复计算的逆函数，相减<br>◇ 设定滑动窗口的时长为 3 秒,步长为 2 秒（均为 1 秒批次的整数倍） |

```
# 启动两个 local 线程，每秒为一个批次
sc = SparkContext('local[2]', 'NetworkWordCountWindow')
sc.setLogLevel("WARN")
ssc = StreamingContext(sc, 1)
ssc.checkpoint("file:///tmp/spark")
# 按指定的时间间隔处理每个批次的RDD，并输出结果
kvDS = linesRdd \
        .flatMap(lambda line: line.split(" ")) \
        .map(lambda word: (word, 1))
winWordCount = kvDS \
        .reduceByKeyAndWindow(
                lambda a,b:a+b,
                lambda a,b:a-b,
                3, 2)
winWordCount.pprint()
```

拆解单词
以滑动窗口处理

保存修改的代码并退出 vi 编辑器，确保 nc 服务端在监听 9999 端口，将修改后的代码提交到 Spark 运行。

| ```
spark-submit NetworkWordCountWindow.py
localhost 9999
``` | ◇ 若 nc 服务端未启动，则打开一个新的 Linux 终端窗体运行如下命令：nc -lk 9999 |

```
ntu:~$ nc -lk 9999   :~/streaming$
                     :~/streaming$
                     :~/streaming$
                     :~/streaming$ spark-submit NetworkWordCountWindow.py localhost 9999
```

在 nc 服务端所在的终端窗体中任意输入一些内容，此时 Spark Streaming 就会通过滑动窗
```

口方式统计出相应的词频结果。

```
spark@ubuntu:~$ nc -lk 9999    22/12/27 18:20:19 WARN BlockManager: Block input
a                              s) instead of 1 peers
b                              -------------------------------------
c                              Time: 2022-12-27 18:20:19
d                              -------------------------------------
e                              ('b', 1)
f                              ('a', 1)
g
                               -------------------------------------
                               Time: 2022-12-27 18:20:20
                               -------------------------------------
                               ('b', 1)
                               ('c', 1)
                               ('d', 1)
```

4.5 DStream 输出操作

DStream 可以根据需要输出到外部使用或保存，比如发送给 Kafka 消息系统，保存到数据库或者文件等。下面列出一些 DStream 常用的输出操作算子，如表 4-2 所示。

表 4-2 DStream 常用的输出操作算子

算子名称	功能描述
print/pprint	在 DStream 的每个批数据中打印前 10 条记录，这个操作在开发和调试中非常有用。Python API 需调用 pprint()方法
saveAsTextFiles	保存 DStream 的内容为一个文本文件
saveAsHadoopFiles	保存 DStream 的内容为一个 Hadoop 文件。Python API 不可用
saveAsObjectFiles	保存 DStream 的内容为一个序列化的 SequenceFile 文件。Python API 不可用
foreachRDD(func)	在 DStream 的每个 RDD 上应用处理函数 func()。这个算子可以将每个 RDD 数据保存到文件中或者通过网络写到数据库中

以 saveAsTextFiles 算子为例，将词频统计结果保存到文本文件中。在 Linux 终端窗体中启动 vi 编辑器编写一个名为 NetworkWordCountSave.py 的程序。

```
cd ~/streaming                    ◇ 切换到~/streaming 目录,若已在则忽略该步
vi NetworkWordCountSave.py        ◇ 编辑 NetworkWordCountSave.py 程序
```

```
spark@ubuntu:~$ cd ~/streaming
spark@ubuntu:~/streaming$ vi NetworkWordCountSave.py
```

进入 vi 编辑器后，按 a 键切换到插入模式，并输入下面的代码。

```
from pyspark import SparkContext              ◇ 导入相关模块包
from pyspark.streaming import StreamingContext

# 初始化 SparkContext 和 StreamingContext
sc = SparkContext('local[2]',                 ◇ 创建 SparkContext 对象,
'NetworkWordCountSave')                        启动两个工作线程
sc.setLogLevel("WARN")
ssc = StreamingContext(sc, 2)                 ◇ 每 2 秒为一个批次
```

```
# 从 Socket 数据流创建 DStream，并进行词频统计
linesRdd = ssc.socketTextStream('localhost', 9999)
wordCounts = linesRdd \
        .flatMap(lambda line: line.split(" ")) \
        .map(lambda word: (word, 1)) \
        .reduceByKey(lambda a,b : a+b)
wordCounts.pprint()

# 将词频统计结果保存到本地目录
wordCounts.saveAsTextFiles(
        "file:///home/spark/streaming/output")
ssc.start()
ssc.awaitTermination()
```

◇ 接收 Socket 数据流
◇ 对 DStream 批次数据进行词频统计

◇ 将词频统计结果保存到本地目录，在 streaming 目录中会不断出现以 output-开头的目录，其中保存的就是不同批次时间点的数据文件
◇ 启动 Spark Streaming 循环执行 DStream 处理
◇ 等待程序终止（按 Ctrl+C 快捷键结束）

```
from pyspark import SparkContext
from pyspark.streaming import StreamingContext

# 初始化SparkContext和StreamingContext
sc = SparkContext('local[2]','NetworkWordCountSave')
sc.setLogLevel("WARN")
ssc = StreamingContext(sc, 2)

# 从 Socket 数据流创建 DStream，并进行词频统计
linesRdd = ssc.socketTextStream('localhost', 9999)
wordCounts = linesRdd \
        .flatMap(lambda line: line.split(" ")) \
        .map(lambda word: (word, 1)) \
        .reduceByKey(lambda a,b : a+b)
wordCounts.pprint()

# 将词频统计结果保存到本地目录
wordCounts.saveAsTextFiles(
        "file:///home/spark/streaming/output")

ssc.start()
ssc.awaitTermination()
```

　　保存以上代码并退出 vi 编辑器，确保 nc 服务端在监听 9999 端口，然后在 Linux 终端窗体中通过 spark-submit 命令将 NetworkWordCountSave.py 程序提交到 Spark 运行。

```
ubuntu:~$ nc -lk 9999
                    tu:~/streaming$
                    tu:~/streaming$ spark-submit NetworkWordCountSave.py
```

　　在 nc 服务端窗体中输入一些内容，可以发现运行的 NetworkWordCountSave.py 程序会不断显示保存的数据信息。

```
spark@ubuntu:~$ nc -lk 9999          22/12/27 19:46:33 WARN BlockManager: Block inpu
hello world                          s) instead of 1 peers
hello spark                          22/12/27 19:46:35 WARN RandomBlockReplicationPo
hello hadoop                         s.
hello world                          22/12/27 19:46:35 WARN BlockManager: Block inpu
                                     s) instead of 1 peers
                                     22/12/27 19:46:39 WARN RandomBlockReplicationPo
                                     s.
                                     22/12/27 19:46:39 WARN BlockManager: Block inpu
                                     s) instead of 1 peers
```

查看主目录中的 streaming 目录，里面出现了很多以 output-开关的子目录，其中保存的就是不同批次时间点的数据文件。

```
spark@ubuntu:~/streaming$ ll -d output*
drwxrwxr-x 2 spark spark 4096 Feb 19 04:07 output-1676808426000/
drwxrwxr-x 2 spark spark 4096 Feb 19 04:07 output-1676808428000/
drwxrwxr-x 2 spark spark 4096 Feb 19 04:07 output-1676808430000/
drwxrwxr-x 2 spark spark 4096 Feb 19 04:07 output-1676808432000/
drwxrwxr-x 2 spark spark 4096 Feb 19 04:07 output-1676808434000/
```

4.6 DStream 数据源读取

在 4.2 节中说过，Spark Streaming 支持多种不同类型的数据源，比如 Kafka、Flume、HDFS 和 Socket 等，这些数据源都能够不断生成数据流从而支持 Spark Streaming 的持续运行。除了前面用到的 Socket 数据流，下面再介绍两种数据流：基于文件系统的数据流，以及基于 Kafka 的数据流。

4.6.1 读取文件数据流

Spark Streaming 能够从本地文件目录、HDFS 文件系统中读取数据，只需通过调用 textFileStream()方法即可创建一个基于文件流类型的数据源。为了演示这个特性，我们首先准备一个目录，程序运行期间可以不断地往该目录中写入文本文件。打开一个 Linux 终端窗体，首先在主目录的 streaming 目录下创建一个 logfile 子目录，然后使用 vi 编辑器新建一个 FileStreamDemo.py 程序。

`cd ~/streaming`	◇ 切换到~/streaming 目录,若已在则忽略该步
`mkdir logfile`	◇ 创建 logfile 子目录
`vi FileStreamDemo.py`	◇ 编辑 FileStreamDemo.py 程序

```
spark@ubuntu:~/streaming$
spark@ubuntu:~/streaming$ mkdir logfile
spark@ubuntu:~/streaming$
spark@ubuntu:~/streaming$ vi FileStreamDemo.py
```

进入 vi 编辑器后，按 a 键切换到插入模式，并输入下面的代码。

`from pyspark import SparkContext` `from pyspark.streaming import StreamingContext`	◇ 导入相关模块包
`sc = SparkContext('local[2]','FileStreamDemo')` `sc.setLogLevel("WARN")`	◇ 启动两个工作线程
`ssc = StreamingContext(sc, 3)`	◇ 每 3 秒为一个批次

`# 创建一个基于本地文件目录的数据源，参数是文件所在的目录`
`linesRdd = ssc.textFileStream(`
`     'file:///home/spark/streaming/logfile')`
	◇ 创建一个基于本地文件目录的数据源

`wordCounts = linesRdd \` `     .flatMap(lambda line: line.split(" ")) \`	◇ 对 DStream 进行词频统计处理

```
        .map(lambda word: (word, 1)) \
        .reduceByKey(lambda a,b : a+b)
wordCounts.pprint()


ssc.start()
ssc.awaitTermination()
```

◇ 启动 Spark Streaming 循环执行 DStream 处理

◇ 等待程序终止（按 Ctrl+C 快捷键结束）

```
from pyspark import SparkContext
from pyspark.streaming import StreamingContext

sc = SparkContext('local[2]','FileStreamDemo')
sc.setLogLevel("WARN")
ssc = StreamingContext(sc, 3)
linesRdd = ssc.textFileStream(
        'file:///home/spark/streaming/logfile')
wordCounts = linesRdd \
        .flatMap(lambda line: line.split(" ")) \
        .map(lambda word: (word, 1)) \
        .reduceByKey(lambda a,b : a+b)
wordCounts.pprint()
ssc.start()
ssc.awaitTermination()
```

保存所做的修改并退出 vi 编辑器，将代码提交到 Spark 运行。

```
spark@ubuntu:~/streaming$ spark-submit FileStreamDemo.py
22/12/27 21:30:26 WARN Utils: Your hostname, ubuntu resolves to a loopback
.1, but we couldn't find any external IP address!
22/12/27 21:30:26 WARN Utils: Set SPARK_LOCAL_IP if you need to bind to an
22/12/27 21:30:26 WARN NativeCodeLoader: Unable to load native-hadoop libr
```

新打开一个 Linux 终端窗体，切换到~/streaming 目录，使用 echo 命令依次在 logfile 子目录中创建 1.txt 和 2.txt 文件，同时观察运行代码的终端窗体所发生的变化。

```
cd ~/streaming
echo "hello spark" > logfile/1.txt
echo "hello hadoop" > logfile/2.txt
```

◇ 切换到~/streaming 目录，若已在则忽略该步

◇ echo 意为"回显，显示"

◇ >为重定向符号，echo 回显的内容重定向到文件

```
ark@ubuntu:~$ cd ~/streaming
:~/streaming$ echo "hello spark" > logfile/1.txt
:~/streaming$ echo "hello hadoop" > logfile/2.txt
:~/streaming$
:~/streaming$ □
```

```
Time: 2022-12-27 21:55:24
-------------------------
('hello', 1)
('spark', 1)

-------------------------
Time: 2022-12-27 21:55:28
-------------------------
('hadoop', 1)
('hello', 1)
```

值得注意的是，Spark Streaming 每次都是监视 logfile 目录中的新文件，新文件一旦被处理过，后续就不会再重复读取它的数据，哪怕是修改了文件的内容其也会被直接忽略。如果使用 HDFS 文件，只需将 textFileStream()方法的路径参数修改为 HDFS 目录即可，比如 hdfs://localhost:9000/logfile，然后不断地上传新文件到 HDFS 目录中。

4.6.2　读取 Kafka 数据流

1. Kafka 介绍

Kafka 是一个分布式的消息"发布-订阅"系统，也被称为消息中间件，它通过一个强大的

消息队列处理大量的数据，并能够将消息从一个端点可靠地传递到另一个端点。Kafka 非常适合离线和实时的数据消费，支持将消息内容保存到磁盘以防止数据丢失，能方便地与 Spark 集成，用于实时数据的流计算。

Kafka 构建在 ZooKeeper 同步服务之上，是一个分布式的消息队列系统，具有高性能、持久化、多副本备份和横向扩展的能力。在这个系统中，数据的生产者往队列里写消息，数据的消费者从队列里获取消息并进行业务逻辑处理。Kafka 在应用架构设计中起到解耦、削峰、异步处理的作用。

（1）生产者和消费者（producer 和 consumer）：消息的发送者（即生产者）是 producer，消息的使用和接收者（即消费者）是 consumer。生产者将数据保存到 Kafka 中，消费者从 Kafka 中获取消息，如图 4-5 所示。

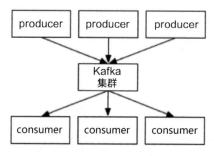

图 4-5　Kafka 的生产者和消费者模型

（2）Kafka 实例（broker）：Kafka 集群中有多个节点，每个节点都可以存储消息，每个节点就是一个 Kafka 实例，也被称为 broker，其字面含义是"经纪人"。

（3）主题（topic）：一个 topic 保存的是同一类消息，相当于消息分类。每个 producer 将消息发送到 Kafka 时必须指明要保存到哪个 topic，以指明这个消息属于哪一类。topic 的消息格式一般包含 key 和 value 两个字段，是一个(k,v)键值对形式的二元组。

（4）分区（partition）：每个 topic 又可以分为多个 partition，每个分区在磁盘上就是一个追加模式的 log 文件，任何发布到此 partition 的消息都会被追加到对应 log 文件的尾部。设置分区的原因是 Kafka 基于文件进行存储，当文件内容多到一定程度时就很容易达到单个磁盘文件的上限，而采用一个分区对应一个文件的做法，数据可以被分别存储到不同的节点上，还能实现负载均衡，如图 4-6 所示。

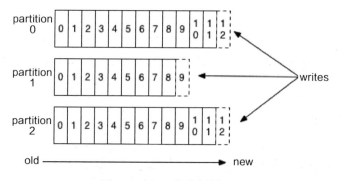

图 4-6　Kafka 的分区原理

（5）偏移量（offset）：一个分区是磁盘上的一个文件，消息存储在文件中的位置就称为 offset，即偏移量，它用来唯一标记一条消息的整数，如图 4-7 所示。由于 Kafka 没有提供其他索引机制存储偏移量，因此文件只能按顺序操作，不允许随机读/写消息。

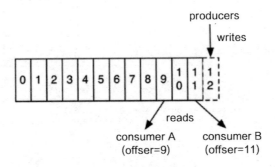

图 4-7　Kafka 分区的偏移量

2．Kafka 安装与测试

我们可以通过浏览器下载所用的软件包（该文件已下载到主目录的 soft 子目录中）。因为 Spark2.4.8 是使用 Scala2.11 开发的，所以这里下载的也是使用 Scala2.11 编译的 kafka_2.11-2.4.1.tgz 安装包，如图 4-8 所示，该安装包内已附带 ZooKeeper，因此不需要另外安装 ZooKeeper。

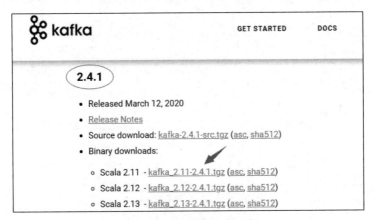

图 4-8　Kafka 安装包的下载

（1）Kafka2.4.1 安装文件下载之后，打开一个 Linux 终端窗体，输入下面的命令对其进行解压缩，并创建链接文件 kafka，以及设定 kafka_2.11-2.4.1 目录的所属用户和组。

```cd ~/soft```	◇ 切换到 soft 目录，若已在则忽略该步
```sudo tar -zxf kafka_2.11-2.4.1.tgz -C /usr/local```	◇ 将文件解压缩到/usr/local 目录,如果提示输入账户的密码，则输入 spark 即可
```cd /usr/local```	
```sudo ln -s kafka_2.11-2.4.1/ kafka```	◇ 创建链接文件 kafka
```sudo chown spark:spark -R kafka_2.11-2.4.1/```	◇ 修改 kafka_2.11-2.4.1 目录的所属用户和组为 spark:spark

```
spark@ubuntu:~$ cd ~/soft
spark@ubuntu:~$ sudo tar -zxvf kafka_2.11-2.4.1.tgz -C /usr/local
spark@ubuntu:~$ cd /usr/local
spark@ubuntu:/usr/local$ sudo ln -s kafka_2.11-2.4.1/ kafka
spark@ubuntu:/usr/local$ sudo chown spark:spark -R kafka_2.11-2.4.1/
```

（2）启动 Kafka 依赖的 ZooKeeper 服务。

```cd /usr/local/kafka bin/zookeeper-server-start.sh config/zookeeper.properties & jps```	◇ 切换到/usr/local/kafka 目录 ◇ &符号代表命令在后台运行 ◇ 查看正在运行的 Java 进程

```
spark@ubuntu:/usr/local$ cd /usr/local/kafka
spark@ubuntu:/usr/local/kafka$ bin/zookeeper-server-start.sh config/zookeeper.properties &
[1] 5822
spark@ubuntu:/usr/local/kafka$ [2023-01-17 13:55:58,863] INFO Reading configuration from: (
g/zookeeper.properties (org.apache.zookeeper.server.quorum.QuorumPeerConfig)
[2023-01-17 13:55:58,867] WARN config/zookeeper.properties is relative. Prepend ./ to indic
that you're sure! (org.apache.zookeeper.server.quorum.QuorumPeerConfig)
[2023-01-17 13:55:58,878] INFO clientPortAddress is 0.0.0.0:2181 (org.apache.zookeeper.serv
spark@ubuntu:/usr/local/kafka$ jps
6240 Jps
5822 QuorumPeerMain
spark@ubuntu:/usr/local/kafka$
```

执行完 ZooKeeper 服务的启动命令后，Linux 终端窗体会显示大量运行日志信息，如果没有出现 ERROR 之类的错误，就说明 ZooKeeper 服务已经启动。此外，通过 jps 命令也可以找到一个名为 QuorumPeerMain 的进程，它就是 ZooKeeper 的服务程序，默认使用 2181 端口。

（3）输入下面的命令将 Kafka 服务启动，启动完毕后，正常情况下会出现一个名为 Kafka 的进程。

```cd /usr/local/kafka bin/kafka-server-start.sh config/server.properties & jps```	◇ 切换到/usr/local/kafka 目录 ◇ &符号代表命令在后台运行 ◇ 查看正在运行的 Java 进程

```
spark@ubuntu:~$ cd /usr/local/kafka
spark@ubuntu:/usr/local/kafka$ bin/kafka-server-start.sh config/server.properties &
[2] 6263
spark@ubuntu:/usr/local/kafka$ [2023-01-17 14:06:44,546] INFO Registered kafka:type=
Controller MBean (kafka.utils.Log4jControllerRegistration$)
[2023-01-17 14:06:44,975] INFO Registered signal handlers for TERM, INT, HUP (org.ap
common.utils.LoggingSignalHandler)
[2023-01-17 14:06:44,976] INFO starting (kafka.server.KafkaServer)
[2023-01-17 14:06:46,908] INFO [KafkaServer id=0] started (kafka.server.KafkaServer)
spark@ubuntu:/usr/local/kafka$ jps
6662 Jps
6263 Kafka
5822 QuorumPeerMain
spark@ubuntu:/usr/local/kafka$
```

至此，Kafka 就运行起来了，Java 进程列表中也多了一个名为 Kafka 的进程，默认使用 9092 端口。此时，就可以运行程序对 Kafka 进行简单的测试，首先在 Linux 终端窗体 A 中创建 mytopic 主题，并向其发送几条测试的消息内容，然后在 Linux 终端窗体 B 中获取 mytopic 主题收到的消息并显示。

（4）新打开一个 Linux 终端窗体 A（代表生产者），在里面输入下面的命令。

```cd /usr/local/kafka bin/kafka-topics.sh --create \ --zookeeper localhost:2181 \ --replication-factor 1 \ --partitions 1 \```	◇ 切换到/usr/local/kafka 目录 ◇ 在 Kafka 集群中创建一个 topic（主题） ◇ 消息保存的副本数为 1，因为这里只有一个节点

`--topic mytopic`
 	
`bin/kafka-topics.sh --list --zookeeper localhost:2181`
`bin/kafka-console-producer.sh \`
` --broker-list localhost:9092 \`
` --topic mytopic`
	◇ 主题保存的分区数为 1，即使用一个文件保存消息内容
	◇ 创建的主题名为 mytopic
	◇ 列出在 Kafka 集群中的 topic（主题）
	◇ 连接到 kafka 节点 localhost: 9092，通过 mytopic 主题来生产消息，每行代表一个消息

```
spark@ubuntu:~$ cd /usr/local/kafka
spark@ubuntu:/usr/local/kafka$ bin/kafka-topics.sh --create \
> --zookeeper localhost:2181 \
> --replication-factor 1 \
> --partitions 1 \
> --topic mytopic
Created topic mytopic.
spark@ubuntu:/usr/local/kafka$ bin/kafka-topics.sh --list --zookeeper localhost:2181
mytopic
spark@ubuntu:/usr/local/kafka$ bin/kafka-console-producer.sh \
> --broker-list localhost:9092 \
> --topic mytopic
>█            ◀——— 稍后在这里输入的内容，即生产者发送的消息，每行代表一个消息
```

（5）新打开一个 Linux 终端窗体 B（代表消费者），在里面输入下面的命令。

`cd /usr/local/kafka`
`bin/kafka-console-consumer.sh \`
` --bootstrap-server localhost:9092 \`
`--topic mytopic \`
`--from-beginning`
	◇ 切换到 /usr/local/kafka 目录
	
	◇ 从 kafka 节点 localhost:9092 中消费消息
	◇ 消费的主题名为 mytopic
	◇ 从主题的开头获取消息内容

```
spark@ubuntu:~$ cd /usr/local/kafka
spark@ubuntu:/usr/local/kafka$ bin/kafka-console-consumer.sh \
> --bootstrap-server localhost:9092 \
> --topic mytopic \
> --from-beginning
█            ◀——— 稍后将在这里出现收到的消息内容
```

　　所有准备工作已经完毕，现在可以正式测试 Kafka 的消息生产和消费了。在 Linux 终端窗体 A 中随便输入几行内容，如果一切正常，在 Linux 终端窗体 B 中就可以看到收到的消息内容。测试完毕后，分别按 Ctrl+C 快捷键结束运行。

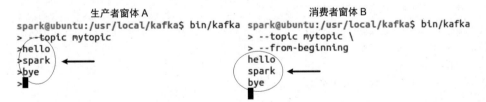

　　为简单起见，这里的 Kafka 生产者和消费者都是通过在终端窗体中直接生产和消费消息内容的。实际上，Kafka 的生产者和消费者都可以通过编写程序来实现。

3. Spark 读取 Kafka 消息

　　为了演示在 Spark 应用程序中实时读取 Kafka 的消息内容，我们先切换到主目录的 streaming 子目录，使用 vi 编辑名为 KafkaStreamDemo.py 的测试程序。

```cd ~/streaming``` ```vi KafkaStreamDemo.py```	◇ 切换到/home/spark/streaming 目录 ◇ 编辑 KafkaStreamDemo.py 程序

```
spark@ubuntu:/usr/local/kafka$
spark@ubuntu:/usr/local/kafka$ cd ~/streaming
spark@ubuntu:~/streaming$ vi KafkaStreamDemo.py
```

进入 vi 编辑器后，按 a 键切换到插入模式，并输入下面的代码。

```from pyspark.streaming.kafka import KafkaUtils```
```from pyspark import SparkContext```
```from pyspark.streaming import StreamingContext```
	◇ 导入相关模块包

```sc = SparkContext('local[2]','KafkaStreamDemo')```
```sc.setLogLevel("OFF")```
```ssc = StreamingContext(sc, 5)```
	◇ 在两个本地 CPU 核上运行程序
	◇ 关闭运行日志
	◇ 每 5 秒为一个批次

```linesRdd = KafkaUtils.createDirectStream(ssc, \```
```   topics=['mytopic'], \```
```   kafkaParams={"metadata.broker.list":"localhost:9092"})```
```wordCounts = linesRdd \```
```   .flatMap(lambda x: x[1].split(" ")) \```
```   .map(lambda word: (word, 1)) \```
```   .reduceByKey(lambda a,b : a+b)```
```wordCounts.pprint()```
	◇ 创建基于 kafka 主题消息的数据源，设定订阅主题 mytopic 和 kafka 节点地址 localhost:9092
	◇ 返回的 linesRdd 是 DStream 对象，即按时间切片的 RDD
	◇ 来自 kafka 的消息数据 x 的格式为(k,v)二元组，其中，v 是消息内容，即 k=x[0], v=x[1]

```ssc.start()``` ```ssc.awaitTermination()```	◇ 启动 Spark Streaming 循环执行 DStream 处理 ◇ 等待程序终止(按 Ctrl+C 快捷键结束)

```
from pyspark.streaming.kafka import KafkaUtils
from pyspark import SparkContext
from pyspark.streaming import StreamingContext
sc = SparkContext('local[2]','KafkaStreamDemo')
sc.setLogLevel("OFF")
ssc = StreamingContext(sc, 5)
linesRdd = KafkaUtils.createDirectStream(ssc, \
    topics=['mytopic'], \
    kafkaParams={"metadata.broker.list":"localhost:9092"})
wordCounts = linesRdd \
    .flatMap(lambda x: x[1].split(" ")) \
    .map(lambda word: (word, 1)) \
    .reduceByKey(lambda a,b : a+b)
wordCounts.pprint()
ssc.start()
ssc.awaitTermination()
```

保存所做的修改并退出 vi 编辑器，在运行代码之前需要确保 Kafka 已经启动，且已通过

"2. Kafka 安装与测试"中的第（4）步创建了 mytopic 主题，可在终端窗体中输入以下命令进行确认。

```
cd /usr/local/kafka
bin/kafka-topics.sh --list --zookeeper localhost:2181
```
◇ 切换到/usr/local/kafka 目录
◇ 将 Kafka 集群中的 topic 显示出来

```
spark@ubuntu:~$
spark@ubuntu:~$ cd /usr/local/kafka
spark@ubuntu:/usr/local/kafka$ bin/kafka-topics.sh --list --zookeeper localhost:2181
__consumer_offsets
mytopic  ←
spark@ubuntu:/usr/local/kafka$
```

为了运行代码，还需要下载一个名为 spark-streaming-kafka-0-8-assembly_2.11-2.4. 8.jar 的依赖库（已放置在主目录的 soft 子目录中），下载好后将其复制到主目录的 streaming 子目录中，文件名中的"2.11-2.4.8"代表匹配由 Scala2.11 编译的 Spark2.4.8 版本。

```
spark@ubuntu:/usr/local/kafka$
spark@ubuntu:/usr/local/kafka$ cd
spark@ubuntu:~$ cp soft/spark-streaming-kafka-0-8-assembly_2.11-2.4.8.jar streaming
spark@ubuntu:~$
```

现在可以在终端窗体中输入以下命令，将代码提交到 Spark 运行。

```
cd ~/streaming
spark-submit --jars spark-streaming-kafka-0-8-assembly_2.11-2.4.8.jar KafkaStreamDemo.py
```
◇ 切换到/home/spark/streaming 目录
◇ spark-submit 命令后面的内容是在同一行，因排版所限被折行显示，并不是换行

```
spark@ubuntu:~/streaming$
spark@ubuntu:~/streaming$ cd ~/streaming         spark-submit命令为一整行
spark@ubuntu:~/streaming$ spark-submit --jars spark-streaming-kafka-0-8-assembly_2.11-2.4.8.jar KafkaStreamDemo.py
23/02/19 07:17:06 WARN util.Utils: Your hostname, ubuntu resolves to a loopbac
k address: 127.0.1.1; using 172.16.97.160 instead (on interface ens33)
23/02/19 07:17:06 WARN util.Utils: Set SPARK_LOCAL_IP if you need to bind to a
nother address
23/02/19 07:17:07 WARN util.NativeCodeLoader: Unable to load native-hadoop lib
rary for your platform... using builtin-java classes where applicable
23/02/19 07:17:08 INFO spark.SparkContext: Running Spark version 2.4.8
```

当代码正常运行之后，会自动每隔 5 秒处理来自 Kafka 的消息数据。接下来新开启一个 Linux 终端窗体，在其中启动生产者。

```
cd /usr/local/kafka
bin/kafka-console-producer.sh \
 --broker-list localhost:9092 \
 --topic mytopic
```
◇ 切换到/usr/local/kafka 目录
◇ 连接 kafka 节点 localhost:9092，并使用 mytopic 主题来生产消息，每行代表一个消息

```
spark@ubuntu:~$ cd /usr/local/kafka
spark@ubuntu:/usr/local/kafka$ bin/kafka-console-producer.sh \
> --broker-list localhost:9092 \
> --topic mytopic
>hello spark
>hello
>spark   ←
>
```

随后在生产者窗体中输入一些包含单词的字符串，这样运行的 Spark 应用程序就会收到单词并将所含单词的词频信息统计出来。

```
--------------------------------------------
Time: 2023-01-17 20:35:30
--------------------------------------------
('hello', 1)
('spark', 1)

--------------------------------------------
Time: 2023-01-17 20:35:35
--------------------------------------------
('hello', 2)
('spark', 1)

--------------------------------------------
```

4.7　单元训练

（1）Spark Streaming 主要是通过什么手段来处理实时数据的？

（2）DStream 和 RDD 的主要区别是什么？

第 5 章

Spark 编程进阶

 学习目标

知识目标

- 理解 RDD 的基本概念、分区机制、依赖关系
- 理解 RDD 的计算调度（作业 Job、阶段 Stage、任务 Task）和缓存机制
- 了解广播变量和累加器的作用和应用场景
- 理解 Spark 生态和应用架构以及 Spark 应用的部署模式

能力目标

- 会搭建 PySpark 开发环境（PySpark/Jupyter Notebook/PyCharm）
- 会使用广播变量和累加器解决实际问题
- 能根据不同的部署模式运行 Spark 应用程序

素质目标

- 培养良好的学习态度和学习习惯
- 培养自主和开放的学习能力
- 培养规范的程序编码能力

5.1 引言

到目前为止，我们已经学习了 RDD、Spark SQL 和 Spark Streaming 这三大组件技术，其

中，RDD 是 Spark 的核心模块，它通过分区技术将数据合理地分配到集群节点中处理，其背后有一套灵活和复杂的工作机制。比如，RDD 在计算时形成的依赖关系链、任务调度、数据缓存以及广播变量和累加器等，了解这些特性将有助于我们更加深入地理解 Spark 框架的本质。此外，Spark 应用程序是面向集群环境运行的，所以还涉及一个如何部署以及配置的问题，掌握这些内容是 Spark 大数据技术学习提升的一个重要台阶。

Spark 应用程序的开发有很多软件工具可供选择，除了其自带的 PySpark 交互式编程环境，还有 Jupyter Notebook 网页交互式编程环境、PyCharm 集成开发环境等，它们都可以很方便地支持 Spark 应用程序的学习和开发，因此掌握它们的基本使用方法是很有必要的。

5.2　搭建 PySpark 开发环境

5.2.1　PySpark 交互式编程环境

在 PySpark 交互式编程环境中，只要输入一条语句，就会自动提交运行并显示运行结果，这对初学者理解 Spark 应用程序是非常有帮助的。PySpark 交互式编程环境是通过 Spark 内置的 pyspark 脚本命令启动的，与此同时，Python 软件库中也存在一个名为 pyspark 的库，这个库可以脱离外部配置的 Spark 运行环境而独立存在，这对于一些第三方的开发工具（如 PyCharm、VScode 等）来说更加方便。

下面通过 pip 命令将 pyspark 库安装到 python3.6 运行环境中（注：在第 1 章中已经配置 pip 命令管理 python3.6 的软件包，pip3 命令管理 python3.8 的软件包）。

```
sudo pip install pyspark==2.4.8 py4j==0.10.7      ◇ 安装 pyspark 库，指定的版本与
                                                    这里的 Spark 一致
◇ py4j 允许 Python 动态访问 Java 对象，Java 程序也能够回调 Python 对象，它是 Python 和 Java
互相操作的一个中间桥梁
```

```
spark@ubuntu:~$ sudo pip install pyspark==2.4.8 py4j==0.10.7
Looking in indexes: https://pypi.tuna.tsinghua.edu.cn/simple
/usr/share/python-wheels/urllib3-1.25.8-py2.py3-none-any.whl/urllib3/connectio
ning: Unverified HTTPS request is being made to host 'pypi.tuna.tsinghua.edu.c
on is strongly advised. See: https://urllib3.readthedocs.io/en/latest/advanced
Collecting pyspark==2.4.8
```

现在读者可能会产生一个疑问，Spark 框架内置的 pyspark（PySparkShell）与 Python 环境中安装的 pyspark 到底有什么区别？为了解答这个问题，我们从以下 3 个方面进行讲解。

（1）运行环境不同。从 pip 源安装的 pyspark 本质是一个 Python 扩展库，它可在 Python 交互式编程环境或任何支持 Python 的集成开发环境中引入和使用。Spark 框架内置的 pyspark（PySparkShell）只能通过运行 pyspark 命令脚本来启动，它实际是一个工具命令程序。

（2）功能不同。从 pip 源安装的 pyspark 库仅限于在 Python 环境下使用，需要在代码中通过 import 导入。Spark 框架则提供了多语言版本的交互式编程环境，包括 pyspark（Python 版）、spark-shell（Scala 版）和 sparkR（R 版）等，它们都是 Spark 框架提供的命令工具，所以统称为 SparkShell，而 pyspark 只是其中之一。

（3）使用方式不同。从 pip 源安装的 pyspark 库在导入后，需要手动创建 spark 和 sc 入口对象变量，而 Spark 框架自带的 pyspark 脚本命令启动后，会自动创建 spark 和 sc 入口对象变

量，对初学者来说更为方便易用。

综上可知，Spark 框架内置的 pyspark 命令工具和 Python 的 pyspark 库各有优劣，如果是生产环境的开发和运行，则应该选择 pyspark 库。对于一般的 Spark 技术学习，推荐使用 pyspark 命令工具。值得一提的是，使用 pip 命令安装的 pyspark 库，其本身就包含一套独立的 Spark 运行环境（约 240MB 大小），我们在终端窗体中运行 pip show pyspark 或 python3.6 -m pip show pyspark 命令找到其对应的目录，就会发现 pyspark 库附带的 Spark 框架文件，它也是开发过程中所用 pyspark 库的实际运行支撑。

安装好 pyspark 库后，就可以在各种 Python 的编程环境中使用。为了测试 pyspark 库，首先打开一个 Linux 终端窗体并输入 python 命令进入 python3.6 交互式编程环境（python3 命令对应默认安装的 python3.8，python 命令被设置为对应 python3.6）。

cd ~ python 或 python3.6	◇ 切换到当前主目录，若已在则忽略该步 ◇ python 链接文件指向的是 python3.6 可执行程序，所以运行 python 或 python3.6 命令是等价的 ◇ pyspark 库是通过 pip 命令安装的，对应 python3.6 语言环境。pip3 命令对应 python3.8 语言环境

```
spark@ubuntu:~$ cd ~
spark@ubuntu:~$ python
Python 3.6.15 (default, Sep 10 2021, 00:26:58)
[GCC 9.3.0] on linux
Type "help", "copyright", "credits" or "license" for more information.
>>>
```

然后输入下面的代码进行测试。

```from pyspark import SparkContext```
 	
```sc = SparkContext('local[1]', 'pyspark lib')```
```rdd = sc.parallelize([1,2,3,4,5])```
```datas = rdd.collect()```
```print(datas)```
	◇ pyspark 为安装的 pyspark 库
	◇ SparkContext 意为 Spark 上下文，参数 local[1] 表示在本地机器的 1 个 CPU 核上运行，参数 pyspark lib 是给当前编写的 Spark 应用程序设置的名字
	◇ Spark 的大部分功能是通过 sc 对象来调用的

```
spark@ubuntu:~$ python
Python 3.6.15 (default, Sep 10 2021, 00:26:58)
[GCC 9.3.0] on linux
Type "help", "copyright", "credits" or "license" for more information.
>>>
>>> from pyspark import SparkContext
>>>
>>> sc = SparkContext('local[1]', 'pyspark lib')
23/01/31 16:35:05 WARN Utils: Your hostname, ubuntu resolves to a loopback add
16.97.189 instead (on interface ens33)
23/01/31 16:35:05 WARN Utils: Set SPARK_LOCAL_IP if you need to bind to anothe
23/01/31 16:35:06 WARN NativeCodeLoader: Unable to load native-hadoop library
builtin-java classes where applicable
>>> rdd = sc.parallelize([1,2,3,4,5])
>>> datas = rdd.collect()
>>> print(datas)
[1, 2, 3, 4, 5]
>>>
```

通过这段 Python 代码可以看出，在使用 pyspark 库时，必须手动创建 SparkContext 对象才能进行后续操作，其他 Python 开发工具在使用 pyspark 库时也是如此。

5.2.2　Jupyter Notebook 编程环境

　　Jupyter Notebook 是一个类似网页笔记形式的 Web 编程工具，支持在网页中直接编写和运行代码，并能够以文本、图表嵌入等方式输出运行结果，适用于数据清洗、数据可视化、机器学习等场合，支持包括 Python、R、Julia、Scala 等在内的 40 多种编程语言。Jupyter Notebook 本身依赖 Python（要求 python3.3 及以上），通过 pip/pip3 包管理工具就可以很方便地将其安装到当前 Python 运行环境中。

　　按以下步骤进行 Jupyter Notebook 的安装。

```
cd ~                                    ◇ 切换到当前主目录，若已在则忽略该步
sudo pip install jupyter==1.0.0         ◇ 通过 pip 命令安装 jupyter 库，需要一点时间
```

```
spark@ubuntu:~$ sudo pip install jupyter==1.0.0
[sudo] password for spark: ←── 输入账户的密码 spark
Looking in indexes: https://pypi.tuna.tsinghua.edu.cn/simple
Collecting jupyter
  Downloading https://pypi.tuna.tsinghua.edu.cn/packages/83/df/0f5dd132200728a
2abd7e/jupyter-1.0.0-py2.py3-none-any.whl (2.7 kB)
```

　　由于 Jupyter Notebook 依赖的其他库比较多，因此安装过程大概需要耗费几分钟的时间。一旦 Jupyter Notebook 安装完毕，就要考虑如何在 Jupyter Notebook 中运行 Spark 应用程序，有两种方式可供选择：第 1 种方式是配置环境变量，当运行 pyspark 命令时会自动打开一个 Jupyter Notebook 网页，并将 Linux 终端窗体界面切换到 Jupyter Notebook 界面，相当于改变了 pyspark 命令的原本行为；第 2 种方式不用改变 pyspark 命令的原本行为，当安装 jupyter 后，只需正常启动 Jupyter Notebook 网页即可，但在正式运行 Spark 代码之前，需要先运行一次 findspark.init()方法，其后就与一般使用 pyspark 库的做法相同。下面先简单说明第 1 种方式的大致步骤，然后按照第 2 种方式进行操作。

　　（1）对于第 1 种方式，只需在 Ubuntu20.04 中定义下面两个环境变量：

```
export PYSPARK_DRIVER_PYTHON="jupyter"
export PYSPARK_DRIVER_PYTHON_OPTS="notebook"
```

　　或者，设置附带更多参数的环境变量：

```
export PYSPARK_DRIVER_PYTHON="jupyter-notebook"
export PYSPARK_DRIVER_PYTHON_OPTS=" --ip=0.0.0.0 --port=8888"
```

　　经过环境变量的设置并运行 source 命令使其生效后，每当运行 pyspark 命令，就会自动切换到 Jupyter Notebook 界面，如图 5-1 所示。

　　（2）下面介绍第 2 种方式的做法，安装 findspark 库，它的作用是使 pyspark 库在 Jupyter Notebook 网页中能够像一个普通 Python 模块那样导入和使用。

```
sudo pip install findspark                    ◇ 安装 findspark 库
```

```
spark@ubuntu:~$ sudo pip install findspark
[sudo] password for spark: ←── 输入当前账户的密码 spark
Looking in indexes: https://pypi.tuna.tsinghua.edu.cn/simple
/usr/share/python-wheels/urllib3-1.25.8-py2.py3-none-any.whl/urllib3/connectio
Unverified HTTPS request is being made to host 'pypi.tuna.tsinghua.edu.cn'. Ad
ly advised. See: https://urllib3.readthedocs.io/en/latest/advanced-usage.html#
Collecting findspark
```

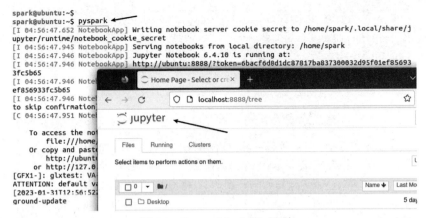

图 5-1　Jupyter Notebook 界面

（3）启动 Jupyter Notebook，因为它是一个 Web 网页应用，所以此时会自动打开一个浏览器显示网页的界面。

| cd ~ | ◇ 切换到当前主目录，若已在则忽略该步 |
| jupyter notebook | ◇ jupyter 是一个可执行程序，notebook 代表打开一个"笔记本" |

稍等片刻，浏览器中会显示 Jupyter Notebook 的初始界面，如图 5-2 所示。

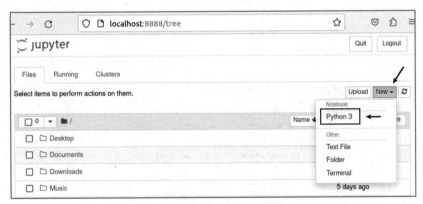

图 5-2　Jupyter Notebook 的初始界面

（4）找到浏览器界面右上角区域，选择 New 下拉列表中的 Python 3 选项，此时会新打开一个 Jupyter Notebook 界面，Spark 代码就是在这个界面中来编写的，如图 5-3 所示。

在 Jupyter Notebook 界面中编写代码的方式，与在普通的 Python 编程环境中基本一样，唯一不同的是，在运行代码之前，必须先运行一次 findspark.init()方法，只需在当前 Jupyter Notebook 界面中运行一次即可，不用重复运行。

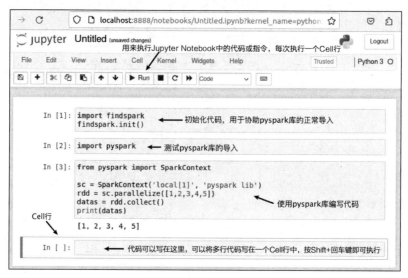

图 5-3　编写 Spark 代码

Jupyter Notebook 界面是由一些称为 Cell 的格子行构成的，用户可以像在普通文档中一样在格子行中编写代码或文本内容。每个 Cell 行还能使用鼠标单击选中，然后设置 Cell 行的类型为普通 Markdown 文字还是 Python 代码，通过在 Jupyter Notebook 界面右上角的下拉列表中选择设定即可，如图 5-4 所示。

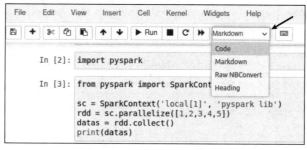

图 5-4　设定 Cell 行的类型

此外，当 Jupyter Notebook 界面的 Cell 行代码在运行时，当前 Cell 行的左端会有一个"[*]"提示，浏览器背后的 Linux 终端窗体中也会显示一些日志信息，在遇到问题时其可以作为一个参考的线索，如图 5-5 所示。

图 5-5　Jupyter Notebook 运行日志信息

Jupyter Notebook 还支持插件扩展机制，功能十分强大，这也使它能够成为一个基于网页形式的通用编程平台。限于篇幅，更多相关内容读者可自行参考网上的其他资源。

5.2.3 PyCharm 集成开发环境

在实际项目开发工作中通常会有很多代码、程序文件等，因此在绝大多数情况下要使用 IDE 集成开发工具来编写程序。PyCharm 就是一个功能强大的跨平台开发环境，主要用于 Python 的开发，支持代码分析、图形化调试，集成测试器、版本控制等，分为社区版和专业版两种。这里使用的是免费的社区版，它完全可以满足一般的 Python 应用开发需求。

（1）执行下面的命令将 PyCharm 安装包解压缩到/usr/local 目录下（安装包已下载到主目录的 soft 子目录中，由于压缩包比较大，因此解压缩也需要一点时间），解压缩完毕后切换到 /usr/local/pycharm-community-2022.3.1/目录，执行 bin 目录中的 pycharm.sh 脚本，以启动 PyCharm 集成开发环境。

`cd /usr/local`	◇ 切换到/usr/local 目录，准备安装到这个位置
`sudo tar -zxf ~/soft/pycharm-community-2022.3.1.tar.gz`	
`cd pycharm-community-2022.3.1/` `bin/pycharm.sh`	◇ 切换到/usr/local/pycharm-community-2022.3.1/目录 ◇ 执行 pycharm.sh 脚本

```
spark@ubuntu:~$
spark@ubuntu:~$ cd /usr/local
spark@ubuntu:/usr/local$ sudo tar -zxf ~/soft/pycharm-community-2022.3.1.tar.gz
[sudo] password for spark:   ← 输入当前账户的密码 spark
spark@ubuntu:/usr/local$ cd pycharm-community-2022.3.1/
spark@ubuntu:/usr/local/pycharm-community-2022.3.1$ bin/pycharm.sh
CompileCommand: exclude com/intellij/openapi/vfs/impl/FilePartNodeRoot.trieDesc
```

（2）随后显示接受用户使用条款界面，勾选 I confirm that I have read and accept the terms of this User Agreement 复选框并单击 Continue 按钮，如图 5-6 所示。

（3）在数据分享确认界面，确认发送辅助改善软件产品的匿名统计数据信息，如图 5-7 所示。

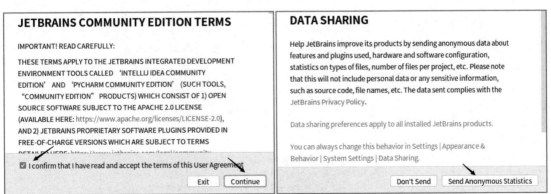

图 5-6 接受用户使用条款　　　　图 5-7 匿名用户信息收集

（4）稍等片刻，进入 PyCharm 的初始界面。在这个界面中，可以创建新项目，或者打开已有的项目，也可以修改一些 PyCharm 使用环境的参数，如图 5-8 所示。

图 5-8　PyCharm 的初始界面

（5）单击 PyCharm 初始界面左下角的"设置"（齿轮状）图标，如图 5-9 所示。

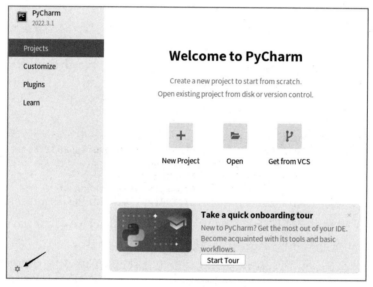

图 5-9　PyCharm 初始设置

（6）在打开的下拉列表中选择 Create Desktop Entry 选项，创建一个在 Ubuntu 桌面启动的图标，这样就不需要通过终端命令来启动 PyCharm 了，如图 5-10 所示。

图 5-10　创建 PyCharm 桌面启动图标

（7）在创建桌面启动图标的确认框中，直接单击 OK 按钮即可，如图 5-11 所示。

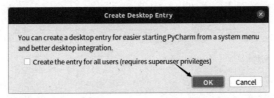

图 5-11　创建 PyCharm 桌面启动图标的确认框

（8）找到 PyCharm 初始界面左侧的 Customize 选项并单击它，然后在右侧单击 All settings 按钮，对开发环境进行配置，如图 5-12 所示。

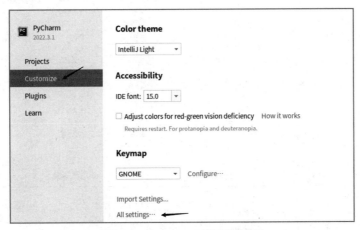

图 5-12　PyCharm 开发环境配置

（9）找到左侧的 Python Interpreter 选项并单击它，选择右上角的 Add Interpreter→Add Local Interpreter 选项，添加一个本地 Python 解释器，如图 5-13 所示。

图 5-13　添加本地 Python 解释器

（10）首先选择添加 Python 解释器界面左侧的 System Interpreter 选项，即系统安装的 Python 环境，然后选择右侧解释器列表中的/usr/bin/python3.6 选项，也就是 Spark2.4.8 使用的 Python 版本，如图 5-14 所示。

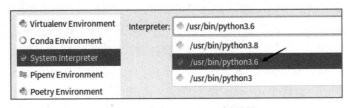

图 5-14　选取 python3.6 解释器

（11）稍等片刻，设置界面中会列出所选中的 python3.6 软件库清单，这一过程相当于在终端窗体中执行 pip list 命令的效果，如图 5-15 所示。

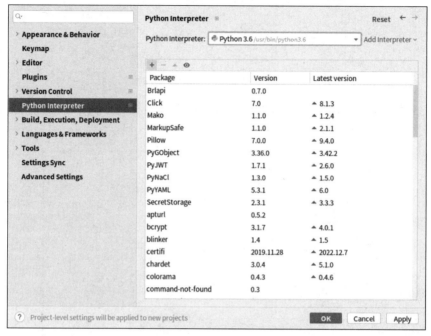

图 5-15　python3.6 软件库清单

单击 OK 按钮关闭设置界面，回到 PyCharm 初始界面。

（12）选择 PyCharm 初始界面左侧的 Projects 选项，单击右侧的 New Project 按钮打开新建 Python 项目界面，如图 5-16 所示。

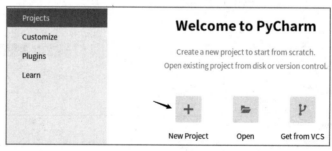

图 5-16　新建 PyCharm 项目

（13）在新建 Python 项目界面中，输入一个项目的名称，比如 HelloSpark，保存路径默认为当前主目录的 PycharmProjects 文件夹，选中 Previously configured interpreter 单选按钮，即之前配置好的 python3.6 解释器（右侧有一个 Add Interpreter 操作项可以增加其他版本的解释器），单击 Create 按钮创建项目文件，如图 5-17 所示。

（14）项目创建完毕后，PyCharm 会切换至项目开发界面，其中左侧是项目文件内容，右侧是代码编辑器，也可以将默认的 main.py 文件名修改为其他想要的名称，如图 5-18 所示。

如果 PyCharm 界面右下角附近显示 Download pre-built shared indexes 确认框，则单击 Always download 按钮，这样 PyCharm 就会自动下载预编译的 Python 包文件索引，如图 5-19 所示。

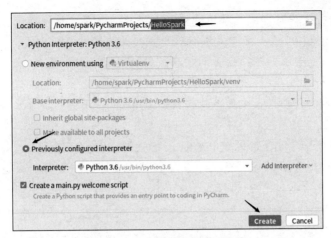

图 5-17　设定新建项目的信息

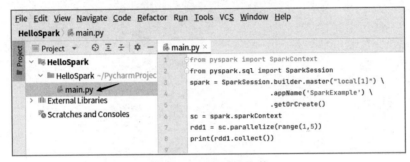

图 5-18　项目默认文件

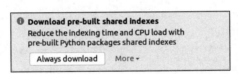

图 5-19　自动下载预编译的 Python 包文件索引确认

（15）在打开的代码编辑器中将 main.py 文件的原有代码全部清除，输入下面的 Spark 测试代码。

```from pyspark import SparkContext from pyspark.sql import SparkSession spark = SparkSession.builder.master("local[1]") \ .appName('SparkExample') \ .getOrCreate() sc = spark.sparkContext rdd1 = sc.parallelize(range(1,5)) print(rdd1.collect())```	◇ 从 pyspark 库中导入所需的类 ◇ 创建一个 spark 对象，类似 Spark SQL 中使用的 spark 对象 ◇ master() 方法用于设定 Spark 应用程序运行的节点，为本地机器的 1 个 CPU 核 ◇ appName() 方法用于设定当前 Spark 应用程序的名称 ◇ 通过 spark 对象可以得到 SparkContext ◇ 使用 print() 函数将要输出的内容显示出来

【学习提示】

值得特别注意的是，与 PySparkShell、Python、Jupyter Notebook 等交互式编程环境不同的是，PyCharm 在运行代码时不能直接通过变量名将它们的内容打印显示，必须使用 print()函数。这是因为 PySparkShell 这类交互式编程环境主要是为了学习的方便，即使直接将一个变量名作为代码的一行，也会显示这个变量的信息或数据内容。但如果在 PyCharm 中也这么做，或者在.py 源代码文件中直接将变量名当作一行，将导致该变量不会有任何显示，即使有返回值的函数也不会显示任何结果，比如单独的 rdd1.collect()就不会在屏幕上输出任何内容，必须使用 print()函数才行。

（16）代码准备完毕，现在可以在 PyCharm 的代码编辑器任意空白位置单击鼠标右键，在弹出的快捷菜单中选择 Run'×××'命令（×××代表要运行的文件名），就会启动 main.py 程序的运行，如图 5-20 所示。

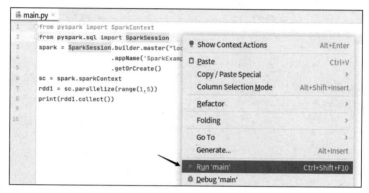

图 5-20　运行 main.py 程序

运行结果如图 5-21 所示。

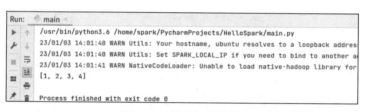

图 5-21　程序运行结果

除了在创建 Python 项目时默认生成的 main.py 文件，用户还可以根据需要在项目中新建更多的源代码文件或文件夹。

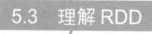

5.3　理解 RDD

5.3.1　RDD 基本概念

RDD 是一种容错的、可被并行操作的数据集，它允许数据同时跨多个计算节点而存在，但在使用上仍像是一个普通的集合。实际上，Spark 的计算过程都是围绕 RDD 进行的，Spark SQL 虽然不是直接通过算子操作 RDD 的，但底层实现仍然是基于 RDD 进行计算的。RDD 的计算流程如图 5-22 所示。

RDD 基本概念

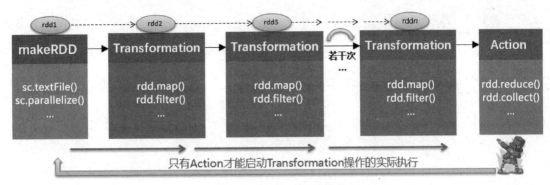

图 5-22　RDD 的计算流程

下面简单回顾一下 Spark 并行计算的一般流程。

（1）makeRDD（创建 RDD）。

使用 textFile()方法通过文本文件创建 RDD，或使用 parallelize()方法通过集合创建 RDD。RDD 在创建后，其中的数据内容不可直接修改，只能对它执行 Transformation 转换以生成新的 RDD，或执行 Action（行动）操作启动计算并生成结果。

（2）Transformation（转换 RDD 数据）。

RDD 转换实际上是对每个数据元素执行处理生成新的 RDD。RDD 经过若干次的转换后会形成一条"RDD 计算链"。Spark 对 RDD 的转换操作采用延迟机制，调用 RDD 转换方法时并不会立即进行计算，要等到执行 Action（行动）操作时才会从最初的 RDD 开始启动整个计算链的执行。像 map、filter、reduceByKey 等转换算子都是 RDD 的"执行计划"，并不像普通代码那样在调用时就立即执行。

（3）Action（启动计算）。

Action（行动）操作是用来启动 RDD 计算链执行的一个开关。RDD 计算链执行完毕后，就可以将生成的计算结果返回 Driver 进程后输出或保存，像 collect、count、saveAsTextFile 等算子都是用来启动 RDD 计算链的计算执行的。

综上可知，RDD 的转换操作（Transformation）是基于现有的数据集创建一个新的数据集，RDD 的行动操作（Action）是在数据集上进行计算，并返回计算值。

下面来看一个基本的 RDD 示例代码。

```
data = [1,2,3,4,5]
rdd1 = sc.parallelize(data)
a = b = 1
c = a + b
rdd2 = rdd1.map(lambda x: x+1)
rdd3 = rdd2.filter(lambda x: x%2==0)
result = rdd3.collect()
print(result)
print(c)
```

◇ 使用 Python 集合创建 RDD 对象，data 数据集位于 Driver 进程中

◇ 执行 rdd3.collect()操作，此时会启动 rdd1->rdd2->rdd3 这一计算链的执行，最后 result 结果数据返回 Driver 进程并输出

◇ a+b 的计算和 print()函数仅在 Driver 进程中执行，它们是非分布式的计算代码。RDD 数据的转换操作会分布在 Worker 节点的 Executor 进程中并行执行

将代码输入 PySparkShell 交互式编程环境中执行，结果如下。

```
>>> data = [1,2,3,4,5]
>>> rdd1 = sc.parallelize(data)
>>> a = b = 1                         横线标记的在 Executor 进程中执行（Worker 节点）
>>> c = a + b
>>> rdd2 = rdd1.map(lambda x: x+1)
>>> rdd3 = rdd2.filter(lambda x: x%2==0)  ←
>>> result = rdd3.collect()
>>> print(result)
[2, 4, 6]
>>> print(c)
2
>>>
```

值得一提的是，与 RDD 计算无关的代码只会运行在 Driver 进程所在的节点，不会被发送给集群的 Worker 节点。但如果在 RDD 中用到了类似 a、b、c 这样的局部变量或其他 Python 函数，Driver 进程就会将它们发送到 Worker 节点上执行。

5.3.2　RDD 的分区

分区（Partition）是 RDD 的一种内部数据组织单位，就像班级中的小组一样。RDD 是由分布在各个节点上的分区构成的，RDD 通过分区机制将数据分散到不同节点上进行计算。RDD、分区、文件及计算节点的对应关系，可以通过一个简单的示意图来帮助理解，如图 5-23 所示。

RDD 的分区

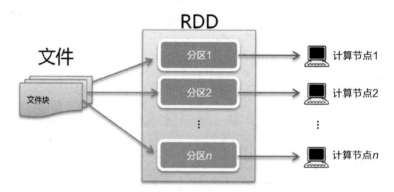

图 5-23　RDD、分区、文件及计算节点的对应关系

RDD 的分区数会影响 Spark 计算任务 Task 线程的数量，每个 Task 线程负责处理一个或多个分区的数据。比如，在通过文本文件创建 RDD 时，文件内容会被分成多个分区，这些分区共同构成一个完整的 RDD。对于文件，通常一个文件块就对应 RDD 的一个分区，在每个分区中包含文件的多行数据，通过 textFile()方法读取时默认每行就是 RDD 的一个数据元素。

Spark 在创建 RDD 时，如果不明确指定分区数，则会使用默认值来设置分区数（可通过 spark.default.parallelism 参数修改配置）。RDD 的分区数对 Spark 应用程序的运行是有影响的，如果分区数太少，则很可能导致计算资源不能得到充分利用，比如有 8 个 CPU 核，如果只设置 4 个分区，那么一半的 CPU 就被浪费了。不过，如果分区数太多，Spark 创建的 Task 线程也会过多，从而影响执行效率。按照 Spark 官方的建议，集群节点的每个 CPU 核分配 2～4 个分区是比较合理的。

RDD 的分区数还可以在运行时进行动态调整，可以使用 coalesce()和 repartition()两种调整方法，其中，repartition()方法可以增加或减少分区数，同时会产生数据的重组操作（Shuffle），而 coalesce()方法可以控制是否对数据进行重组，如果不重组，则只能减少分区数。如果不是很有必要，一般不用在计算过程中人为调整 RDD 的分区数。

下面给出一个简单的 RDD 分区示例代码。

```
rdd = sc.parallelize([1,2,3,4,5], 2)
print(rdd.getNumPartitions())
print(rdd.glom().collect())
```

◇ 使用集合元素创建包含两个分区的 rdd 对象
◇ 查看 rdd 的分区数
◇ 获取 rdd 每个分区的具体元素内容并打印输出
◇ rdd 集合有两个分区，这两个分区可以被分配到不同的计算节点中处理。如果集合只有一个分区，就无法拆开分散到计算节点中了

代码运行结果如下。

```
>>> rdd = sc.parallelize([1,2,3,4,5], 2)
>>> print(rdd.getNumPartitions())
2
>>> print(rdd.glom().collect())
[[1, 2], [3, 4, 5]]
>>>
```

5.3.3　RDD 的依赖关系

RDD 在每次进行转换操作后，都会生成一个新的 RDD，这样经过多次转换操作生成的 RDD 之间就会形成一种类似"流水线"一样的前后链接关系，后一个 RDD（子）是由前面的一个或多个 RDD（父）生成的，如图 5-24 所示。2.2 节讲过，RDD 是一种过程性的数据集，它只有在真正计算的时候才出现在内存中，用完之后里面的数据元素就要从内存中移除（不像 a=1、b=3.14 这种数据一旦被定义就存储在内存中），否则计算过程中多次生成的 RDD 很快会将内存消耗完。所以，Spark 在每次使用某个 RDD 时，都是要执行生成这个 RDD 的计算过程的（缓存的 RDD 除外）。

RDD 的依赖关系

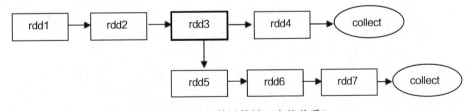

图 5-24　RDD 的计算链（血缘关系）

对于 Spark 来说，RDD 的前后依赖关系被划分为两种类型，分别是"窄依赖"（Narrow Dependency）和"宽依赖"（Wide Dependency 或 Shuffle Dependency），如图 5-25 所示。RDD 之间的依赖关系，是以 RDD 里面的分区数据"前后流向"关系为依据的（见图 5-25 中带阴影的实心小图框）。

（1）窄依赖。

所谓窄依赖，是指父 RDD 中任意一个分区的数据，至多"流向"子 RDD 的一个分区，前后 RDD 的分区之间是"多对一"的关系（$n:1$，$n \geqslant 1$）。在窄依赖情形下，如果子 RDD 在执行操作时某个分区计算失败（如数据丢失），此时只需重新计算父 RDD 的对应分区即可恢复数据。当然，如果父 RDD 的分区数据也有受损，则再往上追溯计算即可，像 map、filter 等

转换算子生成的 RDD，它们之间都是窄依赖的关系。

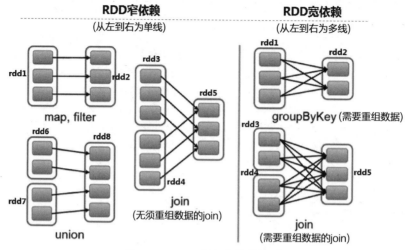

图 5-25　RDD 的宽窄依赖关系

（2）宽依赖。

所谓宽依赖，是指父 RDD 中分区的数据会同时"流向"子 RDD 的多个分区，前后 RDD 的分区之间是"一对多"的关系（$1:n$，$n \geqslant 2$）。在执行具有宽依赖关系的算子时，来自父 RDD 的不同分区的数据要进行"洗牌"重组，所以宽依赖也被称为 Shuffle 依赖。当前后 RDD 之间是宽依赖关系时，前面 RDD 的分区数据需要打散，通过计算后再重新组合到后面 RDD 的分区中（回顾一下词频统计的例子）。在这种情形下，如果子 RDD 丢失了分区数据，则需要将父 RDD 的分区全部重新计算一次才能恢复，像 reduceByKey、sortByKey、groupByKey 等操作就会产生宽依赖关系。

下面给出演示 RDD 宽窄依赖关系的示例代码。

```
rdd1 = sc.parallelize([1,2,3,4,5,6], 3)
rdd2 = rdd1.map(lambda x: x-1)
rdd3 = sc.parallelize(["my,spark,my,spark",
                "spark,spark"], 2)
rdd4 = rdd3.flatMap(lambda x: x.split(","))
rdd5 = rdd4.map(lambda x: (x,1))
rdd6 = rdd5.reduceByKey(lambda a,b: a+b)
```

◇ rdd2 与 rdd1 是窄依赖关系

◇ rdd4 与 rdd3 是窄依赖关系
◇ rdd5 与 rdd4 是窄依赖关系
◇ rdd6 与 rdd5 是宽依赖关系
◇ rdd1→rdd2，rdd3→rdd4→rdd5→rdd6，这是两个计算链。需要注意的是，这里的几行代码不会执行，需要增加 rdd2 和 rdd6 的 Action（行动）操作后才能执行，比如 collect()（相当于启动开关）

上述代码生成的 RDD 之间的依赖关系如图 5-26 所示。图 5-26 中不同的箭头格式用于区分不同数据的中间处理过程。

确定前后 RDD 的依赖关系，关键是看父、子 RDD 的分区数据的具体流向。上述代码中的 reduceByKey 算子实际上包含两个动作，一个是对 rdd5 的数据元素进行重组，另一个是对重组后的(k,v)键值对进行合并，相当于"groupByKey＋reduce"两步操作一起完成，在效率上要比分别进行 groupByKey 和 reduce 操作更高。

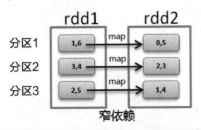

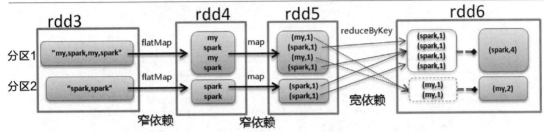

图 5-26 示例代码生成的 RDD 之间的依赖关系

5.3.4 RDD 的计算调度

在第 1 章中通过一个简单的例子阐述了 Spark 应用程序的基本运行原理,但如果要落实到具体计算节点上运行,其实还有很多具体工作要做。比如,当用户代码提交给 Driver 进程时,Spark 是如何将这些代码分配到 Executor 进程上执行的? 由于 Spark 的核心设计是 RDD,因此数据的计算都是围绕 RDD 展开的。为此,Spark 引入了 Job(作业)、Stage(阶段)和 Task(任务)这几个与计算调度相关的内容。

1. Job(作业)

RDD 支持两种类型的操作:Transformation(转换)操作和 Action(行动)操作。RDD 的转换操作采用延迟机制,在调用 Transformation 算子时并不会运行它,直至遇到 Action 算子才会运行。在这种情形下,Spark 会先将 Action 操作和之前形成的一系列 RDD 计算链构成一个完整的 Job(作业),然后将这个 Job 安排到节点上运行,这也是 RDD 延迟机制的基本实现原理。在一个 Job 中,通常包含 1~n 个 Transformation 操作和 1 个 Action 操作。

Job(作业)

Job 的划分只是第 1 步,每个 Job 还要再继续进行分解,以最终生成一系列能够并行执行的 Task 线程(Spark 集群的最小执行单元)。为了提高计算节点的利用率和执行效率,Spark 还会进一步对这些 Task 进行编组,形成相互独立的 Stage。一个 Stage 包含一组 Task 线程,即 TaskSet。经过这样的处理,这些被精心安排的 Task 代码和 RDD 分区数据就通过 Driver 进程分发到各个节点的 Executor 进程中执行。

下面通过一个简单的示例来理解一下 Spark 是如何划分出 Job(作业)的。

```
rdd1 = sc.parallelize([1,2,3,4,5,6],3)
rdd2 = rdd1.map(lambda x: x-1)
rdd2.collect()

rdd3 = sc.parallelize(["my,spark,my,spark",
                       "spark,spark"], 2)
```

◇ rdd2.collect() 是一个 Action(行动)操作,从 rdd2 倒推至起点 rdd1 的所有操作,即 parallelize→map→collect 构成第 1 个 Job(作业)

◇ rdd6.collect() 是一个 Action

```
rdd4 = rdd3.flatMap(lambda x: x.split(","))
rdd5 = rdd4.map(lambda x: (x,1))
rdd6 = rdd5.reduceByKey(lambda a,b: a+b)
rdd6.collect()
```

（行动）操作，从 rdd6 倒推至起点 rdd3 的所有操作，即 parallelize → flatMap → map → reduceByKey → collect 构成第 2 个 Job（作业）

上述代码划分出的 Job（作业）共有两个，如图 5-27 所示。

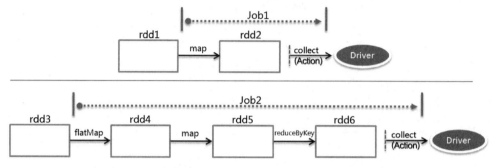

图 5-27　示例代码中的 Job（作业）划分（Job1 和 Job2）

从 Spark 提供的 WebUI 管理界面中可以查看应用程序在运行过程中生成的 Job（作业），只需在 Ubuntu20.04 的浏览器地址栏中输入 http://localhost:4040（每个 Spark 应用程序都有一个这样的状态界面，端口号依次为 4040、4041、4042 等，PySparkShell 也是作为一个 Spark 应用程序在运行的，在默认情况下，当应用程序结束运行时该界面就不能再被访问了）即可，如图 5-28 所示。

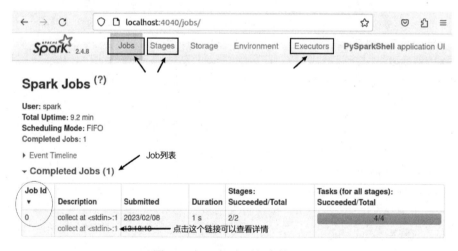

图 5-28　Spark 应用程序的 Job

2. Stage（阶段）

当用户代码在第 1 步被划分成 Job 后，第 2 步就是在 Job 里面划分 Stage。Stage 一词的本义是"阶段"，也可将其理解为"片段"，它是 Spark 计算调度的一个重要环节，这是因为 Job 的运行粒度还不够细，Job 里面的转换算子生成的前后 RDD 存在不同的宽窄依赖关系，这些 RDD 的依赖关系会影响 RDD 的计算顺序。

Stage（阶段）

在对 Job 包含的转换操作划分 Stage 时，Spark 是按照倒序并参考 RDD 的依赖关系（宽依赖/窄依赖）进行的。在 Job 中，从第 1 次出现的 Action（行动）操作往回倒推，遇到窄依赖关系的操作就将其划分到同一个 Stage 中，遇到宽依赖关系的操作则划分出一个新的 Stage，依次往前类推。最终，不同 Stage 之间形成一连串的前后关系，但因为我们是按照倒推的顺序进行划分的，所以先划分出来的被称为"子 Stage"，后划分出来的被称为"父 Stage"。经过这样的划分后，就可以从最前面的父 Stage 开始调度，依次向后执行，"子 Stage"需要等所有"父 Stage"运行完才能执行。这种不同 Stage 之间按照先后顺序划分出来的依赖关系，构成了一个网状图形，它就是有向无环图（Directed Acyclic Graph，DAG），如图 5-29 所示。

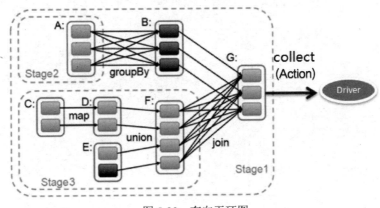

图 5-29 有向无环图

在图 5-29 中，有 3 个被虚线框包含的 Stage，大写字母（A～G）代表 RDD，RDD 里面的小方框代表分区，最右端是一个 Action（行动）操作。按照 RDD 的前后依赖关系，以宽依赖为边界划分出来的 3 个 Stage，分别是从最右端 Action 行动操作往回倒推得到的 Stage1、Stage2 和 Stage3。其中，Stage1 包含 groupBy 和 join 这两个操作，需要等待 Stage2 和 Stage3 都执行完毕后才能开始执行；由于 Stage2 和 Stage3 相互之间没有依赖关系，因此可以并行执行。因为这里是按倒序进行划分的，所以在调度时应从 Stage2 和 Stage3 开始执行，最后才执行 Stage1。

下面通过示例代码来看一下 Spark 是如何划分 Stage 的。

```
rdd1 = sc.parallelize([1,2,3,4,5,6], 3)
rdd2 = rdd1.map(lambda x: x-1)
rdd2.collect()

rdd3 = sc.parallelize(["my,spark,my,spark",
                "spark,spark"], 2)
rdd4 = rdd3.flatMap(lambda x: x.split(","))
rdd5 = rdd4.map(lambda x: (x,1))
rdd6 = rdd5.reduceByKey(lambda a,b: a+b)
rdd6.collect()
```

◇ Job1= parallelize→map→collect
◇ Job2= parallelize→flatMap→map →reduceByKey→collect
◇ 本示例代码有两个 Job，因此可以划分出两张有向无环图，只要遇到宽依赖关系的操作，就划分出一个新的 Stage，如图 5-30 所示（不同的箭头格式用于区分不同数据的中间处理过程）

在上述代码中，存在两个 Job，每个 Job 都有一张有向无环图。Job1 的有向无环图比较简单，仅仅是执行一个 map 操作。Job2 的有向无环图包含 reduceByKey 算子，存在宽依赖关系，所以应划分到不同的 Stage 中，最终 Job2 的 Stage 有两个，且是串行关系，只有 Stage2 执行完毕后 Stage1 才能执行。

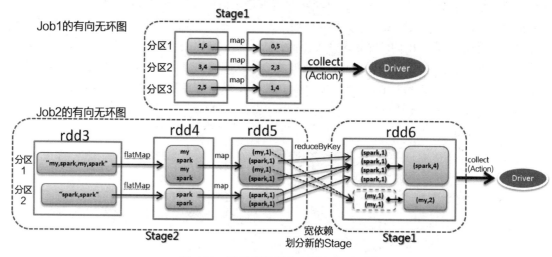

图 5-30　示例代码划分出的有向无环图

在 Spark 的 WebUI 管理界面中，点击 Job 列表中的相应链接即可查看其所包含的 Stage，如图 5-31 所示。

图 5-31　Spark 应用程序的 Stage

点击 Stage 列表中的相应链接可查看每个 Stage 的有向无环图，如图 5-32 所示。

3．Task（任务）

Spark 按照 Action（行动）操作将用户代码分成若干个 Job，每个 Job 再按 RDD 计算链的宽窄依赖关系进一步划分为若干个 Stage，以生成更细致的执行计划。经过这种由粗到细的逐层划分，最后一个环节就是创建 Task（任务）以执行代码。

Task（任务）

Task 意为"任务"，实质上就是 Executor 进程中的线程，它是 Spark 集群的最小执行单元，如图 5-33 所示。一个 RDD 包含多个分区，Spark 通常会创建多个 Task 线程来执行 RDD 的计算工作，因此每个 Task 线程要处理 RDD 中的一个或多个分区数据。在同一个 Stage 内，对 RDD 的所有转换操作是以串行的流水线方式进行的，由于每个 Task 线程的执行逻辑完全相同，只是负责不同的分区数据，只要把它们分配到不同的节点或 CPU 核上，就能达到并行计算的效果，如同蚂蚁搬家那样。当然，就某个具体的 Stage 来说，Spark 会根据当前 Stage 的最后一个 RDD 的分区数来决定启动 Task 线程的数量。

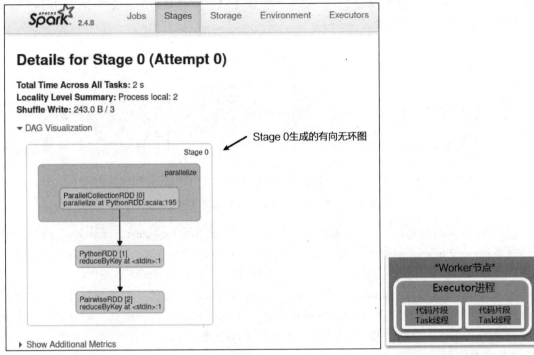

图 5-32　Spark 应用程序的有向无环图

图 5-33　Worker 节点上
运行的 Task 线程

　　这里以 "2. Stage（阶段）" 例子代码的第 2 个 Job 为例（涉及 rdd3、rdd4、rdd5、rdd6 的代码片段，其中包含一个 collect 行动操作），简单演示一下 Task 线程的创建过程。

　　在 PySparkShell 交互式编程环境中输入下面的代码。

```
rdd3 = sc.parallelize(["my,spark,my,spark",
                       "spark,spark"], 2)
rdd4 = rdd3.flatMap(lambda x: x.split(","))
rdd5 = rdd4.map(lambda x: (x,1))
print(rdd5.getNumPartitions())
rdd6 = rdd5.reduceByKey(lambda a,b: a+b)
print(rdd6.getNumPartitions())
print(rdd6.glom().collect())
```

◇　Job = parallelize→flatMap→map→
reduceByKey→collect
◇　Stage2 = rdd3→rdd4→rdd5
　　Stage1 = rdd5→rdd6
◇　在 Stage1 中最后一个 RDD 是 rdd5，分区
数为 2，因此 Spark 创建两个 Task 线程运行
◇　在 Stage2 中最后一个 RDD 是 rdd6，分区
数为 2，因此 Spark 也创建两个 Task 线程运行

```
>>> rdd3 = sc.parallelize(["my,spark,my,spark",
...                        "spark,spark"], 2)
>>> rdd4 = rdd3.flatMap(lambda x: x.split(","))
>>> rdd5 = rdd4.map(lambda x: (x,1))
>>> print(rdd5.getNumPartitions())
2
>>> rdd6 = rdd5.reduceByKey(lambda a,b: a+b)
>>> print(rdd6.getNumPartitions())
2
>>> print(rdd6.glom().collect())
[[('my', 2)], [('spark', 4)]]
>>>
```

　　根据运行结果打印的分区数信息，并按照 RDD 前后依赖关系进行 Stage 划分，共包含

Stage1 和 Stage2，其中，Stage1 的末端为 rdd5，分区数为 2，启动的并行 Task 线程数为两个，Stage2 的末端是 rdd6，分区数为 2，启动的并行 Task 线程数也是两个，如图 5-34 所示（虚线和实线箭头用于区分不同的数据流向）。

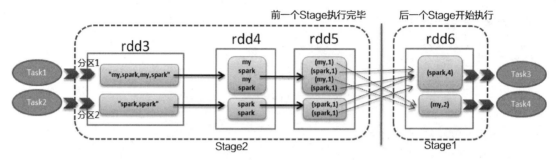

图 5-34　Job2 中各 Stage 的 Task（任务）

在这个"rdd3→rdd4→rdd5→rdd6"的 Job 中，线程 Task1 和 Task2 分别处理 rdd3 的两个分区数据，当 Stage2 执行完毕后，此时已经生成 rdd6，这意味着 Stage2 执行结束，因此 Task1 和 Task2 的工作也就完成了。接下来，Spark 启动 Task3 和 Task4 执行 Stage1 的计算任务，将 rdd6 的分区数据 collect（汇集）到 Driver 进程中进行输出。为了节省反复创建和销毁线程的时间，Spark 会在 Executor 进程中维护一个线程池，这样在需要的时候就可以直接从线程池中取出一个线程去执行。因此，这里的 Task3 和 Task4 很可能就是复用 Task1 和 Task2 这两个线程。

回到 Spark 的 WebUI 管理界面，在 Stage 对应的有向无环图的界面底部可以找到该 Stage 包含的 Task 线程（Task 线程所在的 Executor 进程也在这里），如图 5-35 所示。

▾ Aggregated Metrics by Executor

Executor ID ▲	Address	Task Time	Total Tasks	Failed Tasks	Killed Tasks	Succeeded Tasks	Shuffle Read Size / Records	Blacklisted
driver	172.16.97.189:37869	0.2 s	2	0	0	2	243.0 B / 3	false

▾ Tasks (2)　　当前Stage运行的Task线程

Index ▲	ID	Attempt	Status	Locality Level	Executor ID	Host	Launch Time	Duration	GC Time	Shuffle Read Size / Records	Errors
0	2	0	SUCCESS	ANY	driver	localhost	2023/02/08 13:18:19	79 ms		68.0 B / 1	
1	3	0	SUCCESS	ANY	driver	localhost	2023/02/08 13:18:19	76 ms		175.0 B / 2	

图 5-35　Spark 应用程序的 Task 线程

Spark 应用程序在运行过程中的计算调度实际是在 Driver 进程中完成的，具体则是由 Driver 进程的 SparkContext、DAGScheduler、TaskScheduler 等组件来负责的，如图 5-36 所示。

当用户代码提交后，Spark 会首先启动一个 Driver 进程并在其中创建 SparkContext 对象。然后，SparkContext 以 RDD 的行动操作为边界将用户代码划分为若干个 Job。在每个 Job 中，DAGScheduler 会根据 RDD 的前后宽窄依赖关系建立有向无环图，并将有向无环图拆解为多个 Task 编组（TaskSet），每组 Task 就被封装为一个 Stage，以 TaskSet 的形式提交给底层的 TaskScheduler 调度器。因为这些 Task 的执行逻辑完全相同，只是作用于不同的 RDD 分区数据，所以最终 TaskScheduler 通过集群管理器将 Task 安排在集群节点的 Executor 进程中执行。

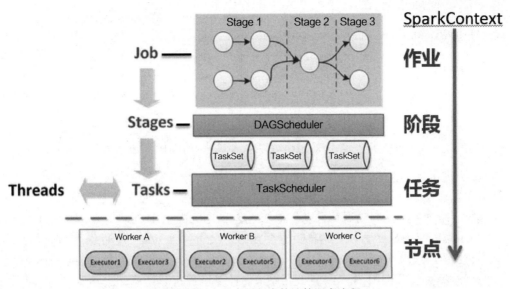

图 5-36　Spark 应用程序的计算调度流程

Spark 应用程序 Application 在提交运行时，需要启动 Driver 和 Executor 进程，在调度时还涉及 Job、Stage、Task 等几个概念，它们之间的关系如图 5-37 所示（实线箭头和虚线箭头表示 Application 可以从物理和逻辑这两个纬度进行理解）。

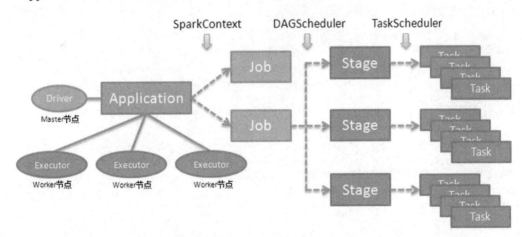

图 5-37　Application、Job、Stage、Task 之间的关系

5.4　RDD 缓存机制

在 Spark 编程中经常会遇到这样的情况：经过一系列计算得到一个 RDD，这个 RDD 在后续的计算中还会被使用到。由于 RDD 是一个过程性的数据集，因此不会一直驻留在内存中，如果每次都要重复计算生成这个 RDD，则可能要耗费大量时间。为避免这种情形的发生，可以通过 Spark 的缓存机制来解决。比如，图 5-38 中的 rdd3 分别被两个计算链使用。

RDD 缓存机制

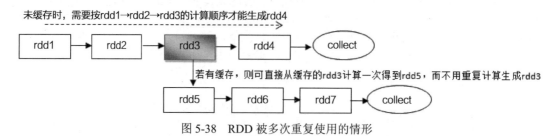

图 5-38　RDD 被多次重复使用的情形

　　Spark 提供了一个很重要的功能，能将计算过程中生成的数据进行持久化缓存，这样后面的操作就可以直接访问缓存的数据，而不用每次沿着 RDD 计算链再执行一遍。当一个 RDD 被持久化时，每个节点上的线程都可以直接使用这个缓存的 RDD 进行计算。在缓存 RDD 时，只需调用 persist()或 cache()方法，这样数据会在第 1 次遇到 Action（行动）操作时进行计算并缓存在节点内存（或内存+磁盘）中。此外，Spark 的缓存还具有容错能力，如果一个缓存 RDD 的某个分区数据丢失了，则 Spark 会按照原来的计算过程自动计算一次并重新进行缓存。此外，对于 Shuffle 类的操作算子（如 reduceByKey 等），即便我们没有显式调用 cache()方法，Spark 也会自动缓存部分中间数据，目的是保证在数据重组过程中如果出现节点失败，就不用重新计算所有的输入数据。

　　RDD 的持久化还可以使用不同的存储级别，只需传递一个 StorageLevel 参数即可。常用的 RDD 持久化存储级别主要包括以下几种方式。

```
# RDD被使用两次，可以加入缓存进行优化
rdd.cache()                                    # 缓存到内存中.
rdd.persist(StorageLevel.MEMORY_ONLY)          # 仅缓存到内存中
rdd.persist(StorageLevel.MEMORY_ONLY_2)        # 仅缓存到内存中，2个副本
rdd.persist(StorageLevel.DISK_ONLY)            # 仅缓存到硬盘上
rdd.persist(StorageLevel.DISK_ONLY_2)          # 仅缓存到硬盘上，2个副本
rdd.persist(StorageLevel.DISK_ONLY_3)          # 仅缓存到硬盘上，3个副本
rdd.persist(StorageLevel.MEMORY_AND_DISK)      # 先缓存到内存中，如果内存空间占满，则缓存到硬盘上
rdd.persist(StorageLevel.MEMORY_AND_DISK_2)    # 先缓存到内存中，如果内存空间占满，则缓存到硬盘上，2个副本
rdd.persist(StorageLevel.OFF_HEAP)             # 堆外内存(系统内存)
# 如上API，自行选择使用即可
# 一般建议使用rdd.persist(StorageLevel.MEMORY_AND_DISK)
# 如果是内存比较小的集群，则建议使用rdd.persist(StorageLevel.DISK_ONLY) 或者不使用缓存而改用checkpoint


# 主动清理缓存的API
rdd.unpersist()
```

　　除了以上缓存方式，Spark 还支持使用 checkpoint（检查点）机制进行缓存，这种方式在 Spark Streaming 应用程序中已经使用过。checkpoint 的含义是建立检查点，类似于快照，其作用就是将重要的或需要长时间保存的中间数据设置一个检查点，保存到高可用的存储系统上。比如，使用 checkpoint 把计算过的 RDD 数据保存在 HDFS 上，而 HDFS 本身就是一个多副本的可靠存储，因此这个 RDD 的计算链就可以直接丢掉。不过，由于 checkpoint 是将 RDD 数据存储到磁盘上，因此执行效率相比内存缓存来说要偏低。另外，checkpoint 保存的数据如果不手动删除，则会一直存在，缓存则是随着 Spark 应用程序的结束就失效了。

　　下面是分别缓存 RDD 和 DataFrame 的示例代码。

```
rdd1 = sc.parallelize([1,2,3,4,5,6])
rdd2 = rdd1.map(lambda x: x-1)
rdd2.cache()
rdd2.collect()

data = [(123, "Katie", 19, "brown"),
        (234, "Michael", 22, "green"),
        (345, "Simone", 23, "blue")]
df = spark.createDataFrame(data, schema=
        ['id', 'name', 'age', 'eyecolor'])
df.cache()
    或
df.createOrReplaceTempView("people")
sqlContext.cacheTable("people")

df.show()
spark.sql('select * from people').show()
```

◇ 在 RDD 对象上调用 cache() 或 persist() 方法缓存数据
◇ 后续仍是普通的代码

◇ 缓存 DataFrame 对象或缓存注册的视图表,只需调用 cache() 或 cacheTable() 方法之一即可

◇ 数据是否缓存不影响代码功能,只会影响计算速度(在大数据量的情况下比较明显)

5.5　广播变量和累加器

当 Spark 集群中的不同节点访问同一个变量时,在默认情况下,Driver 进程会把这个变量发送至计算节点中的每个 Task 线程上并生成一个副本,如果数据量较大,这种重复会造成一定程度的内存浪费。此外,有时还要在集群的多个 Task 线程之间共享变量,或者在 Executor 与 Driver 进程之间共享变量。为了满足以上两类需求,Spark 引入了广播变量和累加器这两种机制。

5.5.1　广播变量

顾名思义,广播变量(Broadcast Variables)是指将数据从一个节点广播发送到其他节点上。比如在 Driver 端有一张内存数据表,其他节点运行的 Executor 进程需要查询这张表中的数据,那么 Driver 进程会先把这张表发送到其他节点上,这样 Executor 进程的每个 Task 计算任务就可以在本地查表。广播变量实现了在 Executor 端访问 Driver 端变量的功能,且保证每个 Executor 进程只有一份变量数

广播变量

据,而不是每个 Task 线程都保留一个数据副本,也节省了通过网络重复传输数据的时间。当然,广播变量主要是用来向计算节点高效地分发较大的内存数据的,一般的变量或数据,是没有必要使用广播变量的。广播变量的原理如图 5-39 所示。

Spark 的广播变量被设计为只读,这样就能保证每个计算任务使用的变量都是一样的值。广播变量可以通过 SparkContext.broadcast(v) 方法从一个本地变量 v 进行创建,广播变量在使用上就相当于对普通变量 v 的一个包装,它的值可以通过 value() 方法访问。

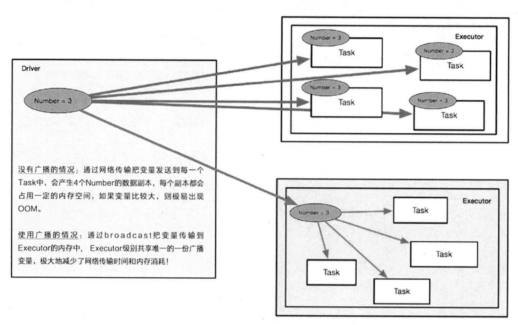

图 5-39　广播变量的原理

我们来看一个普通变量在集群环境中使用的例子。

```
from pyspark.sql import SparkSession
spark = SparkSession.builder.master("local[2]") \
                  .appName('SparkExample') \
                  .getOrCreate()
sc = spark.sparkContext
a = 1
rdd1 = sc.parallelize([1, 3, 5, 7, 9], 4)

# 以下 map 代码被分发到各节点的 Executor 进程中执行
rdd2 = rdd1.map(lambda x : x-a)

print('rdd1 =',rdd1.collect())
print('rdd2 =',rdd2.collect())
```

◇ 设定当前应用程序使用两个 CPU 核

◇ a 变量存在于 Driver 进程中
◇ 设定 rdd1 为 4 个分区，以便让多个 Task 线程来处理

◇ Driver 进程需要将变量 a 发送到各节点的每个线程上，总共有几个线程就重复发送几份

```
>>> from pyspark.sql import SparkSession
>>> spark = SparkSession.builder.master("local[2]") \
...                     .appName('SparkExample') \
...                     .getOrCreate()
>>> sc = spark.sparkContext
>>> a = 1

>>> rdd1 = sc.parallelize([1, 3, 5, 7, 9], 4)
>>> rdd2 = rdd1.map(lambda x : x-a)
>>> print('rdd1 =',rdd1.collect())
rdd1 = [1, 3, 5, 7, 9]
>>> print('rdd2 =',rdd2.collect())
rdd2 = [0, 2, 4, 6, 8]
>>>
```

在上面这个例子中，map 算子需要使用变量 a，因此 Driver 进程需要分别将变量 a 发送给各 Task 线程。如果线程有 4 个，那么变量 a 在节点上就同时存在 4 个副本。如果改用广播变

量，则只需要将变量 a 发送到节点的 Executor 进程中即可，这样 Executor 进程中的各个线程就可以共享 a 这个广播变量。将上面的代码稍做修改。

```
from pyspark.sql import SparkSession
spark = SparkSession.builder.master("local[2]") \
                    .appName('SparkExample') \
                    .getOrCreate()
sc = spark.sparkContext
a = 1
rdd1 = sc.parallelize([1, 3, 5, 7, 9], 4)
ba = sc.broadcast(a)

rdd2 = rdd1.map(lambda x : x - ba.value)

print('rdd1 =',rdd1.collect())
print('rdd2 =',rdd2.collect())
```

◇ 设定当前应用程序使用两个 CPU 核

◇ 创建一个广播变量 ba（用来包装变量 a 的数据）

◇ 从广播变量 ba 中获取数据
◇ rdd1 被划分成 4 个分区，可由 4 个 Task 计算任务处理，这样每个计算任务都能访问自己所在节点上的同一份广播变量

```
>>> from pyspark.sql import SparkSession
>>> spark = SparkSession.builder.master("local[2]") \
...                     .appName('SparkExample') \
...                     .getOrCreate()
>>> sc = spark.sparkContext
>>> a = 1
>>> rdd1 = sc.parallelize([1, 3, 5, 7, 9], 4)
>>> ba = sc.broadcast(a)
>>>
>>> rdd2 = rdd1.map(lambda x : x - ba.value)
>>>
>>> print('rdd1 =',rdd1.collect())
rdd1 = [1, 3, 5, 7, 9]
>>> print('rdd2 =',rdd2.collect())
rdd2 = [0, 2, 4, 6, 8]
>>>
```

在上面的代码中，rdd1 被划分为 4 个分区，假定有两个节点，每个节点运行两个 Task 线程，那么总共有 4 个 Task 计算任务分别处理 rdd1 的 4 个分区数据。如果改成 rdd2 = rdd1.map(lambda x : x - **ba.value**)（粗体标识的 ba 是在 Driver 进程中定义的一个广播变量），此时 Driver 进程只需将 ba 数据分发给两个节点的 Executor 进程，这样每个节点的 Task 计算任务可以共享同一份 ba 数据，总共只需发送两份 ba 数据即可。

5.5.2　累加器

我们来看如下示例代码，这是按照常规程序运行的思路编写的。

累加器

```
from pyspark.sql import SparkSession
spark = SparkSession.builder.master("local[2]") \
                    .appName('SparkExample') \
                    .getOrCreate()
sc = spark.sparkContext
num = 10

def f(x):
    global num
```

◇ 设定当前应用程序使用两个 CPU 核，以便并行运行 RDD 的代码，如果只使用一个，则达不到预期效果

◇ 1.定义 num 变量，初始值为 10，也可以设置为其他值
◇ 2.定义累加函数 f(x)

```
    num += x

rdd = sc.parallelize([20,30,40,50], 2)
rdd.foreach(f)
print(num)

sc.stop()
```

◇ 3.将准备累加的 RDD 数据元素设为两个分区，这样累加函数会在两个节点上并行执行，通过 foreach() 方法触发 RDD 的计算执行

◇ 4.关闭 SparkContext

```
>>> from pyspark.sql import SparkSession
>>> spark = SparkSession.builder.master("local[2]") \
...                     .appName('SparkExample') \
...                     .getOrCreate()
>>> sc = spark.sparkContext
>>> num = 10
>>>
>>> def f(x):
...     global num
...     num += x
...
>>> rdd = sc.parallelize([20,30,40,50], 2)
>>> rdd.foreach(f)
>>> print(num)
10
>>>
>>> sc.stop()
```

　　从运行结果容易看出，num 变量的累加结果仍是初始值 10，并未把 rdd 的数据元素加进来，这也是分布式计算引起的一个典型负面效果。造成这个问题的原因是，num 变量位于 Driver 进程中，当累加函数在集群的 Executor 进程中运行时，每个计算任务都会得到一份从 Driver 进程中分发的初始值都为 10 的 num 变量副本，这样每个计算任务都将 10 与自己处理的数据元素进行累加。由于 rdd 变量有两个分区，假定这两个分区的数据元素分别是[20,30]和[40,50]，Spark 启动两个 Task 计算任务来分别进行处理。其中，第 1 个 Task 计算任务将 10 与[20,30]的数据元素相加得到 60，第 2 个 Task 计算任务将 10 与[40,50]的数据元素相加得到 100。显然这里已经出现问题，一是初始值 10 被累加了两次，二是两个 Task 计算任务分别计算的结果是独立的，不会自动汇总到一起，所以结果必定是错的，而且也不会影响 Driver 进程的 num 变量。要解决这个问题，就需要借助 Spark 的累加器机制。

　　Spark 的累加器（Accumulators）是为了支持在集群的不同节点中进行累加计算的一种手段，比如计数、求和，或者集合元素汇总等，它能实现在 Driver 端和 Executor 端的共享变量"写"的功能。累加器的值在 Executor 进程中是只写的（与之对应，广播变量是只读的），只有 Driver 进程才能读取累加器的值，在 Executor 进程中的计算任务不可以读取累加器的值。累加器可以用来将各节点 Executor 进程中的变量数据汇总到 Driver 进程中以便合并到一起。不过要注意的是，尽量只在行动算子中使用累加器，因为 RDD 的转换算子可能会重复执行（比如在数据丢失的情况下），这样累加器的值也会重复计算从而出现错误的结果。如果确实需要在转换算子中使用累加器，则可以在这个转换算子生成的 RDD 上调用 cache() 缓存来解决，这样就不会出现重复计算的问题。累加器的原理如图 5-40 所示。

　　Spark 内置了 3 种类型的累加器，分别是 LongAccumulator、DoubleAccumulator 和 CollectionAccumulator。其中，LongAccumulator 用来累加整数，DoubleAccumulator 用来累加浮点数，CollectionAccumulator 用来合并集合数据。如果 Spark 内置的累加器无法满足需求，用户还可以自定义累加器。

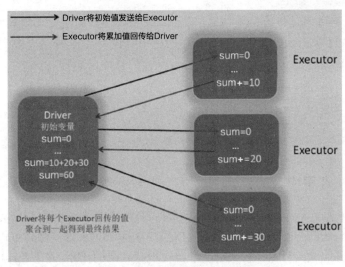

图 5-40 累加器的原理

我们将累加器求和计算的代码修改为下面的内容。

```
from pyspark.sql import SparkSession
spark = SparkSession.builder.master("local[2]") \
                    .appName('SparkExample') \
                    .getOrCreate()
sc = spark.sparkContext
num = sc.accumulator(10)                          ◇ 定义累加器变量 num

def f(x):
    global num
    num += x

rdd = sc.parallelize([20,30,40,50], 2)
rdd.foreach(f)
print(num.value)                                  ◇ 在 Driver 端，获取累加器变
                                                  量汇总后的结果值
sc.stop()
```

```
>>> from pyspark.sql import SparkSession
>>> spark = SparkSession.builder.master("local[2]") \
...                     .appName('SparkExample') \
...                     .getOrCreate()
>>> sc = spark.sparkContext
>>> num = sc.accumulator(10)
>>>
>>> def f(x):
...     global num
...     num += x
...
>>> rdd = sc.parallelize([20,30,40,50], 2)
>>> rdd.foreach(f)
>>> print(num.value)
150
>>>
>>> sc.stop()
>>>
```

累加器变量可以调用 SparkContext.accumulator(v)方法设置，其中，参数 v 是来自 Driver

进程的普通变量，它可以是整数、浮点数、集合，或者符合累加器要求的其他自定义类型。累加器变量有一个名为 value 的属性，它存储了所有节点返回 Driver 进程的结果汇总数据。另外，累加器的 value 属性值获取操作只能在 Driver 端的代码中执行。

5.6　Spark 生态和应用架构

5.6.1　Spark 生态架构

Spark 致力于成为一个开源的大数据处理、数据科学、机器学习和数据分析工作的统一引擎。Spark 生态以 Spark Core 为核心，支持 HDFS 等多种分布式存储系统，通过 Standalone、YARN 等集群管理器实现分布式的计算。除了 Spark Core 这一核心模块，Spark 还包括 Spark SQL、Spark Streaming、MLlib、GraphX 这四大组件，其和 Spark Core 共同构成 Spark 的生态架构，如图 5-41 所示。

Spark 生态架构

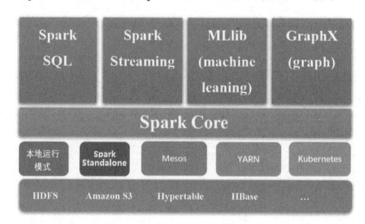

图 5-41　Spark 生态架构

1. Spark Core 组件

Spark Core 是 Spark 框架的核心模块，实现了 Spark 的基本功能，包含任务调度、内存管理、错误恢复、与存储系统的交互等。Spark Core 的实现依赖于 RDD 这一抽象概念，其定义了 RDD 的相关 API。Spark Core 的主要特性包括如下几个。

（1）支持有向无环图的分布式并行计算框架，通过缓存机制支持迭代计算和数据共享，大大减少了迭代计算之间读取数据的开销，使需要多次进行迭代的数据处理和分析等领域在性能上得到很大提升。

（2）引入 RDD 抽象概念，这是一种分布在多个计算节点的只读对象的集合。RDD 数据集是弹性的，如果遇到分区数据的丢失，则可以根据计算链对它们进行重建恢复，保证了分布式环境下的数据高容错性。

（3）移动计算而非移动数据，RDD 的分区机制使得 Spark 应用程序可以就近读取 HDFS 的数据块到各个节点内存中进行计算。

（4）使用多线程池模型来减少 Task 计算任务的启动和销毁开销。

（5）采用容错的、高可伸缩性的 Akka 作为内部的通信框架。

2．Spark SQL 组件

Spark SQL 是 Spark 用来处理结构化数据的模块，借助 Spark SQL 可以构造 SQL 语句直接查询数据，在底层会将 SQL 变成一系列分布执行的 RDD 计算任务。Spark SQL 支持多种数据源，比如 Hive 表、Parquet、JSON 等，它还能够直接连接关系数据库。Spark SQL 允许开发人员直接使用 SQL 语句处理 RDD，以及查询存储在 Hive、HBase 上的数据。Spark SQL 的一个重要特点是能够统一处理 RDD 和结构化数据表，这使得开发人员可以轻松地使用 SQL 命令进行数据查询和复杂的数据分析工作。

3．Spark Streaming 组件

Spark Streaming 模块主要用于对实时数据的处理，可以与 Flume、Kafka 等数据源集成。Spark Streaming 的实现沿用了 RDD 这一抽象数据结构，是一个对实时数据流进行高吞吐、容错处理的流式处理系统，核心思想是将流式计算分解成一系列短小的批处理作业，批处理引擎仍是 Spark Core。也就是说，Spark Streaming 把输入数据按照设定的时间片切分为一段一段的数据，每段数据都被转换成 RDD 数据集，将 DStream 的转换操作转变为对 RDD 的转换操作，生成的中间结果保存在内存中。

4．MLlib 组件

MLlib 模块主要用于机器学习领域，它实现了一系列常用的机器学习和统计算法，如分类、回归、聚类、主成分分析等，还提供了模型评估、数据导入等额外的功能。MLlib 模块的机器学习和统计算法可以在 Spark 集群中并行执行，大大降低了机器学习的门槛，开发人员只需具备一定的理论知识就能使用 Spark 进行机器学习方面的工作。

5．GraphX 组件

GraphX 模块主要支持图数据的分析和计算，是 Spark 用于图并行计算的 API，包含了许多广泛应用的图计算算法，如图 5-42 所示。在实际工作中，存在许多需要应用图计算的场景，比如最短路径、网页排名、最小切割、连通分支等，图计算算法的性能直接关系到应用问题解决的高效性，尤其对于大型图（如计算机网络图、社交网络图等）更是如此。与其他分布式图计算框架相比，GraphX 的最大贡献是在 Spark 之上提供了一站式的数据解决方案，可以方便高效地完成图计算的一整套流水作业。

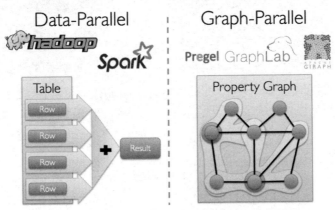

图 5-42　GraphX 模块

无论是 Spark SQL、Spark Streaming、MLlib 还是 GraphX，都可以使用 Spark Core 的 API 处理问题，而且几乎是通用的，处理的数据也可以共享，从而可以实现不同应用之间数据的无缝集成。除了这几个主要组件，Spark 还支持高效地在一个到数千个计算节点之间的可伸缩计

算。为了实现这样的要求，同时获得最大的灵活性，Spark 应用支持在各种集群管理器上运行，包括 Spark Standalone、YARN、Mesos、Kubernetes 等。

5.6.2 Spark 应用架构

1. PySpark 基本原理

Spark 主要是由 Scala 开发的，也包含部分使用 Java 开发的模块，运行在 JVM 虚拟机上，这就是搭建 Spark 运行环境时需要安装 JDK 的原因。Spark 除了支持 Scala/Java 这样的原生编程语言，还提供了 Python、R 等编程语言的开发接口。为了保证 Spark 核心功能实现的独立性，Spark 只是在外围做了一层封装，以支持不同编程语言的开发。

PySpark 基本原理

Spark 对 Python 的支持是通过一个 Py4j 库实现的，这是一个功能强大的 RPC（Remote Procedure Call，远程过程调用）库，其实现了 Python 和 JVM 之间的交互，可以让 Python 自由操纵 Java。为此，Py4j 库会在 JVM 端开辟一个 ServerSocket 来监听客户端的连接，之后通过 Socket 网络连接处理 Python 与 Java 之间的通信过程，如图 5-43 所示。在图 5-43 中，Python 端的 SparkContext 就是在 PySpark 交互式编程环境中所用的 sc 对象，它以 Py4j 库为桥梁调用位于 JVM 端的 SparkContext 对象，就像运行 Scala/Java 这类原生语言的 Spark 应用程序一样。

PySpark 与原生 Spark 应用程序的差别在于，PySpark 不仅可以编写 Spark 封装的 API 代码，还可以编写 Python 库的代码。不过，Python 代码并不能直接在 Spark 框架中运行，只能在 Python 自己的运行环境中运行。借助 Pipe 管道机制，Spark 会将 Python 库的代码发送到 Python 运行环境中运行并获取返回结果，整个过程就像调用一个 Spark 本地函数一样，如图 5-44 所示。

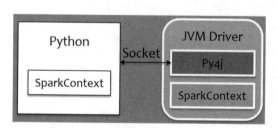

图 5-43　通过 Py4j 库操纵 JVM 中的对象

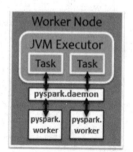

图 5-44　Spark 与 Python 的交互过程

PySpark 应用程序的集群运行架构如图 5-45 所示（其中，虚线箭头是指集群机器之间的通信，实线箭头是指软件模块之间的任务发送关系），具体运行流程与第 1 章描述的 Spark 应用程序原理基本一致。

2. Spark 应用程序

在一个集群环境中，可以同时运行多个 Spark 应用程序。所谓 Spark 应用程序，是指包括用户代码、Driver 和 Executor 在内的若干相关进程，它是一组动态的概念。一个集群环境可以同时运行多个 Spark 应用程序，每个应用程序都有各自的一套进程，不同应用程序之间的进程互相隔离。在应用程序中，Driver 进程负责接收用户提交的代码，与集群管理器进程协调硬件资源（主要是 CPU 和内存），调度 Task 计算任务并将其分配到 Executor 进程执行。在 Executor 进

Spark 应用程序

程内部，Spark 会按照划分的 Job、Stage 对 Task 计算任务进行并行化的调度，所以 Task 才是真正执行计算的实体，Job 和 Stage 只是 Spark 对用户提交的代码划分的逻辑安排，之后根据这些安排来实际调度 Task 计算任务。

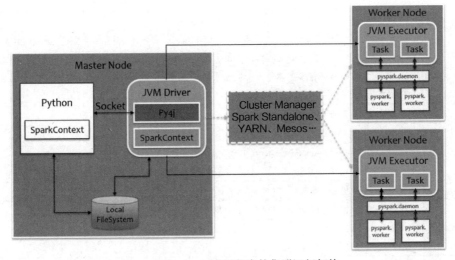

图 5-45　PySpark 应用程序的集群运行架构

Spark 应用程序的整体架构如图 5-46 所示。

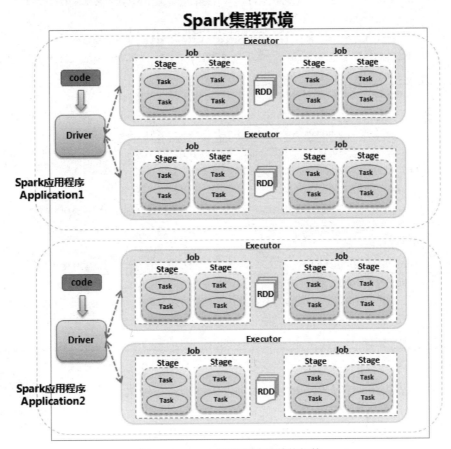

图 5-46　Spark 应用程序的整体架构

Spark 的应用架构涉及很多专业术语，如表 5-1 所示，掌握它们有助于读者加深对 Spark 框架体系的理解。

表 5-1　Spark 应用架构涉及的术语

Term（术语）	Meaning（解释）
Application	运行于 Spark 集群环境的应用程序，由用户代码（code）、一个 Driver 和多个 Executor 共同组成，即 Application = code + Driver + Executor + Executor + ... Spark 集群环境中可同时运行多个 Application，每个 Application 都有自己的 Driver 和 Executor，Application 之间是相互隔离的
Cluster Manager	集群管理器，包括 Spark Standalone、YARN、Mesos、K8s 等
Deploy Mode	部署模式，决定了 Driver 进程的运行位置： cluster 模式（--deploy-mode=cluster），Driver 进程在集群内部运行 client 模式（--deploy-mode=client），Driver 进程在集群之外运行
Master Node	主节点，集群资源的管理者（针对 Spark Standalone 集群环境）
Worker Node	工作节点，集群中单机资源的管理者，也是用来运行 Spark 计算任务的节点 对于 Spark Standalone 集群，是指通过 Slave 文件配置的 Worker 工作节点 对于 Spark on YARN 集群，是指 NodeManager 节点
Driver	Driver 负责计算任务的管理，相当于经理角色，是用户代码运行的负责人。 Driver 接收用户提交的代码，执行 main()函数并创建 SparkContext 对象，此后由 SparkContext 对象与集群管理器通信，申请资源、调度和监控计算任务的执行，并可通过 WebUI 管理界面展示运行情况，在 Executor 进程运行完毕后还负责关闭 SparkContext。 Spark 应用程序的提交和执行都离不开 SparkContext，它隐藏了集群的网络通信、分布式部署、消息通信、计算存储等复杂细节，通过 SparkContext 的 API 就能使用集群的各种功能，因此有时也直接使用 SparkContext 指代 Driver
Executor	Executor 负责具体计算任务的执行。 Executor 是运行在 Worker 工作节点上的进程，用于执行具体的 Task 计算任务和数据维护，并将结果返回 Driver。不同的 Application 包含不同的 Driver 和 Executor，它们之间是相互隔离的
Task	Task 是运行于 Executor 中的线程，也是 Spark 集群的最小执行单元。当 Spark 应用程序提交给 Driver 后，最终要被划分为经过优化的多个 Task 计算任务的集合。 Task 可理解为具体干活的工人
Job	Job 是对 Spark 应用程序的 Task 计算任务的一种逻辑组织，一个 Job 由若干个 RDD 以及作用于 RDD 之上的各种操作构成，通常包含 n 个 Transformation 和一个 Action 操作。Job 的执行是由 collect、count 等 Action 操作引发的。 Job 可理解为组织一次施工，工人是 Task 线程，材料是 RDD 数据，干活的动作就是"操作"
Stage	Stage 是为了实现合理的并行调度而对 Task 计算任务的一种更细的组织，每个 Job 被规划为多组 Task，一组 Task 就是一个 Stage。一个 Job 可划分为多段 Stage，每个 Stage 可能存在前后依赖关系也可能完全独立的。 Stage 可理解为施工中的水电、木工、泥工等各个独立工种的分配调度计划，每个工种由若干个工人干活，不同工种可能并行执行，也可能依赖前后关系串行执行

3. Spark 应用程序的运行方式

Spark 应用程序的运行方式可分为两大类，即本地运行和集群运行。Spark 本地运行方式比较简单，一般只在开发测试中使用，它通过在本地计算机的一个 Java 进程中同时启动 Driver 和 Executor 以实现计算任务的本地运行。Spark 集群运行方式支持 Spark

Spark 应用程序的运行方式

Standalone、Spark on YARN、Spark on Mesos 等集群环境，每个 Spark 应用程序都包括一个 Driver 进程、一个或多个 Executor 进程。Executor 进程运行在集群节点上，Driver 进程既可运行在集群节点上，也可运行在集群之外的计算机上，如图 5-47 所示，当 Driver 进程运行在集群节点上时，被称为 cluster 模式；当 Driver 进程运行在集群之外的计算机上时，被称为 client 模式，此时提交任务的客户端计算机相当于临时加入集群环境中。

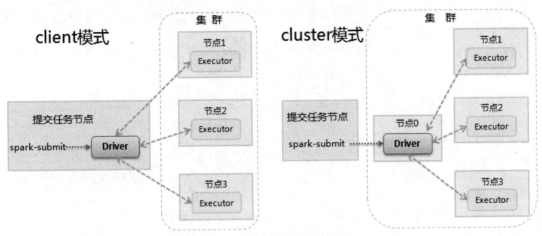

图 5-47　Spark 应用程序的运行模式

　　由于 client 模式的 Driver 进程是运行在提交 Spark 作业的客户端计算机上的，因此可以实时看到应用程序的详细运行日志信息，方便追踪和错误排查。在使用 pyspark、spark-shell 等交互式工具提交计算任务，以及使用 Eclipse/IDEA/PyCharm 等 IDE 工具运行 Spark 任务，或者使用 spark-submit 命令以默认参数提交计算任务时，Driver 进程都会以 client 模式在本地运行。在生产环境中，一般会指定使用 cluster 模式提交 Spark 作业，这样整个应用程序的运行就全部在集群中完成。

5.7　Spark 集群和应用部署

5.7.1　Spark 伪分布集群的搭建

　　在 1.3.2 节中我们已经配置了单机伪分布的 Hadoop 环境，下面继续在此基础上配置 Spark 的伪分布集群，其使用的是自带的 Spark Standalone 集群管理器。伪分布集群与完全分布式集群的主要区别在于，伪分布集群是通过在一台计算机上运行多个进程来达到完全分布式集群的效果的，相当于一个进程代表一个计算节点。由于 Spark 集群至少需要两个计算节点（Master 主节点和 Worker 工作节点），因此伪分布集群就要在单台计算机上同时启动 Master 进程和 Worker 进程，分别模拟 Master 主节点和 Worker 工作节点的功能。在后续内容中，我们也会介绍使用 3 台 Linux 虚拟机来搭建完全分布式的 Spark 集群。

　　（1）首先查看当前虚拟机的默认名称，然后将其修改为 vm01。

```
hostname                               ◇ Ubuntu20.04 安装后默认的主机名是 ubuntu
sudo hostnamectl set-hostname vm01     ◇ 执行 hostnamectl 命令将主机名修改为 vm01
```

```
spark@ubuntu:~$ hostname
ubuntu
spark@ubuntu:~$ sudo hostnamectl set-hostname vm01
[sudo] password for spark:        ← 在这里输入当前账户的密码 spark
spark@ubuntu:~$
```

当主机名修改后，系统会立即生效，但当前终端窗体显示的命令提示符中的主机名仍是原先的名称 ubuntu，不过并不影响使用，只要关闭当前终端窗体再重新打开一个，新终端窗体显示的命令提示符中的主机名就变成 vm01 了。

（2）因为更改了主机名，所以还需要修改/etc/hosts 文件，在这个文件中设定了 IP 地址与主机名的对应关系，类似 DNS 域名服务器的功能。

`sudo vi /etc/hosts`	◇ 修改/etc/hosts 文件

```
spark@ubuntu:~$
spark@ubuntu:~$ sudo vi /etc/hosts
```

将文件中的：
`127. 0.1.1    ubuntu`
改成：
`127.0.1.1    vm01`
	◇ vi 编辑命令：i 插入模式
	◇ vi 编辑命令：Esc 键切换到命令模式，:wq 保存并退出

```
127.0.0.1         localhost
127.0.1.1         vm01       ← 将原主机名ubuntu改成vm01
# The following lines are desirable for IPv6 capable hosts
```

（3）修改 Spark 的相关配置文件，包括 spark-env.sh 和 slaves 文件。

`cd /usr/local/spark/conf` `vi spark-env.sh`	◇ 切换到/usr/local/spark/conf 目录 ◇ 使用 vi 编辑 spark-env.sh 文件

```
spark@ubuntu:~$ cd /usr/local/spark/conf
spark@ubuntu:/usr/local/spark/conf$ vi spark-env.sh
```

在文件末尾增加下面两行内容：
 	
`export JAVA_HOME=/usr/local/jdk`
`export SPARK_MASTER_HOST=vm01`
	◇ vi 编辑命令：G 转到末尾，o 插入空行
	◇ 设置 Spark 使用的 JAVA_HOME 变量
	◇ 指定 Spark 集群的 Master 主节点主机 vm01
	◇ vi 编辑命令： Esc 键切换到命令模式，:wq 保存并退出

```
# - MKL_NUM_THREADS=1         Disable multi-threading of Intel MKL
# - OPENBLAS_NUM_THREADS=1    Disable multi-threading of OpenBLAS

export SPARK_DIST_CLASSPATH=$(/usr/local/hadoop/bin/hadoop classpath)

export JAVA_HOME=/usr/local/jdk
export SPARK_MASTER_HOST=vm01
```

`cp slaves.template slaves` `vi slaves`	◇ 从 slaves.template slaves 中复制新文件 slaves ◇ slaves 配置文件用于指定集群中的所有 Worker 工作节点 ◇ 使用 vi 编辑 slaves 文件

```
spark@ubuntu:/usr/local/spark/conf$ cp slaves.template slaves
spark@ubuntu:/usr/local/spark/conf$ vi slaves
```

将文件末尾的： `localhost` 改成下面的内容：	vi 编辑命令：i 插入模式 ◇ 指定 Spark 集群的 Worker 工作节点，每行填写一个主机名，因为这里只有一个节点 vm01，所以只填写一行

vm01	◇ vi 编辑命令：Esc 键切换到命令模式，:wq 保存并退出

```
# A Spark Worker will be started on each of the machines listed below.
vm01  ←──── 原内容为localhost，将其改为vm01
```

（4）执行 start-all.sh 脚本启动 Spark 集群的 Master 主节点和 Worker 工作节点，并通过 jps 命令检查 Master 和 Worker 两个进程是否存在。

cd .. sbin/start-all.sh jps	◇ 切换到上一级，即/usr/local/spark 目录 ◇ 执行 start-all.sh 脚本启动集群的 Master 主节点和 Worker 工作节点。也可执行 start-master.sh 和 start-slaves.sh 两个脚本分别启动 Master 主节点和 Worker 工作节点 ◇ jps 命令用于查看 Java 进程列表

```
spark@ubuntu:/usr/local/spark/conf$ cd ..
spark@ubuntu:/usr/local/spark$ sbin/start-all.sh
starting org.apache.spark.deploy.master.Master, logging to /usr/local/spark
spark-spark-org.apache.spark.deploy.master.Master-1-vm01.out
vm01: starting org.apache.spark.deploy.worker.Worker, logging to /usr/local
/logs/spark-spark-org.apache.spark.deploy.worker.Worker-1-vm01.out
spark@ubuntu:/usr/local/spark$
spark@ubuntu:/usr/local/spark$ jps
2764 Jps
2734 Worker   ←──── 伪分布集群的 Master 和 Worker 进程在同一台机器上
2606 Master
spark@ubuntu:/usr/local/spark$
```

如果在执行 start-all.sh 脚本时遇到问题，则终端窗体上会输出相应的日志信息，这些信息可以帮助用户找到出现问题的具体原因。

为方便表达和区分，后续将 Spark 集群中运行 Master 进程的机器称为 Master 主节点，运行 Worker 进程的机器称为 Worker 工作节点。不过这里所指的 Master 主节点和 Worker 工作节点是同一台机器，即当前运行的虚拟机。

（5）在 Ubuntu20.04 虚拟机中打开浏览器访问 Spark 集群的 WebUI 管理界面，地址为 localhost:8080，如图 5-48 所示。当然，也可在宿主 Windows 中使用虚拟机的 IP 地址和端口进行访问。

图 5-48　Spark 集群的 WebUI 管理界面

（6）为了验证集群运行是否正常，下面尝试在终端窗体中提交一个 Spark 应用程序到当前集群环境中运行。

`cd /usr/local/spark`
`cd examples/src/main/python`
`spark-submit --master spark://vm01:7077 pi.py`
	◇ 切换到/usr/local/spark 目录
	◇ 切换到 examples/src/main/python 目录
	◇ 将 Spark 中附带的示例应用程序 pi.py 提交到当前集群环境中运行。运行过程中会出现较多日志信息

```
~$ cd /usr/local/spark
/usr/local/spark$ cd examples/src/main/python
/usr/local/spark/examples/src/main/python$ spark-submit --master spark://vm01:7077 pi.py
23/02/04 05:26:35 INFO scheduler.DAGScheduler: ResultStage 0 (reduce at /usr/local/sparl
amples/src/main/python/pi.py:44) finished in 42.562 s
23/02/04 05:26:35 INFO scheduler.DAGScheduler: Job 0 finished: reduce at /usr/local/spa
xamples/src/main/python/pi.py:44, took 42.653038 s
Pi is roughly 3.140880   ◄————
23/02/04 05:26:35 INFO server.AbstractConnector: Stopped Spark@1fc6457a{HTTP/1.1, (http
23/02/04 05:26:35 INFO ui.SparkUI: Stopped Spark web UI at http://vm01:4040
23/02/04 05:26:35 INFO cluster.StandaloneSchedulerBackend: Shutting down all executors
23/02/04 05:26:35 INFO cluster.CoarseGrainedSchedulerBackend$DriverEndpoint: Asking eac
23/02/04 05:26:35 INFO spark.MapOutputTrackerMasterEndpoint: MapOutputTrackerMasterEndp
23/02/04 05:26:36 INFO memory.MemoryStore: MemoryStore cleared
23/02/04 05:26:36 INFO storage.BlockManager: BlockManager stopped
```

除了 Linux 终端窗体中显示的运行结果，在 Spark 集群的 WebUI 管理界面中也可以查到这个 pi.py 示例应用程序的具体运行信息，如图 5-49 所示。

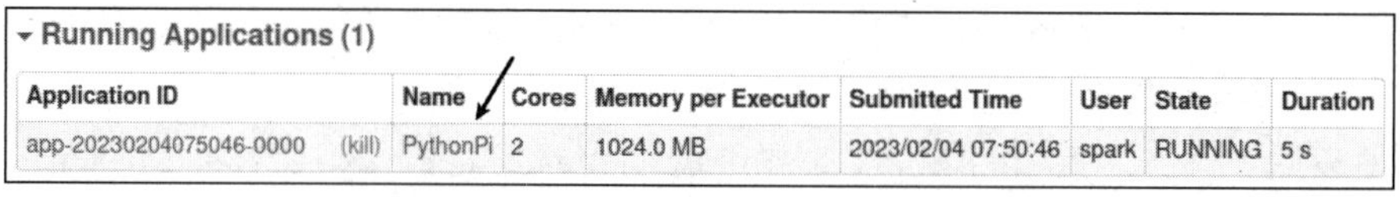

▼ Running Applications (1)							
Application ID	Name	Cores	Memory per Executor	Submitted Time	User	State	Duration
app-20230204075046-0000 (kill)	PythonPi	2	1024.0 MB	2023/02/04 07:50:46	spark	RUNNING	5 s

图 5-49 pi.py 示例应用程序的具体运行信息

【学习提示】

当提交应用程序到 Spark 集群中运行时，要指定 "spark://vm01:7077" 参数。集群的 WebUI 管理界面可以通过 http://vm01:8080 访问，其中，vm01 是集群的 Master 主节点主机名。不过，如果 Spark 集群服务经过重启后，之前运行过的应用程序就不会出现在 WebUI 管理界面中，不方便之后的分析。因此，为了能够保留 Spark 应用程序的运行记录，这里需要配置 Spark 集群的 History 历史服务器。

（7）在 spark-defaults.conf 文件中增加 History 历史服务器的配置信息。

`cp spark-defaults.conf.template spark-defaults.conf` `vi spark-defaults.conf`	◇ 复制一份 spark-defaults.conf 文件 ◇ 使用 vi 编辑 spark-defaults.conf 文件

```
spark@vm01:/usr/local/spark/conf$ cp spark-defaults.conf.template spark-defaults.conf
spark@vm01:/usr/local/spark/conf$ vi spark-defaults.conf
```

在文件末尾新增下面的内容：		◇ vi 编辑命令：G 转到末尾，o 插入空行
`spark.eventLog.enabled`	`true`	◇ 启用 Spark 事件日志的记录
`spark.eventLog.dir`	`hdfs://localhost:9000/spark-eventlog`	
`spark.history.fs.logDirectory`	`hdfs://localhost:9000/spark-eventlog`	

◇ 指定事件日志的保存和读取目录，需要确保 HDFS 服务正在运行，且要先创建好/spark-eventlog 目录
◇ 因为 Hadoop 配置文件 core-site.xml 设定了 fs.defaultFS 的属性值为 hdfs://localhost:

9000，所以这里同样使用 `localhost` 主机名，而不是 `vm01`，两者必须一致（如果在配置文件 core-site.xml 中设定了 fs.defaultFS 的属性值为 hdfs://0.0.0.0:9000，就可以使用 IP 地址或主机名访问 HDFS 了）

`spark.yarn.historyServer.address=vm01:18080` `spark.history.ui.port=18080`	◇ 设定历史服务器的端口，可以分别在 Spark Standalone 集群和 YARN 集群的 WebUI 管理界面中访问

```
# spark.driver.memory            5g
# spark.executor.extraJavaOptions  -XX:+PrintGCDetails -Dkey=value -Dnumber
spark.eventLog.enabled           true
spark.eventLog.dir               hdfs://localhost:9000/spark-eventlog
spark.history.fs.logDirectory    hdfs://localhost:9000/spark-eventlog

spark.yarn.historyServer.address=vm01:18080
spark.history.ui.port=18080
```

`jps`
(`/usr/local/hadoop/sbin/start-dfs.sh`)
`hdfs dfs -mkdir /spark-eventlog`
`cd /usr/local/spark`
`sbin/stop-all.sh`
	◇ 确认 HDFS 服务是否正在运行
	◇ 若 HDFS 服务未运行，则执行 start-dfs.sh 脚本启动它
	◇ 在 HDFS 上创建 /spark-eventlog 目录
	◇ 切换至 /usr/local/spark 目录
	◇ 要使配置生效，需要先停止 Spark 集群服务

```
spark@vm01:/usr/local/spark/conf$ jps
20102 Master
20249 Worker        ←——— 这里只有Spark Standalone集群的两个进程
21774 Jps                说明HDFS服务没有运行
spark@vm01:/usr/local/spark/conf$ /usr/local/hadoop/sbin/start-dfs.sh
Starting namenodes on [localhost]
localhost: starting namenode, logging to /usr/local/hadoop-2.6.5/logs/hadoo
localhost: starting datanode, logging to /usr/local/hadoop-2.6.5/logs/hadoo
Starting secondary namenodes [0.0.0.0]
0.0.0.0: starting secondarynamenode, logging to /usr/local/hadoop-2.6.5/log
spark@vm01:/usr/local/spark/conf$ hdfs dfs -mkdir /spark-eventlog
spark@vm01:/usr/local/spark/conf$ cd /usr/local/spark
spark@vm01:/usr/local/spark$ sbin/stop-all.sh
vm01: stopping org.apache.spark.deploy.worker.Worker
stopping org.apache.spark.deploy.master.Master
spark@vm01:/usr/local/spark$
```

`sbin/start-all.sh`
`sbin/start-history-server.sh`
`jps`
	◇ 重新启动 Spark 集群服务
	◇ 启动 Spark 集群 History 历史服务器

```
spark@vm01:/usr/local/spark$ sbin/start-all.sh
starting org.apache.spark.deploy.master.Master, logging to /usr/local/spark
er-1-vm01.out
vm01: starting org.apache.spark.deploy.worker.Worker, logging to /usr/local
r.Worker-1-vm01.out
spark@vm01:/usr/local/spark$ sbin/start-history-server.sh
starting org.apache.spark.deploy.history.HistoryServer, logging to /usr/loc
tory.HistoryServer-1-vm01.out
spark@vm01:/usr/local/spark$ jps
22833 Master
22068 DataNode
22981 Worker
21915 NameNode
23102 Jps
22255 SecondaryNameNode
23055 HistoryServer
spark@vm01:/usr/local/spark$
```

从 jps 命令列出的进程列表中可以看出，HistoryServer 已经在运行，同时 Master 和 Worker 进程也在运行，HDFS 服务也是正常的。

（8）再次在终端窗体中提交 Spark 应用程序到集群环境中运行，使用虚拟机的浏览器访问 History 历史服务器的管理界面，就可以查看应用程序运行的历史信息。

| cd /usr/local/spark
cd examples/src/main/python
spark-submit --master spark://vm01:7077 pi.py | ◇ 切换到 /usr/local/spark 目录，如果已在则忽略该步
◇ 切换至 examples/src/main/python 目录
◇ 提交示例应用程序 pi.py 到 Spark Standalone 集群环境中 |

```
/usr/local/spark$
/usr/local/spark$ cd examples/src/main/python
/usr/local/spark/examples/src/main/python$ spark-submit --master spark://vm01:7077 pi.py
```

当 History 历史服务器运行时，若提交的 Spark 应用程序运行完毕，访问历史服务器的 WebUI 管理界面，其就会列出之前运行过的应用程序列表，如图 5-50 所示。这些信息是存储在 HDFS 上的，不会因 Spark 集群服务的停止而丢失，但是只有确保历史服务器一直在运行才会被记录下来。

图 5-50　Spark 集群历史服务器

至此，Spark 伪分布集群环境的搭建就全部完成了，相对来说配置过程还是比较简单的。完全分布式的 Spark Standalone 集群主要的配置步骤与这里基本一样。

【学习提示】

只要在 Spark 的配置文件中使用了 Hadoop 的相关服务（HDFS 和 YARN），那么在运行 Spark 应用程序时（包括 pyspark、spark-submit 等命令），就必须先启动 HDFS 和 YARN 服务，否则会出现错误。

5.7.2　Spark 应用部署模式

Spark 应用程序的运行途径有很多种，在单机部署时以本地模式运行，在集群部署时可以选择 Spark 集群或外部 YARN 资源调度框架等集群模式。在使用 spark-submit 命令提交计算任务时，可以在命令行中指定 --master 参数选择所运行的集群环境，对 pyspark、spark-shell 等交互命令来说同样如此。Spark 应用程序的部署模式包括 Local、Spark Standalone、Spark on Mesos、Spark on YARN 等，下面对这几种常用的部署模式加以说明。

Spark 应用部署模式

1. Local 模式

在 Local 模式下，Spark 应用程序是在本地计算机的 Java 进程中以线程的方式运行的，如图 5-51 所示。使用 Local 模式运行应用程序，也可以指定 CPU 核数，CPU 核数决定了开启的工作线程数量。

- local：本地运行，默认在一个 CPU 上且用一个线程完成所有任务，主要用来验证应用程序逻辑的正确性，无并行计算能力，与 local[1]等同。
- local[n]：本地运行，有 n 个工作线程（n 不超过机器 CPU 总核数），每个线程模拟一个计算节点的功能。
- local[*]：本地运行，工作线程数量等于机器的全部 CPU 核数。

2．Spark Standalone 模式

Spark Standalone 是 Spark 自带的一种集群管理服务，也称为独立模式，它包含完整的集群资源管理功能，可单独部署，不依赖任何其他资源管理系统。Spark Standalone 实现的资源调度框架主要包括 Master 主节点和 Worker 工作节点，运行的进程分别是 Master 和 Worker（进程名称与节点名称相同，用来管理集群中的硬件资源），其中，Master 主节点在 spark-env.sh 配置文件的

本地Java进程

图 5-51　Local 模式

SPARK_MASTER_HOST 变量中指定，Worker 工作节点在 slaves 配置文件中列出。此外，Spark Standalone 集群的 Driver 进程相当于 Spark 应用程序的管理者，它在用户代码提交时启动，用户代码执行完毕后 Driver 进程终止。

Spark Standalone 是最简单和最容易部署的一种模式（见图 5-52，其中实线箭头代表 Driver 进程发送计算任务，虚线箭头代表 Executor 进程接收并执行计算任务），尤其适用于开发测试阶段，在提交任务时指定"spark://<IP 地址>:7077"格式即可（其中，<IP 地址>为 Master 主节点的主机名或 IP 地址）。

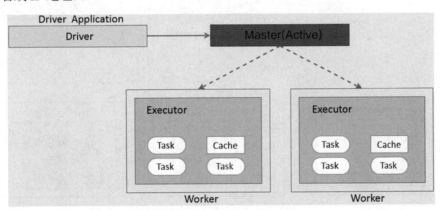

图 5-52　Spark Standalone 模式

3．Spark on Mesos 模式

Spark on Mesos 模式是指 Spark 应用程序运行在 Apache Mesos 资源管理框架之上，该模式将集群的资源管理功能交给 Mesos 统一处理，Spark 只负责任务调度和计算工作，如图 5-53 所示。Mesos 是与 Hadoop MapReduce 兼容良好的一款资源调度框架，不过在国内的企业中使用不多。

4．Spark on YARN 模式

Spark on YARN 模式是指 Spark 应用程序运行在 Hadoop YARN 框架之上，如图 5-54 所示。YARN 是一个全新设计的 Hadoop 集群管理器，也是一个通用的资源管理系统，可为上层应用提供统一的资源管理和调度功能。在这种模式下，集群的资源管理由 YARN 处理，Spark 只负

责任务调度和计算工作。YARN 集群的工作原理与 Spark Standalone 集群相比非常相似，其中，ResourceManager 对应 Master 进程，负责集群所有资源的统一管理和分配；NodeManager 对应 Worker 进程，负责单个节点资源的管理；ApplicationMaster 则对应 Driver 进程，负责管理提交运行的应用程序，比如任务调度、任务监控和容错等。

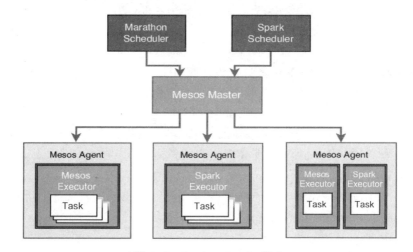

图 5-53　Spark on Mesos 模式

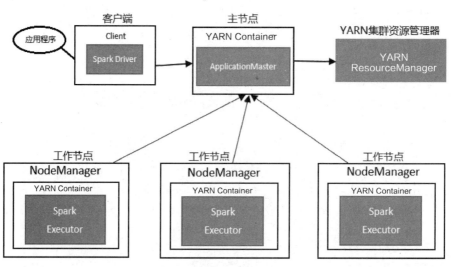

图 5-54　Spark on YARN 模式

根据 Spark 提交计算任务的 Driver 进程在 YARN 集群中的不同位置，又分为 yarn-client 和 yarn-cluster 两种运行模式。

- yarn-client：适用于交互、调试场合，希望立即看到输出的运行结果。
- yarn-cluster：适用于生产环境，计算任务提交后就全部在集群中运行。

Spark on YARN 模式允许 Spark 与 Hadoop 生态圈完美搭配，组成强大的集群环境，因此得到了比较广泛的应用。除了本地模式和集群模式这两类部署模式，Spark 还支持云服务部署模式，比如 Kubernetes（K8s）就是一个典型代表，Spark2.3 开始支持将应用程序部署到 K8s 云容器中运行，像亚马逊云 AWS、阿里云等云服务企业都推出了 EMR（弹性 MapReduce 计算）的相关技术产品。

5.7.3 Spark 应用部署实例

本节通过实例具体演示 Local、Spark Standalone、Spark on YARN 这 3 种常见应用程序部署模式的使用。

1. Local 模式

Local 模式是指 Spark 应用程序在本地计算机上以单进程、单线程或多线程的方式运行，到目前为止，学习的 Spark 代码片段都是以这种模式运行的，比如 pyspark 命令启动后默认工作在 Local 单线程模式下。Local 模式不依赖任何集群环境，也不需要什么特别的配置，特别适合在开发调试或简单数据计算任务的场合下使用。

（1）打开一个 Linux 终端窗体，在其中输入 pyspark 命令启动 PySparkShell 交互式编程环境。

```
cd ~
pyspark --master local
```

◇ 进入当前主目录，若已在则忽略该步
◇ 指定以 Local 模式运行 PySparkShell，等价于 pyspark --master local[1]

```
spark@vm01:~$ pyspark --master local
Python 3.6.15 (default, Apr 25 2022, 01:55:53)
[GCC 9.4.0] on linux
Type "help", "copyright", "credits" or "license" for more information.
23/02/05 00:13:46 WARN util.Utils: Your hostname, vm01 resolves to a loop
7.189 instead (on interface ens33)
23/02/05 00:13:46 WARN util.Utils: Set SPARK_LOCAL_IP if you need to bind
23/02/05 00:13:46 WARN util.NativeCodeLoader: Unable to load native-hadoo
iltin-java classes where applicable
Setting default log level to "WARN".

To adjust logging level use sc.setLogLevel(newLevel). For SparkR, use set
      /  __/__  ___ _____/ /__
     _\ \/ _ \/ _ `/ __/  '_/
    /__ / .__/\_,_/_/ /_/\_\   version 2.4.8
       /_/

Using Python version 3.6.15 (default, Apr 25 2022 01:55:53)
SparkSession available as 'spark'.
>>>
```

上面的命令等价于 pyspark --master local[1]，即开启一个线程在一个 CPU 核上运行。若要让 pyspark 命令使用更多的 CPU 核，则可以指定类似 local[2]或 local[*]这样的参数，但不要超过实际的物理 CPU 核数。如果 pyspark 命令不带任何参数，则默认使用全部的 CPU 核，等价于 pyspark --master local[*]，具体使用的 CPU 核数可在进入 PySparkShell 交互式编程环境后，执行 sc.defaultParallelism 语句获取。

打开一个新的 Linux 终端窗体，在其中输入 jps 命令，就会发现一个名为 SparkSubmit 的进程。也就是说，pyspark 命令实际是启动了一个 Spark 应用程序。

```
spark@vm01:~$ jps
28272 Jps
28161 SparkSubmit    ←—— pyspark命令启动的进程
22068 DataNode
21915 NameNode
22255 SecondaryNameNode
```

（2）在通过 spark-submit 命令提交应用程序时，也可以指定其以 Local 模式运行。以 pi.py 应用程序为例，在终端窗体中输入以下 shell 命令。

```
cd /usr/local/spark
cd examples/src/main/python
spark-submit --master local[*] pi.py
```

◇ 切换到/usr/local/spark 目录
◇ 切换到 examples/src/main/python 目录
◇ 将示例应用程序 pi.py 以 Local 模式运行

```
spark@vm01:~$ cd /usr/local/spark
spark@vm01:/usr/local/spark$ cd examples/src/main/python
spark@vm01:/usr/local/spark/examples/src/main/python$ spark-submit --master local[*] pi.py
23/02/05 00:29:39 WARN util.Utils: Your hostname, vm01 resolves to a loopback address: 127
89 instead (on interface ens33)
23/02/05 00:29:39 WARN util.Utils: Set SPARK_LOCAL_IP if you need to bind to another addre
23/02/05 00:29:39 WARN util.NativeCodeLoader: Unable to load native-hadoop library for you
in-java classes where applicable
23/02/05 00:29:40 INFO spark.SparkContext: Running Spark version 2.4.8
23/02/05 00:29:40 INFO spark.SparkContext: Submitted application: PythonPi
23/02/05 00:29:40 INFO spark.SecurityManager: Changing view acls to: spark
```

这里使用当前机器的所有 CPU 核以 Local 模式运行 pi.py 示例应用程序。

2. Spark Standalone 模式

在提交 Spark Standalone 集群之前，先确保 Master 进程和 Worker 进程正常运行。还有一个要特别注意的地方是，在同一个节点中无论是使用 Spark Standalone 还是 YARN 集群，这两个集群都只能运行其中之一，不能同时存在。

（1）首先检查当前节点配置的 YARN 集群服务是否处于停止状态，然后确认 HDFS 服务是否已启动，以及 Spark Standalone 集群服务是否正在运行。

`jps` （ /usr/local/hadoop/sbin/stop-yarn.sh ） （ /usr/local/spark/sbin/stop-history-server.sh ） （ /usr/local/hadoop/sbin/start-dfs.sh ） （ /usr/local/spark/sbin/start-all.sh ）	◇ 检查各相关服务的运行状态 ◇ 视情况停止 YARN 集群服务 ◇ 为简单起见，这里也可将 History 历史服务器停掉 ◇ 视情况启动 HDFS 服务 ◇ 视情况启动 Spark Standalone 集群服务

```
spark@vm01:~$ jps
29300 Jps        ← Spark Standalone 集群服务未启动
spark@vm01:~$ /usr/local/spark/sbin/start-all.sh
starting org.apache.spark.deploy.master.Master, logging to /usr/local/spark
y.master.Master-1-vm01.out
vm01: starting org.apache.spark.deploy.worker.Worker, logging to /usr/local
.deploy.worker.Worker-1-vm01.out
spark@vm01:~$ jps
29609 Jps
29340 Master     ← Spark Standalone 集群服务的两个进程：Master 和 Worker
29487 Worker
spark@vm01:~$ /usr/local/hadoop/sbin/start-dfs.sh
Starting namenodes on [localhost]
localhost: starting namenode, logging to /usr/local/hadoop-2.6.5/logs/hadoo
localhost: starting datanode, logging to /usr/local/hadoop-2.6.5/logs/hadoo
Starting secondary namenodes [0.0.0.0]
0.0.0.0: starting secondarynamenode, logging to /usr/local/hadoop-2.6.5/log
de-vm01.out
spark@vm01:~$ jps
30336 SecondaryNameNode
30145 DataNode        HDFS 服务的进程
29987 NameNode
30436 Jps
29340 Master          Spark Standalone 集群服务的进程
29487 Worker
spark@vm01:~$
```

（2）继续输入下面的命令，以集群模式启动 PySparkShell 交互式编程环境。

`pyspark --master spark://vm01:7077`
或
`pyspark --master spark://vm01:7077 --deploy-mode=client`
	◇ 在 Spark Standalone 集群中运行 PySparkShell，且以 client 模式运行

```
spark@vm01:~$ pyspark --master spark://vm01:7077
Python 3.6.15 (default, Apr 25 2022, 01:55:53)
[GCC 9.4.0] on linux
Type "help", "copyright", "credits" or "license" for more information.
23/02/05 02:40:39 WARN util.Utils: Your hostname, vm01 resolves to a loopback address
.97.189 instead (on interface ens33)
23/02/05 02:40:39 WARN util.Utils: Set SPARK_LOCAL_IP if you need to bind to another
23/02/05 02:40:40 WARN util.NativeCodeLoader: Unable to load native-hadoop library fo
```

```
builtin-java classes where applicable
Setting default log level to "WARN".
To adjust logging level use sc.setLogLevel(newLevel). For SparkR, use setLogLevel(new
Welcome to
      ____              __
     / __/__  ___ _____/ /__
    _\ \/ _ \/ _ `/ __/  '_/
   /__ / .__/\_,_/_/ /_/\_\   version 2.4.8
      /_/
```

　　同样地，可以输入几条简单的代码进行测试。测试完毕后，直接退出 PySparkShell 交互式编程环境。

　　注意：如果将这里的命令改为 cluster 模式，则在启动命令时会出现错误，提示 Spark Standalone 集群环境不支持 Python 应用程序的 cluster 模式。

错误的命令举例：	◇ Spark Standalone
pyspark --master spark://vm01:7077 --deploy-mode=cluster	集群环境不支持Python应用程序的 cluster 模式，启动时会提示错误信息

```
spark@vm01:~$ pyspark --master spark://vm01:7077 --deploy-mode=cluster
Python 3.6.15 (default, Apr 25 2022, 01:55:53)
[GCC 9.4.0] on linux
Type "help", "copyright", "credits" or "license" for more information.
Exception in thread "main" org.apache.spark.SparkException: Cluster deploy
mode is currently not supported for python applications on standalone clusters
        at org.apache.spark.deploy.SparkSubmit.error(SparkSubmit.scala:863)
```

　　（3）继续输入下面的命令，将示例应用程序 pi.py 提交到 Spark Standalone 集群中运行。

cd /usr/local/spark	◇ 切换到/usr/local/spark 目录
cd examples/src/main/python	◇ 切换到 examples/src/main/python 目录

```
spark@vm01:~$ cd /usr/local/spark
spark@vm01:/usr/local/spark$ cd examples/src/main/python
spark@vm01:/usr/local/spark/examples/src/main/python$
```

spark-submit --master spark://vm01:7077 pi.py
或
spark-submit --master spark://vm01:7077 --deploy-mode=client pi.py
◇ 这里的两条命令都是提交示例应用程序 pi.py 到 Spark Standalone 集群中且以 client 模式运行，Linux 终端窗体上会显示最终的计算结果

```
spark@vm01:/usr/local/spark/examples/src/main/python$ spark-submit --master spark://vm01:7077 pi.py
23/02/05 03:05:11 WARN util.Utils: Your hostname, vm01 resolves to a loopback address: 127.0.0.1; u
89 instead (on interface ens33)
23/02/05 03:05:11 WARN util.Utils: Set SPARK_LOCAL_IP if you need to bind to another address
23/02/05 03:05:11 WARN util.NativeCodeLoader: Unable to load native-hadoop library for your platfor
in-java classes where applicable
23/02/05 03:05:12 INFO spark.SparkContext: Running Spark version 2.4.8
23/02/05 03:05:12 INFO spark.SparkContext: Submitted application: PythonPi
23/02/05 03:05:12 INFO spark.SecurityManager: Changing view acls to: spark
23/02/05 03:05:20 INFO scheduler.DAGScheduler: ResultStage 0 (reduce at /usr/local/spark-2.4.8-bin-
xamples/src/main/python/pi.py:44) finished in 1.737 s
23/02/05 03:05:20 INFO scheduler.DAGScheduler: Job 0 finished: reduce at /usr/local/spark-2.4.8-bin
examples/src/main/python/pi.py:44, took 1.928240 s
Pi is roughly 3.134160
23/02/05 03:05:20 INFO server.AbstractConnector: Stopped Spark@29cdeed5{HTTP/1.1, (http/1.1)}{0.0.0
23/02/05 03:05:20 INFO ui.SparkUI: Stopped Spark web UI at http://172.16.97.189:4040
23/02/05 03:05:20 INFO cluster.StandaloneSchedulerBackend: Shutting down all executors
23/02/05 03:05:20 INFO cluster.CoarseGrainedSchedulerBackend$DriverEndpoint: Asking each executor t
23/02/05 03:05:20 INFO spark.MapOutputTrackerMasterEndpoint: MapOutputTrackerMasterEndpoint stopped
```

错误的命令举例：
spark-submit --master spark://vm01:7077 --deploy-mode=cluster pi.py
◇ 这里提交 pi.py 到 Standalone 集群中且以 cluster 模式运行，会提示同样的错误信息，即 Spark Standalone 集群环境不支持 Python 应用程序的 cluster 模式

```
spark@vm01:/usr/local/spark/examples/src/main/python$
spark@vm01:/usr/local/spark/examples/src/main/python$ spark-submit --master spark://vm01:7077
 --deploy-mode=cluster pi.py
Exception in thread "main" org.apache.spark.SparkException: Cluster deploy mode is currently
not supported for python applications on standalone clusters.
        at org.apache.spark.deploy.SparkSubmit.error(SparkSubmit.scala:863)
        at org.apache.spark.deploy.SparkSubmit.prepareSubmitEnvironment(SparkSubmit.scala:273)
```

【结论】

（1）在 Spark Standalone 集群环境下，只能以 client 模式运行 pyspark 交互命令，或以 client 模式提交 PySpark 应用程序，比如 pi.py。

（2）在 Spark Standalone 集群环境下，既不支持 pyspark 这类交互命令以 cluster 模式运行，也不支持 PySpark 应用程序以 cluster 模式提交。也就是说，Spark Standalone 集群环境不支持以 cluster 模式运行任何 PySpark 应用程序。

（3）在 Spark Standalone 集群环境下，由 Scala/Java 编写的原生应用程序，既能以 client 模式提交，也能以 cluster 模式提交，但 spark-shell 这类原生交互命令只能以 client 模式运行。

（4）在 Standalone 集群环境下提交的应用程序，或运行的交互命令，都可以通过集群管理 WebUI 界面（http://localhost:8080/）来显示运行状态，如图 5-55 所示。

Application ID	Name	Cores	Memory per Executor	Submitted Time	User	State	Duration
app-20230205034458-0006	Spark shell	2	1024.0 MB	2023/02/05 03:44:58	spark	FINISHED	42 s
app-20230205033920-0005	Spark shell	2	1024.0 MB	2023/02/05 03:39:20	spark	FINISHED	14 s
app-20230205032208-0004	PythonPi	2	1024.0 MB	2023/02/05 03:22:08	spark	FINISHED	7 s
app-20230205030513-0003	PythonPi	2	1024.0 MB	2023/02/05 03:05:13	spark	FINISHED	7 s
app-20230205024313-0002	PySparkShell	2	1024.0 MB	2023/02/05 02:43:13	spark	FINISHED	42 s
app-20230205024042-0001	PySparkShell	2	1024.0 MB	2023/02/05 02:40:42	spark	FINISHED	2.3 min
app-20230205023250-0000	PySparkShell	2	1024.0 MB	2023/02/05 02:32:50	spark	FINISHED	2 s

图 5-55　Spark 集群管理 WebUI 界面

3．Spark on YARN 模式

YARN 和 Standalone 都是集群管理器，但在同一个集群的节点中，它们两者不能同时运行。因此，若要将 Spark 应用程序提交到 YARN 集群，就必须先停止 Spark Standalone 集群服务，然后启动 YARN 服务。

（1）检查当前节点配置的 Spark Standalone 集群服务是否已停止，并确保 HDFS 服务已启动、YARN 集群服务正在运行。

```
jps                                      ◇ 检查各相关服务的运行状态
( /usr/local/spark/sbin/stop-all.sh )    ◇ 视情况停止 Spark Standalone 集群服务
( /usr/local/hadoop/sbin/start-dfs.sh )  ◇ 视情况启动 HDFS 服务
( /usr/local/hadoop/sbin/start-yarn.sh ) ◇ 视情况启动 YARN 集群服务
```

（2）除了确保 YARN 和 HDFS 服务正常运行，还有一项准备工作要做。因为提交的 Spark

计算任务是在 YARN 集群环境中运行的，在运行时要用到 Spark 安装目录中的 jars 依赖库文件，所以应该事先将这些 jars 依赖库文件放到 HDFS 上，否则每次提交 Spark 应用程序时都要上传一遍。

`cd /usr/local/spark`	◇ 切换到 /usr/local/spark 目录，若已在则忽略该步
`hdfs dfs -mkdir /spark-jars`	◇ 在 HDFS 上创建 spark-jars 文件夹
`hdfs dfs -put jars/* /spark-jars`	◇ 将 Spark 安装目录中的 jars 依赖库文件上传到 HDFS
`vi conf/spark-defaults.conf`	◇ 使用 vi 编辑 spark-defaults.conf 配置文件

```
spark@vm01:/usr/local/spark$ hdfs dfs -mkdir /spark-jars
spark@vm01:/usr/local/spark$ hdfs dfs -put jars/* /spark-jars
spark@vm01:/usr/local/spark$ vi conf/spark-defaults.conf
```

在文件末尾增加下面一行内容： `spark.yarn.jars  hdfs://localhost:9000/spark-jars/*.jar`	◇ vi 编辑命令：G 转到末尾，o 插入空行 ◇ 设定 Spark 的 jars 依赖库文件所在目录 ◇ vi 编辑命令：按 Esc 键切换到命令模式，输入 :wq 保存并退出

```
# spark.executor.extraJavaOptions  -XX:+PrintGCDetails -Dkey=value -Dnumber
spark.eventLog.enabled            true
spark.eventLog.dir                hdfs://localhost:9000/spark-eventlog
spark.history.fs.logDirectory     hdfs://localhost:9000/spark-eventlog

spark.yarn.historyServer.address=vm01:18080
spark.history.ui.port=18080

spark.yarn.jars                   hdfs://localhost:9000/spark-jars/*.jar
```

`vi conf/spark-env.sh`	◇ 使用 vi 编辑 spark-env.sh 配置文件

```
spark@vm01:/usr/local/spark$ vi conf/spark-env.sh
```

在文件末尾增加下面一行内容： `export YARN_CONF_DIR=/usr/local/hadoop/etc/hadoop`	◇ vi 编辑命令：G 转到末尾，o 插入空行 ◇ Spark 按 YARN_CONF_DIR 找到 YARN 集群 ◇ vi 编辑命令：Esc 键切换到命令模式，:wq 保存并退出

```
# - MKL_NUM_THREADS=1        Disable multi-threading of Intel MKL
# - OPENBLAS_NUM_THREADS=1   Disable multi-threading of OpenBLAS

export SPARK_DIST_CLASSPATH=$(/usr/local/hadoop/bin/hadoop classpath)

export JAVA_HOME=/usr/local/jdk
export SPARK_MASTER_HOST=vm01

export YARN_CONF_DIR=/usr/local/hadoop/etc/hadoop
```

（3）准备工作就绪，现在可以输入下面的命令，以 YARN 集群模式启动 PySparkShell 交互式编程环境。

`pyspark --master yarn`
或
`pyspark --master yarn --deploy-mode=client`
	◇ 在 YARN 集群中运行，且以 client 模式运行
	◇ 在启动过程中会卡住一会儿，此时是从 HDFS 上获取 Spark 应用程序运行所需的 jars 依赖库文件

```
spark@vm01:/usr/local/spark$ pyspark --master yarn
Python 3.6.15 (default, Apr 25 2022, 01:55:53)
[GCC 9.4.0] on linux
Type "help", "copyright", "credits" or "license" for more information.
23/02/05 05:28:39 WARN util.Utils: Your hostname, vm01 resolves to a loopba
ad (on interface ens33)
23/02/05 05:28:39 WARN util.Utils: Set SPARK_LOCAL_IP if you need to bind t
23/02/05 05:28:40 WARN util.NativeCodeLoader: Unable to load native-hadoop
classes where applicable
Setting default log level to "WARN".
To adjust logging level use sc.setLogLevel(newLevel). For SparkR, use setLo

Welcome to
      ____              __
     / __/__  ___ _____/ /__
    _\ \/ _ \/ _ `/ __/  '_/
   /__ / .__/\_,_/_/ /_/\_\   version 2.4.8
      /_/

Using Python version 3.6.15 (default, Apr 25 2022 01:55:53)
SparkSession available as 'spark'.
>>>
```

同样地，可以输入几条简单的代码进行测试，测试完毕后直接退出 PySparkShell 交互式编程环境。接下来，尝试在命令行中指定以 cluster 模式运行，观察会出现什么现象。

错误的命令举例：

`pyspark --master yarn --deploy-mode=cluster`

◇ pyspark 是交互命令，不能以 cluster 模式运行在 YARN 集群中。假如 Driver 进程能在集群中运行，则提交任务的 Linux 终端就接收不到运行结果，这就是提示"Spark shells 不适合以 cluster 模式运行"的原因

```
spark@vm01:/usr/local/spark$ pyspark --master yarn --deploy-mode=cluster
Python 3.6.15 (default, Apr 25 2022, 01:55:53)
[GCC 9.4.0] on linux
Type "help", "copyright", "credits" or "license" for more information.
Exception in thread "main" org.apache.spark.SparkException: Cluster deploy
mode is not applicable to Spark shells.
        at org.apache.spark.deploy.SparkSubmit.error(SparkSubmit.scala:863
        at org.apache.spark.deploy.SparkSubmit.prepareSubmitEnvironment(Sp
        at org.apache.spark.deploy.SparkSubmit.org$apache$spark$deploy$Spa
```

（4）尝试将示例应用程序 pi.py 提交到 YARN 集群中运行。

`cd /usr/local/spark`	◇ 切换到/usr/local/spark 目录
`cd examples/src/main/python`	◇ 切换到 examples/src/main/python 目录

```
spark@vm01:~$ cd /usr/local/spark
spark@vm01:/usr/local/spark$ cd examples/src/main/python
```

`spark-submit --master yarn pi.py`
或
`spark-submit --master yarn --deploy-mode=client pi.py`
	◇ 这里的两条命令都是提交示例应用程序 pi.py 到 YARN 集群中且以 client 模式运行，Linux 终端窗体上会显示最终的计算结果

```
spark@vm01:/usr/local/spark/examples/src/main/python$ spark-submit --master yarn pi.py
23/02/05 05:51:19 WARN util.Utils: Your hostname, vm01 resolves to a loopback address:
9 instead (on interface ens33)
23/02/05 05:51:19 WARN util.Utils: Set SPARK_LOCAL_IP if you need to bind to another a
23/02/05 05:51:19 WARN util.NativeCodeLoader: Unable to load native-hadoop library for
n-java classes where applicable
23/02/05 05:51:20 INFO spark.SparkContext: Running Spark version 2.4.8
23/02/05 05:51:20 INFO spark.SparkContext: Submitted application: PythonPi
23/02/05 05:51:20 INFO spark.SecurityManager: Changing view acls to: spark
23/02/05 05:51:20 INFO spark.SecurityManager: Changing modify acls to: spark
23/02/05 05:51:20 INFO spark.SecurityManager: Changing view acls groups to:
23/02/05 05:51:20 INFO spark.SecurityManager: Changing modify acls groups to:
23/02/05 05:51:20 INFO spark.SecurityManager: SecurityManager: authentication disabled
h view permissions: Set(spark); groups with view permissions: Set(); users  with modif
ups with modify permissions: Set()
23/02/05 05:51:21 INFO util.Utils: Successfully started service 'sparkDriver' on port
```

```
23/02/05 05:51:47 INFO python.PythonAccumulatorV2: Connected to AccumulatorServer at h
23/02/05 05:51:47 INFO scheduler.DAGScheduler: ResultStage 0 (reduce at /usr/local/spa
amples/src/main/python/pi.py:44) finished in 3.580 s
23/02/05 05:51:47 INFO scheduler.DAGScheduler: Job 0 finished: reduce at /usr/local/sp
xamples/src/main/python/pi.py:44, took 3.713529 s
Pi is roughly 3.137420
23/02/05 05:51:47 INFO server.AbstractConnector: Stopped Spark@79f8d31a{HTTP/1.1, (htt
23/02/05 05:51:47 INFO ui.SparkUI: Stopped Spark web UI at http://172.16.97.189:4040
23/02/05 05:51:47 INFO cluster.YarnClientSchedulerBackend: Interrupting monitor thread
23/02/05 05:51:47 INFO cluster.YarnClientSchedulerBackend: Shutting down all executors
```

这里是将 pi.py 以 client 模式提交到 YARN 集群中，其中生成的日志信息与 Spark Standalone 集群有所不同。

再来尝试以 cluster 模式将示例应用程序 pi.py 提交到 YARN 集群中运行，观察一下运行的过程。

`spark-submit --master yarn --deploy-mode=cluster pi.py`	◇ 以 cluster 模式提交 pi.py 到 YARN 集群中运行，提交完毕后 Linux 终端窗体会直接返回到命令行提示符，后续整个运行过程会在 YARN 集群中完成

```
spark@vm01:/usr/local/spark/examples/src/main/python$ spark-submit --master yarn --deploy-mode=cluster pi.py
23/02/05 05:59:29 WARN util.Utils: Your hostname, vm01 resolves to a loopback address: 127.0.1.1; using 172.
16.97.189 instead (on interface ens33)
23/02/05 05:59:29 WARN util.Utils: Set SPARK_LOCAL_IP if you need to bind to another address
23/02/05 05:59:30 WARN util.NativeCodeLoader: Unable to load native-hadoop library for your platform... usin
g builtin-java classes where applicable

23/02/05 05:59:56 INFO yarn.Client: Application report for application_1675600080302_0006 (state: FINISHED)
23/02/05 05:59:56 INFO yarn.Client:
         client token: N/A
         diagnostics: N/A
         ApplicationMaster host: 172.16.97.189
         ApplicationMaster RPC port: 34157
         queue: default
         start time: 1675605574294
         final status: SUCCEEDED
         tracking URL: http://vm01:8088/proxy/application_1675600080302_0006/
```

当示例应用程序 pi.py 提交完毕后，终端窗体还会显示提交的状态信息，但应用程序运行产生的计算结果不会在 Linux 终端窗体中输出，这是因为 cluster 模式的 Driver 进程是在 YARN 集群的内部运行的，只能通过 YARN 集群的 WebUI 管理界面才能看到（http://localhost:8088/），如图 5-56 所示。

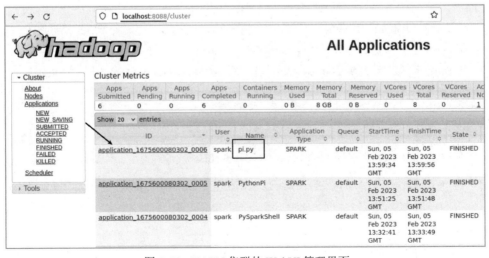

图 5-56　YARN 集群的 WebUI 管理界面

4．Spark 应用的部署参数

将 Spark 应用程序部署到集群节点中运行时，在命令行中可以根据需要设置各种运行参数，包括 --master、--deploy-mode 等，以便灵活控制使用的内存、CPU 等资源。下面列出一些常用的 Spark 部署参数（其中有圆圈标记的使用频率较高）。

- ◎--master：集群的 Master 主节点地址，可以是 spark://host:port、yarn、yarn-cluster、yarn-client、local、mesos://host:port 等，默认为 local，即本地运行。
- ◎--deploy-mode：指定 Driver 进程所在的节点，可以是 client 或者 cluster。前者是在提交任务的客户端运行，后者是在集群的一个节点上运行。若不指定--deploy-mode 参数，则默认以 client 模式运行。
- ◎--driver-memory：Driver 进程使用的内存大小，如 512MB/2GB 等，默认是 1024MB，即 1GB。
- ◎--executor-memory：每个 Executor 进程使用的内存大小，如 512MB/2GB 等，默认是 1024MB，即 1GB。
- ◎--executor-cores：每个 Executor 进程使用的 CPU 核数，Spark on YARN 模式默认为 1 个，Spark Standalone 模式默认为节点的所有 CPU 核。
- --num-executors：指定启动的 Executor 进程的数量，默认为 2 个，仅在 YARN 集群下使用。
- ◎--py-files：指定 PySpark 应用程序依赖的 Python 文件或库，可以是.py/.zip/.egg 文件，这些文件会与应用程序一起分发。如果应用程序依赖多个 Python 文件，则推荐打包成一个.zip 或.egg 文件。
- --files：在应用程序运行时用到的文件列表，以逗号隔开，这些文件会被分发到每个 Executor 进程的工作目录中。
- --jars：使用逗号分隔的本地 jar 包文件（比如数据库连接驱动等），Driver 和 Executor 运行依赖的第三方 jar 包文件，这些 jar 包文件将包含在集群的 classpath 运行环境中。
- --class：提交的应用程序启动类，如 org.apache.spark.examples.SparkPi，仅针对由 Java 或 Scala 编写的原生应用程序。
- --name：指定 Spark 应用程序的名称，方便通过集群的 WebUI 管理界面查看。

下面给出几个部署参数的具体应用例子，运行的都是在/usr/local/spark 目录中附带的 pi 计算示例应用程序（Python 版应用程序文件名是 pi.py，Scala 版是 spark-examples.jar 包中的 SparkPi 类），供提交 Spark 应用程序时参考，其中部署参数的值，可用等号或空格分隔。

（1）将 pi.py 提交到 Spark Standalone 集群中运行，默认以 client 模式运行，vm01 是 Master 主节点。

```
spark-submit \
  --master spark://vm01:7077 \
  examples/src/main/python/pi.py
```

（2）将 pi.py 提交到 YARN 集群中运行，指定以 client 模式运行。

```
spark-submit \
  --master yarn \
  --deploy-mode client \
  examples/src/main/python/pi.py
```

（3）将 pi.py 提交到 YARN 集群中运行，指定以 cluster 模式运行，Driver 进程要求 512MB 内存，Executor 进程要求 512MB 内存，总共运行两个 Executor 进程，每个 Executor 进程使用 1 个 CPU 核。

```
spark-submit \
  --master yarn \
  --deploy-mode cluster \
  --driver-memory=512m \
  --executor-memory=512m \
  --executor-cores=1 \
  --num-executors=2 \
  examples/src/main/python/pi.py
```

（4）将 SparkPi 提交到 Spark Standalone 集群中运行，指定以 cluster 模式运行，1000 是 SparkPi 类执行时的一个输入参数。

```
spark-submit \
  --master spark://vm01:7077 \
  --deploy-mode cluster \
  --class org.apache.spark.examples.SparkPi \
  examples/jars/spark-examples*.jar 1000
```

（5）将 SparkPi 提交到 Spark Standalone 集群中运行，默认以 client 模式运行，Driver 进程要求 512MB 内存，Executor 进程要求 512MB 内存，10 是 SparkPi 类执行时的一个输入参数。

```
spark-submit \
--master spark://vm01:7077 \
--driver-memory 512m \
--executor-memory 512m \
--class org.apache.spark.examples.SparkPi \
examples/jars/spark-examples*.jar 10
```

5.8　单元训练

（1）阐述 Spark RDD 是如何进行调度执行的。

（2）Spark 支持的分布式部署模式有哪些？

（3）广播变量和累加器的作用分别是什么，有哪些应用场景？

（4）简述 Spark 的几个主要概念：RDD、DAG、阶段、分区、窄依赖、宽依赖。

（5）RDD 主要分为行动（Action）和转换（Transformation）两种操作，它们有什么区别？

（6）Spark 运行的应用程序计算任务，是由什么进程来负责调度的？

第 *6* 章

Spark 大数据分析项目实例

 学习目标

知识目标

- 掌握 Pandas 数据清洗和 Spark SQL 窗口操作
- 掌握 pyecharts 数据可视化技术
- 掌握 RDD、Spark SQL 等在实际问题中的应用
- 掌握 Spark Streaming 流计算在实际问题中的应用

能力目标

- 会搭建 Hadoop+Spark 集群运行环境
- 会使用 Spark SQL 分析美妆订单数据
- 会使用 Spark Streaming 处理通话记录数据

素质目标

- 培养精益求精和不断进取的工匠精神
- 培养通过大数据技术解决实际问题的兴趣

6.1 引言

大数据在实际工作和生活中有不同的应用场景，比如互联网公司的广告业务需要通过大数据做应用分析、效果分析和定向优化等，推荐系统需要通过大数据优化排名，进行个性化推

荐及热点分析等。在数据科学应用中，数据工程师可以使用 Spark 进行数据的分析与建模。得益于 Spark 良好的易用性，数据工程师只需具备一定的 SQL 语言基础、统计学、机器学习等方面的经验，以及 Python、SQL 或者 R 的基础编程能力，就可以使用 Spark 完成大数据的分布式计算任务。

　　Spark 拥有完整而强大的技术栈，吸引了国内外各大企业的研发与使用。除了前面提到的淘宝技术团队将 Spark 应用于商品推荐、社区发现等场景，腾讯大数据的精准推荐业务也是借助 Spark 快速迭代的优势，实现了数据实时采集、算法实时训练、系统实时预测的全流程并行高维算法。此外，全球的一些大型航空公司通过 Spark 提供的 Spark SQL、机器学习框架等工具，对航班起降的记录数据进行分析，尝试找到航班延误的原因以及对航班延误情况的预测等。随着 Spark 的进一步发展，相信其未来会在更多的应用场景中发挥重要作用。

6.2　CentOS7+JDK8 虚拟机安装

　　为节省篇幅，这里准备直接使用已安装好的 CentOS7 操作系统虚拟机文件（读者可在配套资源中获取，CentOS7 的账户和密码均为 root），将其复制到本地，解压缩后会得到一个虚拟机的文件夹。

　　（1）启动 VMware，选择主菜单中的"文件"→"打开"命令，在出现的界面中找到 CentOS7 虚拟机文件解压缩后所在的文件夹，选择其中的 CentOS7_x64(base).vmx 文件，如图 6-1 所示。

图 6-1　启动 VMware 打开 CentOS7 虚拟机

　　（2）在 VMware 的虚拟机列表库中，右击 CentOS7 虚拟机，在弹出的快捷菜单中选择"管理"→"克隆"命令，如图 6-2 所示，此时会显示一个克隆虚拟机向导界面。

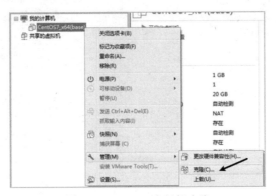

图 6-2　CentOS7 虚拟机克隆

（3）单击"下一步"按钮，并设定从当前虚拟机状态进行克隆，再单击"下一步"按钮，如图 6-3 所示。

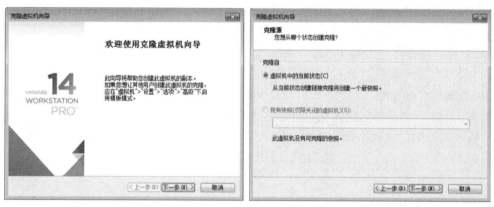

图 6-3　克隆虚拟机向导

（4）克隆类型采用默认设置（创建链接克隆），如图 6-4 所示，这样复制出来的虚拟机文件较小，不过这有一个限制，就是链接克隆的虚拟机必须与原始 CentOS7 虚拟机一起使用，否则克隆出来的虚拟机将无法启动。如果不希望有这个限制，则可以选中"创建完整克隆"单选按钮。

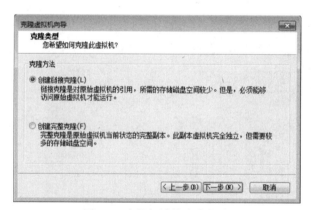

图 6-4　虚拟机链接克隆方式

（5）设定从 CentOS7 克隆出来的虚拟机名称为 CentOS7_x64-vm01，完成虚拟机的克隆，如图 6-5 所示。

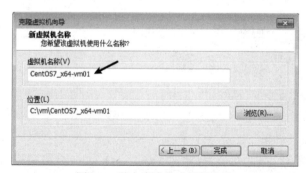

图 6-5　设定克隆的虚拟机名称

（6）按照同样的步骤，在 CentOS7_x64(base)上以链接方式再克隆出来另外两台虚拟机，将名称分别设为 CentOS7_x64-vm02 和 CentOS7_x64-vm03，这样就有 3 台被克隆出来的虚拟机，如图 6-6 所示。

图 6-6　被克隆出来的 CentOS7 虚拟机

分别将 CentOS7_x64-vm01、CentOS7_x64-vm02、CentOS7_x64-vm03 这 3 台虚拟机启动，并使用 root 账户和密码（root）登录这些虚拟机。

（7）3 台虚拟机已经准备就绪且正在运行，接下来分别配置它们的 IP 地址。由于不同计算机上的 VMware 管理的虚拟机 IP 地址各不相同，因此可以选择 VMware 主菜单中的"编辑"→"虚拟网络编辑器"命令查看 IP 地址的配置信息，如图 6-7 所示。

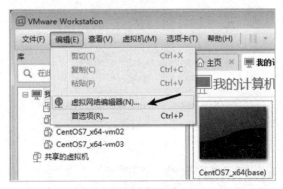

图 6-7　选择"虚拟网络编辑器"命令

上面创建的 3 台虚拟机默认工作在 NAT 模式下，这种模式允许虚拟机有自己的 IP 地址，且可以通过 Windows 宿主系统访问外部的网络。在"虚拟网络编辑器"界面中，选择 VMnet8 选项，底部的"子网 IP"和"子网掩码"就是虚拟机的网络配置信息，由此可以看出这里使用的 IP 地址范围是 192.168.163.x，其中 x 代表 1～254 的某个数字（不同的计算机可能与这里有所不同，应以自己的实际 IP 地址范围为准），如图 6-8 所示。

当 VMware 安装在 Windows 操作系统中时，会自动在 Windows 操作系统中创建名为 VMnet1 和 VMnet8 的两个虚拟网卡，其中 VMnet8 虚拟网卡的 IP 地址可以在命令行提示符界面中使用 ipconfig 命令进行查看，如图 6-9 所示。

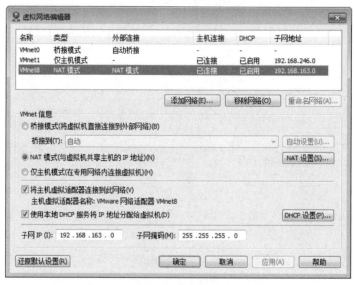

图 6-8　VMware 虚拟网络的 NAT 模式

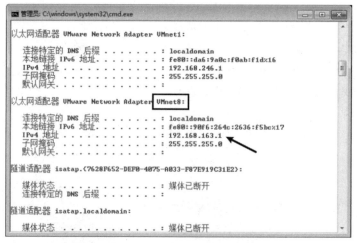

图 6-9　VMnet8 虚拟网卡的 IP 地址信息

在这里，Windows 操作系统的 VMnet8 虚拟网卡的 IP 地址为 192.168.163.1，查看完毕后可以将命令行提示符界面及 VMware 虚拟网络编辑器界面关闭。根据 VMware 获取的网络配置信息，下面将 3 台 CentOS7 虚拟机的主机名、IP 地址等内容进行规划（读者可根据自己机器的实际情况设置，后续用到的虚拟机 IP 地址也要与此对应），如表 6-1 所示。

表 6-1　虚拟机的主机名、IP 地址等内容的规划

主机名	IP 地址	子网掩码	网关/DNS
vm01	192.168.163.101	255.255.255.0	192.168.163.2
vm02	192.168.163.102	255.255.255.0	192.168.163.2
vm03	192.168.163.103	255.255.255.0	192.168.163.2

（8）回到 VMware 运行的 CentOS7_x64-vm01 虚拟机，将 IP 地址修改为所规划的网络配置内容。

`cd /etc/sysconfig/network-scripts` `vi ifcfg-ens33`	◇　切换到 /etc/sysconfig/network-scripts 目录 ◇　编辑 `ifcfg-ens33` 网卡配置信息
修改或新增的内容如下（新增内容放在文件末尾）： BOOTPROTO=static ONBOOT=yes IPADDR=192.168.163.101 NETMASK=255.255.255.0 GATEWAY=192.168.163.2 DNS1=192.168.163.2	 ◇　修改 dhcp 为 static ◇　默认 yes 不变，代表开机启用本网卡配置 ◇　新增静态 IP 地址，根据 VMware 的 NAT 模式配置 ◇　新增子网掩码 ◇　新增网关 ◇　新增 DNS 地址，同上

`systemctl restart network`
`ip addr`
`ping 163.com`
`systemctl stop firewalld`
`systemctl disable firewalld`
	◇　重启 `network` 服务，以使配置的 IP 地址生效
	◇　查看当前的 IP 地址信息
	◇　测试配置的 IP 地址是否成功，按 Ctrl+C 快捷键终止程序的运行
	◇　关闭 CentOS7 的防火墙服务
	◇　设置防火墙服务开机不启动

当 CentOS7_x64-vm01 虚拟机的 IP 地址信息修改完毕后，需要通过同样的方法将另外两台正在运行的 CentOS7 虚拟机的 IP 地址按照规划的内容进行配置，并确保其可以正常工作。

（9）继续在 CentOS7_x64-vm01 虚拟机中修改主机名，并在/etc/hosts 文件中增加 3 台虚拟机的主机名与 IP 地址之间的映射关系。

`hostnamectl set-hostname vm01`
`hostname`
`vi /etc/hosts`
	◇　将当前虚拟机的主机名设为 vm01
	◇　查看设置的主机名是否已生效
	◇　编辑/etc/hosts 文件，增加主机名与 IP 地址之间的映射关系

新增的内容如下（放在文件末尾）： 192.168.163.101　vm01 192.168.163.102　vm02 192.168.163.103　vm03	 ◇　3 台虚拟机修改的/etc/hosts 文件的内容是一样的

通过同样的方法，将另外两台正在运行的虚拟机的主机名和/etc/hosts 文件进行修改。

（10）分别在每台虚拟机上执行 3 条 ping 命令，以测试它们各自的 IP 地址和主机名配置是否成功。

`ping vm01`
`ping vm02`
`ping vm03`
	◇　必须确保每台 CentOS7 虚拟机都能成功执行这 3 条 ping 命令，否则后面的步骤就无法进行

（11）配置 3 台虚拟机之间相互的免密登录功能，分别在这 3 台虚拟机上执行以下命令。

`ssh-keygen -t rsa`	◇　在当前虚拟机中生成 ssh 连接密钥对（公钥/私钥），在操作时全部按照默认设置按回车键完成创建

继续分别在 3 台虚拟机上执行以下命令。

`ssh-copy-id vm01`	◇　将当前虚拟机的ssh 连接公钥分别复制到vm01、

`ssh-copy-id  vm02` `ssh-copy-id  vm03`	vm02、vm03 上，在执行时先输入 yes 确认，然后 输入密码 root

（12）CentOS7 虚拟机的基本准备工作主要是上面的 IP 地址配置、主机名配置和免密登录设置，如果不存在任何问题，下面就可以在虚拟机上安装 JDK 了。我们从 vm01 这台虚拟机开始配置，先把 JDK 安装包文件 jdk-8u201-linux-x64.tar.gz 上传到 vm01 虚拟机的当前主目录（即/root 目录）中，并在 vm01 虚拟机中将这个 JDK 的压缩包解压缩到/usr/local 目录中。

`cd ~`
`tar -zxvf jdk-8u201-linux-x64.tar.gz -C /usr/local`
`cd /usr/local`
`ln -s jdk1.8.0_201/ jdk`
`ll`
	◇ 切换到/root 目录
	◇ 将 JDK 安装包解压缩到/usr/
	local 目录中
	◇ 切换到/usr/local 目录
	◇ 创建链接文件 jdk（类似快捷
	方式）
	◇ 查看/usr/local 目录下的
	内容

在/etc/profile 配置文件中配置 JDK 环境变量，并通过 java 命令测试 JDK 环境变量是否配置正确。

`vi /etc/profile`	◇ 使用 vi 编辑/etc/profile 配置文件

在 `profile` 文件末尾新增 `JDK` 的环境变量设置：
 	
`#jdk`
`export JAVA_HOME=/usr/local/jdk`
`export PATH=${JAVA_HOME}/bin:$PATH`
	◇ 修改完毕后保存并退出 vi 编辑器

`source /etc/profile` `java -version`	◇ 使修改的 profile 配置文件生效 ◇ 通过 java 命令测试 JDK 环境变量是否配置正确

当 JDK 配置完毕且一切正常后，就可以把当前 vm01 虚拟机上的 JDK 软件包和配置文件分发到 vm02、vm03 这两台虚拟机上。

`scp -r /usr/local/jdk1.8.0_201  root@vm02:/usr/local`
`rsync -l /usr/local/jdk  root@vm02:/usr/local`
`scp /etc/profile  root@vm02:/etc`
	◇ 将 JDK 相关文件分发到 vm02
	虚拟机上
	◇ scp 命令不会复制链接文件，
	因此改用 rsync 命令将链接文
	件同步过去

`scp -r /usr/local/jdk1.8.0_201  root@vm03:/usr/local`
`rsync -l /usr/local/jdk  root@vm03:/usr/local`
`scp /etc/profile  root@vm03:/etc`
	◇ 将 JDK 相关文件分发到 vm03
	虚拟机上

（13）分别在 vm02、vm03 这两台虚拟机上执行以下命令。

`source /etc/profile` `java -version`	◇ 使修改的 profile 配置文件生效 ◇ 通过 java 命令测试 JDK 环境变量是否配置正确

至此，3 台虚拟机的基础环境就已经全部准备完毕，6.3 节的 Hadoop+Spark 分布式集群环境的配置，就是在这 3 台基础的 CentOS7+JDK8 虚拟机上完成的。

6.3　Hadoop+Spark 分布式集群环境

6.3.1　Hadoop+Spark Standalone 分布式集群环境搭建

Hadoop+Spark Standalone 分布式集群，是指通过 Spark Standalone 来管理整个集群资源并使用 Hadoop 的部分功能（主要是 HDFS 存储），这种方式不需要使用 YARN 集群管理器。具体的配置步骤都是在 vm01 虚拟机上操作的，当 vm01 虚拟机全部配置完毕后，再将相关文件分发到 vm02、vm03 虚拟机上即可。

（1）在 VMware 中，从 CentOS7_x64-vm01、CentOS7_x64-vm02、CentOS7_x64-vm03 这 3 台虚拟机中分别克隆出一台链接方式的虚拟机（或者完整克隆也可以），并将它们启动，如图 6-10 所示。

图 6-10　克隆出的 3 台 spark 虚拟机

克隆出的 3 台虚拟机在 Spark Standalone 集群中的功能角色规划如表 6-2 所示。

表 6-2　Spark Standalone 集群中虚拟机的功能角色规划

虚拟机	主机名	Master 主节点	Worker 工作节点	备注
CentOS7_x64-vm01-spark	vm01	√	√	兼作 HDFS 节点
CentOS7_x64-vm02-spark	vm02		√	兼作 HDFS 节点
CentOS7_x64-vm03-spark	vm03		√	兼作 HDFS 节点

（2）将 Hadoop 和 Spark 软件包对应的两个安装文件 hadoop-2.6.5.tar.gz、spark-2.4.8-bin-without-hadoop.tgz 上传到 vm01 虚拟机的当前主目录（即/root）中，并分别将这两个压缩包解压缩到/usr/local 目录中。

```
cd ~                                                        ◇ 切换到当前主目录
tar -zxvf hadoop-2.6.5.tar.gz -C /usr/local                 ◇ 分别解压缩安装包
tar -zxvf spark-2.4.8-bin-without-hadoop.tgz -C /usr/local
cd /usr/local
ln -s hadoop-2.6.5/ hadoop                                  ◇ 创建链接文件 hadoop
ln -s spark-2.4.8-bin-without-hadoop/ spark                 和 spark
```

```
ll
```

（3）在 vm01 虚拟机上修改/etc/profile 文件，在其中添加有关 Hadoop 和 Spark 的环境变量设置。

`vi /etc/profile`	◇ 修改完毕后保存并退出 vi 编辑器

新增 Hadoop 和 Spark 的环境变量设置：
`#hadoop`
`export HADOOP_HOME=/usr/local/hadoop`
`export PATH=${HADOOP_HOME}/bin:$PATH`
 	
`#spark`
`export SPARK_HOME=/usr/local/spark`
`export PATH=${SPARK_HOME}/bin:$PATH`
	◇ 将 Hadoop 和 Spark 的环境变量设置放在 JDK 的环境变量设置之后

（4）继续在 vm01 虚拟机上修改 Hadoop 安装目录中的 HDFS 相关配置文件。

`cd /usr/local/hadoop/etc/hadoop` `vi hadoop-env.sh`	◇ 切换到/usr/local/hadoop/etc/hadoop 目录 ◇ 使用 vi 编辑 hadoop-env.sh 文件
修改内部 JAVA_HOME 环境变量的值： `export JAVA_HOME=/usr/local/jdk`	
`vi core-site.xml`	◇ 确保已在/usr/local/hadoop/etc/hadoop 目录中

在`<configuration>`下面增加两个 property 配置：
　`<property>`
　　`<name>fs.defaultFS</name>`
　　`<value>hdfs://vm01:9000</value>`
　`</property>`
　`<property>`
　　`<name>hadoop.tmp.dir</name>`
　　`<value>/usr/local/hadoop/tmp</value>`
　`</property>`
	◇ 指定 HDFS 的主机和端口号，可以通过这个地址访问 HDFS 文件系统。在 Hadoop1.x 版本中默认使用的端口号是 9000，在 Hadoop2.x 版本中默认使用的端口号是 8020。这里设置 HDFS 使用旧的 9000 端口号
	
	◇ 指定 Hadoop 在运行过程中使用的临时目录

`vi hdfs-site.xml`	◇ 确保已在/usr/local/hadoop/etc/hadoop 目录中

在`<configuration>`下面增加 4 个 property 配置：
　`<property>`
　　`<name>dfs.namenode.name.dir</name>`
　　`<value>/usr/local/hadoop/tmp/dfs/name</value>`
　`</property>`
　`<property>`
　　`<name>dfs.datanode.data.dir</name>`
　　`<value>/usr/local/hadoop/tmp/dfs/data</value>`
　`</property>`
　`<property>`
　　`<name>dfs.replication</name>`
　　`<value>3</value>`
　`</property>`
	◇ 设置 NameNode 的 metadata 元数据存储的目录
	
	◇ 设置 DataNode 的数据存放目录
	
	◇ 设置 HDFS 数据存储的副本数，也就是在上传一个文件并被分割为文件块后，每个文件块的冗余副本数，这里是 3 个节

```<property> <name>dfs.hosts</name> <value>/usr/local/hadoop/etc/hadoop/slaves</value> </property>```	点都存储数据 ◇ 指定 DataNode 节点对应的配置文件,相当于节点名单
`vi slaves`	◇ 确保已在/usr/local/hadoop/etc/hadoop 目录中

将文件中原有的 `localhost` 替换为下面的 3 行:
`vm01`
`vm02`
`vm03`
	◇ 配置 HDFS 集群的节点主机名或 IP 地址,每行一个

（5）继续在 vm01 虚拟机上修改 Spark 安装目录中的相关配置文件,以实现 Spark Standalone 集群管理的功能。

```cd /usr/local/spark/conf cp spark-env.sh.template spark-env.sh vi spark-env.sh```	◇ 切换到/usr/local/spark/conf 目录

在 spark-env.sh 的末尾新增下面的内容（后两行指定 Spark 集群的 Master 主节点和端口号）:
`export SPARK_DIST_CLASSPATH=$(/usr/local/hadoop/bin/hadoop classpath)`
`export JAVA_HOME=/usr/local/jdk`
`export SPARK_MASTER_HOST=vm01`
`export SPARK_MASTER_PORT=7077`	

```cp slaves.template slaves vi slaves```	◇ 确保已在/usr/local/spark/conf 目录中

将文件中原有的 `localhost` 替换为下面的 3 行:
`vm01`
`vm02`
`vm03`
	◇ 将 3 个节点都作为 Spark 集群的 Worker 工作节点

（6）当 Hadoop 和 Spark 配置完毕后,将相关文件分发到 vm02 和 vm03 两台虚拟机上。

```scp -r /usr/local/hadoop-2.6.5 root@vm02:/usr/local rsync -l /usr/local/hadoop root@vm02:/usr/local scp -r /usr/local/hadoop-2.6.5 root@vm03:/usr/local rsync -l /usr/local/hadoop root@vm03:/usr/local scp -r /usr/local/spark-2.4.8-bin-without-hadoop root@vm02:/usr/local rsync -l /usr/local/spark root@vm02:/usr/local scp -r /usr/local/spark-2.4.8-bin-without-hadoop root@vm03:/usr/local rsync -l /usr/local/spark root@vm03:/usr/local scp /etc/profile root@vm02:/etc scp /etc/profile root@vm03:/etc```	◇ 将相关文件分发到 vm02、vm03 两台虚拟机上

（7）分别在 vm01、vm02、vm03 这 3 台虚拟机上执行以下命令。

`source /etc/profile`	◇ 使修改的 profile 配置文件生效

（8）在 vm01 虚拟机上执行以下命令,启动 HDFS 集群服务和 Spark 集群服务。

```
cd /usr/local/hadoop
bin/hdfs namenode -format
sbin/start-dfs.sh
jps

cd /usr/local/spark
sbin/start-all.sh
jps
```

◇ 在初始化 NameNode 时输入一次 yes 以确认连接
◇ 启动 HDFS 集群服务

◇ 启动 Spark 集群服务

在一切正常的情况下，3 台虚拟机启动的进程列表如表 6-3 所示。

表 6-3　Spark Standalone 集群中虚拟机启动的进程列表

虚拟机	进程列表			
CentOS7_x64-vm01-spark	Master	Worker	NameNode	DataNode
CentOS7_x64-vm02-spark	Worker	DataNode		
CentOS7_x64-vm03-spark	Worker	DataNode		

到这里，Spark 的集群配置就结束了，但因为我们要在 Spark 集群节点中运行由 Python 编写的代码，所以还需要在每台虚拟机上配置 Python 的运行环境。CentOS7 默认安装了 python2.7，而且 Spark2.4 实际是支持 python2.7 运行的，但考虑到 python3 是目前应用的主流版本，所以这里准备将 python3.6 安装进来，并设置 Spark 使用 python3.6 运行环境。

（9）分别在 vm01、vm02、vm03 虚拟机上执行以下全部命令。

```
ll /usr/bin/python*
yum -y install python36 python36-devel
ll /usr/bin/python*
python3 -V
pip3 -V
cd /usr/local/spark/conf/
vi spark-env.sh
增加下面的内容：
export PYSPARK_PYTHON=/usr/bin/python3.6m
pyspark
```

◇ 查看系统当前已有的 python 相关命令文件
◇ 从 yum 软件源仓库中安装 python3.6，默认会同时安装 pip3
◇ 这里的 CentOS7 只包含一套 python3 运行环境，因此管理起来相比 Ubuntu20.04 要更简单一些

◇ 启动 PySparkShell 交互式编程环境进行测试，测试完毕后按 Ctrl+D 快捷键退出

注意：上面的步骤必须在 3 台虚拟机中都分别执行一遍才行。

（10）通过提交 SparkPi 计算任务和启动 PySparkShell 来测试 Spark 集群的配置是否正常。

```
cd /usr/local/spark/examples/src/main/python
spark-submit --master spark://vm01:7077 pi.py
pyspark --master spark://vm01:7077
```

◇ 切换到 Spark 附带的 Python 示例应用程序目录
◇ 提交 pi.py 应用程序到 Spark 集群中运行
◇ PySparkShell 执行完毕后，按 Ctrl+D 快捷键退出

至此，Hadoop+Spark Standalone 分布式集群环境就搭建完成了，可以先将这 3 台 CentOS7 虚拟机关闭，以便进行后续的工作。

6.3.2　Hadoop+Spark on YARN 分布式集群环境搭建

Hadoop+Spark on YARN 分布式集群是指通过 YARN 来管理整个集群的节点资源，Spark 只负责对客户端提交的应用程序的具体计算任务的调度和执行。在这里，为保持 Hadoop 功能的完整性，将 HDFS 和 MapReduce 两个模块一并配置进来（比如 Hive 可能用到 MapReduce 等）。

（1）在 VMware 中，从 CentOS7_x64-vm01、CentOS7_x64-vm02、CentOS7_x64-vm03 这 3 台虚拟机中分别克隆出一台链接方式的虚拟机（或者完整克隆也可以），并将它们启动，如图 6-11 所示。

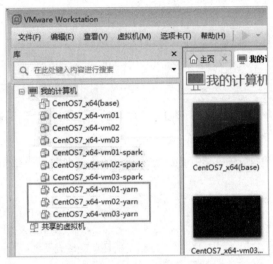

图 6-11　克隆出的 3 台 yarn 虚拟机

克隆出的 3 台虚拟机在 YARN 集群中的功能角色规划如表 6-4 所示（这里的虚拟机 IP 地址有调整，且后续用到的虚拟机 IP 地址也要与此对应）。

表 6-4　YARN 集群中虚拟机的功能角色规划

虚拟机	主机名	IP 地址	ResourceManager 节点	NodeManager 节点
CentOS7_x64-vm01-yarn	vm01	**192.168.163.201**	√	√
CentOS7_x64-vm02-yarn	vm02	**192.168.163.202**		√
CentOS7_x64-vm03-yarn	vm03	**192.168.163.203**		√

（2）因为 YARN 集群的 3 台虚拟机与 Spark Standalone 集群的 3 台虚拟机都是克隆出来的，所以为避免两个集群同时运行时出现 IP 地址冲突的问题，这里按照规划先将 vm01 虚拟机的 IP 地址修改一下，并增加 hosts 文件的内容。

`cd /etc/sysconfig/network-scripts` `vi ifcfg-ens33`	◇ 在 vm01 虚拟机上操作
修改的内容如下： `IPADDR=192.168.163.201`	◇ 将 `IPADDR` 的值修改为 `192.168.163.201`
`systemctl restart network` `vi /etc/hosts`	◆ 重启 `network` 服务以使新 IP 地址生效 ◇ 因为虚拟机的 IP 地址改变了，所以需要同步修改 hosts 文件
修改的内容如下：	

`192.168.163.201  vm01`
`192.168.163.202  vm02`
`192.168.163.203  vm03`
	◇ 3 台虚拟机修改的 hosts 文件内容是一样的

使用同样的方法，将 vm02、vm03 这两台虚拟机的 IP 地址分别修改为 192.168.163.202 和 192.168.163.203，以及修改它们的/etc/hosts 文件的相应内容。

（3）将 Hadoop 和 Spark 软件包对应的两个安装文件 hadoop-2.6.5.tar.gz、spark-2.4.8-bin-without-hadoop.tgz 上传到 vm01 虚拟机的当前主目录（即/root）中，并在 vm01 虚拟机上分别将这两个压缩包解压缩到/usr/local 目录中。

`cd ~`
`tar -zxvf hadoop-2.6.5.tar.gz -C /usr/local`
`tar -zxvf spark-2.4.8-bin-without-hadoop.tgz -C /usr/local`
`cd /usr/local`
`ln -s hadoop-2.6.5/ hadoop`
`ln -s spark-2.4.8-bin-without-hadoop/ spark`
`ll`
	◇ 切换到当前主目录
	◇ 分别解压缩安装包
	
	◇ 创建 hadoop 和 spark 链接文件

（4）在 vm01 虚拟机上修改/etc/profile 文件，向其中添加有关 Hadoop 和 Spark 的环境变量设置。

`vi /etc/profile`	◇ 修改完毕后保存并退出 vi 编辑器

新增 Hadoop 和 Spark 的环境变量设置：
`#hadoop`
`export HADOOP_HOME=/usr/local/hadoop`
`export PATH=${HADOOP_HOME}/bin:$PATH`
 	
`#spark`
`export SPARK_HOME=/usr/local/spark`
`export PATH=${SPARK_HOME}/bin:$PATH`
	◇ 将 Hadoop 和 Spark 的环境变量设置放在 JDK 的环境变量设置之后

（5）继续在 vm01 虚拟机上修改 Hadoop 安装目录中的 HDFS、MapReduce、YARN 的相关配置文件。

`cd /usr/local/hadoop/etc/hadoop` `vi hadoop-env.sh`	◇ 切换到/usr/local/hadoop/etc/hadoop 目录 ◇ 使用 vi 编辑 hadoop-env.sh 文件
修改 JAVA_HOME 环境变量的值： `export JAVA_HOME=/usr/local/jdk`	
`vi core-site.xml`	◇ 确保已在/usr/local/hadoop/etc/hadoop 目录中

在`<configuration>`下面增加两个 property 配置：
`  <property>`
`    <name>fs.defaultFS</name>`
`    <value>hdfs://vm01:9000</value>`
`  </property>`
`  <property>`
	◇ 指定 HDFS 的主机和端口号，可以通过这个地址访问 HDFS 文件系统。在 Hadoop1.x 版本中默认使用的端口号是 9000，在 Hadoop2.x 版本中默认使用的端口号是 8020。这里设置 HDFS 使用旧的端口号 9000

`<name>hadoop.tmp.dir</name>`
`    <value>/usr/local/hadoop/tmp</value>`
`</property>`
	◇ 指定 Hadoop 在运行过程中使用的临时目录

`vi hdfs-site.xml`	◇ 确保已在/usr/local/hadoop/etc/hadoop 目录中

在`<configuration>`下面增加 4 个 property 配置:
`    <property>`
`        <name>dfs.namenode.name.dir</name>`
`        <value>/usr/local/hadoop/tmp/dfs/name</value>`
`    </property>`
	◇ 设置 NameNode 的 metadata 元数据的存储目录

`    <property>`
`        <name>dfs.datanode.data.dir</name>`
`        <value>/usr/local/hadoop/tmp/dfs/data</value>`
`    </property>`
	◇ 设置 DataNode 的数据存放目录

`    <property>`
`        <name>dfs.replication</name>`
`        <value>3</value>`
`    </property>`
`    <property>`
`        <name>dfs.hosts</name>`
`        <value>/usr/local/hadoop/etc/hadoop/slaves</value>`
`    </property>`
	◇ 设置 HDFS 数据存储的副本数,也就是在上传一个文件并被分割为文件块后,每个文件块的冗余副本数
	◇ 指定 DataNode 节点对应的配置文件

`vi slaves`	◇ 确保已在/usr/local/hadoop/etc/hadoop 目录中

将文件中原有的 localhost 替换为下面的 3 行:
`vm01`
`vm02`
`vm03`
	◇ 配置 HDFS 集群的节点主机名或 IP 地址,每行一个

`vi mapred-env.sh`	
修改 JAVA_HOME 环境变量的值: `export JAVA_HOME=/usr/local/jdk`	
`cp mapred-site.xml.template mapred-site.xml` `vi mapred-site.xml`	

在`<configuration>`下面增加两个 property 配置:
`    <property>`
`        <name>mapreduce.framework.name</name>`
`        <value>yarn</value>`
`    </property>`
	◇ 指定 MapReduce 模块在 YARN 资源管理系统中运行

`    <property>`
`        <name>mapreduce.job.ubertask.enable</name>`
`        <value>true</value>`
`    </property>`
	◇ 开启 MapReduce 的小任务模式

`vi yarn-env.sh`	

```
修改 JAVA_HOME 环境变量的值：
export JAVA_HOME=/usr/local/jdk
```

```
vi yarn-site.xml
    <property>                                                    ◇ 配置 YARN 集
        <name>yarn.resourcemanager.hostname</name>                群的主节点位置
        <value>vm01</value>
    </property>
    <property>                                                    ◇ 需要配置成
        <name>yarn.nodemanager.aux-services</name>                mapreduce_
        <value>mapreduce_shuffle,spark_shuffle</value>            shuffle 后才可
    </property>                                                    以在 YARN 集群上
    <property>                                                    运行 MapReduce
        <name>yarn.nodemanager.aux-services.spark_shuffle.class</name>  程序
        <value>org.apache.spark.network.yarn.YarnShuffleService</value>  ◇ 启用 Spark
    </property>                                                    应用程序在
    <property>                                                    YARN 集群中的
        <name>yarn.nodemanager.pmem-check-enabled</name>          spark_shuffle
        <value>false</value>                                      动态资源分配功能
    </property>
    <property>                                                    ◇ 禁用 YARN 的
        <name>yarn.nodemanager.vmem-check-enabled</name>          内存检查功能，
        <value>false</value>                                      避免在虚拟机上
    </property>                                                    运行 Spark 应用
                                                                  程序时失败
```

```
cd /usr/local/hadoop/share/hadoop/yarn
cp /usr/local/spark/yarn/spark-2.4.8-yarn-shuffle.jar ./lib
```

（6）配置好 Hadoop 和 Spark 后，将相关文件分发到 vm02 和 vm03 两台虚拟机上。

```
scp -r /usr/local/hadoop-2.6.5  root@vm02:/usr/local      ◇ 分发 Hadoop 到其他虚
rsync -l /usr/local/hadoop  root@vm02:/usr/local          拟机上
scp -r /usr/local/hadoop-2.6.5  root@vm03:/usr/local
rsync -l /usr/local/hadoop  root@vm03:/usr/local

scp /etc/profile  root@vm02:/etc                          ◇ 分发/etc/profile 文
scp /etc/profile  root@vm03:/etc                          件到其他虚拟机上
```

（7）分别在 vm01、vm02、vm03 这 3 台虚拟机上执行以下命令。

```
source /etc/profile                      使修改的 profile 配置文件生效
```

（8）在 vm01 虚拟机上执行以下命令，启动 HDFS 集群服务和 YARN 集群服务。

```
cd /usr/local/hadoop
bin/hdfs namenode -format                ◇ 初始化 NameNode 并启动 HDFS 集群服务
sbin/start-dfs.sh                        ◇ 在启动 HDFS 集群服务过程中需输入一次 yes
```

```
sbin/start-yarn.sh
jps
```
◇ 以确认连接
◇ 启动 YARN 集群服务
◇ 检查 HDFS 和 YARN 集群服务是否正常运行

在一切正常的情况下，这 3 台虚拟机启动的进程列表如表 6-5 所示。

表 6-5　YARN 集群中虚拟机启动的进程列表

虚拟机	进程列表
CentOS7_x64-vm01-yarn	ResourceManager　NodeManager　NameNode　DataNode
CentOS7_x64-vm02-yarn	NodeManager　DataNode
CentOS7_x64-vm03-yarn	NodeManager　DataNode

（9）继续在 vm01 虚拟机上修改 Spark 安装目录中的相关配置文件，以便 Spark 应用程序在 YARN 集群中运行。

```
cd /usr/local/spark/conf
cp spark-env.sh.template spark-env.sh
vi spark-env.sh
```
◇ 切换到/usr/local/spark/conf 目录

在 spark-env.sh 文件的末尾新增下面的内容：
```
export SPARK_DIST_CLASSPATH=$(/usr/local/hadoop/bin/hadoop classpath)
export YARN_CONF_DIR=/usr/local/hadoop/etc/hadoop
cp spark-defaults.conf.template spark-defaults.conf
vi spark-defaults.conf
```
```
spark.yarn.jars  hdfs://vm01:9000/spark-jars/*.jar
```
◇ 指定 Spark 应用程序在 YARN 集群中运行时使用的 jar 包文件

（10）当 Spark 计算任务在 YARN 集群中运行时，用到的 Spark 依赖库文件应该事先放置在 HDFS 上，否则每次提交 Spark 应用程序时都会上传一次。在 vm01 虚拟机上执行以下命令。

```
cd /usr/local/spark
hdfs dfs -mkdir /spark-jars
hdfs dfs -put jars/* /spark-jars
```
◇ 上传 Spark 的 jar 包文件到 HDFS 上

（11）Spark 配置完毕后，将相关文件分发到 vm02 和 vm03 两台虚拟机上，目的是方便在任意一台虚拟机上都能提交 Spark 计算任务。

```
scp -r /usr/local/spark-2.4.8-bin-without-hadoop  root@vm02:/usr/local
rsync -l /usr/local/spark root@vm02:/usr/local
scp -r /usr/local/spark-2.4.8-bin-without-hadoop  root@vm03:/usr/local
rsync -l /usr/local/spark root@vm03:/usr/local
```
◇ 分发 Spark 软件包到其他两台虚拟机上

（12）同样地，在每台虚拟机上配置 python3.6 的运行环境，分别在 vm01、vm02、vm03 虚拟机上执行以下命令和操作。

```
ll /usr/bin/python*
yum -y install python36 python36-devel
```
◇ 查看系统当前已有的 python 相关命令文件
◇ 从 yum 软件源仓库中安装 python3.6，默

```ll /usr/bin/python*```
 ```python3 -V```
 ```pip3 -V```
 ```cd /usr/local/spark/conf/```
 ```vi spark-env.sh```
	认会同时安装 pip3
	 ◇ 这里的 CentOS7 只包含一套 python3 运行环境，因此管理起来相比 Ubuntu20.04 要更简单一些

增加下面的内容： ```export PYSPARK_PYTHON=/usr/bin/python3.6m```	
```pyspark```	◇ 启动 PySparkShell 交互式编程环境进行测试，测试完毕后按 Ctrl+D 快捷键退出

（13）通过提交 SparkPi 的计算任务来测试 YARN 集群的配置是否正常。

```
spark-submit --master yarn pi.py
```

至此，Hadoop+Spark on YARN 分布式集群环境就搭建完成了。

6.4　Spark 离线数据处理实例

6.4.1　需求分析

某电商平台有一批美妆类的商品订单数据（1 月—9 月），分别是订单信息和商品信息，为了学习，我们提取了其中 3 万余条文本形式的数据（beauty_prod_info.csv 和 beauty_prod_sales.csv 两个文件），现要求对这些数据进行分析，可供挖掘的纬度有日期、地区、商品，考察指标包括销售量、销售额，具体内容如下。

（1）商品订单数据分为两个 CSV 文件，其中 beauty_prod_info.csv 文件包含的是美妆商品的基本信息，有商品编号、商品名称、商品小类、商品大类及销售单价字段，beauty_prod_sales.csv 文件包含具体的订单数据，共包括订单编码、订单日期等在内的 10 个字段。使用 Linux 的 head 命令可以清楚地看到每个文件的第 1 行为中文描述的字段信息，它们都是结构化的数据文件。

```
spark@ubuntu:~$ head -n 5 beauty_prod_info.csv
商品编号,商品名称,商品小类,商品大类,销售单价
X001,商品1,面膜,护肤品,121
X002,商品2,面膜,护肤品,141
X003,商品3,面膜,护肤品,168
X004,商品4,面膜,护肤品,211
```

```
spark@ubuntu:~$ head -n 5 beauty_prod_sales.csv
订单编码,订单日期,客户编码,所在区域,所在省份,所在城市,商品编号,订购数量,订购单价,消费金额
D31313,2019-5-16,S22796,东区,浙江省,台州市,X091,892,214,190888
D21329,2019-5-14,S11460,东区,安徽省,宿州市,X005,276,185,51060
D22372,2019-8-26,S11101,北区,山西省,忻州市,X078,1450,116,168200
D31078,2019-4-8,S10902,北区,吉林省,延边朝鲜族自治州,X025,1834,102,187068
```

（2）经初步分析，文件中的部分数据存在一些异常，比如日期格式不统一、消费金额带单位等，因此需要先对数据进行简单的清洗处理才能使用。

（3）分析 beauty_prod_info.csv 文件中的数据，找出每个"商品小类"中价格排名前 5 的商品。

（4）统计每月商品的订购数量和消费金额，如图 6-12 所示。

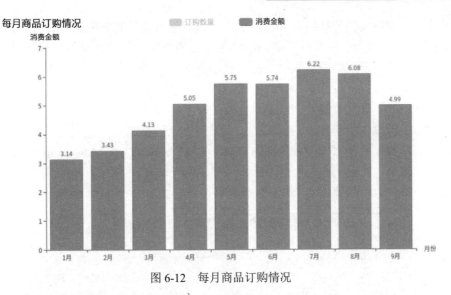

图 6-12　每月商品订购情况

（5）按订单所在的地区，统计在订购数量上排名前 20 的城市，如图 6-13 所示。

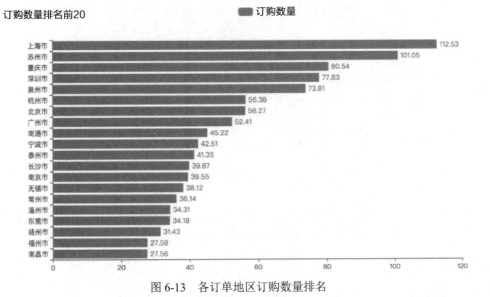

图 6-13　各订单地区订购数量排名

（6）按商品的类型，分别统计各美妆商品的订购数量，以了解产品的畅销程度和需求情况，如图 6-14 所示。

商品大类	商品小类	订购数量	商品大类	商品小类	订购数量
彩妆	口红	2013024	护肤品	面膜	5451914
	粉底	1188621		面霜	4566905
	睫毛膏	587399		爽肤水	3523687
	眼影	296599		眼霜	3350743
	蜜粉	45534		隔离霜	2488124
				防晒霜	2388610
				洁面乳	1928020

图 6-14　美妆商品的订购数量

（7）统计各省份的美妆商品订购数量，以了解哪些省份的商品需求量较大。

（8）通过 RFM 模型挖掘客户价值。RFM 模型是衡量客户价值和客户创利能力的重要工具和手段，其中有 3 个要素构成了数据分析最好的指标。

- R-Recency：最近一次购买时间。
- F-Frequency：消费频率。
- M-Money：总消费金额。

设定一个计算权重，比如 R-Recency 20%、F-Frequency 30%、M-Money 50%，通过这个权重进行综合打分，以量化客户价值，后续还可以基于 RFM 分数进一步打标签，用以指导二次营销策略的制定。商品销售的 RFM 信息如图 6-15 所示。

客户编码	最近一次购买时间	消费频率	总消费金额	R	F	M	score
S17476	2019-09-30	69	10325832.0	0.980148	0.986611	0.987073	98.6
S22326	2019-09-30	62	10074609.0	0.980148	0.973223	0.984303	98.0
S11581	2019-09-28	79	10333668.0	0.918283	0.996768	0.987996	97.7
S12848	2019-09-29	66	9673572.0	0.944598	0.980609	0.980609	97.3
S19095	2019-09-26	81	11031632.0	0.864728	0.999077	0.996307	97.1
...	...	...	...	...	...	...	...
S12690	2019-05-07	7	917233.0	0.012927	0.022622	0.024931	2.2
S11176	2019-06-09	7	614134.0	0.036011	0.022622	0.009234	1.9
S18379	2019-07-05	4	400195.0	0.071099	0.003232	0.004617	1.7
S13259	2019-06-01	6	645925.0	0.025854	0.011542	0.011080	1.4
S12463	2019-04-11	7	345919.0	0.005540	0.022622	0.000923	0.8

图 6-15　商品销售的 RFM 信息

以上就是大致的需求情况，其中的图表都是通过数据可视化工具生成的，以帮助读者更直观地理解美妆商品订单所考察的各指标内容。

为方便起见，本案例的开发任务仍在 Ubuntu20.04 虚拟机中完成，之后就可以将应用程序和数据文件提交到 CentOS7+Hadoop+Spark 分布式集群环境中运行。

6.4.2　准备工作

1．数据清洗（Pandas）

在数据分析过程中，海量的原始数据中很可能存在大量不完整、不一致的数据，所以数据清洗工作就显得尤为重要，如图 6-16 所示。数据清洗完成后，还可以对数据进行集成、变换、规范化等一系列处理，这个过程就是数据预处理。数据预处理是大数据工作中一个不可或缺的重要环节，它直接影响后续数据的质量甚至最终的结论。

图 6-16　数据清洗

　　顾名思义，数据清洗是把脏数据"洗干净"，是指发现并纠正数据文件中可识别的错误，包括检查数据一致性、处理无效值和缺失值等。在数据预处理阶段，首先要把数据导入处理工具中，一般小规模数据在单机的 Excel 或 MySQL 中就可以处理，如果数据量较大（千万级以上），那么可以使用文本文件存储或 Python 工具库对数据进行处理，如 Pandas 等。如果数据量大到单机无法接受或者处理时间过长，比如从数 GB 到 TB 这样的规模，就应该考虑使用 Spark 集群的处理方式。其次，在数据预处理阶段还要研究数据本身，包括字段、数据来源等在内的一切描述数据的信息（即元数据），也可以抽取部分数据样本，通过人工查看的方式对数据有一个基本的了解，初步发现一些问题，并对数据进行处理。

　　在了解了数据清洗的基本概念之后，我们来查看例子中的美妆商品订单数据，因为两个数据文件的规模都比较小，所以可以在单机上直接进行处理。不过为了学习的需要，我们准备先用 Pandas 库来演示订单数据的清洗过程，在后面还会通过 Spark 对原始数据进行基本的清洗工作。

　　现在打开一个 Linux 终端窗体，使用 pip 命令安装 Pandas 库。

`sudo pip install pandas==1.1.5`	◇ 安装 Pandas 库

```
spark@ubuntu:~$ sudo pip install pandas==1.1.5
[sudo] spark 的密码：      ←——输入账户的密码 spark
Looking in indexes: https://pypi.tuna.tsinghua.edu.cn/simple
/usr/share/python-wheels/urllib3-1.25.8-py2.py3-none-any.whl/urllib3/conn
: Unverified HTTPS request is being made to host 'pypi.tuna.tsinghua.edu.
rongly advised. See: https://urllib3.readthedocs.io/en/latest/advanced-us
```

　　在一切正常的情况下，Pandas 库就安装成功了，因为 Pandas 库是依赖于 NumPy 库的，所以这里还会将 NumPy 库一起安装进来。

　　将两个 CSV 格式的订单数据文件上传到 Ubuntu20.04 的/home/spark 主目录中，上传完毕后可以在 Linux 终端窗体中执行 python 命令以启动 Python 的交互式编程环境。

`cd ~` `python`	◇ python 命令链接到 python3.6 环境

```
spark@ubuntu:~$ cd ~
spark@ubuntu:~$ python
Python 3.6.15 (default, Sep 10 2021, 00:26:58)
[GCC 9.3.0] on linux
Type "help", "copyright", "credits" or "license" for more information.
>>>
>>>
```

　　（1）在 Python 编程环境中导入 Pandas 库。

`import pandas as pd`	◇ 导入 Pandas 库

```
Python 3.6.15 (default, Sep 10 2021, 00:26:58)
[GCC 9.3.0] on linux
Type "help", "copyright", "credits" or "license" for more information.
>>>
>>> import pandas as pd
```

　　（2）加载美妆商品信息数据文件 beauty_prod_info.csv 并查看其中的前 5 行数据。

`prod_info = pd.read_csv("beauty_prod_info.csv")` `prod_info.head()`	◇ 加载当前目录下的 beauty_prod_info.csv 文件 ◇ head()方法默认显示前 5 行

```
>>> prod_info = pd.read_csv("beauty_prod_info.csv")
>>> prod_info.head()
   商品编号 商品名称 商品小类 商品大类   销售单价
0  X001  商品1    面膜    护肤品    121
1  X002  商品2    面膜    护肤品    141
2  X003  商品3    面膜    护肤品    168
3  X004  商品4    面膜    护肤品    211
4  X005  商品5    面膜    护肤品    185
>>>
```

这里调用了 Pandas 的 read_csv()函数，它返回的是一个二维的 DataFrame 表，类似于数据库表。值得注意的是，这个 DataFrame 表并不是指 Spark 的 DataFrame 数据集，它们只是具有同样的名称而已，不过两者的确是可以相互转换的。

（3）查看加载进来的数据文件基本信息。

prod_info.info()	◇ 显示 Pandas 库的 DataFrame 数据信息

```
>>> prod_info.info()
<class 'pandas.core.frame.DataFrame'>
RangeIndex: 122 entries, 0 to 121
Data columns (total 5 columns):
 #   Column   Non-Null Count   Dtype
---  ------   --------------   -----
 0   商品编号   122 non-null     object
 1   商品名称   122 non-null     object
 2   商品小类   122 non-null     object
 3   商品大类   122 non-null     object
 4   销售单价   122 non-null     int64  ←
dtypes: int64(1), object(4)
memory usage: 4.9+ KB
>>>
```

根据输出结果可知，总共有 122 行数据，其中"销售单价"字段是 int64 类型，其他字段都是 Object 类型，因此这也是符合常理的。

（4）检查是否存在完全重复的数据。

prod_info[prod_info.duplicated()].count()	◇ duplicated()方法用于获取重复的数据，count()方法用于统计数量

```
>>> prod_info[ prod_info.duplicated() ].count()
商品编号     0
商品名称     0
商品小类     0
商品大类     0
销售单价     0
dtype: int64
>>>
```

从输出结果可知，不存在重复的数据。

（5）检查美妆商品信息数据文件中的"商品编号"是否存在重复值，因为如果商品编号有重复，后面在关联两个数据文件时就会遇到问题。

prod_info[prod_info['商品编号'].duplicated()].count()

```
>>> prod_info[ prod_info['商品编号'].duplicated() ].count()
商品编号     0
商品名称     0
商品小类     0
商品大类     0
销售单价     0
dtype: int64
>>>
```

从输出结果可知，无重复的商品编号。

（6）统计美妆商品信息数据文件是否存在"空值"字段。

```
prod_info.isnull().sum()
```

```
>>> prod_info.isnull().sum()
商品编号      0
商品名称      0
商品小类      0
商品大类      0
销售单价      0
dtype: int64
>>>
```

从输出结果可知，不存在"空值"字段。

至此，美妆商品信息数据文件的初步分析工作就结束了，结论是不存在数据异常的情况，接下来继续分析美妆商品订单数据文件 beauty_prod_sales.csv。

（7）加载美妆商品订单数据文件 beauty_prod_sales.csv，并查看前 5 行数据。

```
prod_sales = pd.read_csv("beauty_prod_sales.csv")
prod_sales.head()
```

```
>>>
>>> prod_sales = pd.read_csv("beauty_prod_sales.csv")
>>> prod_sales.head()
   订单编码    订单日期   客户编码 所在区域 所在省份    所在城市   商品编号  订购数量 订购单价  消费金额
0  D31313  2019-5-16  S22796   东区   浙江省       台州市   X091   892   214  190888.0
1  D21329  2019-5-14  S11460   东区   安徽省       宿州市   X005   276   185   51060.0
2  D22372  2019-8-26  S11101   北区   山西省       忻州市   X078  1450   116  168200.0
3  D31078   2019-4-8  S10902   北区   吉林省  延边朝鲜族自治州   X025  1834   102  187068.0
4  D32470  2019-4-11  S18696   北区   北京市       北京市   X010   887    58   51446.0
>>>
```

（8）查看美妆商品订单数据文件的基本统计信息。

```
prod_sales.info()
```

```
>>> prod_sales.info()
<class 'pandas.core.frame.DataFrame'>
RangeIndex: 31452 entries, 0 to 31451
Data columns (total 10 columns):
 #   Column  Non-Null Count  Dtype

---  ------  --------------  -----
 0   订单编码     31452 non-null  object
 1   订单日期     31452 non-null  object
 2   客户编码     31452 non-null  object
 3   所在区域     31450 non-null  object
 4   所在省份     31450 non-null  object
 5   所在城市     31452 non-null  object
 6   商品编号     31451 non-null  object
 7   订购数量     31450 non-null  object
 8   订购单价     31448 non-null  object
 9   消费金额     31448 non-null  float64

dtypes: float64(1), object(9)
memory usage: 2.4+ MB
>>>
```

根据输出结果可知，订单编码有 31 452 个，也就是说，整个数据文件是 31 452 行，即共有 31 452 个订单。不过通过对比其余 9 个字段的统计数值就会发现，它们并不完全相同，说明其中部分数据行的字段有缺失，还需要进行进一步的处理。此外，除"消费金额"字段外，其余每个字段的数据类型都是 object，说明这些字段都被自动识别为"文本"，但订单日期、订购数量、订购单价字段，应该分别为 datetime64、int64 和 float64 数据类型才方便处理。所以，数据文件的统计信息是可以帮助用户找到一部分问题的。

（9）检查是否存在重复的数据。

```
prod_sales[ prod_sales.duplicated() ].count()
```

```
>>> prod_sales[ prod_sales.duplicated() ].count()
订单编码     6
订单日期     6
客户编码     6
所在区域     6
所在省份     6
所在城市     6
商品编号     6
订购数量     6
订购单价     6
消费金额     6
dtype: int64
>>>
```

从输出结果可知，存在重复数据的现象，因此要先将重复数据去除并重建 Pandas 内部的索引，再查看重复数据是否成功去除。

```
prod_sales.drop_duplicates(inplace=True)          ◇ 删除重复数据，inplace 代表是
prod_sales.reset_index(drop=True, inplace=True)     否将重复数据保留一条
prod_sales[ prod_sales.duplicated() ].count()       ◇ 重建记录的索引，重新确认是否还
                                                      有重复数据
```

```
>>> prod_sales.drop_duplicates(inplace=True)
>>> prod_sales.reset_index(drop=True, inplace=True)
>>> prod_sales[ prod_sales.duplicated() ].count()

订单编码     0
订单日期     0
客户编码     0
所在区域     0
所在省份     0
所在城市     0
商品编号     0
订购数量     0
订购单价     0
消费金额     0
dtype: int64
>>>
```

（10）统计美妆商品订单数据文件是否存在"空值"字段。

```
prod_sales.isnull().sum()          isnull()方法可以获取空字段，sum()函数用于求和
```

```
>>> prod_sales.isnull().sum()
订单编码     0
订单日期     0
客户编码     0
所在区域     2
所在省份     2
所在城市     0
商品编号     1
订购数量     2
订购单价     4
消费金额     4
dtype: int64
>>>
```

　　根据输出结果可知，共有所在区域、所在省份等在内的 6 个字段存在"空值"。此时有两种解决方案：一是将"空值"字段的数据行直接删除；二是参考其他正常的数据进行填充，或者以某种数学手段进行填充。这里准备采取"bfill 向后"和"ffill 向前"的填充方式，即当出现"空值"字段时，分别参考上一条数据和下一条数据的值。

```
prod_sales.fillna(method='bfill', inplace=True)          ◇ 参考前后有效数据来填充"空值"字段
prod_sales.fillna(method='ffill', inplace=True)
prod_sales.isnull().sum()                                ◇ 再次查看"空值"数据情况
```

```
>>> prod_sales.fillna(method='bfill', inplace=True)
>>> prod_sales.fillna(method='ffill', inplace=True)
>>> prod_sales.isnull().sum()
订单编码     0
订单日期     0
客户编码     0
所在区域     0
所在省份     0
所在城市     0
商品编号     0
订购数量     0
订购单价     0
消费金额     0
dtype: int64
>>>
```

　　（11）检查订单日期、订购数量、订购单价、消费金额字段的数据是否正确。

```
prod_sales[ '订单日期' ].astype('datetime64')          ◇ 尝试将"订单日期"字段转换
                                                          为 datatime64 类型
```

```
>>> prod_sales[ '订单日期' ].astype('datetime64')
Traceback (most recent call last):
  File "/usr/local/lib/python3.6/dist-packages/pandas/core/arrays/datetimes
64ns
    values, tz_parsed = conversion.datetime_to_datetime64(data)
  File "pandas/_libs/tslibs/conversion.pyx", line 350, in pandas._libs.tsli
TypeError: Unrecognized value type: <class 'str'>

During handling of the above exception, another exception occurred:

Traceback (most recent call last):
  File "<stdin>", line 1, in <module>
  File "/usr/local/lib/python3.6/dist-packages/pandas/core/generic.py", lin

    require_iso8601=require_iso8601,
  File "pandas/_libs/tslib.pyx", line 352, in pandas._libs.tslib.array_to_d
  File "pandas/_libs/tslib.pyx", line 579, in pandas._libs.tslib.array_to_d
  File "pandas/_libs/tslib.pyx", line 714, in pandas._libs.tslib.array_to_d
  File "pandas/_libs/tslib.pyx", line 705, in pandas._libs.tslib.array_to_d
  File "pandas/_libs/tslibs/parsing.pyx", line 243, in pandas._libs.tslibs.
  File "/usr/lib/python3/dist-packages/dateutil/parser/_parser.py", line 13
    return DEFAULTPARSER.parse(timestr, **kwargs)
  File "/usr/lib/python3/dist-packages/dateutil/parser/_parser.py", line 64
    raise ValueError("Unknown string format:", timestr)
ValueError: ('Unknown string format:', '2019#3#11')
>>>
```

　　可见这里出现了日期格式的问题，默认是类似"2019-3-11"这样的日期。

```
prod_sales[ '订购数量' ].astype('int64')          ◇ 尝试将"订购数量"字段转换为 int64
                                                     类型
```

```
>>> prod_sales[ '订购数量' ].astype('int64')
Traceback (most recent call last):
  File "<stdin>", line 1, in <module>
  File "/usr/local/lib/python3.6/dist-packages/pandas/core/generic.py",
    new_data = self._mgr.astype(dtype=dtype, copy=copy, errors=errors,)
  File "/usr/local/lib/python3.6/dist-packages/pandas/core/internals/ma
    return self.apply("astype", dtype=dtype, copy=copy, errors=errors)
  File "/usr/local/lib/python3.6/dist-packages/pandas/core/internals/ma

    applied = getattr(b, f)(**kwargs)
  File "/usr/local/lib/python3.6/dist-packages/pandas/core/internals/bl
    values = astype_nansafe(vals1d, dtype, copy=True)
  File "/usr/local/lib/python3.6/dist-packages/pandas/core/dtypes/cast.
    return lib.astype_intsafe(arr.ravel(), dtype).reshape(arr.shape)
  File "pandas/_libs/lib.pyx", line 615, in pandas._libs.lib.astype_int
ValueError: invalid literal for int() with base 10: '1473个'
>>>
```

这里也出现了数据错误，数字后面还有单位信息"个"，正确情况下应为纯整数。

prod_sales['订购单价'].astype('float64')	◇ 尝试将"订购单价"字段转换为 float64 类型

```
>>> prod_sales[ '订购单价' ].astype('float64')
Traceback (most recent call last):
  File "<stdin>", line 1, in <module>
  File "/usr/local/lib/python3.6/dist-packages/pandas/core/generic.py",
    new_data = self._mgr.astype(dtype=dtype, copy=copy, errors=errors,)
  File "/usr/local/lib/python3.6/dist-packages/pandas/core/internals/mar
    return self.apply("astype", dtype=dtype, copy=copy, errors=errors)

  File "/usr/local/lib/python3.6/dist-packages/pandas/core/internals/mar
    applied = getattr(b, f)(**kwargs)
  File "/usr/local/lib/python3.6/dist-packages/pandas/core/internals/bl
    values = astype_nansafe(vals1d, dtype, copy=True)
  File "/usr/local/lib/python3.6/dist-packages/pandas/core/dtypes/cast.
    return arr.astype(dtype, copy=True)
ValueError: could not convert string to float: '86元'
>>>
```

"订购单价"字段也存在问题，数字后面有单位信息"元"。

prod_sales['消费金额'].astype('float64')	◇ 尝试将"消费金额"字段转换为 float64 类型

```
>>> prod_sales[ '消费金额' ].astype('float64')
0         190888.0
1          51060.0
2         168200.0
3         187068.0
4          51446.0
           ...
31441     100276.0
31442     220576.0
31443      67830.0
31444      67830.0
31445      67830.0
Name: 消费金额 , Length: 31446, dtype: float64
>>>
```

可以看到，"消费金额"字段是 float64 类型，说明都是正确的数值数据。

为了便于处理，这里给出 Pandas 基本数据类型与 Python、NumPy 的数据类型的对比列表，如表 6-6 所示。

表 6-6　Pandas/Python/NumPy 数据类型对比

Pandas 类型	Python 类型	NumPy 类型	使用场景
object	str or mixed	string_, unicode_, mixed types	文本或者混合数字
int64	int	int_, int8, int16, int32, int64, uint8, uint16, uint32, uint64	整型数字
float64	float	float_, float16, float32, float64	浮点数字
bool	bool	bool_	True/False 布尔值
datetime64[ns]	nan	datetime64[ns]	日期和时间
timedelta[ns]	nan	nan	两个时间之间的距离，即时间差
category	nan	nan	有限文本值，枚举

（12）下面对存在问题的订单日期、订购数量、订购单价这几个字段进行处理。

```
prod_sales['订单日期'] = prod_sales['订单日期'].apply( \            ◇ 根据实际
    lambda x : pd.to_datetime(x, format='%Y#%m#%d') \               情况转换订
    if isinstance(x, str) and '#' in x else x)                     单日期
prod_sales['订单日期'] = prod_sales['订单日期'].astype('datetime64')  ◇ 获取最小
prod_sales['订单日期'].min()                                        日期和最大
prod_sales['订单日期'].max()                                        日期
```

```
>>> prod_sales['订单日期'] = prod_sales['订单日期'].apply( \
... lambda x:pd.to_datetime(x, format='%Y#%m#%d') \
... if isinstance(x, str) and '#' in x else x)
>>> prod_sales['订单日期'] = prod_sales['订单日期'].astype('datetime64')
>>> prod_sales['订单日期'].min()
Timestamp('2019-01-01 00:00:00')
>>> prod_sales['订单日期'].max()
Timestamp('2050-06-09 00:00:00')  ◀
```

在将"订单日期"字段全部转换为 datetime64 类型之后，发现其中的最大日期仍存在问题，最大日期不可能超过当前时间，这里直接将其所在的数据行过滤或者替换掉即可。

```
prod_sales = prod_sales[prod_sales['订单日期'] < '2023-01-01']       ◇ 过滤脏数据
prod_sales['订单日期'].min(), prod_sales['订单日期'].max()
```

```
>>> prod_sales = prod_sales[prod_sales['订单日期'] < '2023-01-01']
>>> prod_sales['订单日期'].min(),prod_sales['订单日期'].max()
(Timestamp('2019-01-01 00:00:00'), Timestamp('2019-09-30 00:00:00'))
>>>
```

经过处理后，从输出结果可知，所有订单的数据都是在 2019 年生成的。接下来，对"订购数量""订购单价"字段进行处理。

```
prod_sales['订购数量'] = prod_sales['订购数量'].apply(               ◇ 根据实际情况
    lambda x: x.strip('个') if isinstance(x, str) else x)          转换订购数量
prod_sales['订购数量'] = prod_sales['订购数量'].astype('int64')       ◇ 获取最小值和
prod_sales['订购数量'].min(), prod_sales['订购数量'].max()            最大值
```

```
>>> prod_sales['订购数量'] = prod_sales['订购数量'].apply(lambda x:
... x.strip('个') if isinstance(x, str) else x)
>>> prod_sales['订购数量'] = prod_sales['订购数量'].astype('int64')
>>> prod_sales['订购数量'].min(), prod_sales['订购数量'].max()
(7, 3210)
>>>
```

```
prod_sales['订购单价'] = prod_sales['订购单价'].apply(               ◇ 根据实际情况
    lambda x: x.strip('元') if isinstance(x, str) else x)          转换订购单价
```

``` prod_sales['订购单价'] = prod_sales['订购单价'].astype('float64') prod_sales['订购单价'].min(), prod_sales['订购单价'].max() ```	◇ 获取最小值和最大值

```
>>> prod_sales['订购单价'] = prod_sales['订购单价'].apply(lambda x:
... x.strip('元') if isinstance(x, str) else x)
>>> prod_sales['订购单价'] = prod_sales['订购单价'].astype('float64')
>>> prod_sales['订购单价'].min(), prod_sales['订购单价'].max()
(56.0, 253.0)
>>>
```

（13）再次确认美妆商品订单数据文件的字段的数据类型是否正确。

``` prod_sales.info() ```

```
>>> prod_sales.info()
<class 'pandas.core.frame.DataFrame'>
Int64Index: 31445 entries, 0 to 31445
Data columns (total 10 columns):
 #   Column      Non-Null Count  Dtype
---  ------      --------------  -----

 0   订单编码      31445 non-null  object
 1   订单日期      31445 non-null  datetime64[ns]
 2   客户编码      31445 non-null  object
 3   所在区域      31445 non-null  object
 4   所在省份      31445 non-null  object
 5   所在城市      31445 non-null  object
 6   商品编号      31445 non-null  object
 7   订购数量      31445 non-null  int64
 8   订购单价      31445 non-null  float64
 9   消费金额      31445 non-null  float64
dtypes: datetime64[ns](1), float64(2), int64(1), object(6)
memory usage: 2.6+ MB
```

（14）简化地名的表达形式，以方便后续的统计。

``` prod_sales['所在省份'] = prod_sales['所在省份'].str.replace(\ '自治区|维吾尔|回族|壮族|省|市', '') prod_sales['所在省份'].unique() ```	◇ 清洗省份数据 ◇ 确认省份数据的唯一性

```
>>> prod_sales['所在省份'] = prod_sales['所在省份'].str.replace( \
... '自治区|维吾尔|回族|壮族|省|市', '')   # 对省份做清洗，便于可视化
>>> prod_sales['所在省份'].unique()
array(['浙江', '安徽', '山西', '吉林', '北京', '云南', '广东', '广西', ...
       '江苏', '甘肃', '四川', '河南', '福建', '陕西', '辽宁', '山东', ...
       '湖南', '上海', '贵州', '天津', '海南', '宁夏', '黑龙江'], dtype=obj
>>>
```

（15）至此，美妆商品的两个 CSV 格式的文件的数据清洗工作基本完成，可以将其保存到新的 CSV 文件中，比如：

``` prod_sales.to_csv("/home/spark/beauty_prod_sales_new.csv", encoding='utf-8', header='True') ```	◇ 保存 Pandas 的 DataFrame 到 CSV 文件中

当然，如果读者还有更进一步的需求，则可以在此基础上继续完善。

2. 窗口操作（Spark SQL）

在处理数据时，经常会遇到数据的分类问题，比如"按照性别，统计班级的男生和女生的

数量"，这种问题通过 SQL 语句的 GROUP BY 和聚合函数就可以解决，比如"SELECT gender, count('gender') AS stu_count FROM stu GROUP BY gender"。不过有时候我们关注的并不是分组统计问题，而是类似"有来自多个班的学生成绩，分别对每个班的学生成绩进行排名"这样的问题。

窗口操作（Spark SQL）

需要注意的是，不是对所有班的学生成绩进行排名，而是针对每个班的学生成绩进行单独的排名。显然，首先这是一个分组问题，但不能通过 GROUP BY 来解决。也就是说，这里的分组是一个大前提，分组之后再对单独每一组的数据进行排序，Spark SQL 实现的一个高级特性，即"窗口函数"或"开窗操作"正是针对这类问题的。顺便提一下，MySQL8 也开始支持"窗口函数"的功能了。

那么什么是窗口函数呢？实际上，窗口可以理解为"指定记录的集合"，即每条记录都有其对应的窗口，窗口的功能与 GROUP BY 类似，它们都能将满足条件的记录划分出来。所谓窗口函数，就是对窗口中的记录（满足某种条件的记录集合）进行处理的一类特殊函数。窗口函数和普通 SQL 聚合函数的区别主要有如下 3 点。

（1）聚合函数是将多条记录聚合运算为一条，代表的是一个数据的汇总过程，而窗口函数是对每条记录在对应的窗口内进行运算，不会改变记录的条数。

（2）当窗口函数和聚合函数一起使用时，窗口函数是基于聚合后的数据执行的，也就是说，先执行聚合函数，再执行窗口函数。

（3）窗口函数的执行是在 SQL 中的 FROM、JOIN、WHERE、GROUP BY、HAVING 之后，且在 ORDER　BY、LIMIT、SELECT、DISTINCT 之前完成的。当窗口函数执行时，因为 GROUP BY 的聚合过程已经结束，所以不会再产生数据的聚合操作。

聚合函数和窗口函数的处理过程如图 6-17 和图 6-18 所示，它们都是按 product 字段进行处理的，其中，聚合函数执行后得到 2 条结果，窗口函数执行后得到的记录行数与原记录行数相同。另外，图 6-18 中间的"窗口"分别重复展示了 2 次和 3 次，目的是展现每条记录在执行窗口函数时能够与结果数据一一对应。

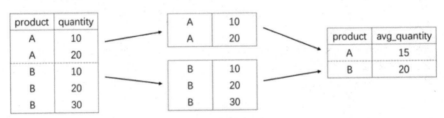

图 6-17　聚合函数的处理过程

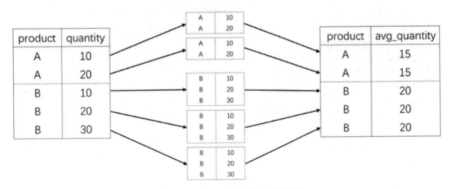

图 6-18　窗口函数的处理过程

这里的聚合函数和窗口函数示例所用的 SQL 语句分别为：

```
    SELECT product,avg(quantity) AS avg_quantity FROM sales GROUP BY product
    SELECT  product,avg(quantity)  over  (partition  by  product)  AS  avg_quantity
FROM sales
```

从 SQL 语句中容易看出，窗口是通过 over (partition by ...)实现的，聚合是通过 GROUP BY 实现的，它们都能起到对记录进行分组的作用，前者是分组后对组内的每条记录进行处理，而后者则是对分组后的记录执行聚合函数得到一个结果。数据记录要进入哪个窗口，是由 partition by 的字段决定的，相同字段值的数据记录进入同一个窗口，不同字段值的数据记录进入不同的窗口，然后分别对各个窗口中的每条记录执行 avg()平均值函数（这里将聚合函数当窗口函数使用）。当然，例子中的窗口函数只是为了与 GROUP BY 聚合函数在同一数据记录上施加的效果进行对照。

为了使读者体会聚合函数和窗口函数的作用，我们用代码来实际验证一下。打开 Linux 终端窗体，在其中执行 pyspark 命令以启动 PySparkShell 交互式编程环境，在其中输入下面的代码。

```
data = [("A", 10),
        ("A", 20),
        ("B", 10),
        ("B", 20),
        ("B", 30)]
df = spark.createDataFrame(data,
        schema=['product', 'quantity'])
df.createOrReplaceTempView('sales')
spark.sql("""SELECT product,
            avg(quantity) AS avg_quantity
            FROM sales
            GROUP BY product""").show()
spark.sql("""SELECT product,
            avg(quantity) over (partition by product) AS avg_quantity
            FROM sales""").show()
```

◇ 按照 product 字段进行分组，求 quantity 字段的平均值

◇ 按照 product 字段划分窗口，求 quantity 字段的平均值

```
>>> data = [("A", 10),
...         ("A", 20),
...         ("B", 10),
...         ("B", 20),
...         ("B", 30)]
>>> df = spark.createDataFrame(data,
...         schema=['product', 'quantity'])
>>> df.createOrReplaceTempView('sales')

>>> spark.sql("""SELECT product,
...             avg(quantity) AS avg_quantity
...             FROM sales
...             GROUP BY product""").show()
+-------+------------+
|product|avg_quantity|
+-------+------------+
|      B|        20.0|
|      A|        15.0|
+-------+------------+
```

```
>>> spark.sql("""SELECT product,
...                    avg(quantity) over (partition by product) AS avg_quantity
...                    FROM sales""").show()
+-------+------------+
|product|avg_quantity|
+-------+------------+
|      B|        20.0|
|      B|        20.0|
|      B|        20.0|
|      A|        15.0|
|      A|        15.0|
+-------+------------+
```

Spark SQL 支持的窗口函数可以分为 5 种类型，普通的 SQL 聚合函数（sum()、avg()、max()、min()等）也可以作为窗口函数使用，这种情况下的 ORDER BY 排序字段不会影响最终的输出结果。Spark SQL 支持的 5 种窗口函数如下。

- 分布函数：percent_rank()、cume_dist()等。
- 序号函数：row_number()、rank()、dense_rank()等。
- 前后函数：lag()、lead()等。
- 头尾函数：first()、last()等。
- 其他函数：如分桶函数 nth_value()等。

这里只是列举了每种窗口函数的一部分，读者想要获取更多详细内容可自行在网上搜索 "pyspark 窗口函数" 关键字。

现在回到前面的美妆商品订单数据上来，其中的一个问题是在 beauty_prod_info.csv 文件中找出每个 "商品小类" 中价格排名前 5 的商品，它实际就是这里描述的 "先分组、再处理" 的问题，比如：

```
+-------+-------+------+------+-----+----+
|prod_id|product| cataB| cataA|price|rank|
+-------+-------+------+------+-----+----+
|   X071| 商品71|防晒霜|护肤品|253.0|   1|
|   X069| 商品69|防晒霜|护肤品|251.0|   2|     防晒霜"窗口"
|   X070| 商品70|防晒霜|护肤品|242.0|   3|
|   X068| 商品68|防晒霜|护肤品|225.0|   4|
|   X073| 商品73|防晒霜|护肤品|209.0|   5|
|   X062| 商品62|隔离霜|护肤品|239.0|   1|
|   X067| 商品67|隔离霜|护肤品|212.0|   2|
|   X061| 商品61|隔离霜|护肤品|203.0|   3|     隔离霜"窗口"
|   X063| 商品63|隔离霜|护肤品|162.0|   4|
|   X064| 商品64|隔离霜|护肤品|150.0|   5|
```

为了解决这个问题，我们先通过一个简单的相似例子来阐述它的基本思路。假如有一张工资数据表，其中包含不同部门员工的工资记录，现要求按照部门进行分组，将同一部门内的员工工资从高到低排序。在 PySparkShell 交互式编程环境中输入下面的代码。

```
data = [ ("Joey",     "Sales",    9000),          ◇ 测试数据记录: 姓
        ("Ali",      "Sales",    8000),            名，部门，工资
        ("Elena",    "Sales",    8000),
        ("Cindy",    "Sales",    7500),
        ("Bob",      "Sales",    7000),
        ("Fancy",    "Finance",  12000),
        ("George",   "Finance",  11000),
        ("David",    "Finance",  1000),
```

```
        ("Ilaja",   "Marketing", 8000),
        ("Hafffman", "Marketing", 7000) ]
df = spark.createDataFrame(data, schema=['name', 'dept', 'salary'])
df.createOrReplaceTempView('sala_info')
spark.sql(""" SELECT *,
            dense_rank()
                over (partition by dept order by salary desc) AS rank
            FROM sala_info""").show()
```

◇ dense_rank() 函数用于返回数据记录的序号

```
>>> data = [ ("Joey",     "Sales",     9000),
...          ("Ali",      "Sales",     8000),
...          ("Elena",    "Sales",     8000),
...          ("Cindy",    "Sales",     7500),

...          ("Bob",      "Sales",     7000),
...          ("Fancy",    "Finance",   12000),
...          ("George",   "Finance",   11000),
...          ("David",    "Finance",   1000),
...          ("Ilaja",    "Marketing", 8000),
...          ("Hafffman", "Marketing", 7000) ]
>>> df = spark.createDataFrame(data, schema=['name', 'dept', 'salary'])
>>> df.createOrReplaceTempView('sala_info')
>>> spark.sql(""" SELECT *,
...                 dense_rank()
...                     over (partition by dept order by salary desc) AS rank
...                 FROM sala_info""").show()
+--------+---------+------+----+
|    name|     dept|salary|rank|
+--------+---------+------+----+
|    Joey|    Sales|  9000|   1|
|     Ali|    Sales|  8000|   2|
|   Elena|    Sales|  8000|   2|
|   Cindy|    Sales|  7500|   3|
|     Bob|    Sales|  7000|   4|
|   Fancy|  Finance| 12000|   1|
|  George|  Finance| 11000|   2|
|   David|  Finance|  1000|   3|
|   Ilaja|Marketing|  8000|   1|
|Hafffman|Marketing|  7000|   2|
+--------+---------+------+----+
```

在例子中用到的窗口函数是 dense_rank()，它用于给指定的分组窗口增加一个序号，如果记录相同则对应的序号也相同，下一个序号则接续，比如"1 2 2 3 4"这样的顺序。此外，还有一个功能类似的 rank()窗口函数，当记录相同时序号也相同，但下一个序号则跳跃，比如"1 2 2 4 5"的第 3 位序号 3 就被跳过。

如果还想获取每个部门工资排名前 2 的员工（工资相同则任取一位），则可以在其中增加一个 row_number()窗口函数，它是专门用来给数据记录自动添加行编号的，此时相当于同时有两个窗口函数。

```
df2 = spark.sql(""" SELECT *,
        dense_rank()
            over (partition by dept order by salary desc) AS rank,
        row_number()
            over (partition by dept order by salary desc) AS rownum
        FROM sala_info """)
df3 = df2.where('rownum<=2')
```

◇ 因为窗口函数是在 WHERE 之后执行的，所以不能在 SQL 语句中增加 WHERE rownum<=2 这样的条件

```
df3.show()
```

```
>>> df2 = spark.sql(""" SELECT *,
...                 dense_rank()
...                     over (partition by dept order by salary desc) AS rank,
...                 row_number()
...                     over (partition by dept order by salary desc) AS rownum
...                 FROM sala_info """)
>>> df3 = df2.where('rownum<=2')

>>> df3.show()
+--------+---------+------+----+------+
|    name|     dept|salary|rank|rownum|
+--------+---------+------+----+------+
|    Joey|    Sales|  9000|   1|     1|
|     Ali|    Sales|  8000|   2|     2|
|   Fancy|  Finance| 12000|   1|     1|
|  George|  Finance| 11000|   2|     2|
|   Ilaja|Marketing|  8000|   1|     1|
|Hafffman|Marketing|  7000|   2|     2|
+--------+---------+------+----+------+
```

再思考一个问题，假如要对每位员工进行综合评估，一般要先将参与评估的指标进行量化，然后通过某个公式计算得到综合分数信息。假定员工的工资是一个评估指标，就要解决如何通过工资的排名来得到一个量化值。Spark SQL 提供了两个计算分布问题的窗口函数，其中，percent_rank()可用来对数据进行归一化处理，它的实现原理其实很简单，就是在一组数据中先将最小值当作 0，最大值当作 1，然后以此为标准计算其他数据的量化值（介于 0~1 之间，相当于百分比）。当然，也可以将最大值当作 0，最小值当作 1，只需在排序时按从大到小的顺序即可，具体视实际情况选择。

下面是对每个部门的员工工资进行归一化处理的示例代码。

```
df4 = spark.sql(""" SELECT *,
        percent_rank()
            over (partition by dept order by salary desc) AS pct_rank
        FROM sala_info """)
df4.show()
```

```
>>> df4 = spark.sql(""" SELECT *,
...         percent_rank()
...             over (partition by dept order by salary desc) AS pct_rank
...         FROM sala_info """)
>>> df4.show()
+--------+---------+------+--------+
|    name|     dept|salary|pct_rank|
+--------+---------+------+--------+
|    Joey|    Sales|  9000|     0.0|
|     Ali|    Sales|  8000|    0.25|
|   Elena|    Sales|  8000|    0.25|
|   Cindy|    Sales|  7500|    0.75|
|     Bob|    Sales|  7000|     1.0|
|   Fancy|  Finance| 12000|     0.0|
|  George|  Finance| 11000|     0.5|
|   David|  Finance|  1000|     1.0|
|   Ilaja|Marketing|  8000|     0.0|
|Hafffman|Marketing|  7000|     1.0|
+--------+---------+------+--------+
```

因为每个部门的工资是按照降序排列的，所以部门内的最高工资 pct_rank 值被设为 0.0，最低工资 pct_rank 值被设为 1.0，其他员工的工资参照这个区间进行计算得到一个 0～1 的数值，即量化值。

有关 Spark SQL 的窗口操作就介绍这么多。最后安装一个 pyspark-stubs 库，这个库提供了很多 Spark SQL 使用的 Python 版本的函数，比如 col()、lit() 等，如果没有安装这个库，则很容易在 PyCharm 集成开发环境中运行程序时遇到一些类似"No module named col"这样的错误提示。在 Linux 终端窗体中输入下面的命令安装 pyspark-stubs 库。

```
sudo pip install pyspark-stubs==2.4.0
```

```
spark@ubuntu:~$ sudo pip install pyspark-stubs==2.4.0
[sudo] spark 的密码：  ←——输入当前账户的密码 spark
Looking in indexes: https://pypi.tuna.tsinghua.edu.cn/simple
/usr/share/python-wheels/urllib3-1.25.8-py2.py3-none-any.whl/urllib3/connec
equestWarning: Unverified HTTPS request is being made to host 'pypi.tuna.ts
ificate verification is strongly advised. See: https://urllib3.readthedocs.
.html#ssl-warnings
Collecting pyspark-stubs==2.4.0
/usr/share/python-wheels/urllib3-1.25.8-py2.py3-none-any.whl/urllib3/connec
equestWarning: Unverified HTTPS request is being made to host 'pypi.tuna.ts
ificate verification is strongly advised. See: https://urllib3.readthedocs.
.html#ssl-warnings
  Downloading https://pypi.tuna.tsinghua.edu.cn/packages/47/52/64223d106629
fc3f1b2b81c7c69de4591/pyspark_stubs-2.4.0-py3-none-any.whl (73 kB)
     |██████████████████████████████| 73 kB 1.1 MB/s
Requirement already satisfied: pyspark<3.0.0,>=2.4.0 in /usr/local/lib/pyth
yspark-stubs==2.4.0) (2.4.8)
```

3. 数据可视化（pyecharts）

一般来说，大数据处理流程中的最后一个环节，就是数据的可视化工作。数据可视化的目的是将现有数据转换为图表、图形等更直观的形式，俗话说"一图胜千言"，使用图表或图形来展示大量的复杂数据，远比使用电子表格或枯燥的数据报告更容易理解。在表现形式上，数据可视化要根据数据的特性通过 Chart、Diagram、Map 等将其形象地展现出来，以帮助人们理解数据，从而找出包含在海量数据中的规律或其他有用信息。因此，数据可视化是大数据生命周期管理的最后一步，也是非常关键的一步。大数据可视化大屏展示如图 6-19 所示。

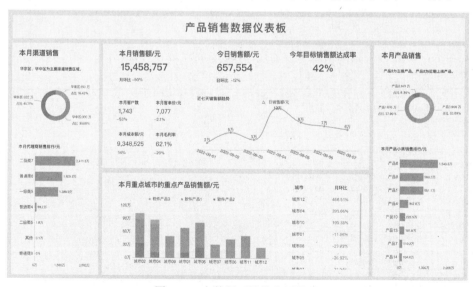

图 6-19　大数据可视化大屏展示

大数据可视化工具是一个能够获取特定数据源并将其直接转换为可视图表、图形、表格、仪表板等的软件。使用一款好的数据可视化工具可以事半功倍,既有像 Tableau、PowerBI、Highcharts 等的这类商业智能软件, 也有很多开源软件供用户选择, 如 Echarts、Superset、Seaborn 等。其中, Echarts 是一个由纯 JavaScript 编写的开源数据可视化库, 常用于软件产品开发或网页的统计图表模块, 可在 Web 端高度定制可视化图表, 内置的图表种类多样, 动态可视化效果也很丰富。Echarts 是 Enterprise Charts 的缩写, 可以流畅地运行在 PC 和移动设备上, 兼容当前绝大部分浏览器, 提供直观、生动、可交互、可高度个性化定制的数据可视化图表。凭借良好的交互性和精巧的图表设计, Echarts 得到了行业的认可, 目前是 Apache 的顶级开源项目之一。

Echarts 支持折线图、柱状图、散点图、K 线图、饼图、雷达图、和弦图、力导向布局图、地理坐标/地图、仪表盘、漏斗图、事件河流图 12 类图表, 同时提供标题、图例、数据区域、时间轴等多种交互式组件, 支持多图表、组件的联动和混合使用, 如图 6-20 所示。

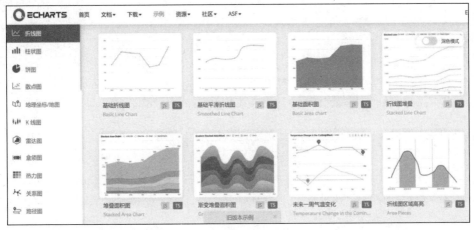

图 6-20　Echarts 支持的图表示例

在 Python 支持的数据分析和可视化库中, 有一个名为 pyecharts 的库, 图 6-21 是 pyecharts 库的一个应用示例。pyecharts 是一个用来生成类似 Echarts 图表的全新 Python 版可视化库, 可以生成独立的网页或图片文件, 也很容易集成到 Flask、Django 中使用。我们准备在后续的订单数据处理中, 将分析得到的结果数据通过 pyecharts 库进行可视化, 正如需求分析中看到的那些图表例子。

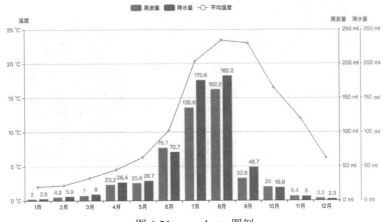

图 6-21　pyecharts 图例

下面安装 pyecharts 库。打开 Linux 终端窗体，在其中输入下面的命令进行安装。

```
sudo pip install pyecharts==1.9.0
```

```
spark@ubuntu:~$ sudo pip install pyecharts==1.9.0
[sudo] spark 的密码：  ←—— 输入账户的密码 spark
Looking in indexes: https://pypi.tuna.tsinghua.edu.cn/simple
/usr/share/python-wheels/urllib3-1.25.8-py2.py3-none-any.whl/urllib3/co
erified HTTPS request is being made to host 'pypi.tuna.tsinghua.edu.cn'
ised. See: https://urllib3.readthedocs.io/en/latest/advanced-usage.html
Collecting pyecharts==1.9.0
```

由于 pyecharts 库使用了其他一些 Python 库，因此这些依赖库会在安装 pyecharts 库的过程中一并安装进来。当 pyecharts 库安装完毕后就可以正常使用了，下面通过一个简单的例子来演示一下它的基本使用流程。在 Linux 终端窗体中切换到主目录，并启动 Python 交互式编程环境。

```
cd ~
python
```

```
spark@ubuntu:~$ cd ~
spark@ubuntu:~$ python
Python 3.6.15 (default, Sep 10 2021, 00:26:58)
[GCC 9.3.0] on linux
Type "help", "copyright", "credits" or "license" for more information.
>>>
```

以绘制柱状图为例，在 Python 交互式编程环境中输入下面的代码。

```
from pyecharts.charts import Bar
bar = Bar()                                           ◇ 创建一个柱状图对象 bar
bar.add_xaxis(["衬衫", "羊毛衫", "雪纺衫",              ◇ 准备横坐标轴的数据
              "裤子", "高跟鞋", "袜子"])
bar.add_yaxis("商家A", [5, 20, 36, 10, 75, 90])       ◇ 准备纵坐标轴的数据
bar.render("mycharts.html")                           ◇ 生成图表界面
```

在上述代码中，调用 Bar()方法创建了一张柱状图，add_xaxis()方法用于设定横坐标轴的数据，add_yaxis()方法用于设定纵坐标轴的数据，render()方法用于在当前主目录中自动生成一个名为 mycharts.html 的网页文件，在浏览器中打开它就能看到所绘制的样例图表，如图 6-22 所示。

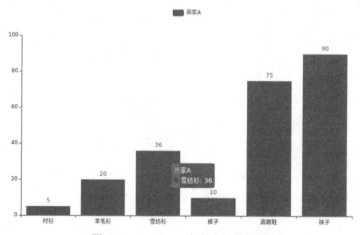

图 6-22　pyecharts 库生成的柱状图

值得注意的是，pyecharts 库生成的图表在浏览器中是支持交互操作的。此外，pyecharts 库的所有方法均支持链式调用，因此本案例代码也可以写成下面的形式。

```
from pyecharts.charts import Bar
bar = (
    Bar()
    .add_xaxis(["衬衫", "羊毛衫", "雪纺衫", "裤子", "高跟鞋", "袜子"])
    .add_yaxis("商家A", [5, 20, 36, 10, 75, 90])
    .render("mycharts.html")
)
```

有关 pyecharts 库的基本使用就介绍到这里，更多有关 pyecharts 图表的代码例子可参考官方提供的 pyecharts-gallery。

6.4.3　美妆商品订单数据分析

1. 创建 Spark 项目

5.2.3 节在搭建 PyCharm 集成开发环境时，已经在 Ubuntu20.04 中创建了一个启动图标，我们可以在 Ubuntu20.04 的应用程序列表中找到这个图标，启动 PyCharm 集成开发环境，如图 6-23 所示。

图 6-23　PyCharm 集成开发环境启动图标

当 PyCharm 正常启动后，如果此前打开的项目没有关闭，则可以找到 PyCharm 的 File 菜单先将其关闭，然后开始创建项目，如图 6-24 所示。

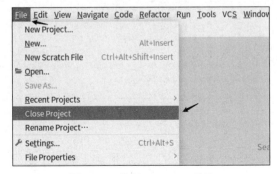

图 6-24　关闭 PyCharm 项目

选择 File→New Project 命令，稍后会显示一个创建新项目的界面，如图 6-25 所示。

图 6-25　新建 PyCharm 项目

输入新建的项目名称 BeautyProduct，确保 Python 解释器是 python3.6，如果不是，则可以展开 Location 下面的 Python Interpreter 列表进行修改，单击 Create 按钮完成项目的创建，如图 6-26 所示。

图 6-26　设定项目信息

PyCharm 项目创建完毕后，默认会打开其中自动生成的 main.py 文件，如图 6-27 所示。先将 main.py 文件的原有代码删除，然后在里面输入下面的初始代码。

```python
from pyspark.sql import SparkSession                                          ◇ 导入 Spark
from pyspark.sql.functions import regexp_replace,col,lit                       SQL 相关模块
from pyspark.sql import functions as F

                                                                              ◇ 准备 spark
spark = SparkSession.builder.appName('SparkBeautyProduct').getOrCreate()       和 sc 两个重要
sc = spark.sparkContext                                                        的 Spark 应用
                                                                               程序对象
```

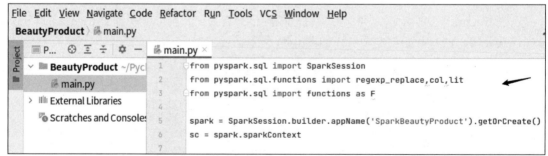

图 6-27　美妆商品初始项目

2．订单数据处理分析

美妆商品订单数据存储在 CSV 文件中，它们都是结构化数据，Spark SQL 要做的工作主要包括数据清洗和数据预处理两个方面。为了将数据文件存放到 HDFS 文件系统上，要先确保 HDFS 服务已经在运行，然后在 HDFS 上创建一个 datas 文件夹，并将两个 CSV 文件上传至 datas 文件夹中（假定数据文件已在/home/spark 主目录里面）。

```
cd ~                                              ◇ 切换到主目录
hdfs dfs -mkdir -p /datas                          ◇ 在 HDFS 上创建 datas 文件夹
hdfs dfs -put beauty_prod_*.csv /datas
hdfs dfs -ls /datas
```

```
spark@ubuntu:~$ cd ~
spark@ubuntu:~$ hdfs dfs -mkdir -p /datas
spark@ubuntu:~$ hdfs dfs -put beauty_prod_*.csv /datas
spark@ubuntu:~$ hdfs dfs -ls /datas
Found 2 items
-rw-r--r--   1 spark supergroup       4462 2023-01-24 10:44 /datas/beauty_prod_info.csv
-rw-r--r--   1 spark supergroup    2281550 2023-01-24 10:44 /datas/beauty_prod_sales.csv
```

（1）使用 Spark SQL 把 CSV 文件转换成 DataFrame 对象，重新设定 schema 的字段结构信息，一是为数据清洗做准备，二是尽量避免在 SQL 语句中硬编码中文的字段名称。

在 PyCharm 中的 main.py 文件的已有代码之后输入下面的代码。

```
# 从 CSV 文件中读取数据，header 代表标题行，inferSchema 代表是否自动推断字段数据类型
df1 = spark.read.csv("hdfs://localhost:9000/datas/beauty_prod_info.csv",
    encoding='UTF-8', header=True, sep=',', inferSchema=False,
    #商品编号 prod_id，商品名称 product，商品小类 cataB，商品大类 cataA，销售单价 price
    schema='prod_id string, product string, cataB string, cataA string, price float')
df2 = spark.read.csv("hdfs://localhost:9000/datas/beauty_prod_sales.csv",
    encoding='UTF-8', header=True, sep=',', inferSchema=False,
    #订单编码 order_id，订单日期 od_date，客户编码 cust_id，所在区域 cust_region
    #所在省份 cust_province，所在城市 cust_city，商品编号 prod_id
    #订购数量 od_quantity，订购单价 od_price，消费金额 od_amount
    schema="""order_id string, od_date string, cust_id string,
            cust_region string, cust_province string, cust_city string,
            prod_id string, od_quantity string, od_price string, od_amount float""")
```

```
5    spark = SparkSession.builder.appName('SparkBeautyProduct').getOrCreate()
6    sc = spark.sparkContext
7
8    # 从 CSV 文件中读取数据，header 代表标题行，inferSchema 代表是否自动推断字段数据类型
9    df1 = spark.read.csv('hdfs://localhost:9000/datas/beauty_prod_info.csv',
10       encoding='UTF-8', header=True, sep=',', inferSchema=False,
11       #商品编号prod_id,商品名称product,商品小类cataB,商品大类cataA,销售单价price
12       schema='prod_id string, product string, cataB string, cataA string, price float')
13   df2 = spark.read.csv('hdfs://localhost:9000/datas/beauty_prod_sales.csv',
14       encoding='UTF-8', header=True, sep=',', inferSchema=False,
15       #订单编码order_id,订单日期od_date,客户编码cust_id,所在区域cust_region
16       #所在省份cust_province,所在城市cust_city,商品编号prod_id
17       #订购数量od_quantity,订购单价od_price,消费金额od_amount
18       schema='''order_id string, od_date string, cust_id string,
19               cust_region string, cust_province string, cust_city string,
20               prod_id string, od_quantity string, od_price string, od_amount float''')
21
```

在这里，两个 schema 参数分别用来设定数据文件的字段信息（字段名和字段类型），同时禁用 Spark SQL 的自动类型推断功能，其中，od_date、od_quantity、od_price 3 个字段并没有被设置为实际所用的数据类型，而是统一被设置为 string 类型当作普通字符串，以便于进行数据清洗工作。

（2）参考 6.4.2 节的 Pandas 数据清洗过程，这里同样要进行重复行、空值字段的处理，订单日期、订购数量、订购单价字段的非法字符替换，省份名称的简化，无效日期的过滤等工作，

最后将经过替换处理的 3 个字段分别重设为日期、整数、浮点数这样的数据类型。

在 PyCharm 的 main.py 文件中继续输入下面的代码。

```
df_prod_info = df1.dropna() \                        ◇ 删除包含空
                .dropDuplicates(['prod_id'])          值字段的数据行
df_prod_sales = df2 \                                ◇ 删除字段重
  .dropna() \                                        复的数据行
  .distinct() \                                      ◇ 删除包含空
  .withColumn("od_date", regexp_replace('od_date', '#', '-')) \   值字段的数据行
  .withColumn("od_quantity", regexp_replace('od_quantity','个',''))\   ◇ 删除字段重
  .withColumn("od_price", regexp_replace('od_price','元','')) \   复的数据行
  .withColumn('cust_province',                        ◇ 统一"订单日
    regexp_replace('cust_province',                   期"字段格式,替
          '自治区|维吾尔|回族|壮族|省|市','')) \         换字段中的非法
  .withColumn("od_date", col('od_date').cast('date')) \   字符
  .withColumn("od_quantity", col('od_quantity').cast('integer')) \   ◇ 简化省份名称
  .withColumn("od_price", col('od_price').cast('float')) \   ◇ 将字段转换
  .withColumn("od_month", F.month('od_date')) \        为实际使用的数
  .filter("od_date<'2023-1-1'")                        据类型
                                                       ◇ 新增
                                                       od_month 字段
                                                       ◇ 过滤无效日期
```

```
20        schema="""order_id string, od_date string, cust_id string,
21              cust_region string, cust_province string, cust_city string,
22              prod_id string, od_quantity string, od_price string, od_amount float""")
23
24      # 数据清洗：删除包含空值字段的数据行、商品编号相同的数据行
25      df_prod_info = df1.dropna() \
26                    .dropDuplicates(['prod_id'])
27      # 数据清洗：处理订单日期、订购数量、订购单价字段的非法字符，过滤包含错误日期的订单
28      # 新增一个 od_month 字段代表订单月份，在后面统计时使用
29      df_prod_sales = df2 \
30          .dropna() \
31          .distinct() \
32          .withColumn("od_date", regexp_replace('od_date', '#', '-')) \
33          .withColumn("od_quantity", regexp_replace('od_quantity','个','')) \
34          .withColumn("od_price", regexp_replace('od_price','元','')) \
35          .withColumn('cust_province',
36              regexp_replace('cust_province',
37                  '自治区|维吾尔|回族|壮族|省|市','')) \
38          .withColumn("od_date", col('od_date').cast('date')) \
39          .withColumn("od_quantity", col('od_quantity').cast('integer')) \
40          .withColumn("od_price", col('od_price').cast('float')) \
41          .withColumn("od_month", F.month('od_date')) \
42          .filter("od_date<'2023-1-1'")
```

为简单起见，我们直接将商品信息数据中包含空值字段的数据行删除，而不是填充值。字段内容的替换用到了 regexp_replace()正则表达式替换函数，并通过 col()和 cast()函数将 3 个字段的数据类型转换为实际使用的类型，以方便计算。此外，考虑到需求分析里面涉及按月份统计订购数量的任务，所以还使用 withColumn()方法在原 DataFrame 数据表中新增了一个 od_month 字段，其值是来自 od_date 字段中的月份信息。

（3）给 DataFrame 数据集创建对应的视图表，因为相对复杂的问题，通过 SQL 语句实现在逻辑上更加清晰一些，这也是推荐的做法。在 main.py 中继续输入下面的代码。

```
df_prod_info.createOrReplaceTempView('prod')
df_prod_sales.createOrReplaceTempView('sales')
```
◇ 创建两张临时表：prod 用于存储商品信息，sales 用于存储订单数据

```
41        .withColumn("od_month", F.month('od_date')) \
42        .filter("od_date<'2023-1-1'")
43
44     # 创建两张临时表：prod 用于存储商品信息，sales 用于存储订单数据
45     df_prod_info.createOrReplaceTempView('prod')
46     df_prod_sales.createOrReplaceTempView('sales')
```

（4）准备工作已经做好，现在来看第 1 个问题，即在 beauty_prod_info.csv 文件中找出每个"商品小类"中价格排名前 5 的商品。这个问题就是一个很典型的"窗口操作"问题，可以将每个"商品小类"理解为一个"窗口"，只需将每个"商品小类"包含的商品记录放入相应窗口，针对每个窗口中的商品进行排序即可。

```
df_top5_product = spark.sql(
    """ SELECT *,
       dense_rank()
           over (partition by cataB order by price DESC) AS rank
    FROM prod""") \
  .where('rank<=5')
df_top5_product.show()
```
◇ 统计每个"商品小类"中价格排名前 5 的商品

```
45     df_prod_info.createOrReplaceTempView('prod')
46     df_prod_sales.createOrReplaceTempView('sales')
47
48     #1.统计每个"商品小类"中价格排名前 5 的商品
49     df_top5_product = spark.sql(
50         """ SELECT *,
51             dense_rank()
52                 over (partition by cataB order by price DESC) AS rank
53         FROM prod""") \
54       .where('rank<=5')
55     df_top5_product.show()
```

在上述代码中，partition 意为"分区"，代表窗口（这里的 partition 和 RDD 分区是完全不同的概念），partition by cataB 是指按照 cataB 字段来划分窗口，其中，cataB 是"商品小类"字段，即将各"商品小类"对应的记录分组到不同的窗口中。在每个数据窗口中，记录先按照销售单价进行降序排列（order by price DESC），然后每条记录执行 dense_rank()函数，这样每条记录就增加了一个在本窗口内的顺序号，且各窗口的顺序是单独编号的。dense_rank()是窗口函数，over 指明了 dense_rank()函数针对的是哪个窗口的记录。最后通过 rank<=5 将每个窗口中的前 5 条记录筛选出来。

现在可以先运行程序，检查结果是否正确，如图 6-28 所示。因为美妆商品数据文件是存放在 HDFS 上的，所以在运行程序之前要确保 HDFS 服务已正常运行。

图 6-28　运行 main.py 程序

运行结果如图 6-29 所示。

图 6-29　每个"商品小类"中价格排名前 5 的商品的运行结果

（5）第 2 个问题是统计每月商品的订购数量和消费金额。由于在数据清洗的步骤中新增了一个 od_month（订单月份）字段，所以这个问题其实就是一个简单的 SQL 分组统计问题，只需按照月份进行分组统计即可。

```
df_month_sale = spark.sql(
    '''SELECT od_month,
            sum(od_quantity) AS total_quantity,
            sum(od_amount) AS total_amount
      FROM sales
      GROUP BY od_month
      ORDER BY od_month''')
df_month_sale.show()
```

◇ 统计每月商品的订购数量和消费金额

用同样的方法运行 main.py 程序，结果如图 6-30 所示。

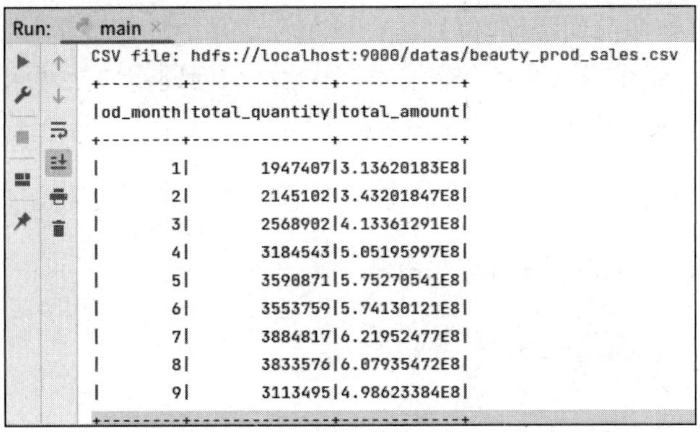

图 6-30　每月商品的订购数量和消费金额运行结果

（6）第 3 个问题是按订单所在的地区，统计在订购数量上排名前 20 的城市，这里需要用到 GROUP BY、ORDER BY，同时要通过 LIMIT 来控制统计结果的行数。

```
df_city_sale = spark.sql(
    '''SELECT cust_city,
            sum(od_quantity) AS total_quantity
      FROM sales
      GROUP BY cust_city
      ORDER BY total_quantity DESC
      LIMIT 20''')
df_city_sale.show()
```

◇ 统计订单所在地区的订购数量排名前 20 的城市

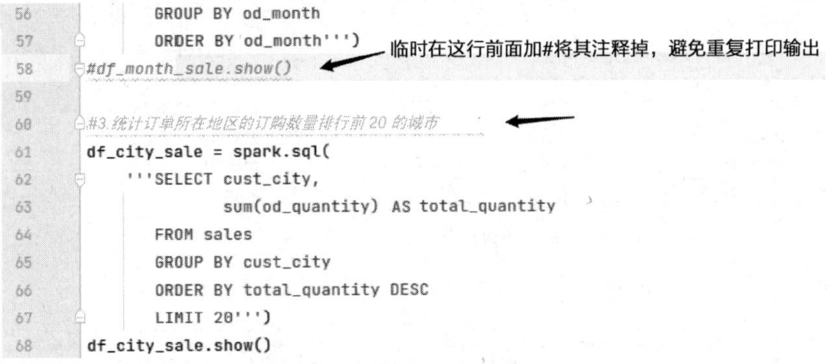

```
56        GROUP BY od_month
57        ORDER BY od_month''')
58    #df_month_sale.show()        ← 临时在这行前面加#将其注释掉，避免重复打印输出
59
60    #3.统计订单所在地区的订购数量排行前 20 的城市    ←
61    df_city_sale = spark.sql(
62        '''SELECT cust_city,
63                sum(od_quantity) AS total_quantity
64          FROM sales
65          GROUP BY cust_city
66          ORDER BY total_quantity DESC
67          LIMIT 20''')
68    df_city_sale.show()
```

运行 main.py 程序，结果如图 6-31 所示。

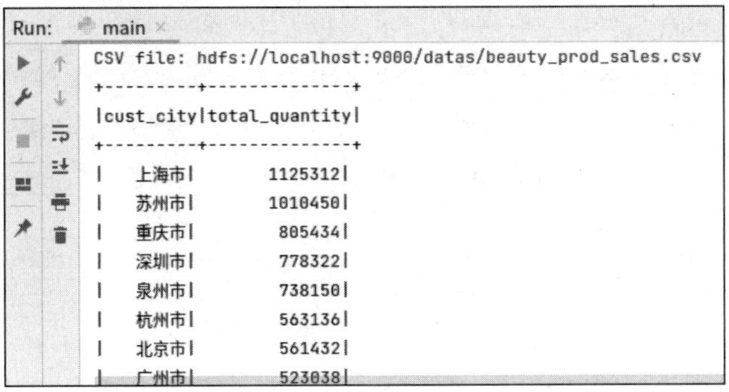

图 6-31　城市订单订购数量排名运行结果

（7）第 4 个问题是按商品的类型，分别统计各美妆商品的订购数量。由于订单数据表（sales）中并没有包含商品的详细信息，只有商品编号，因此这个问题需要把两张数据表连接起来才能解决。接着在 main.py 文件中输入下面的代码。

```
df = spark.sql(
    '''SELECT s.*,
            product,cataB,cataA, price
      FROM sales s,prod p
      WHERE s.prod_id=p.prod_id''')
df.show()
```

◇ 分析什么类型的美妆商品需求量最大

```
        GROUP BY cust_city
        ORDER BY total_quantity DESC
        LIMIT 20''')
#df_city_sale.show()

#4. 分析什么类型的美妆商品需求量最大
df = spark.sql(
    '''SELECT s.*,
            product,cataB,cataA, price
        FROM sales s,prod p
        WHERE s.prod_id=p.prod_id''')
df.show()
```

同样在这行代码前面加#将其注释掉

运行 main.py 程序，结果如图 6-32 所示。

```
Run:    main
CSV file: hdfs://localhost:9000/datas/beauty_prod_sales.csv
+--------+----------+-------+-----------+-------------+--------------------+------
|order_id|   od_date|cust_id|cust_region|cust_province|           cust_city|prod_i
+--------+----------+-------+-----------+-------------+--------------------+------
|  D24669|2019-07-18| S20644|       东区|         江苏|              苏州市|  X018|
|  D28003|2019-05-14| S22035|       北区|         山东|              临沂市|  X036|
|  D26311|2019-06-22| S14776|       南区|         广西|              南宁市|  X049|
|  D24347|2019-09-03| S14741|       北区|       黑龙江|            双鸭山市|  X097|
```

图 6-32　商品信息运行结果

当两张表连接后字段数比较多，上面程序的运行结果对应的预览效果如图 6-33 所示。

	订单编码	订单日期	客户编码	所在区域	所在省份	所在城市	商品编号	订购数量	订购单价	消费金额	订单月份	商品名称	商品小类	商品大类	销售单价
0	D31313	2019-05-16	S22796	东区	浙江	台州市	X091	892	214.0	190888.0	5	商品91	粉底	彩妆	214
1	D26674	2019-05-01	S15128	东区	江苏	南通市	X091	1133	214.0	242462.0	5	商品91	粉底	彩妆	214
2	D23381	2019-09-22	S17133	东区	江苏	宿迁市	X091	1136	214.0	243104.0	9	商品91	粉底	彩妆	214
3	D29060	2019-09-10	S14106	东区	江苏	常州市	X091	544	214.0	116416.0	9	商品91	粉底	彩妆	214
4	D21234	2019-07-03	S17197	东区	湖北	十堰市	X091	342	214.0	73188.0	7	商品91	粉底	彩妆	214
...	...	...	...	...	...	...	...	...	...	...	...	...	...	...	...
31439	D30482	2019-06-05	S11033	东区	浙江	金华市	X118	551	238.0	131138.0	6	商品118	蜜粉	彩妆	238

图 6-33　商品信息表连接的数据内容

我们可以在上面表连接的基础上，增加商品订购数量的统计信息，并以商品大类、商品小类为组合条件，对统计结果进行分组，因此这个 SQL 语句写起来还是有点复杂的。在 main.py

文件中继续输入下面的代码。

```
df_best_seller = spark.sql(
    '''SELECT cataA,cataB,
            sum(od_quantity) AS total_quantity
    FROM sales s,prod p
    WHERE s.prod_id=p.prod_id
    GROUP BY cataA,cataB
    ORDER BY cataA ASC, total_quantity DESC''')
df_best_seller.show()
```

◇ 按商品的类型，分别统计各美妆商品的订购数量

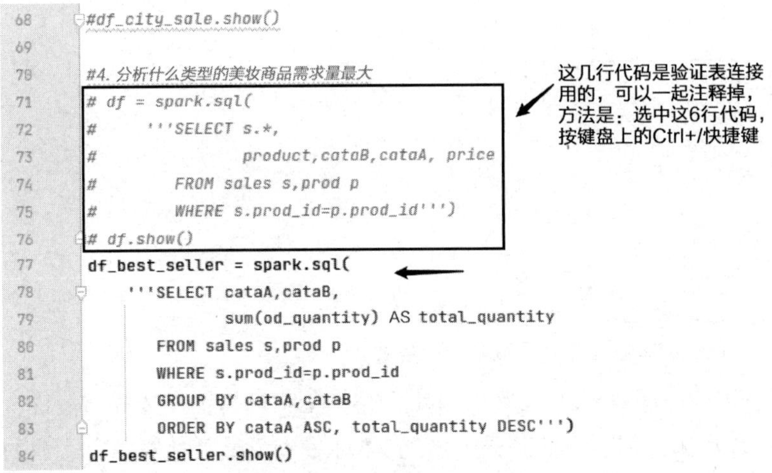

```
68   #df_city_sale.show()
69
70   #4. 分析什么类型的美妆商品需求量最大
71   # df = spark.sql(
72   #     '''SELECT s.*,
73   #             product,cataB,cataA, price
74   #     FROM sales s,prod p
75   #     WHERE s.prod_id=p.prod_id''')
76   # df.show()
77   df_best_seller = spark.sql(
78       '''SELECT cataA,cataB,
79               sum(od_quantity) AS total_quantity
80         FROM sales s,prod p
81         WHERE s.prod_id=p.prod_id
82         GROUP BY cataA,cataB
83         ORDER BY cataA ASC, total_quantity DESC''')
84   df_best_seller.show()
```

这几行代码是验证表连接用的，可以一起注释掉，方法是：选中这6行代码，按键盘上的Ctrl+/快捷键

运行代码，结果如图 6-34 所示。

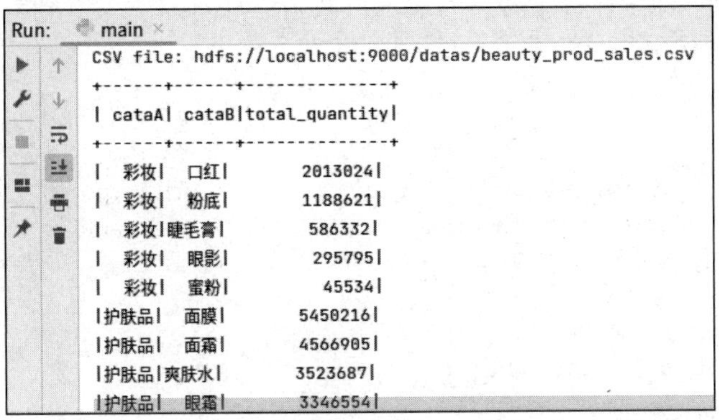

```
Run:    main
    CSV file: hdfs://localhost:9000/datas/beauty_prod_sales.csv
    +------+------+--------------+
    | cataA| cataB|total_quantity|
    +------+------+--------------+
    |  彩妆|  口红|       2013024|
    |  彩妆|  粉底|       1188621|
    |  彩妆|睫毛膏|        586332|
    |  彩妆|  眼影|        295795|
    |  彩妆|  蜜粉|         45534|
    |护肤品|  面膜|       5450216|
    |护肤品|  面霜|       4566905|
    |护肤品|爽肤水|       3523687|
    |护肤品|  眼霜|       3346554|
```

图 6-34 商品订购数量运行结果

（8）第 5 个问题是按省份统计美妆商品的订购数量，这也是一个比较简单的分组统计问题。在 main.py 文件中继续输入下面的代码。

```
df_province_sale = spark.sql(
    '''SELECT cust_province,
            sum(od_quantity) AS total_quantity
    FROM sales
    GROUP BY cust_province''')
df_province_sale.show()
```

◇ 分析哪些省份的美妆商品需求量较大

```
82              GROUP BY cataA,cataB
83              ORDER BY cataA ASC, total_quantity DESC''')
84      #df_best_seller.show()   ← 在这行代码前面加#将其注释掉
85
86      #5. 分析哪些省份的美妆商品需求量较大  ←
87      df_province_sale = spark.sql(
88          '''SELECT cust_province,
89                  sum(od_quantity) AS total_quantity
90          FROM sales
91          GROUP BY cust_province''')
92      df_province_sale.show()
```

运行代码，结果如图 6-35 所示。

图 6-35 各省份订购数量运行结果

（9）第 6 个问题是使用 RFM 模型挖掘客户价值。首先将每个客户的最近一次购买时间、消费频率、总消费金额分别统计出来，然后在此基础上增加 RFM 模型，最后计算每个客户的得分。

下面完成第 1 步，即统计每个客户的最近一次购买时间、消费频率和总消费金额这 3 个指标。继续输入下面的代码。

```
df = spark.sql(
    '''SELECT cust_id,
            max(od_date) AS od_latest,
            count(order_id) AS total_count,
            sum(od_amount) AS total_amount
    FROM sales
    GROUP BY cust_id''') \
    .withColumn('cust_all', lit(1))
df.show()
```

◇ 统计每个客户的最近一次购买时间、消费频率、总消费金额。增加一个用于窗口操作（Spark SQL）的字段 cust_all 并设定字段值为 1，相当于将所有数据放在同一个窗口中进行操作

```
88          '''SELECT cust_province,
89                  sum(od_quantity) as total_quantity
90          FROM sales
91          GROUP BY cust_province''')
92      #df_province_sale.show()  ← 将这行注释掉
93
94      #6. 统计每个客户的最近一次购买时间、消费频率、总消费金额
95      #并增加一个用于窗口操作(Spark SQL)的字段cust_all 并设定字段值为1，相当于将所有数据放在同一个窗口中进行操作
96      df = spark.sql(
97          '''SELECT cust_id,
98                  max(od_date) AS od_latest,
99                  count(order_id) AS total_count,
100                 sum(od_amount) AS total_amount
101         FROM sales
102         GROUP BY cust_id''') \
103         .withColumn('cust_all', lit(1))
104     df.show()
```

运行代码，结果如图 6-36 所示。

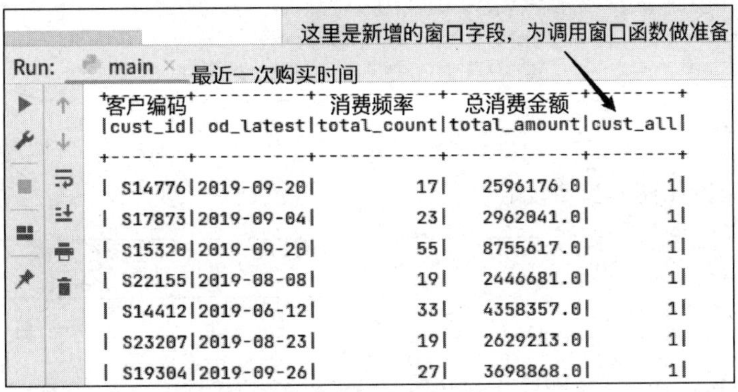

图 6-36　客户最近购买情况运行结果

上面的 SQL 语句是比较简单的，在执行完 SQL 语句之后通过 withColumn()方法为数据集增加一个 cust_all 字段，其中字段名和字段值可以任意设置。因为在生成的整个数据集中是没有窗口字段的，也就是说，没有用来进行分组操作的字段，所以增加这个字段的目的就是将全部数据行置入一个窗口中，这样就可以调用 Spark SQL 的窗口函数了。

下面先将这里生成的 DataFrame 数据集映射为一张临时视图表，然后进行下一步操作。可以调用 percent_rank()窗口函数对用户的最近一次购买时间、消费频率和总消费金额这 3 个字段的序号进行归一化处理，从而分别得到 R、F、M 的指标值。

继续输入下面的代码。

```python
df.createOrReplaceTempView('customer')

#通过归一化方式计算 R-Recency、F-Frequency、M-Money 对应的量化值
df = spark.sql(
    '''SELECT cust_id, od_latest,total_count,total_amount,
        percent_rank() over (partition by cust_all order by od_latest) as R,
        percent_rank() over (partition by cust_all order by total_count) as F,
        percent_rank() over (partition by cust_all order by total_amount) as M
    FROM customer''')
df.show()
```

◇ 将生成的 DataFrame 数据集映射为一张临时视图表

```python
97          '''SELECT cust_id,
98                  max(od_date) as od_latest,
99                  count(order_id) as total_count,
100                 sum(od_amount) as total_amount
101          FROM sales
102          GROUP BY cust_id''') \
103      .withColumn('cust_all', lit(1))
104  #df.show()          ← 注释掉这行
105
106  #将生成的DataFrame数据集映射为一张临时视图表
107  df.createOrReplaceTempView('customer')
108
```

```
109    #通过归一化方式计算 R-Recency、F-Frequency、M-Money对应的量化值
110    df = spark.sql(
111        '''SELECT cust_id, od_latest,total_count,total_amount,
112            percent_rank() over (partition by cust_all order by od_latest) as R,
113            percent_rank() over (partition by cust_all order by total_count) as F,
114            percent_rank() over (partition by cust_all order by total_amount) as M
115        FROM customer''')
116    df.show()
```

运行代码，结果如图 6-37 所示。

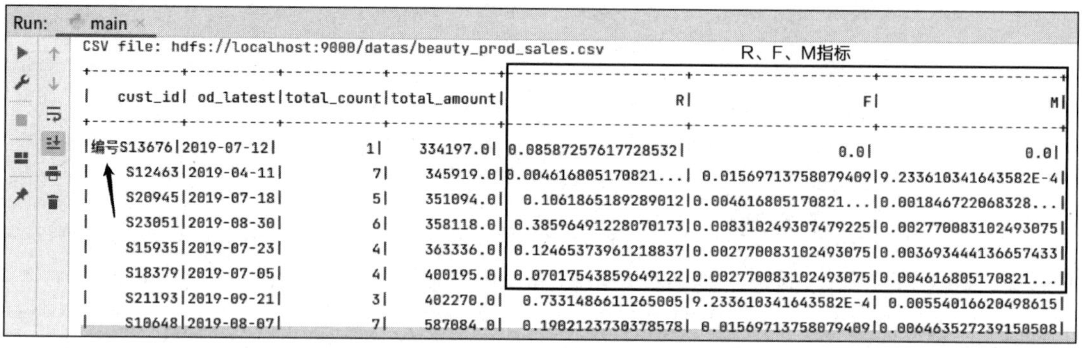

图 6-37　客户 RFM 模型分析运行结果

运行结果的右边就是所谓的 R、F、M 指标，它们是分别根据最近一次购买时间、消费频率和总消费金额统计排序后计算出来的。

【学习提示】

在上面的运行结果中，我们还发现有一个客户编号是脏数据，相比其他正常值多了"编号"这两个字，这也说明数据清洗工作做得还不够充分，读者可自行在前面代码的基础上完善这一问题。

最后，我们参考一个权重比"R-Recency20%、F-Frequency30%、M-Money50%"来计算量化后的客户价值得分，并按从大到小的顺序排列。继续输入下面的代码。

```
df_customerRFM = df\
    .withColumn('score',
col('R')*20+col('F')*30+col('M')*50) \
    .withColumn('score', F.round(col('score'),1)) \
    .orderBy(F.desc('score'))
df_customerRFM.where("score>98").show()
```

◇ 按权重比 R-Recency20%、F-Frequency30%、M-Money50% 计算客户价值得分，保留一位小数，按从大到小的顺序排列

```
109    # 通过归一化方式计算 R-Recency、F-Frequency、M-Money对应的量化值
110    df = spark.sql(
111        '''SELECT cust_id, od_latest,total_count,total_amount,
112            percent_rank() over (partition by cust_all order by od_latest) as R,
113            percent_rank() over (partition by cust_all order by total_count) as F,
114            percent_rank() over (partition by cust_all order by total_amount) as M
115        FROM customer''')
116    #df.show()    ← 注释掉这一行
117
118    #按权重比R-Recency20%、F-Frequency30%、M-Money50%计算客户价值得分，保留一位小数，按从大到小的顺序排列
119    df_customerRFM = df\
120        .withColumn('score', col('R')*20+col('F')*30+col('M')*50) \
121        .withColumn('score', F.round(col('score'),1)) \
```

```
122          .orderBy(F.desc('score'))
123    df_customerRFM.where("score>98").show()
```

再次运行代码，得到的结果如下，这里打印输出的是评分大于 98 分的客户购买信息。

```
CSV file: hdfs://localhost:9000/datas/beauty_prod_sales.csv
+------+---------+-----------+------------+------------------+------------------+------------------+-----+
|cust_id| od_latest|total_count|total_amount|                 R|                 F|                M|score|
+------+---------+-----------+------------+------------------+------------------+------------------+-----+
| S17476|2019-09-30|        68| 1.0258002E7|0.9602954755309326|0.9843028624419206|0.987072945521699| 98.1|
+------+---------+-----------+------------+------------------+------------------+------------------+-----+
```

至此，整个美妆商品的 Spark SQL 数据分析工作就基本完成了。

3．结果数据保存

在开发过程中，我们编写的代码都是直接在本地机器上运行的，分析结果也是直接在屏幕上打印输出的。为了验证 Spark 应用程序在集群环境下是否能够正常运行，需要将代码通过 spark-submit 命令提交。在提交代码之前，还要查看数据的分析结果是否保存到数据库或 HDFS 文件系统上了，以便进行后续的数据可视化工作。这里以保存 CSV 文件到 HDFS 文件系统上为例进行说明。

（1）通过检查代码中 df_top5_product、df_month_sale、df_city_sale、df_best_seller、df_province_sale、df_customerRFM 这几个 DataFrame 对象变量可知，在 df_top5_product 中存在一个 rank 字段，这个字段是不需要保存的，所以在保存之前可以将其移除。此外，处理的结果数据也不用在集群中输出显示，即所有 DataFrame 的 show()方法调用的代码都可以注释掉。

在 main.py 文件中输入下面的保存 DataFrame 的代码。

```
#每个"商品小类"中价格排名前 5 的商品、每月商品订购情况、城市订单订购数量排名
#美妆商品需求量、各省份美妆商品需求量、RFM 模型客户价值
#将以上分析结果保存至 HDFS 上，以便于后续进行数据可视化
df_top5_product \
    .drop('rank') \
    .write \
    .option('header', False) \
    .option('sep', ',') \
    .csv('hdfs://localhost:9000/datas/result.top5_product')
df_month_sale.write.csv('hdfs://localhost:9000/datas/result.month_sale', header=False);
df_city_sale.write.csv('hdfs://localhost:9000/datas/result.city_sale', header=False);
df_best_seller.write.csv('hdfs://localhost:9000/datas/result.best_seller', header=False);
df_province_sale.write.csv('hdfs://localhost:9000/datas/result.province_sale', header=False);
df_customerRFM.write.csv('hdfs://localhost:9000/datas/result.customerRFM', header=False);
```

```
120          .withColumn('score', col('R')*20+col('F')*30+col('M')*50) \
121          .withColumn('score', F.round(col('score'),1)) \
122          .orderBy(F.desc('score'))
123    #df_customerRFM.where("score>98").show()       ← 注释掉这行
124
```

```
125  #每个"商品小类"中价格排名前5的商品、每月商品订购情况、城市订单订购数量排名
126  #美妆商品需求量、各省份美妆商品需求量、RFM模型客户价值
127  #将以上分析结果保存至HDFS上，以便于后续进行数据可视化
128  df_top5_product\
129      .drop('rank')\
130      .write\                                    将DataFrame保存至HDFS上
131      .option('header', False)\
132      .option('sep', ',')\
133      .csv('hdfs://localhost:9000/datas/result.top5_product')
134  df_month_sale.write.csv('hdfs://localhost:9000/datas/result.month_sale', header=False);
135  df_city_sale.write.csv('hdfs://localhost:9000/datas/result.city_sale', header=False);
136  df_best_seller.write.csv('hdfs://localhost:9000/datas/result.best_seller', header=False);
137  df_province_sale.write.csv('hdfs://localhost:9000/datas/result.province_sale', header=False);
138  df_customerRFM.write.csv('hdfs://localhost:9000/datas/result.customerRFM', header=False);
```

在本地计算机上运行代码，结果如图 6-38 所示。

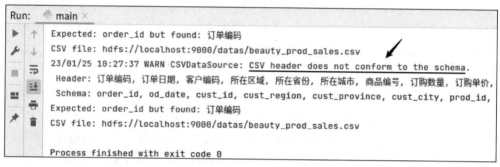

图 6-38　数据加载运行结果

因为我们已经将 show()方法全部注释掉了，所以数据分析的运行结果将不会在控制台上显示。不过同时也有一个警告，提示 CSV header does not conform to the schema.（CSV 的 header 与 schema 不一致），这个警告不影响结果，其原因是读取 CSV 文件数据时没有使用文件第 1 行的 header 作为 schema 字段结构信息，而是人为设置了数据的 schema 字段名和字段类型。

在 Linux 终端窗体中输入下面的命令查看保存的 CSV 文件。

```
hdfs dfs -ls /datas
```

```
spark@ubuntu:~$
spark@ubuntu:~$ hdfs dfs -ls /datas
Found 8 items
-rw-r--r--   1 spark supergroup       4462 2023-01-24 10:44 /datas/beauty_prod_info.csv
-rw-r--r--   1 spark supergroup    2281550 2023-01-24 10:44 /datas/beauty_prod_sales.csv
drwxr-xr-x   - spark supergroup          0 2023-01-25 10:27 /datas/result.best_seller
drwxr-xr-x   - spark supergroup          0 2023-01-25 10:27 /datas/result.city_sale
drwxr-xr-x   - spark supergroup          0 2023-01-25 10:27 /datas/result.customerRFM
drwxr-xr-x   - spark supergroup          0 2023-01-25 10:27 /datas/result.month_sale
drwxr-xr-x   - spark supergroup          0 2023-01-25 10:27 /datas/result.province_sale
drwxr-xr-x   - spark supergroup          0 2023-01-25 10:27 /datas/result.top5_product
spark@ubuntu:~$
```

容易看出，Spark 在 HDFS 上创建了对应的文件夹，输入下面的命令可以查看其中的某个文件夹，比如 result.month_sale。

```
hdfs dfs -ls /datas/result.month_sale
```

```
spark@ubuntu:~$
spark@ubuntu:~$ hdfs dfs -ls /datas/result.month_sale
Found 10 items
-rw-r--r--   1 spark supergroup          0 2023-01-25 10:27 /datas/result.month_sale/_SUCCESS
-rw-r--r--   1 spark supergroup         23 2023-01-25 10:27 /datas/result.month_sale/part-00000
-a1f968ea-22b7-4d60-993b-20764ad69b5b-c000.csv
-rw-r--r--   1 spark supergroup         23 2023-01-25 10:27 /datas/result.month_sale/part-00001
-a1f968ea-22b7-4d60-993b-20764ad69b5b-c000.csv
-rw-r--r--   1 spark supergroup         23 2023-01-25 10:27 /datas/result.month_sale/part-00002
-a1f968ea-22b7-4d60-993b-20764ad69b5b-c000.csv
-rw-r--r--   1 spark supergroup         23 2023-01-25 10:27 /datas/result.month_sale/part-00003
-a1f968ea-22b7-4d60-993b-20764ad69b5b-c000.csv
-rw-r--r--   1 spark supergroup         23 2023-01-25 10:27 /datas/result.month_sale/part-00004
-a1f968ea-22b7-4d60-993b-20764ad69b5b-c000.csv
-rw-r--r--   1 spark supergroup         23 2023-01-25 10:27 /datas/result.month_sale/part-00005
-a1f968ea-22b7-4d60-993b-20764ad69b5b-c000.csv
-rw-r--r--   1 spark supergroup         23 2023-01-25 10:27 /datas/result.month_sale/part-00006
-a1f968ea-22b7-4d60-993b-20764ad69b5b-c000.csv
-rw-r--r--   1 spark supergroup         23 2023-01-25 10:27 /datas/result.month_sale/part-00007
-a1f968ea-22b7-4d60-993b-20764ad69b5b-c000.csv
-rw-r--r--   1 spark supergroup         23 2023-01-25 10:27 /datas/result.month_sale/part-00008
-a1f968ea-22b7-4d60-993b-20764ad69b5b-c000.csv
spark@ubuntu:~$
```

　　因为 Spark 是针对集群环境设计的，所以在保存数据文件时会自动将其分成多个文件保存，以达到各集群节点并行运行的目的，否则如果很多节点同时写一个文件，势必会造成一个节点在写数据，其他节点就要等待的现象，这就是所谓的"锁竞争"问题。因此，我们可以借助 Linux 命令将多个数据文件合并到一起，也可以在数据量不大的情形下将 DataFrame 或 RDD 的数据元素分区数调整为 1，此时将由一个节点来执行数据的保存操作，这样得到的结果就是一个数据文件了。

　　（2）这里 DataFrame 的 schema 字段名都是英文，如果希望保存的 header 字段信息为中文，就要先定义一下字段名的字典信息。在保存 DataFrame 的代码之前添加下面的代码。

```
colmap = {'prod_id':'商品编号', 'product':'商品名称',
          'cataB' :'商品小类', 'cataA' :'商品大类',
          'price' :'销售单价',

          'order_id'      :'订单编码', 'od_date'     :'订单日期',
          'cust_id'       :'客户编码', 'cust_region':'所在区域',
          'cust_province':'所在省份', 'cust_city'  :'所在城市',
          'od_quantity'  :'订购数量', 'od_price'   :'订购单价',
          'od_amount'    :'消费金额',

          'total_quantity':'订购数量', 'od_month' :'订单月份',
          'total_amount'  :'消费金额',

          'od_latest' :'最近一次购买时间',
          'total_count':'消费频率', 'score':'综合分数',
          }
```

◇ 为保存 CSV 文件准备的中英文字段名对照的字典信息

📄 main.py
```
122      .orderBy(F.desc('score'))
123  #df_customerRFM.where("score>98").show()      将字典信息放在这行被注释掉的代码之后
124  #为保存CSV文件准备的中英文字段名对照的字典信息
125
126  colmap = {'prod_id':'商品编号', 'product':'商品名称',
127           'cataB' :'商品小类', 'cataA' :'商品大类',
128           'price' :'销售单价',
129
```

```
130              'order_id'     :'订单编码','od_date'     :'订单日期',
131              'cust_id'      :'客户编码','cust_region':'所在区域',
132              'cust_province':'所在省份','cust_city'  :'所在城市',
133              'od_quantity'  :'订购数量','od_price'    :'订购单价',
134              'od_amount'    :'消费金额',
135
136              'total_quantity':'订购数量','od_month':'订单月份',
137              'total_amount'  :'消费金额',
138
139              'od_latest'    :'最近一次购买时间',
140              'total_count':'消费频率','score':'综合分数',
141          }
142
143    ☐#每个"商品小类"中价格排名前5的商品、每月商品订购情况、城市订单订购数量排名
```

将代码信息放在
这行注释之前

继续修改上述 6 个保存 DataFrame 的代码，在其中增加分区调整、字段名调整、header 处理方式、文件保存覆盖模式等内容，具体见下面加粗的代码。

```
df_top5_product \
    .drop('rank') \
    .coalesce(1) \
    .withColumnRenamed('prod_id', colmap['prod_id']) \
    .withColumnRenamed('product', colmap['product']) \
    .withColumnRenamed('cataB', colmap['cataB']) \
    .withColumnRenamed('cataA', colmap['cataA']) \
    .withColumnRenamed('price', colmap['price']) \
    .write \
    .option('header', True) \
    .option('sep', ',') \
    .mode('overwrite') \
    .csv('hdfs://localhost:9000/datas/result.top5_product')
df_month_sale.coalesce(1) \
    .withColumnRenamed('od_month', colmap['od_month']) \
    .withColumnRenamed('total_quantity', colmap['total_quantity'])\
    .withColumnRenamed('total_amount', colmap['total_amount']) \
    .write.csv('hdfs://localhost:9000/datas/result.month_sale',
            header=True, mode="overwrite")
df_city_sale.coalesce(1) \
    .withColumnRenamed('cust_city', colmap['cust_city']) \
    .withColumnRenamed('total_quantity', colmap['total_quantity'])\
    .write.csv('hdfs://localhost:9000/datas/result.city_sale',
            header=True, mode="overwrite")
df_best_seller.coalesce(1) \
    .withColumnRenamed('cataA', colmap['cataA']) \
    .withColumnRenamed('cataB', colmap['cataB']) \
    .withColumnRenamed('total_quantity', colmap['total_quantity'])\
    .write.csv('hdfs://localhost:9000/datas/result.best_seller',
            header=True, mode="overwrite")
df_province_sale.coalesce(1) \
    .withColumnRenamed('cust_province', colmap['cust_province']) \
```

```
    .withColumnRenamed('total_quantity', colmap['total_quantity'])\
    .write.csv('hdfs://localhost:9000/datas/result.province_sale',
            header=True, mode="overwrite")
df_customerRFM.coalesce(1) \
    .withColumnRenamed('cust_id', colmap['cust_id']) \
    .withColumnRenamed('od_latest', colmap['od_latest']) \
    .withColumnRenamed('total_count', colmap['total_count']) \
    .withColumnRenamed('total_amount', colmap['total_amount']) \
    .withColumnRenamed('score', colmap['score']) \
    .write.csv('hdfs://localhost:9000/datas/result.customerRFM',
            header=True, mode="overwrite")
```

```
144  #美妆商品需求量、各省份美妆商品需求量、RFM模型客户价值
145  #将以上分析结果保存至HDFS上，以便于后续进行数据可视化   ←── 原有注释
146  df_top5_product\
147      .drop('rank')\
148      .coalesce(1)\                                       修改后增加的内容
149      .withColumnRenamed('prod_id', colmap['prod_id'])\
150      .withColumnRenamed('product', colmap['product'])\
151      .withColumnRenamed('cataB', colmap['cataB'])\
152      .withColumnRenamed('cataA', colmap['cataA'])\
153      .withColumnRenamed('price', colmap['price'])\
154      .write\
155      .option('header', True)\
156      .option('sep', ',')\
157      .mode('overwrite')\
158      .csv('hdfs://localhost:9000/datas/result.top5_product')
159  df_month_sale.coalesce(1)\
160      .withColumnRenamed('od_month', colmap['od_month'])\
161      .withColumnRenamed('total_quantity', colmap['total_quantity'])\
162      .withColumnRenamed('total_amount', colmap['total_amount'])\
163      .write.csv('hdfs://localhost:9000/datas/result.month_sale',
164              header=True, mode="overwrite")
165  df_city_sale.coalesce(1)\
166      .withColumnRenamed('cust_city', colmap['cust_city'])\
167      .withColumnRenamed('total_quantity', colmap['total_quantity'])\
168      .write.csv('hdfs://localhost:9000/datas/result.city_sale',   在原有代码中
169              header=True, mode="overwrite")                       修改的内容
170  df_best_seller.coalesce(1)\
171      .withColumnRenamed('cataA', colmap['cataA'])\
172      .withColumnRenamed('cataB', colmap['cataB'])\
173      .withColumnRenamed('total_quantity', colmap['total_quantity'])\
174      .write.csv('hdfs://localhost:9000/datas/result.best_seller',
175              header=True, mode="overwrite")
176  df_province_sale.coalesce(1)\
177      .withColumnRenamed('cust_province', colmap['cust_province'])\
178      .withColumnRenamed('total_quantity', colmap['total_quantity'])\
179      .write.csv('hdfs://localhost:9000/datas/result.province_sale',
180              header=True, mode="overwrite")
181  df_customerRFM.coalesce(1)\
182      .withColumnRenamed('cust_id', colmap['cust_id'])\
183      .withColumnRenamed('od_latest', colmap['od_latest'])\
184      .withColumnRenamed('total_count', colmap['total_count'])\
185      .withColumnRenamed('total_amount', colmap['total_amount'])\
186      .withColumnRenamed('score', colmap['score'])\
187      .write.csv('hdfs://localhost:9000/datas/result.customerRFM',
188              header=True, mode="overwrite")
```

这里将每个待保存的 DataFrame 分区数调整为 1，并设置 header 字段信息，且以覆盖模式保存数据文件，这样就不用每次手动删除 HDFS 对应目录中的已有文件，否则重复运行就会报错误。因为前面运行的程序已经在 HDFS 上生成了很多文件，为了不干扰这里保存的数据，先执行 Linux 终端命令删除历史数据。

```
hdfs dfs -rm -r -f /datas/result.*
```

```
spark@ubuntu:~$
spark@ubuntu:~$ hdfs dfs -rm -r -f /datas/result.*
23/01/25 13:49:33 INFO fs.TrashPolicyDefault: Namenode trash configuration:
nutes, Emptier interval = 0 minutes.
Deleted /datas/result.best_seller
23/01/25 13:49:33 INFO fs.TrashPolicyDefault: Namenode trash configuration:
nutes, Emptier interval = 0 minutes.
Deleted /datas/result.city_sale
23/01/25 13:49:33 INFO fs.TrashPolicyDefault: Namenode trash configuration:
nutes, Emptier interval = 0 minutes.
Deleted /datas/result.customerRFM
23/01/25 13:49:33 INFO fs.TrashPolicyDefault: Namenode trash configuration:
```

然后运行 main.py 程序，这样就会重新在 HDFS 上保存以上 6 个 DataFrame 的数据，且每个 DataFrame 对应一个 CSV 文件的子目录，它们均在 HDFS 的/datas 目录下。

```
spark@ubuntu:~$
spark@ubuntu:~$ hdfs dfs -ls /datas/result.*
Found 2 items
-rw-r--r--   1 spark supergroup          0 2023-01-25 17:33 /datas/result.best_seller/_SUCCESS
-rw-r--r--   1 spark supergroup        335 2023-01-25 17:33 /datas/result.best_seller/part-00000-
13a8b81d-11cb-42da-847f-3185ac30e640-c000.csv
Found 2 items
-rw-r--r--   1 spark supergroup          0 2023-01-25 17:33 /datas/result.city_sale/_SUCCESS
-rw-r--r--   1 spark supergroup        368 2023-01-25 17:33 /datas/result.city_sale/part-00000-e5
e1c637-4d57-4e56-a306-407d6560a3bc-c000.csv
Found 2 items
-rw-r--r--   1 spark supergroup          0 2023-01-25 17:33 /datas/result.customerRFM/_SUCCESS
-rw-r--r--   1 spark supergroup     101653 2023-01-25 17:33 /datas/result.customerRFM/part-00000-
c5d0361b-3b6f-4da5-b122-cf8e27806f8c-c000.csv

Found 2 items
-rw-r--r--   1 spark supergroup          0 2023-01-25 17:33 /datas/result.month_sale/_SUCCESS
-rw-r--r--   1 spark supergroup        240 2023-01-25 17:33 /datas/result.month_sale/part-00000-1
58c49a1-8d34-4f29-a52f-b66cb0b6d86e-c000.csv
Found 2 items
-rw-r--r--   1 spark supergroup          0 2023-01-25 17:33 /datas/result.province_sale/_SUCCESS
-rw-r--r--   1 spark supergroup        447 2023-01-25 17:33 /datas/result.province_sale/part-0000
0-d5380d11-42fd-4eaa-88b9-693323e530dc-c000.csv
Found 2 items
-rw-r--r--   1 spark supergroup          0 2023-01-25 17:33 /datas/result.top5_product/_SUCCESS
-rw-r--r--   1 spark supergroup       2361 2023-01-25 17:33 /datas/result.top5_product/part-00000
-1197f969-2005-4921-931f-f2ee129dd4cb-c000.csv
spark@ubuntu:~$
```

6.4.4　美妆商品订单数据可视化

数据的可视化手段有很多种，大数据开发中采用的可视化手段以 Web 方式居多，以获得更多的交互性操作，比如 Echarts 就是基于浏览器开发的。由于大数据的可视化工作流程具有一定的通用性，像 Dashboard 仪表板、图形报表等在许多开发场合下都要用到，因此也有公司采用 Superset 这类开源的数据可视化平台进行二次开发，其可以满足企业绝大多数的应用场景，以达到节省成本的目的。Superset 原本是 Airbnb 开源的数据挖掘平台，后捐献给 Apache 基金会，支持 Hive、Impala、MySQL、PostgreSQL、Oracle 等几乎所有主流的数据源，可自定义展示字段和对用户权限进行控制。Superset 的主要特点是可自助分析、自定义仪表盘、可视化分析结果，它还集成了一个 SQL 编辑器，能够进行 SQL 编辑和查询等操作。

为了不增加复杂度，我们准备使用 6.4.2 节中介绍过的 pyecharts 库对美妆商品订单数据进行可视化，将每月商品订购情况、城市订单订购数量排名这两方面数据展示在图表上，数据源为 HDFS 上保存的 CSV 文件。

（1）将 HDFS 上生成的每月商品订购情况、城市订单订购数量排名对应的文件复制到本地主目录中，执行以下 Linux 命令复制文件即可。

```
cd ~
hdfs dfs -get /datas/result.month_sale/part-* month_sale.csv
hdfs dfs -get /datas/result.city_sale/part-* city_sale.csv
```
◇ 将 HDFS 上生成的 CSV 文件复制到本地主目录中

```
spark@ubuntu:~$
spark@ubuntu:~$ cd ~
spark@ubuntu:~$ hdfs dfs -get /datas/result.month_sale/part-* month_sale.csv
spark@ubuntu:~$ hdfs dfs -get /datas/result.city_sale/part-* city_sale.csv
```

（2）打开 PyCharm 集成开发环境，在 BeautyProduct 项目名称上单击鼠标右键，在弹出的快捷菜单中选择 New→Python File 命令，创建一个名为 data_visual.py 的文件，如图 6-39 所示。

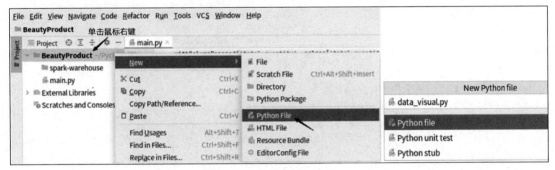

图 6-39　创建 Python 程序文件

（3）在 data_visual.py 文件中输入下面的代码。

```
import pandas as pd
from pyecharts import options as opts
from pyecharts.charts import Bar

month_sale = pd.read_csv('/home/spark/month_sale.csv')

x = [f'{v}月' for v in month_sale['订单月份'].tolist()]
y1 = [round(v/10000, 2) for v in month_sale['订购数量'].tolist()]
y2 = [round(v/10000/10000, 2) for v in month_sale['消费金额'].tolist()]
print(x)
print(y1)
print(y2)
```
◇ 导入所需的模块包

◇ 从 CSV 文件中读取数据，将其转换为 Pandas 的 DataFrame 二维表

◇ 根据实际需要处理 Pandas 的 DataFrame 每列的值，分别得到 3 个列表数组

这里的初始代码为导入所需的模块包，将 CSV 文件转换为 Pandas 的 DataFrame 二维表，分别将其中的 3 列数据提取出来转换为普通的列表数组，用来作为坐标轴的数据，代码中的 round() 方法的作用是将数值保留两位小数。

在 data_visual.py 文件中代码的任意位置单击鼠标右键，在弹出的快捷菜单中选择 Run 'data_visual'命令以启动程序，如图 6-40 所示。

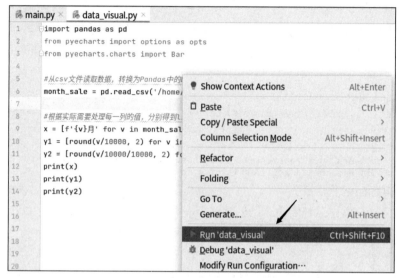

图 6-40　运行 data_visual.py 程序

运行后打印输出的结果如图 6-41 所示。

```
Run:    data_visual
    /usr/bin/python3.6 /home/spark/PycharmProjects/BeautyProduct/data_visual.py
    ['1月', '2月', '3月', '4月', '5月', '6月', '7月', '8月', '9月']
    [194.74, 214.51, 256.89, 318.45, 359.09, 355.38, 388.48, 383.36, 311.35]
    [3.14, 3.43, 4.13, 5.05, 5.75, 5.74, 6.22, 6.08, 4.99]

    Process finished with exit code 0
```

图 6-41　每月商品订购情况运行结果

（4）坐标轴数据准备好之后，继续在 data_visual.py 文件中输入下面的代码，创建一张柱状图，实现每月商品订购情况的柱状图展示。

```
c = (
    Bar()
    .add_xaxis(x)
    .add_yaxis("订购数量", y1, is_selected=False)
    .add_yaxis("消费金额", y2)
    .set_global_opts(
        title_opts=opts.TitleOpts(title="每月商品订购情况"),
        yaxis_opts=opts.AxisOpts(name="消费金额"),
        xaxis_opts=opts.AxisOpts(name="月份"),
    )
    .set_series_opts(
        label_opts=opts.LabelOpts(position='top',is_show=True),
    )
    .render("/home/spark/month_sale.html")
)
```

◇ 通过 pyecharts 库生成柱状图，x 为横坐标轴值，y1 和 y2 两个纵坐标轴，可显示在同一个坐标系中

◇ 设置图表的全局参数项，包括图表的标题、横坐标轴名称、纵坐标轴名称

◇ 设置在图表顶部显示文字

```
13    print(y1)
14    print(y2)
15
16    #通过pyecharts库生成柱状图，x为横坐标轴值，y1和y2两个纵坐标轴，可显示在同一个坐标系中
17    c = (
18        Bar()
19        .add_xaxis(x)
20        .add_yaxis("订购数量", y1, is_selected=False)
21        .add_yaxis("消费金额", y2)
22        .set_global_opts(
23            title_opts=opts.TitleOpts(title="每月商品订购情况"),
24            yaxis_opts=opts.AxisOpts(name="消费金额"),
25            xaxis_opts=opts.AxisOpts(name="月份"),
26        )
27        .set_series_opts(
28            label_opts=opts.LabelOpts(position='top', is_show=True),
29        )
30        .render("/home/spark/month_sale.html")
31    )
```

在上述代码中，Bar()对象首先创建了一张二维的柱状图，然后调用图表对象的 add_xaxis()
方法添加横坐标轴值，add_yaxis()方法添加纵坐标轴值且连续添加了两个纵坐标轴。在此基础
上，使用 set_global_opts()方法设定图表的全局参数项，包括图表的标题、纵坐标轴名称、横坐
标轴名称，同时用 set_series_opts()方法设置柱状图的文字标签显示属性（即在柱状图顶部显示
文字），最后通过 render()方法将图形画出来，生成一个网页保存到文件中。

再次运行 data_visual.py 程序，此时在 Ubuntu20.04 的当前主目录中就生成了一个名为
month_sale.html 的网页文件，通过 Ubuntu20.04 的浏览器打开这个网页文件，得到如图 6-42 所示
的效果，其中，页面中间上部的"消费金额"和"订购数量"图例可以用来切换坐标轴的显示。

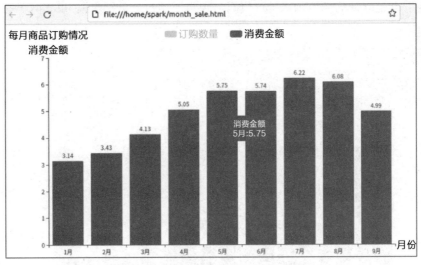

图 6-42　每月商品订购情况可视化效果

（5）城市订单订购数量排名的图表展示与每月商品订购情况基本相似，继续在
data_visual.py 文件中输入下面的代码。

```
city_sale = pd.read_csv('/home/spark/city_sale.csv')
x = city_sale['所在城市'].tolist()
y = [round(v/10000, 2) for v in city_sale['订购数量'].tolist()]
```

```
c = (
    Bar()
    .add_xaxis(x)
    .add_yaxis("订购数量", y,
        label_opts=opts.LabelOpts(position="right",formatter='{@[1]/}'))
    .set_global_opts(
        title_opts=opts.TitleOpts("订购数量排名前 20")
    )
    .render("/home/spark/city_sale.html")
)
```

```
28          label_opts=opts.LabelOpts(position='top', is_show=True),
29      )
30      .render("/home/spark/month_sale.html")
31  )
32
33  city_sale = pd.read_csv('/home/spark/city_sale.csv')
34  x = city_sale['所在城市'].tolist()
35  y = [round(v/10000, 2) for v in city_sale['订购数量'].tolist()]
36  c = (
37      Bar()
38      .add_xaxis(x)
39      .add_yaxis("订购数量", y,
40              label_opts=opts.LabelOpts(position="right", formatter='{@[1]/}'))
41      .set_global_opts(
42          title_opts=opts.TitleOpts( "订购数量排名前20" )
43      )
44      .render("/home/spark/city_sale.html")
45  )
```

　　城市订单订购数量排名只有一个纵坐标轴，在创建 Bar()对象后直接通过 add_yaxis()方法一并设定了纵坐标轴的参数项。运行代码后用浏览器打开 city_sale.html 网页文件，效果如图 6-43 所示。

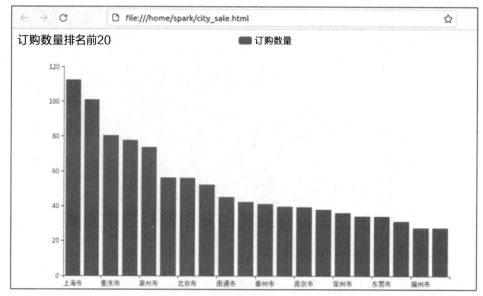

图 6-43　城市订单订购数量排名可视化效果（竖向）

（6）为了能够让柱状图横向显示，我们需要对图表进行旋转处理，因此需要对代码进行修改，在 add_yaxis()方法之后调用 reversal_axis()方法，见下面加粗部分的代码。

```
Bar()
.add_xaxis(x)
.add_yaxis("订购数量", y,
          label_opts=opts.LabelOpts(position="right", formatter='{@[1]/} '))
.reversal_axis()
.set_global_opts(
   title_opts=opts.TitleOpts("订购数量排名前 20")
)
```

再次运行代码并在浏览器中打开生成的图表网页文件，效果如图 6-44 所示。

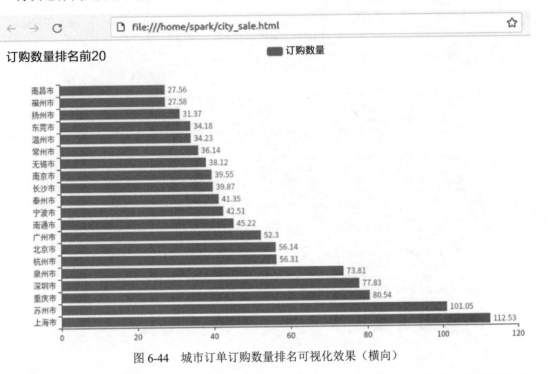

图 6-44　城市订单订购数量排名可视化效果（横向）

从图 6-44 中可以发现，订购数量大的城市显示在下面，订购数量小的城市反倒显示在上面，这是因为在未旋转坐标轴之前，确实是自左到右按从大到小的顺序排列的（因为原数据是按降序排列的）。当坐标轴旋转之后，横坐标轴变成了垂直方向，自然就是按从下到上的顺序显示。想要使订购数据量大的城市显示在上面，只需通过 reverse()方法对原来按降序排列的数据进行逆序处理，使其变成从小到大的顺序，这样在图表上看起来就是订购数量大的城市显示在上面，订购数量小的城市显示在下面。

想要达到这个目的，只需增加下面矩形框中的两行代码即可。

```
28            label_opts=opts.LabelOpts(position='top', is_show=True),
29        )
30        .render("/home/spark/month_sale.html")
31    )
32
33   city_sale = pd.read_csv('/home/spark/city_sale.csv')
34   x = city_sale['所在城市'].tolist()
```

```
35    y = [round(v/10000, 2) for v in city_sale['订购数量'].tolist()]
36    x.reverse()
37    y.reverse()
38    c = (
39        Bar()
40        .add_xaxis(x)
41        .add_yaxis("订购数量", y,
42                    label_opts=opts.LabelOpts(position="right", formatter='{@[1]/}'))
43        .reversal_axis()
44        .set_global_opts(
45            title_opts=opts.TitleOpts("订购数量排名前20")
46        )
47        .render("/home/spark/city_sale.html")
48    )
```

最终的运行结果如图 6-45 所示。

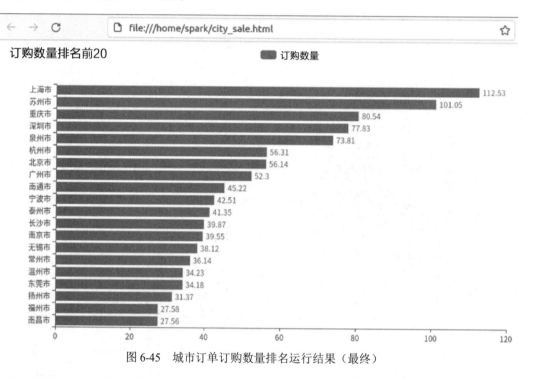

图 6-45　城市订单订购数量排名运行结果（最终）

6.5　Spark 实时数据处理实例

6.5.1　需求分析

假定有一个手机通信计费系统，用户通话时在基站交换机上临时保存了相关记录，由于交换机的容量有限且分散在各地，因此需要及时将这些通话记录汇总到计费系统中进行长时间保存，以方便后续的统计分析。具体实现需求如下。

（1）为简单起见，此处只记录主叫号码的通话记录，且号码前 3 位是从 130 到 139 的数字，如 13810002000。

（2）通话记录格式为"主叫号码,被叫号码,呼叫时间,接通时间,挂断时间",如"13810002000,12345,2022-01-28 09:30:25,2022-01-28 09:30:27,2022-01-28 09:33:19"。

（3）通话记录的内容以逗号分隔,并通过 Kafka 汇总,基站交换机是消息的生产者,会将通话记录消息发送给 Kafka,主叫号码的前 3 位为消息的 topic（主题）。

（4）使用 Spark Streaming 从 Kafka 中接收通话记录消息,并将通话记录消息按一定的规则保存,以主叫号码 13810002000 为例:

- 将通话记录消息保存到 HDFS 上的/datas 目录中。
- 每个通话记录消息按"接通时间"的"年月"信息为子目录命名并保存到文件中,比如/datas /202201 目录,代表保存的通话记录消息的接通时间是 2022 年 01 月。
- 保存到文件的通话记录内容为"主叫号码,呼叫时间,接通时间,挂断时间,通话时长,被叫号码"。其中,通话时长以分钟为单位,通话不足 60 秒的按 1 分钟计算。比如 13810002000,2022-01-28 09:30:25,2022-01-28 09:30:27,2022-01-28 09:33:19,3,12345。

（5）忽略通话记录的异常情况处理,比如缺少某些字段等,读者也可自行完善。

本案例的需求已经描述得比较清楚了,因为通话记录每时每刻都在产生,所以数据源为一个实时数据,其余内容按常规数据处理手段进行处理即可。除此之外,通话记录本身应该是由基站交换机生成的,在没有实物基站的情形下,这里只能编写一个常规的 Python 应用程序来模拟产生通话记录。

结合上述需求,本项目可以综合运用 Python、Spark RDD、Spark SQL 和 Spark Streaming 等多种技术实现,并在 Ubuntu20.04 虚拟机中完成具体的开发工作。

6.5.2　准备工作

（1）首先确保 Kafka 服务已经启动,可在 Linux 终端窗体中使用 jps 命令查看具体的进程。

```
jps
```
◇ Kafka 服务的进程为 Kafka
◇ ZooKeeper 服务的进程为 QuorumPeerMain

```
spark@ubuntu:~$ jps
48182 Jps
6263 Kafka
5822 QuorumPeerMain
spark@ubuntu:~$
```

如果 Kafka 和 QuorumPeerMain 进程不在显示的列表中,就需要先进入 Kafka 的安装目录,按照下面的步骤将其启动起来。

```
cd /usr/local/kafka
bin/zookeeper-server-start.sh
config/zookeeper.properties &
bin/kafka-server-start.sh
config/server.properties &
```
◇ 切换到/usr/local/kafka 目录
◇ 启动 QuorumPeerMain 进程
◇ 启动 Kafka 进程

（2）除了要确保 Kafka 服务正常运行,还要创建从 130 到 139 的 10 个 topic（主题）,为简单起见,仍旧通过 Kafka 附带的脚本命令来完成这项工作。

```
cd /usr/local/kafka
bin/kafka-topics.sh --create \
 --zookeeper localhost:2181 \
```
◇ 确保在/usr/local/kafka 目录中
◇ 创建 topic（主题）

```
--replication-factor 1 \
--partitions 1 \
--topic 130
```

◇ 创建完 130 这个主题后，按键盘上的上方向键，
复用输入过的历史命令，分别修改其中的主题名称
为 131、132、…、139，共重复执行 9 次

```
spark@ubuntu:~$ cd /usr/local/kafka
spark@ubuntu:/usr/local/kafka$ bin/kafka-topics.sh --create \
>  --zookeeper localhost:2181 \
>  --replication-factor 1 \
>  --partitions 1 \
>  --topic 130 ◄
Created topic 130.
```

（3）因为数据需要保存到 HDFS 文件系统上，所以还应该将 HDFS 服务启动，同样通过 jps 命令查看是否已有相关进程在运行。

```
jps
```
◇ HDFS 的进程为 NameNode、DataNode、SecondaryNameNode

```
spark@ubuntu:~$ jps
49318 SecondaryNameNode ◄
49478 Jps
6263 Kafka
5822 QuorumPeerMain
49102 DataNode ◄
48959 NameNode ◄
spark@ubuntu:~$
```

如果进程列表中没有显示 NameNode、DataNode 及 SecondaryNameNode 进程，那么应该在终端控制台中通过下面的 Linux 命令将 HDFS 服务启动。

```
cd /usr/local/hadoop
sbin/start-dfs.sh
```

```
spark@ubuntu:~$ cd /usr/local/hadoop
spark@ubuntu:/usr/local/hadoop$ sbin/start-dfs.sh ◄
Starting namenodes on [localhost]
localhost: starting namenode, logging to /usr/local/hadoop-2.6.5/logs/
localhost: starting datanode, logging to /usr/local/hadoop-2.6.5/logs/
Starting secondary namenodes [0.0.0.0]
0.0.0.0: starting secondarynamenode, logging to /usr/local/hadoop-2.6.
node-ubuntu.out
spark@ubuntu:/usr/local/hadoop$
```

（4）当 HDFS 服务正常运行之后，还需要在 HDFS 根目录中创建 datas 目录和日期的子目录，根据自己当前运行程序的时间进行创建即可（如果觉得不方便也可以编写一个简单的 shell 脚本来一次性创建多个目录）。这里以 2023 年 01 月—2023 年 02 月为例：

```
hdfs dfs -mkdir -p /datas/202301
hdfs dfs -mkdir -p /datas/202302
…
```

◇ 创建 HDFS 目录，因为程序是根据当前机器时间保存数据的，所以创建的日期目录应该是当前的月份，否则在保存数据时会因为目录不存在而出错

```
spark@ubuntu:~$ hdfs dfs -mkdir -p /datas/202301
spark@ubuntu:~$ hdfs dfs -mkdir -p /datas/202302
```

（5）由于我们准备编写一个专门的 Python 应用程序来模拟基站交换机随机地产生通话记录，因此要在 python3.6 环境中安装一个 kafka-python 库，以便应用程序能够正常访问 Kafka。在前面配置 Spark 运行环境时，已经将 pip 命令设置为 python3.6 对应的包管理工具（python 是 python3.6 的链接文件），pip3 命令默认为 python3.8 的包管理工具（python3 是 python3.8 的链接文件）。因为 Spark 软件包使用的是 python3.6，所以这里通过 pip 命令来安装所需的 kafka-python 库。

执行下面的 Linux 命令安装 kafka-python 库。

``` pip -V sudo pip install kafka-python 或 sudo pip install kafka-python==2.0.2 ```	◇ 确认 pip 命令对应管理的 Python 版本 ◇ 也可以按如下方式安装 Kafka-python 库： `sudo python3.6 -m pip install kafka-python`

```
spark@ubuntu:~$
spark@ubuntu:~$ pip -V
pip 20.0.2 from /usr/lib/python3/dist-packages/pip (python 3.6)
spark@ubuntu:~$ sudo pip install kafka-python
[sudo] spark 的密码：          ← 根据需要输入账户的密码 spark
Collecting kafka-python
  Downloading kafka_python-2.0.2-py2.py3-none-any.whl (246 kB)
  |                              | 246 kB 28 kB/s
Installing collected packages: kafka-python
Successfully installed kafka-python-2.0.2 ←
```

（6）启动 PyCharm 集成开发环境，在其中创建一个名为 SparkKafkaBilling 的项目，对应的 Python 解释器使用 python3.6 即可，如图 6-46 所示。

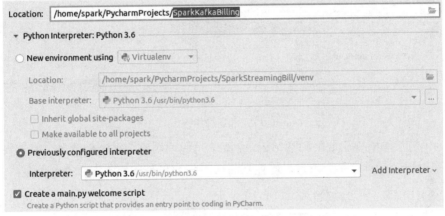

图 6-46　设定项目信息

至此，Python 项目就准备好了。

6.5.3　通话记录生产者模拟

通话记录生产者是一个普通的 Python 应用程序，它负责按照通话记录的格式模拟产生通话记录消息，并将其发送到 Kafka 的 topic 中。这个应用程序是直接运行在本地的，不需要提交到 Spark 中运行。

（1）在新建的项目名称 SparkKafkaBilling 上单击鼠标右键，在弹出的快捷菜单中选择 New→Python File 命令，设定创建的文件名为 CallMsgProducer.py，如图 6-47 所示。

（2）在新建的 CallMsgProducer.py 文件中，首先导入所需的模块包和 KafkaProducer 类，然后定义一个生成 11 位手机号码的函数（不考虑号码的合理性）。

``` from kafka import KafkaProducer import random, datetime, time # 产生一个以 13 开头的手机号字符串，共 11 位 ```	◇ 导入 KafkaProducer 类

```
def gen_phone_num():
    phone = '13'
    for x in range(9):
        phone = phone + str(random.randint(0, 9))
    return phone
```

◇ 循环 9 次，前面两个数 13 是固定的，共 11 位

◇ randint() 函数用于生成一个指定范围内的随机整数

```
1  from kafka import KafkaProducer
2  import random, datetime, time
3
4  # 产生一个以13开头的手机号字符串, 共11位
5  def gen_phone_num():
6      phone = '13'
7      for x in range(9):
8          phone = phone + str(random.randint(0, 9))
9      return phone
```

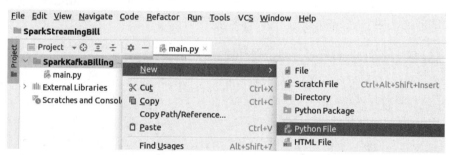

图 6-47　新建 Python 文件

（3）为了持续不断地生成新的通话记录消息，可以使用一个循环创建符合格式要求的通话记录消息字符串，且每产生一条消息后休眠随机的时长，然后继续生成下一条通话记录消息。

```
# Kafka 的通话记录生产者对象准备
producer = KafkaProducer(bootstrap_servers="localhost:9092")
working = True
tformat = '%Y-%m-%d %H:%M:%S'

while working:
    # 主叫号码，被叫号码，呼叫时间（模拟当前时间的前一天），接通时间，挂断时间
    src_phone = gen_phone_num()
    dst_phone = gen_phone_num()
    dail_time = datetime.datetime.now() + datetime.timedelta(days=-1)
    call_time = dail_time + datetime.timedelta(seconds=random.randint(0, 10))
    hangup_time = call_time + datetime.timedelta(seconds=random.randint(5, 600))

    # 将时间格式化为所需的字符串格式，类似 2022-01-28 09:30:25
    s_dail_time = dail_time.strftime(tformat)
    s_call_time = call_time.strftime(tformat)
    s_hangup_time = hangup_time.strftime(tformat)

    # 生成通话记录消息字符串
    record = '%s,%s,%s,%s,%s' % (src_phone, dst_phone, s_dail_time, s_call_time,
```

```
s_hangup_time)
    print('send : ', record)

    # 通话记录的主叫号码的前 3 位为 topic（主题）
    topic = src_phone[0:3]
    # 将通话记录消息字符串转换为字节数组
    msg = bytes(record, encoding='utf-8')
    # 调用 send() 方法将通话记录消息发送给 Kafka
    producer.send(topic=topic, key=b"call", value=msg)
    # 休眠随机的时长，为一个 0～1 秒的随机小数
    time.sleep( random.random() )

producer.close()
```

```
 8            phone = phone + str(random.randint(0, 9))                    ⚠ 7 ∧
 9        return phone
10
11    # Kafka 的通话记录生产者对象准备
12    producer = KafkaProducer(bootstrap_servers="localhost:9092")
13    working = True
14    tformat = '%Y-%m-%d %H:%M:%S'
15
16    while working:
17        # 主叫号码，被叫号码，呼叫时间（模拟当前时间的前一天），接通时间，挂断时间
18        src_phone = gen_phone_num()
19        dst_phone = gen_phone_num()
20        dail_time = datetime.datetime.now() + datetime.timedelta(days=-1)
21        call_time = dail_time + datetime.timedelta(seconds=random.randint(0, 10))
22        hangup_time = call_time + datetime.timedelta(seconds=random.randint(5, 600))
23
24        # 将时间格式化为所需的字符串格式，类似 2022-01-28 09:30:25
25        s_dail_time = dail_time.strftime(tformat)
26        s_call_time = call_time.strftime(tformat)
27        s_hangup_time = hangup_time.strftime(tformat)
28
29        # 生成通话记录消息字符串
30        record = '%s,%s,%s,%s,%s' % (src_phone, dst_phone, s_dail_time, s_call_time, s_hangup_time)
31        print('send : ', record)
32
33        # 通话记录的主叫号码的前3位为 topic（主题）
34        topic = src_phone[0:3]
35        # 将通话记录消息字符串转换为字节数组
36        msg = bytes(record, encoding='utf-8')
37        # 调用 send() 方法将通话记录消息发送给 Kafka
38        producer.send(topic=topic, key=b"call",value=msg)
39        # 休眠随机的时长，为一个 0～1 秒的随机小数
40        time.sleep( random.random() )
41
42    producer.close()
```

6.5.4　消息接收者测试

　　为了确认通话记录生产者是否能够发送消息，可以通过编写一个简单的 Spark Streaming 消息接收者程序来测试是否能够正常接收发送过来的消息。

（1）在新建的项目名称 SparkKafkaBilling 上单击鼠标右键，在弹出的快捷菜单中选择 New→Python File 命令，设定创建的文件名为 CallMsgBilling.py。

（2）在 CallMsgBilling.py 文件中，按照 Spark Streaming 应用程序的基本编写流程来编写代码，将 Kafka 中 130～139 这 10 个 topic（主题）的消息接收并在屏幕上打印显示出来。

```python
from pyspark.sql import SparkSession                    # ◇ 导入所需的模块包
from pyspark.streaming.kafka import KafkaUtils
from pyspark.streaming import StreamingContext

# Spark2.x 之后统一使用 SparkSession 作为入口
spark = SparkSession.builder \
            .master('local[2]') \                       # ◇ 两个本地线程
            .appName('KafkaStreamBilling') \
            .getOrCreate()
sc = spark.sparkContext
sc.setLogLevel("OFF")
ssc = StreamingContext(sc, 5)                           # ◇ 每隔 5 秒处理一次

streamRdd = KafkaUtils.createDirectStream(ssc,          # ◇ 从 Kafka 的多个 topic 中接收消息
            topics = ['130','131','132','133','134',
                      '135','136','137','138','139'],
            kafkaParams = {"metadata.broker.list":"localhost:9092"} )
streamRdd.pprint()
ssc.start()
ssc.awaitTermination()
```

```python
1   from pyspark.sql import SparkSession
2   from pyspark.streaming.kafka import KafkaUtils
3   from pyspark.streaming import StreamingContext
4
5   spark = SparkSession.builder \
6               .master('local[2]') \
7               .appName('KafkaStreamBilling') \
8               .getOrCreate()
9   sc = spark.sparkContext
10  sc.setLogLevel("OFF")
11  ssc = StreamingContext(sc, 5)
12
13  streamRdd = KafkaUtils.createDirectStream(ssc,
14              topics = ['130','131','132','133','134',
15                        '135','136','137','138','139'],
16              kafkaParams = {"metadata.broker.list":"localhost:9092"} )
17  streamRdd.pprint()
18  ssc.start()
19  ssc.awaitTermination()
```

（3）打开一个 Linux 终端窗体，在其中输入下面的命令，将消息接收者程序提交到 Spark 中运行，其中用到的 spark-streaming-kafka-0-8-assembly_2.11-2.4.8.jar 依赖库文件此前已下载放在~/streaming 目录中，为避免每次提交应用程序时在命令行中手动指定，可以将其复制到集群中各节点的 Spark 安装目录中（位于/usr/local/spark/jars 目录）。

`cd ~`
`ls streaming/`
`cp streaming/*.jar /usr/local/spark/jars`
`cd PycharmProjects/SparkKafkaBilling/`
`spark-submit CallMsgBilling.py`
	◇ 进入当前主目录，若已在则忽略该步
	◇ 将 spark-streaming-kafka-0-8-assembly_
	2.11-2.4.8.jar 依赖库文件复制到/usr/local/
	spark/jars 目录中。若为 Spark 集群环境则每个节
	点都要复制这个 .jar 文件
	◇ 提交应用程序到 Spark 中运行

```
spark@ubuntu:~$ ls streaming/
datas               logfile
FileStreamDemo.py    spark-streaming-kafka-0-8-assembly_2.11-2.4.8.jar
KafkaStreamDemo.py   spark-warehouse
spark@ubuntu:~$ cp streaming/*.jar /usr/local/spark/jars
spark@ubuntu:~$ cd PycharmProjects/SparkKafkaBilling/
spark@ubuntu:~/PycharmProjects/SparkKafkaBilling$
spark@ubuntu:~/PycharmProjects/SparkKafkaBilling$ spark-submit CallMsgBilling.py
23/03/12 15:15:36 WARN Utils: Your hostname, ubuntu resolves to a loopback addre
ss: 127.0.1.1; using 172.16.97.160 instead (on interface ens33)
23/03/12 15:15:36 WARN Utils: Set SPARK_LOCAL_IP if you need to bind to another
address
23/03/12 15:15:37 WARN NativeCodeLoader: Unable to load native-hadoop library fo
r your platform... using builtin-java classes where applicable
-----------------------------------------
Time: 2023-03-12 15:15:45
-----------------------------------------
```

（4）回到 PyCharm 集成开发环境中，切换到 CallMsgProducer.py 文件，在其中单击鼠标右键，在弹出的快捷菜单中选择 Run 'CallMsgProducer'命令启动通话记录生产者程序，如图 6-48 所示。

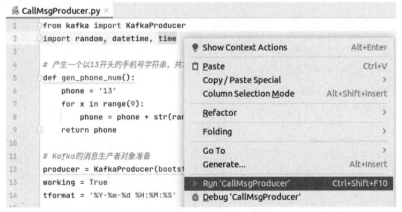

图 6-48 启动通话记录生产者程序

当应用程序运行后，在底部会源源不断地显示模拟产生的通话记录消息，如图 6-49 所示。

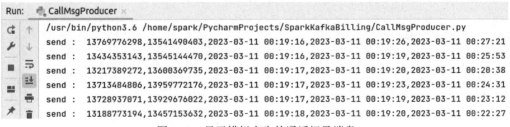

图 6-49 显示模拟产生的通话记录消息

（5）切换到运行消息接收者程序的 Linux 终端窗体，发现其不断地接收发送过来的消息，如图 6-50 所示。

```
--------------------------------------
Time: 2023-03-12 00:20:25
--------------------------------------
('call', '13475094129,13114065775,2023-03-11 00:20:22,2023-03-11 00:20:24,2023-03-11 00:21:39')
('call', '13463610189,13368593881,2023-03-11 00:20:24,2023-03-11 00:20:33,2023-03-11 00:28:17')
('call', '13412356906,13623510859,2023-03-11 00:20:24,2023-03-11 00:20:31,2023-03-11 00:23:40')
('call', '13237844579,13955833966,2023-03-11 00:20:24,2023-03-11 00:20:34,2023-03-11 00:26:01')
('call', '13832876464,13082166772,2023-03-11 00:20:21,2023-03-11 00:20:23,2023-03-11 00:21:27')
('call', '13320881014,13448913410,2023-03-11 00:20:22,2023-03-11 00:20:29,2023-03-11 00:29:04')
('call', '13386344556,13111128190,2023-03-11 00:20:23,2023-03-11 00:20:25,2023-03-11 00:22:38')
('call', '13015673842,13141382311,2023-03-11 00:20:20,2023-03-11 00:20:23,2023-03-11 00:24:46')
('call', '13030279169,13911536937,2023-03-11 00:20:23,2023-03-11 00:20:26,2023-03-11 00:29:03')
```

图 6-50　接收发送过来的消息

从输出结果中可以清楚地看到，接收的 Kafka 消息是一系列(k,v)键值对形式的二元组，其中的 k 代表 CallMsgProducer.py 程序中设定的 call 字符串，v 代表消息内容。键（k）可以设置成任意字符串，当然也可以不设置，实际使用的是二元组里面的值（v），即消息内容。

6.5.5　Spark Streaming 通话记录消息处理

经过上面的步骤已经实现了通话记录消息的模拟生成，且成功在 Spark Streaming 应用程序中接收产生的消息。接下来，我们将生成的通话记录消息进行简单的处理并保存到 HDFS 中。

（1）在项目的 main.py 文件中将原有代码删除，并添加下面的代码。

```python
from pyspark.streaming.kafka import KafkaUtils    ◇ 导入所需的模块包
from pyspark.streaming import StreamingContext
from pyspark.sql import SparkSession
from datetime import datetime

# 初始化 sc、ssc、spark 核心变量
spark = SparkSession.builder \
            .master('local[2]') \
            .appName('KafkaStreamBilling') \
            .getOrCreate()
sc = spark.sparkContext
sc.setLogLevel("OFF")
ssc = StreamingContext(sc, 5)                      ◇ 每隔 5 秒处理一次
```

```
1    from pyspark.streaming.kafka import KafkaUtils
2    from pyspark.streaming import StreamingContext
3    from pyspark.sql import SparkSession
4    from datetime import datetime
5
6    # 初始化sc、ssc、spark核心变量
7    spark = SparkSession.builder \
8                .master('local[2]') \
9                .appName('KafkaStreamBilling') \
10               .getOrCreate()
11   sc = spark.sparkContext
12   sc.setLogLevel("OFF")
```

上述代码首先导入所需的模块包，然后初始化 Spark 的几个核心变量。

（2）定义 process() 和 saveYmCallData() 函数。

```
# 定义一个处理消息的函数，返回一条通话记录的元组数据
# 格式：(主叫号码,呼叫时间,接通时间,挂断时间,通话时长,被叫号码,年月)    ◇ 使用逗号分隔消
```

```
def process(x):
    v = x[1].split(',')
    tformat = '%Y-%m-%d %H:%M:%S'
    d1 = datetime.strptime(v[3], tformat)
    d2 = datetime.strptime(v[4], tformat)
    ym = '%d%02d' % (d1.year, d1.month)
    sec = (d2-d1).seconds
    minutes = sec//60 if sec%60==0 else sec//60+1
    return (v[0],v[2],v[3],v[4],str(minutes),v[1],ym)

# 根据参数 row 中的年月信息，获取相应的通话记录消息，并保存到 HDFS 上
def saveYmCallData(row):
    year_month = row.ym
    path = "hdfs://localhost:9000/datas/" + year_month + "/"
    ymdf = spark.sql("select * from phonecall where ym='" + year_month +"'")
    ymdf.drop('ym').write.save(path, format="csv", mode="append")
```

◇ 息字符串
◇ 格式化接通时间、挂断时间
◇ 获取接通时间的年月信息
◇ 获取通话时长，单位为秒
◇ 将通话时长转换为分钟，不足 1 分钟的按 1 分钟计算
◇ 获取年月信息并构造 HDFS 保存路径
◇ 查询当前年月的通话记录消息并保存

```
14
15    # 定义一个处理消息的函数，返回一条通话记录的元组数据
16    # (主叫号码,呼叫时间,接通时间,挂断时间,通话时长,被叫号码,年月)
17    def process(x):
18        v = x[1].split(',')
19        tformat = '%Y-%m-%d %H:%M:%S'
20        d1 = datetime.strptime(v[3], tformat)
21        d2 = datetime.strptime(v[4], tformat)
22        ym = '%d%02d' % (d1.year, d1.month)
23        sec = (d2-d1).seconds
24        minutes = sec//60 if sec%60==0 else sec//60+1
25        return (v[0],v[2],v[3],v[4],str(minutes),v[1],ym)
26
27    # 根据参数row中的年月信息，获取相应的通话记录消息，并保存到HDFS上
28    def saveYmCallData(row):
29        year_month = row.ym
30        path = "hdfs://localhost:9000/datas/" + year_month + "/"
31        ymdf = spark.sql("select * from phonecall where ym='" + year_month +"'")
32        ymdf.drop('ym').write.save(path, format="csv", mode="append")
```

　　其中的 process()处理函数用来对接收的原始通话记录消息进行处理，包括数据格式的转换、根据接通时间和挂断时间获取通话时长等，最后还增加了一个通话记录的年月信息（如202212），方便后续保存到 HDFS 上时使用。saveYmCallData()函数用来将按时间分类的通话记录消息保存到 HDFS 上，在保存时属于相同年月的通话记录将被追加写入同一个目录中。

　　（3）继续定义一个 save()函数，以实现 DStream 的通话记录消息的保存。

```
# 保存 DStream 的通话记录消息
def save(rdd):
    if not rdd.isEmpty():
        rdd2 = rdd.map(lambda x : process(x))
        print(rdd2.count())

        df0 = rdd2.toDF(['src_phone','dail_time','call_time','hangup_time',
                    'call_minutes','dst_phone','ym'])
        df0.createOrReplaceTempView("phonecall")
```

◇ 消息格式处理
◇ 转换为 df0
◇ 获取收

```
        df1 = spark.sql('select distinct ym from phonecall')
        if df1.count() == 1:
            print('ooooooooooo')
            year_month = df1.first().ym
            path = "hdfs://localhost:9000/datas/" + year_month + "/"
            df0.drop("ym").write.save(path, format="csv", mode="append")
        else:
            df1.foreach(saveYmCallData)
```

到通话记录消息的不同时间
◇ 若只有一条数据则直接保存
◇ 按日期保存

```
33
34    # 保存DStream的通话记录消息
35    def save(rdd):
36        if not rdd.isEmpty():
37            rdd2 = rdd.map(lambda x: process(x))
38            print(rdd2.count())
39
40            df0 = rdd2.toDF(['src_phone', 'dail_time', 'call_time', 'hangup_time',
41                            'call_minutes', 'dst_phone', 'ym'])
42            df0.createOrReplaceTempView("phonecall")
43            df1 = spark.sql('select distinct ym from phonecall')
44            if df1.count() == 1:
45                print('ooooooooooo')
46                year_month = df1.first().ym
47                path = "hdfs://localhost:9000/datas/" + year_month + "/"
48                df0.drop("ym").write.save(path, format="csv", mode="append")
49            else:
50                df1.foreach(saveYmCallData)
```

这里的 save()是当前的一个主要处理函数，首先调用 process()函数将收到的通话记录消息的格式进行处理，然后将其转换为 DataFrame，即 df0。由于收到的通话记录消息可能包含多条，甚至通话记录的年月也可能不同，因此将所有的不同日期筛选出来，分别以年月为标准将属于相同日期的记录保存到 HDFS 中。

（4）通过 Kafka 数据源创建一个 DStream 对象，并开始 Spark Streaming 应用程序的循环执行。

```
# 从 Kafka 的多个 topic 中接收消息
streamRdd = KafkaUtils.createDirectStream(ssc,
            topics = ['130','131','132','133','134',
                    '135','136','137','138','139'],
            kafkaParams = {"metadata.broker.list":"localhost:9092"})
streamRdd.pprint()
streamRdd.foreachRDD(save)

ssc.start()
ssc.awaitTermination()
```

```
51
52    # 从Kafka的多个topic中接收消息
```

```
53    streamRdd = KafkaUtils.createDirectStream(ssc,
54                    topics = ['130','131','132','133','134',
55                              '135','136','137','138','139'],
56                    kafkaParams = {"metadata.broker.list":"localhost:9092"})
57    streamRdd.pprint()
58    streamRdd.foreachRDD(save)
59
60    ssc.start()
61    ssc.awaitTermination()
```

（5）功能代码编写完毕，现在可以切换到 Linux 终端窗体，启动 main.py 程序。

```
cd  ~/PycharmProjects/SparkKafkaBilling/     ◇ 进入当前项目目录，若已在则忽略该步
spark-submit main.py
```

```
spark@ubuntu:~/PycharmProjects/SparkKafkaBilling$ spark-submit main.py
23/03/12 15:38:55 WARN Utils: Your hostname, ubuntu resolves to a loopback addres
s: 127.0.1.1; using 172.16.97.160 instead (on interface ens33)
23/03/12 15:38:55 WARN Utils: Set SPARK_LOCAL_IP if you need to bind to another a
ddress
23/03/12 15:38:55 WARN NativeCodeLoader: Unable to load native-hadoop library for
 your platform... using builtin-java classes where applicable
-------------------------------------------
Time: 2023-03-12 15:39:05
-------------------------------------------
```

（6）打开一个新的 Linux 终端窗体，启动通话记录生产者程序 CallMsgProducer.py。

```
cd  ~/PycharmProjects/SparkKafkaBilling/     ◇ 进入当前项目目录，若已在则忽略该步
python CallMsgProducer.py
```

```
spark@ubuntu:~/PycharmProjects/SparkKafkaBilling$ python CallMsgProducer.py
send : 13986073272,13198459006,2023-03-11 15:42:29,2023-03-11 15:42:33,2023-03-11 15:44:49
send : 13321868937,13131147465,2023-03-11 15:42:29,2023-03-11 15:42:33,2023-03-11 15:50:50
send : 13880055437,13013279585,2023-03-11 15:42:30,2023-03-11 15:42:40,2023-03-11 15:45:05
send : 13014607476,13150592664,2023-03-11 15:42:31,2023-03-11 15:42:40,2023-03-11 15:43:31
send : 13795182082,13087499254,2023-03-11 15:42:31,2023-03-11 15:42:38,2023-03-11 15:44:23
send : 13683360182,13539983380,2023-03-11 15:42:32,2023-03-11 15:42:38,2023-03-11 15:48:00
```

可以查看 main.py 程序所在终端窗体显示的通话记录消息。

```
-------------------------------------------
Time: 2023-03-12 15:48:15
-------------------------------------------
('call', '13428612381,13285552570,2023-03-11 15:48:12,2023-03-11 15:48:13,2023-03-11 15:56:11')
('call', '13773405887,13815470509,2023-03-11 15:48:12,2023-03-11 15:48:13,2023-03-11 15:52:12')
('call', '13841562678,13515263707,2023-03-11 15:48:14,2023-03-11 15:48:22,2023-03-11 15:58:09')
('call', '13849654863,13014732592,2023-03-11 15:48:14,2023-03-11 15:48:15,2023-03-11 15:54:34')
('call', '13539925037,13139579153,2023-03-11 15:48:12,2023-03-11 15:48:22,2023-03-11 15:52:55')
('call', '13153897948,13914873665,2023-03-11 15:48:13,2023-03-11 15:48:23,2023-03-11 15:50:41')
('call', '13181249640,13787129884,2023-03-11 15:48:14,2023-03-11 15:48:16,2023-03-11 15:50:51')
('call', '13686289398,13728328837,2023-03-11 15:48:14,2023-03-11 15:48:16,2023-03-11 15:51:38')
('call', '13086995272,13692533618,2023-03-11 15:48:13,2023-03-11 15:48:20,2023-03-11 15:52:11')
('call', '13016592707,13545880978,2023-03-11 15:48:14,2023-03-11 15:48:17,2023-03-11 15:49:09')

10
00000000000
-------------------------------------------
Time: 2023-03-12 15:48:20
-------------------------------------------
```

（7）在 HDFS 上可以验证收到的通话记录消息是否被成功保存。

```
hdfs dfs -cat /datas/202303/part-*     ◇ 注意将目录路径中的年月改为实际的时间
```

```
spark@ubuntu:~$ hdfs dfs -cat /datas/202303/part-*
13428612381,2023-03-11 15:48:12,2023-03-11 15:48:13,2023-03-11 15:56:11,8,13285552570
13427862269,2023-03-11 11:50:36,2023-03-11 11:50:43,2023-03-11 11:53:30,3,13290537603
13489493068,2023-03-11 11:50:34,2023-03-11 11:50:43,2023-03-11 11:52:05,2,13534586612
13424495986,2023-03-11 11:50:51,2023-03-11 11:50:55,2023-03-11 12:00:22,10,13647212995
13410355823,2023-03-11 11:50:52,2023-03-11 11:50:59,2023-03-11 11:51:09,1,13041125073
13457772998,2023-03-11 11:50:55,2023-03-11 11:51:05,2023-03-11 11:55:24,5,13490844871
13401056545,2023-03-11 11:50:49,2023-03-11 11:50:55,2023-03-11 11:56:20,6,13604665752
13492387390,2023-03-11 11:50:24,2023-03-11 11:50:29,2023-03-11 11:51:11,1,13999729353
```

6.6 Spark 数据分析案例部署

在 6.3 节中已经分别搭建过 Spark Standalone 和 Spark on YARN 两个完全分布式的集群环境，因此可以将完成的数据分析案例提交到集群中运行。为简单起见，下面就以美妆订单商品应用为例阐述一下其在 Spark on YARN 集群环境中的具体部署方法。

（1）先将此前在 6.3.2 节中配置好的 3 台 Spark on YARN 集群的虚拟机启动，如图 6-51 所示。

（2）通过 MobaXterm 远程连接工具将应用程序代码和相关文件上传至 vm01 虚拟机的主目录中，其中 beauty 文件夹用于保存美妆商品订单案例（需要注意的是，tree 命令用来以树形方式列出文件目录的结构，需要通过 yum -y install tree 安装后才能使用这个命令），如图 6-52 所示。

图 6-51　启动 Spark on YARN 集群的虚拟机

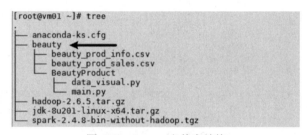

图 6-52　beauty 文件夹结构

（3）首先启动 HDFS 服务，将应用程序用到的数据文件和 jar 包文件上传到 HDFS 文件系统上，然后启动 YARN 服务。

`/usr/local/hadoop/sbin/start-dfs.sh`	◇ 启动 HDFS 服务
`jps`	◇ 确认 HDFS 服务的相关进程是否正常运行
`hdfs dfs -ls /`	
`cd ~`	
`hdfs dfs -mkdir -p /datas`	◇ 创建 HDFS 根目录下面的 datas 子目录
`hdfs dfs -put beauty/*.csv /datas`	◇ 上传 CSV 文件
`hdfs dfs -ls /datas`	
`/usr/local/hadoop/sbin/start-yarn.sh`	◇ 启动 YARN 服务
`jps`	◇ 确认 YARN 服务的相关进程是否正常运行

（4）继续修改/root/beauty/BeautyProduct/main.py 文件，将代码中的"保存数据到 HDFS"修改为"从命令行参数指定保存路径"，方便在命令行中提交应用程序时使用。

```
…
from pyspark.sql import functions as F
import sys

# 从命令行参数获取指定的 HDFS 数据目录
if len(sys.argv) < 2:
    print("Error: no hdfs datas path specified!")
    exit()
path = sys.argv[1]
spark = SparkSession.builder.appName('SparkBeautyProduct').getOrCreate()
…
# 将原 HDFS 路径中的 hdfs://localhost:9000/datas 替换为 path 变量
df1 = spark.read.csv(path + '/beauty_prod_info.csv',
    …
df2 = spark.read.csv(path + '/beauty_prod_sales.csv',
    …
df_top5_product\
    …
    .csv(path + '/result.top5_product')
df_month_sale.coalesce(1)\
    …
    .write.csv(path + '/result.month_sale',
            header=True, mode="overwrite")
df_city_sale.coalesce(1)\
    …
    .write.csv(path + '/result.city_sale',
            header=True, mode="overwrite")
df_best_seller.coalesce(1)\
    …
    .write.csv(path + '/result.best_seller',
            header=True, mode="overwrite")
df_province_sale.coalesce(1) \
    …
    .write.csv(path + '/result.province_sale',
            header=True, mode="overwrite")
df_customerRFM.coalesce(1)\
    …
    .write.csv(path + '/result.customerRFM',
            header=True, mode="overwrite")
```

（5）将 main.py 程序通过 spark-submit 命令提交到 YARN 集群中运行。

```
spark-submit \
--master yarn \                      ◇ 运行在 YARN 集群中
--deploy-mode cluster \              ◇ 以 cluster 模式运行
--driver-memory=512m \               ◇ Driver 进程要求 512MB 内存
--executor-memory=800m \             ◇ Executor 进程要求 800MB 内存
--executor-cores=1 \                 ◇ 每个 Executor 进程使用 1 个 CPU 核
```

```
--num-executors=3 \          ◇ YARN 集群中的 Executor 进程数
main.py hdfs://vm01:9000/datas   ◇ 运行的应用程序和 hdfs 路径参数
```

（6）通过 VMware 所在宿主机的浏览器访问 http://192.168.163.201:8088，查看 YARN 集群的 WebUI 管理界面，其中会列出所提交程序的运行过程，如图 6-53 所示。

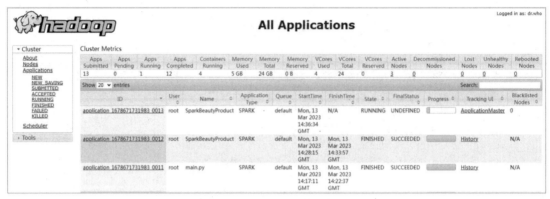

图 6-53　YARN 集群的 WebUI 管理界面

（7）当应用程序运行完毕后，可以确认一下 HDFS 上是否保存了最终的处理结果，如图 6-54 所示。

```
[root@vm01 ~]# hdfs dfs -ls /datas
Found 8 items
-rw-r--r--   3 root supergroup       4462 2023-03-13 22:27 /datas/beauty_prod_info.csv
-rw-r--r--   3 root supergroup     2281550 2023-03-13 22:27 /datas/beauty_prod_sales.csv
drwxr-xr-x   - root supergroup          0 2023-03-13 23:06 /datas/result.best_seller
drwxr-xr-x   - root supergroup          0 2023-03-13 23:28 /datas/result.city_sale
drwxr-xr-x   - root supergroup          0 2023-03-13 23:09 /datas/result.customerRFM
drwxr-xr-x   - root supergroup          0 2023-03-13 23:28 /datas/result.month_sale
drwxr-xr-x   - root supergroup          0 2023-03-13 23:08 /datas/result.province_sale
drwxr-xr-x   - root supergroup          0 2023-03-13 23:28 /datas/result.top5_product
```

图 6-54　数据保存结果